BIBLIOTHÈQUE DE L'ENSEIGNEMENT AGRICOLE

PUBLIÉE SOUS LA DIRECTION DE

M. A. MUNTZ

Professeur à l'Institut National Agronomique

DES
PLANTES VÉNÉNEUSES

ET DES

EMPOISONNEMENTS QU'ELLES DÉTERMINENT

PAR

CH. CORNEVIN

PROFESSEUR A L'ÉCOLE NATIONALE VÉTÉRINAIRE DE LYON

PARIS

LIBRAIRIE DE FIRMIN-DIDOT ET Cie

IMPRIMEURS DE L'INSTITUT

56, RUE JACOB, 56

BIBLIOTHÈQUE DE L'ENSEIGNEMENT AGRICOLE

PUBLIÉE SOUS LA DIRECTION DE

M. A. MÜNTZ

Professeur à l'Institut National Agronomique.

DES

PLANTES VÉNÉNEUSES

ET DES

EMPOISONNEMENTS QU'ELLES DÉTERMINENT

PAR

CH. CORNEVIN

PROFESSEUR A L'ÉCOLE NATIONALE VÉTÉRINAIRE DE LYON

PARIS

LIBRAIRIE DE FIRMIN-DIDOT ET Cⁱᵉ

IMPRIMEURS DE L'INSTITUT

56, RUE JACOB, 56

BIBLIOTHÈQUE DE L'ENSEIGNEMENT AGRICOLE

PRINCIPAUX RÉDACTEURS

MM.

BARON, professeur à l'École Nationale Vétérinaire d'Alfort.

BOITEL (O. ✻), inspecteur général de l'Enseignement agricole, professeur à l'Institut National Agronomique, membre de la Société Nationale d'Agriculture.

CORNEVIN (✻), professeur à l'École Vétérinaire de Lyon.

GAUWAIN (✻), maître des requêtes au Conseil d'État, professeur à l'Institut National Agronomique.

AIMÉ GIRARD (O. ✻), professeur au Conservatoire des Arts-et-Métiers et à l'Institut National Agronomique, membre de la Société Nationale d'Agriculture.

A. CH. GIRARD, chef du Laboratoire de chimie de l'école d'application de l'Institut Agronomique.

GRANDEAU (O. ✻), doyen de la Faculté des Sciences de Nancy, directeur de la Station Agronomique de l'Est.

LAVALARD (O. ✻), administrateur de la Compagnie Générale des Omnibus, professeur à l'Institut National Agronomique, membre de la Société Nationale d'Agriculture.

LECOUTEUX (O. ✻), professeur au Conservatoire des Arts-et-Métiers et à l'Institut National Agronomique, président de la Société Nationale d'Agriculture.

MUNTZ (✻), professeur à l'Institut National Agronomique.

PRILLIEUX (O. ✻), inspecteur général de l'Enseignement Agricole, professeur à l'Institut National Agronomique, membre de la Société Nationale d'Agriculture.

PULLIAT (✻), professeur de Viticulture à l'Institut National Agronomique.

RISLER (O. ✻), directeur de l'Institut National Agronomique, membre de la Société Nationale d'Agriculture.

RONNA (C. ✻), ingénieur, membre du Conseil supérieur de l'Agriculture.

ROUX (✻), directeur du Laboratoire de M. Pasteur.

TISSERAND (C. ✻), Conseiller d'État, directeur au Ministère de l'Agriculture, membre de la Société Nationale d'Agriculture.

SCHLŒSING (O. ✻), membre de l'Académie des Sciences et de la Société Nationale d'Agriculture, directeur de l'École d'application des Manufactures Nationales, professeur au Conservatoire des Arts-et-Métiers et à l'Institut Agronomique.

DES

PLANTES VÉNÉNEUSES

ET DES

EMPOISONNEMENTS QU'ELLES DÉTERMINENT

BIBLIOTHÈQUE DE L'ENSEIGNEMENT AGRICOLE

PUBLIÉE SOUS LA DIRECTION DE

M. A. MÜNTZ

Professeur à l'Institut National agronomique.

DES
PLANTES VÉNÉNEUSES

ET DES

EMPOISONNEMENTS QU'ELLES DÉTERMINENT

PAR

CH. CORNEVIN

PROFESSEUR A L'ÉCOLE NATIONALE VÉTÉRINAIRE
VICE-PRÉSIDENT DE LA SOCIÉTÉ D'AGRICULTURE DE LYON

PARIS

LIBRAIRIE DE FIRMIN-DIDOT ET Cie

IMPRIMEURS DE L'INSTITUT

56, RUE JACOB, 56

1887

PRÉFACE

Occupé, depuis plusieurs années, de recherches sur quelques maladies virulentes et particulièrement désireux de connaître le mécanisme par lequel les microphytes producteurs de ces affections causent la mort des sujets attaqués, je me persuadai qu'en étudiant d'une façon générale l'élaboration des substances toxiques par les cellules végétales et les empoisonnements qui en résultent, ce serait me rapprocher du but. Le rôle de plus en plus prépondérant que l'on est tenté d'attribuer aux ptomaïnes dans la genèse des maladies infectieuses, la ressemblance et le parallélisme de la symptomatologie de plusieurs d'entre celles-ci et l'empoisonnement par des plantes vénéneuses d'organisation élevée, m'ont confirmé dans ma résolution.

Sous l'empire de cette idée directrice, l'examen des Phanérogames vénéneux fut abordé.

On sait que, par sa végétation, la plante emmagasine l'énergie solaire et l'amène à l'état de matière organique chargée de potentiel. Introduite dans l'organisme animal, cette substance se transforme, suivant le principe de l'équivalence, en mouvement, en chaleur et en produits indifférents qui sont éliminés. Or, abstraction faite des sucs caustiques, toute matière toxique est un substratum chargé à l'excès d'énergie chimique, ce qui nous amène à dire que tout empoisonnement résulte d'une transformation trop brusque ou trop intense du toxique, en mouvement ou en chaleur.

Par la soudaineté et l'intensité de la transformation, l'organisme est atteint dans ses fonctions et ses tissus; la matière nerveuse est le plus souvent et plus spécialement attaquée. De cet ébranlement résultent les modifications de la calorification, les divers phénomènes d'excitation, de convulsisme, d'incoordination des mouvements, de tétanisation et plus tard de coma, de stupeur, de paraplégie, qu'on rencontre dans les intoxications.

De même que la Bromatologie ne sera vraiment constituée que quand l'équivalence de chaque aliment aura été déterminée, la Toxicologie ne recevra son couronnement que par l'établissement de l'équivalence des substances vénéneuses. Peut-être qu'en mettant en regard les effets produits par les corps toxiques et leur composition chimique, on hâtera la solution des questions de dynamopoïèse et on éclairera quelque peu le rôle respectif des matières azotées et des substances ternaires dans la production de la force et de la chaleur.

Mais avant de toucher à ce but lointain, il faut rassembler des matériaux dont la pratique est appelée à retirer un bénéfice immédiat. Chaque plante suspecte doit être examinée en particulier afin de voir quels sont ses organes ou ses tissus dangereux; si les poisons, élaborés par certaines parties, subissent des migrations vers d'autres organes; si leur production quantitative et qualitative est influencée par l'âge du végétal, les saisons, la culture, le sol; s'ils sont saisonniers ou permanents, volatils et destructibles par la cuisson et la dessiccation ou fixes et résistants à de hautes températures, etc.

Ces points élucidés, l'action de chaque plante doit être suivie sur l'homme et les espèces animales domestiques. Il serait superflu de faire remarquer longuement que l'étude des corps extraits et isolés des végétaux toxiques, telle qu'on l'a faite en thérapeutique ou en toxicologie, ne peut remplacer celle des végétaux eux-mêmes, puisque la plupart de ceux-ci renferment plusieurs principes spéciaux d'action différente. Autre chose est d'étudier la morphine, la codéine et la narcéine, autre chose est d'examiner les effets des capsules de pavot ou de l'extrait d'opium.

Après la détermination de la quantité de chaque plante nécessaire pour amener un empoisonnement mortel selon qu'elle est verte, desséchée ou même cuite, si elle comporte cette préparation culinaire, et l'examen de la symptomatologie ainsi que des lésions, il faut rechercher soigneusement s'il y a localisation des principes vénéneux en un point particulier de l'économie, ou au contraire dissémination dans tout l'organisme. Il faut voir si, au contact des liquides organiques et sous l'influence de la température du corps, ils sont décomposés et entrent dans de nouvelles combinaisons. Outre l'intérêt que des recherches de ce genre peuvent présenter pour la médecine légale, elles sont indispensables pour résoudre une grave question d'hygiène publique, celle de l'utilisation des chairs des animaux qui succombent à un empoisonnement foudroyant ou qu'on égorge en prévision d'un dénouement funeste.

En me conformant à ce programme de recherches, j'avais étudié expérimentalement un nombre déjà élevé de plantes vénéneuses, réuni et condensé, pour les autres, de nombreux documents épars dans des mémoires originaux ou des publications périodiques, dressé le bilan des connaissances actuellement acquises, quand mon excellent ami, M. Müntz, me persuada qu'il y avait utilité à publier les matériaux rassemblés.

Avec lui, je me plais à penser que les agriculteurs trouveront dans cette publication d'importants renseignements sur les dangers que plusieurs plantes offrent pour l'espèce humaine, particulièrement pour les enfants. J'ai tâché également de bien faire connaître celles de ces plantes qui peuvent se trouver mêlées à la nourriture du bétail, ainsi que les additions et les sophistications d'origine végétale, dont quelques résidus industriels sont l'objet et qui les rendent nuisibles pour les animaux auxquels on les distribue.

J'espère aussi que les vétérinaires y rencontreront d'utiles indications sur une partie de l'hygiène et sur quelques points de pathologie peut-être un peu trop laissés dans l'ombre jusqu'à ce jour.

Nous serions heureux, M. Müntz et moi, si ce livre provoquait de nouvelles et fécondes recherches de chimie organique, en montrant combien de corps toxiques restent à isoler et combien de plantes dangereuses n'ont point encore été l'objet des investigations des toxicologistes et des chimistes.

Ch. CORNEVIN.

Lyon, le 1ᵉʳ mai 1887.

DES
PLANTES VÉNÉNEUSES

ET DES

EMPOISONNEMENTS QU'ELLES DÉTERMINENT

PREMIÈRE PARTIE

ÉTUDE GÉNÉRALE
DES POISONS D'ORIGINE VÉGÉTALE
ET DES INTOXICATIONS
QU'ILS OCCASIONNENT

L'étude générale des empoisonnements d'origine végétale soulève des questions multiples ; les unes se rapportent aux plantes qui élaborent les poisons, les autres aux organismes qui sont impressionnés par les matières toxiques et qui réagissent diversement sous leur action.

Nous avons à entrer dans l'examen des particularités qui dérivent de ces deux sources.

Article Iᵉʳ. — Formation des poisons d'origine végétale ; causes qui l'influencent

Les végétaux supérieurs répandus à la surface de la terre, par le fait même de l'exécution de leurs fonctions vitales, puisent dans le milieu ambiant des éléments simples qu'ils font entrer dans de nouvelles combinaisons et dont ils constituent des corps plus complexes, tandis que, par une opposition admirable, les végétaux inférieurs et les animaux décomposent les corps complexes et en dissocient les éléments.

Tout végétal est une machine qui, mettant en œuvre des matières premières très simples, puisées dans l'atmosphère et le sol, les utilise à la formation de produits plus élevés, de substances protéiques, amylacées, grasses, sucrées ; de résines, d'essences, etc., dont le rôle, dans l'alimentation de l'homme et des animaux, ainsi que dans l'industrie, n'a point besoin d'être développé.

Mais, dans leur fonctionnement, les cellules végétales ne fabriquent pas seulement des matières utiles, celles d'un grand nombre de plantes groupent les éléments puisés dans le milieu ambiant de telle façon qu'il en résulte des substances toxiques. A côté de l'élaboration de corps de haute utilité, elles créent des poisons.

L'étude purement chimique des poisons d'origine végétale est déjà avancée, mais on est loin de connaître aussi bien le déterminisme de leur formation. Cette connaissance est intimement liée aux progrès de la chimie biologique et de la physiologie végétale ; la marche incessante de ces sciences nous est un garant qu'elle ne tardera pas à s'agrandir.

Pour le moment, nous admettrons que la formation des poisons végétaux peut se rattacher à quatre modes :

1° La substance toxique existe dans la graine; elle ne subit pas de modification lors de la germination, mais elle passe intégralement et immédiatement dans la tigelle et la radicelle, qui sont vénéneuses au moment même de leur formation. Il n'y a pas d'interruption dans la toxicité de la plante qui hérite, non seulement de la faculté d'élaborer un poison à son tour, mais qui recueille directement tout ce qu'en contenait la graine dont elle est issue.

Les graines vénéneuses dont les cotylédons volumineux servent à nourrir la tigelle sont dans ce cas. On peut prendre comme exemple les Légumineuses toxiques et particulièrement le Cytise Aubour, où il est très facile de suivre cette sorte d'hérédité.

2° Le principe vénéneux n'existe pas dans la graine et on ne le rencontre pas dans la jeune plante; il ne se forme que plus tard, lorsque certaines parties qui l'élaborent, telles que les laticifères pour quelques végétaux, se trouvent dans les conditions nécessaires pour cette production. Il y a transmission héréditaire de la faculté créatrice du poison, mais non du poison lui-même.

Nous citerons comme exemples de ce cas le Tabac et le Pavot somnifère, dont les graines sont inoffensives et qui deviennent dangereux, le premier quand son parenchyme foliaire s'est étalé, et le second lors de la formation de sa capsule.

3° Il peut arriver que la graine soit vénéneuse sans que la plantule qui en est issue le soit immédiatement. Une telle particularité se présente surtout quand la graine toxique est pourvue d'un albumen volumineux, parce qu'il y a transformation de cet albumen pour la nourriture de la tigelle et qu'une pareille opération a généralement pour résultat la transformation et la destruction du poison lui-même. L'Ivraie énivrante appartient à ce groupe.

4° Les éléments d'un poison peuvent exister dans un végétal, mais dans des parties ou des tissus séparés, de telle sorte que le poison ne se forme réellement que lorsque ces tissus ou ces parties sont déchirées et mises en contact les unes avec les autres. Tel est le cas de quelques Rosacées, notamment des Amandiers qui renferment de l'amygdaline et de l'émulsine, corps inoffensifs s'ils restent séparés mais qui, mis en contact en présence de l'eau, produisent de l'acide cyanhydrique. L'amygdaline paraît confinée dans les tissus parenchymateux de l'embryon, l'émulsine dans les tissus libériens des jeunes faisceaux.

L'élaboration des poisons est soumise chez les végétaux à des variations nombreuses qui sont du même ordre, d'ailleurs, que celles qui concernent les matières protéiques, hydrocarbonées, les essences, etc. Celles-ci ont été étudiées avec soin par un grand nombre d'observateurs de tous les pays, qui se sont efforcés d'en pénétrer l'origine, les transformations, les migrations et la disparition. Nombre de problèmes de physiologie générale des plus intéressants ont été élucidés dans ces dernières années.

Nous possédons peu de matériaux sur les mêmes problèmes soulevés à propos des substances toxiques. Nous allons résumer ici ce que l'observation a appris en y ajoutant le résultat de nos propres recherches.

Les différences constatées, tant dans le moment d'apparition que dans la quantité des substances toxiques élaborées, tiennent au végétal producteur ou au milieu dans lequel il vit.

§ 1. — *Variations inhérentes au végétal.*

L'activité d'une plante vénéneuse peut être subordonnée à son âge, elle peut se montrer dans toutes ses parties ou n'être l'apanage que de quelques-unes.

A. **Age**. — Si, en thèse générale, l'activité des tissus d'une plante est à son maximum au début de sa végétation, on ne peut point ériger en règle que les jeunes pousses de tous les végétaux dangereux élaborent plus activement des poisons que les tissus plus âgés. Ce n'est exact que pour deux sortes de plantes, celles dont le poison, concentré et en quelque sorte à l'état latent dans un organe important, tel que la graine ou le bulbe, afflue vers la jeune tige qui en est promptement gorgée, et celles dont les bourgeons et les très jeunes pousses annuelles produisent seuls une substance toxique pendant un laps de temps fort limité et perdent toute propriété fâcheuse à mesure que la saison s'avance. Le Vérâtre, le Colchique, la Ciguë et même quelques légumes sont des exemples de la première catégorie; les Quercinées représentent la seconde.

Il est, au contraire, de nombreuses plantes qui ne sont pas ou sont à peine vénéneuses quand elles sont jeunes; quelques-unes sont même consommées à ce moment par l'homme ou prises comme fourrage par les animaux sans aucun inconvénient. Ce n'est qu'en vieillissant qu'elles deviennent nocives et fabriquent des poisons. Le Tamier, les Pavots, le Tabac, la Férule, quelques Renoncules rentrent dans cette catégorie, mais le cas le plus frappant qu'il m'ait été donné d'observer est celui de l'If à baies. Les vieux rameaux et les feuilles anciennes de cet arbre sont extrêmement vénéneux, tandis que les jeunes pousses et les feuilles récentes sont à peu près inoffensives, constatation qui explique comment des paysans ont pu, au printemps, donner à leur bétail, sans qu'il en résultât d'empoisonnement, de jeunes pousses d'If provenant de la taille de haies.

La plus grande période d'activité formatrice des poisons existe plutôt au moment des phénomènes de floraison et de fructification qu'à une autre époque. Et encore on doit faire remarquer que cette proposition comporte de nombreuses exceptions. Une fois cette période passée, que les principes toxiques se concentrent ou non dans la graine, il y a un temps d'arrêt qui ne cessera qu'à l'année suivante.

Sur le plus grand nombre des végétaux vénéneux arborescents, les vieux tissus sont incomparablement moins vénéneux que les récents, ils restent imprégnés du poison élaboré antérieurement, mais n'en produisent plus. C'est le cas du bois comparé aux couches corticales ou aux organes foliacés et floraux, et celui des couches subéreuses de l'écorce mises en parallèle avec celles du liber.

B. **Partie du végétal.** — Il est des plantes qui sont vénéneuses par *toutes* leurs parties : racine, tige, rameaux, écorce, bourgeons, feuilles, fleurs et fruits; telles sont le Colchique, le Vératre, la Scille, la Parisette, l'Anagyre, le Mélia Azédarach, la Camélée à trois coques, etc. Néanmoins, ce ne sont pas celles qui occasionnent, dans l'espèce humaine, le plus d'accidents, parce qu'elles sont connues comme dangereuses, même du vulgaire, et qu'on en évite l'emploi.

D'autres ne sont toxiques que par quelques parties déterminées et comme on a pu faire usage impunément des parties non vénéneuses, il en résulte des incertitudes pleines de conséquences fâcheuses. Quelques considérations sont nécessaires à ce sujet.

Parties souterraines. — Les plantes vénéneuses dont la vie aérienne est relativement éphémère et qui ont une végétation latente par des bulbes, des rhizomes ou des racines très développées, sont souvent plus dangereuses par ces parties souterraines que par leurs organes aériens ; ceux-ci sont communément peu nocifs, tandis que les premières le sont à un degré élevé. Il peut se faire que la partie souterraine seule soit vénéneuse, comme dans l'*Atractylis gummifera,* dont la tige et les capitules sont comestibles, ou qu'elle partage ce triste privilège avec une seule partie aérienne, généralement le fruit, comme dans la Violette commune et le Tamier.

L'inverse peut se présenter, la partie souterraine ne point contenir ou contenir des traces très faibles de poison, tandis que les parties exposées à la lumière sont dangereuses ; les Solanées nous fournissent une particularité de ce genre.

Parties aériennes. — On remarquera d'abord que le groupe des végétaux à feuilles persistantes renferme des espèces vénéneuses tout comme celui des plantes à feuillage caduc, mais la proportion entre les espèces dangereuses et les espèces inoffensives n'a été établie jusqu'à présent ni pour l'un ni pour l'autre groupe. Dans chacun d'eux, des espèces n'élaborent leur poison que par des tissus ou des organes aériens déterminés. Il peut arriver que le poison fabriqué dans ces parties soit entraîné ensuite dans les autres organes.

Des plantes sont vénéneuses par leur écorce et leurs feuilles et ne le sont pas par leurs fleurs et tout ou partie de leurs fruits, tel est l'If.

Il en est qui le sont spécialement par leurs fleurs et dont les autres parties aériennes sont nuisibles à un degré beaucoup moindre, comme le Sarrazin qui, au moment de sa floraison, cause de si singuliers accidents sur les moutons et les bœufs.

Quelques végétaux sont vénéneux seulement par leurs fruits, comme le Ricin et l'Ivraie ; parmi eux, les uns ne sont dangereux que par l'amande, les autres par l'enveloppe seule. La faîne ou fruit du Hêtre est un exemple du second cas, la Coque du Levant en est un du premier.

Inversement, on trouve des végétaux vénéneux par toutes leurs parties, sauf le fruit : le Sumac en est le type.

On sait déjà qu'une plante peut produire, dans les mêmes organes, plusieurs principes toxiques ; les exemples de ces élaborations multiples et parallèles sont nombreux et chaque année la chimie nous en révèle de nouveaux. Le plus connu est celui du Pavot qui ne produit pas moins de six principes bien étudiés.

Un cas moins fréquent, mais plus curieux peut-être, est celui où chacune des parties de la plante élabore un toxique différent. Comme type de cette sorte, nous citerons la Parisette à quatre feuilles, dont la souche agit comme vomitive, les feuilles comme anti-spasmodiques et les baies comme cardiaques.

§ 2. — *Variations dépendant du milieu.*

L'influence du milieu, si considérable sur tous les êtres, est plus marquée sur les végétaux qui ne peuvent, comme les animaux, se soustraire partiellement à son action. Elle se fait sentir sur la taille, le coloris, la fructification ; elle modifie l'organisation, augmente ou déprime la production de telles ou telles matières organiques, exalte ou affaiblit l'odeur et la saveur et n'a pas une moindre action sur la formation des poisons.

Le milieu est constitué par un ensemble de facteurs faisant tous sentir leur puissance sur les êtres qui y vivent, d'où la nécessité d'examiner ces facteurs séparément.

Influence de la lumière. — Tout le monde connaît la prépondérance de son action dans les phénomènes végétatifs, principalement dans la fonction chlorophyllienne ; mais son rôle dans la formation des poisons n'a point été élucidé autrement que par l'observation. Des études expérimentales concernant les végétaux supérieurs, sont à entreprendre sur ce point ; nul doute qu'elles ne soient fructueuses si l'on considère ce qu'ont donné déjà celles exécutées sur les Cryptogames bacillaires, doués de propriétés pathogènes.

On peut affirmer toutefois, d'ores et déjà, qu'on ne pourra pas généraliser et que chaque groupe de végétaux devra être l'objet d'études spéciales. Tel poison, l'Atractyline, ne se forme qu'à l'obscurité, dans les parties souterraines, tandis que tel autre, la Solanine, s'élabore surtout dans les parties vertes exposées à la lumière. Du moment que les rayons lumineux sont de puissants agents d'associations ou de dissociations, rien d'étonnant à ce qu'ils agissent différemment vis à vis des poisons végétaux dont la constitution chimique est très variée et très différente. Nous dirons à ce propos que s'il est vrai que le Sumac a des émanations vénéneuses pendant la nuit et n'en produit point dans le jour, il fournit un exemple de dissociation d'un principe vénéneux, l'acide toxicodendrique, sous les rayons solaires.

Chaleur. — Son action a des relations si étroites avec celles de la lumière, des saisons et des climats, qu'elle n'est guère envisagée isolément. Lorsqu'elle est prolongée, elle amène la dessiccation de la plante et par conséquent l'évaporation et la destruction du poison, lorsqu'il est volatil. Ce résultat se produit pour la plupart des Renonculacées, pour quelques Chénopodées, etc.

La chaleur humide, c'est-à-dire la cuisson, conduit au même résultat pour les mêmes poisons ; la Mercuriale annuelle devient inoffensive lorsqu'elle a été soumise à cette action, par suite de la volatilisation de son toxique, la mercurialine.

L'activité des végétaux producteurs de poisons non volatils semble augmentée par la cuisson, non qu'elle le soit réellement, mais parce qu'à la suite de cette opération, la partie qui renferme la substance nuisible et lui sert de substratum et de gangue, est plus facilement attaquable par les sucs digestifs, plus rapidement désagrégée, qu'ainsi le poison est plus vite mis en liberté et dans la possibilité d'exercer son action. L'expérience élémentaire qui consiste à prendre deux animaux de même race, de même âge et de même poids et à leur faire ingérer la même quantité de graines nuisibles, avec la précaution de soumettre à la cuisson celles destinées à l'un des deux et de donner les autres sèches et crues, met fort bien ce fait en évidence.

Électricité. — D'après des recherches récentes, la lumière électrique favorise la formation de la chlorophylle, l'éclosion des fleurs, la maturation des fruits chez les végétaux supérieurs. Elle produit une augmentation de l'activité cellulaire qui porte à se demander si elle n'aurait pas d'effets sur la formation ou la migration des poisons. Mais nous n'avons encore sur ce sujet que des notions très vagues.

Saisons. — Les saisons qui règlent la marche de la végétation et président aux mouvements et aux déplacements des substances organisées dans la trame végétale, ont également la part la plus considérable dans la formation et les migrations des matières toxiques.

Nous savons déjà que telle partie d'un végétal, fort vénéneuse quand elle touche à la fin de sa vie, ce qui correspond à la période automnale ou hibernale, est à peu près inoffensive lorsqu'elle est utilisée au début de sa végétation, c'est-à-dire au printemps. Inversement, l'observation a également appris que telle partie, fort toxique lorsqu'elle se forme, le devient de moins en moins à mesure que le temps marche et que les saisons se succèdent. Les pharmacologistes se sont occupés de ce point, important pour la récolte des plantes médicinales, qu'il faut recueillir juste au moment où leur teneur en principes actifs est la plus élevée. Leurs recherches nous ont éclairé sur plusieurs plantes; elles ont fait voir, par exemple, que le bulbe du Colchique perd une partie de sa toxicité lors de l'émission des feuilles en avril et au moment de l'apparition des fleurs à la fin de septembre. Après la formation de la graine, il récupère son pouvoir toxique qui est à son maximum à la fin de juillet et au mois d'août.

Des renseignements intéressants ont également été fournis pour la plupart des Renonculacées, notamment pour les Aconits, pour les Ciguës, les Pavots, etc. Généralement dispersés, pour la plus grande partie, dans les organes foliacés, les principes actifs se concentrent peu à peu dans la graine, pour un grand nombre de plantes, par des déplacements analogues à ceux de plusieurs corps qui viennent constituer la graine elle-même.

J'ai pu suivre de près ces migrations du poison sur le *Cytisus laburnum*. En me servant de feuilles récoltées de mois en mois et recherchant quelle quantité de leur extrait, toujours préparé de même façon, est nécessaire pour produire le vomissement chez les carnivores, j'ai observé les faits suivants :

Récolte du 20 mai (les fleurs s'ouvrent), il faut 2 grammes de feuilles desséchées pour produire le vomissement..
— *du 10 juin* (les gousses commencent à se former), il faut 4 gr. de feuilles desséchées pour produire le vomissement...............................
— *du 28 juillet* (les gousses sont toutes formées), il faut 12 gr. de feuilles desséchées pour produire le vomissement.............................
— *du 28 septembre* (les gousses commencent à sécher, les graines sont dures), il faut 20 gr. de feuilles desséchées pour produire le vomissement............

} PAR KILOG. DE POIDS VIF.

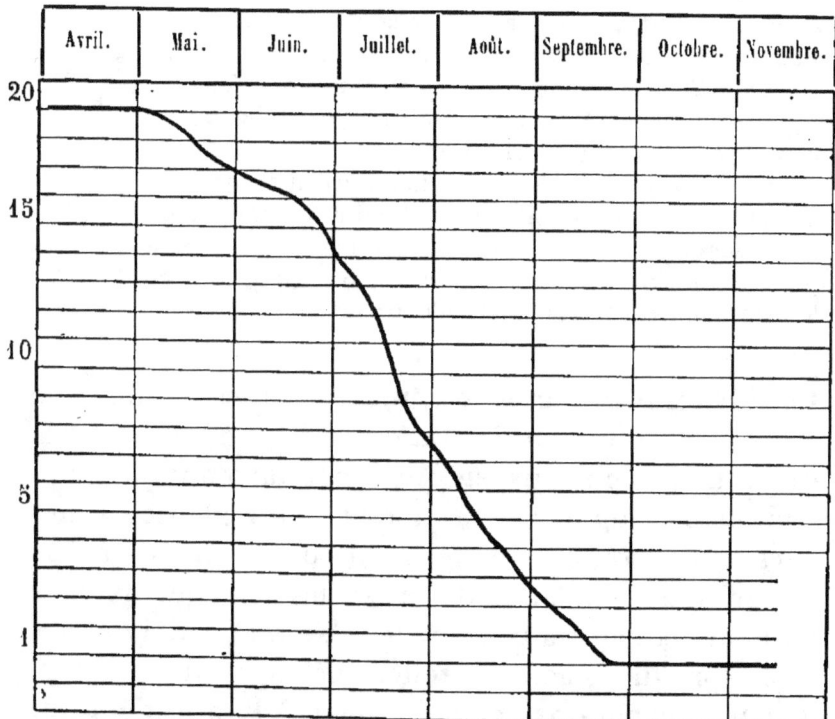

Fig. 1. — Variations de la teneur en cytisine, pendant la période annuelle de végétation, dans les feuilles du CYTISE AUBOUR.

Le graphique précédent présente le fait d'une façon frappante. De ce diagramme, se dégage de la façon la plus nette le déplacement de la matière vénéneuse et sa concentration dans la graine, mais il en résulte aussi qu'à toutes les époques de la végétation, la feuille est vénéneuse.

J'ai fait des observations de même ordre sur la gousse. En agissant, comme il vient d'être dit pour les feuilles, sur cette partie du fruit soigneusement débarrassée du grain qu'elle renfermait, j'ai fait les constatations suivantes :

Récolte du 17 juin (les gousses sont fraîches, les graines qu'elles renferment sont très petites et s'écrasent facilement), il faut 2 grammes de gousses desséchées pour amener la mort. . . . .
— *du 28 juillet* (la graine est complètement formée, dure, la gousse perd sa couleur verte), il faut 7 gr. de gousses desséchées pour amener la mort. . . . .
— *du 10 octobre* (la gousse est sèche, noire et s'entrouvre spontanément), impossibilité d'obtenir la mort même en se servant de doses énormes, on ne produit que quelques contractions musculaires d'abord, puis un peu de somnolence sur les sujets d'expérience. . . . . . .
} Par kilog. de poids vif.

Conditions topographiques. — Il est admis, en thèse générale, que la *latitude* a de l'influence sur la formation des poisons et que l'habitat dans les pays méridionaux augmente la nocivité des plantes vénéneuses. Pour soutenir cette manière de voir, on argue de la grande abondance de ces sortes de végétaux dans les climats équatoriaux et de la très grande activité des poisons produits, activité telle, chez quelques arbres, que leurs émanations seraient fatales à l'imprudent qui s'endormirait sous leur ombre. On sait aussi que des végétaux, vénéneux dans le Midi, perdent une grande partie de leur nocivité dans le Nord, tels que l'Aconit et le Laurier-cerise.

On comprend sans peine que la puissance de végétation qui caractérise les climats chauds ait pour corollaire une élaboration plus active des matières toxiques. On doit faire remarquer toutefois que la proportion des végétaux vénéneux vis-à-vis de la totalité des espèces n'a été déterminée ni pour la flore tropicale, ni pour la flore tempérée, de sorte que nous manquons de bases rigoureuses de comparaison.

Ce serait une erreur complète de considérer la flore des climats très froids comme dépourvue d'espèces toxiques; pour ne citer qu'un exemple, nous rappellerons que la Sibérie et le Kamschatka sont l'habitat naturel du *Rhododendron chrysanthum. L.* dont les propriétés vénéneuses sont des plus marquées.

Lorsque le mode de formation des poisons par les végétaux sera mieux connu, il est probable que l'on constatera que les pays chauds produisent de préférence certaines sortes de substances toxiques et les pays tempérés ou froids certaines autres.

Ces notions se dégagent dès à présent quand on étudie l'influence de *l'altitude* qui, par plusieurs côtés, confond ses effets avec ceux de la latitude. Effectivement, les plantes vénéneuses sont communes dans les hauts pâturages de montagnes, qui constituent des stations froides, il suffit de citer le Vérâtre blanc, les Hellébores et le Rhododendron pour en être convaincu.

Les lieux ensoleillés, le couvert des bois, les plateaux arides et rocailleux ainsi que les plaines marécageuses ont leurs espèces dangereuses. En un mot, chaque condition topographique possède des formes vénéneuses et aucune n'en paraît exempte.

Constitution minéralogique du sol. — Nulle espèce de terrain n'est dépourvue de plantes vénéneuses; on en rencontre dans le groupe des espèces calcicoles, silicicoles, etc., ce qui s'explique d'ailleurs par le nombre des espèces suspectes et leur dissémination dans la plupart des familles végétales.

L'étude, qui serait des plus intéressantes, des modifications de la vénénosité d'une plante transportée de son habitat normal dans un terrain de constitution différente est à peu près entièrement à faire. Ce sont là, du reste, des recherches expérimentales qui se rattachent de près à la question de culture. On n'a guère noté jusqu'à présent que les modifications de couleur, de taille, de pilosité éprouvées par plusieurs de ces plantes, particulièrement par la Digitale qui, d'un beau rouge lorsqu'elle croît dans les terrains granitiques où elle se plaît, pâlit considérablement lorsqu'elle est transportée dans les terrains calcaires. Il reste à examiner la toxicité avec le même soin.

Culture et engrais. — Il y aurait puérilité à s'appesantir sur les différenciations que la culture, aidée des engrais, a imprimées aux végétaux dans leur taille, leur poids, leur fécondité, leur odeur, leur saveur, etc., puisqu'il suffit, pour se faire une opinion, de comparer quelques-unes de nos plantes cultivées à celles de la même espèce et dont elles dérivent, que nous voyons croître spontanément autour de nous. Dans ces dernières années, on s'est attaché d'une façon toute particulière à suivre les modifications qu'apportent la culture et les diverses fumures à la composition chimique de quelques plantes alimentaires et industrielles. La betterave a été, notamment, l'objet de ces études et l'on sait pertinemment aujourd'hui l'influence que tel ou tel engrais exerce sur sa teneur en sucre.

Nous ne possédons, en toxicologie, que de rares documents sur ce sujet, mais ils nous permettent de conclure qu'il est des poisons qui sont modifiés considérablement, dans le sens de l'atténuation, sous l'influence des soins culturaux. Nous citerons l'Aconit napel à titre d'exemple ; fort vénéneux quand il végète spontanément, sa toxicité diminue si rapidement qu'au bout de quelques générations, il est à peine dangereux lorsqu'il est cultivé dans le sol très fertile d'un jardin.

Nous ne connaissons pas de plantes dont les propriétés toxiques s'exaltent par la culture et les engrais. Mais nous savons qu'il en est qui ne sont point ou sont peu influencées par ces conditions ; de ce nombre sont les plantes messicoles, comme l'Ivraie et le Mélampyre. Leur habitat et leur mode de végétation expliquent suffisamment la fixité de leur vénénosité.

Malgré les façons culturales, le Pavot et le Tabac continuent à produire leurs alcaloïdes spécifiques. Les recherches persistantes faites sur cette dernière plante ont montré qu'une fois une variété fixée par une suite de cultures à un taux déterminé de nicotine, elle conserve ce taux par hérédité, tant que les conditions de milieu restent les mêmes. N'y a-t-il point un curieux rapprochement à établir entre ces résultats et ceux obtenus sur quelques microphytes pathogènes dont on fixe aussi par une série de cultures *in vitro* la virulence primitivement exaltée ou atténuée ?

Nous dirons enfin que des plantes habituellement inoffensives et cultivées comme fourragères, ont été accusées de devenir vénéneuses quand elles végètent dans des conditions défavorables. Le Sorgho a été mis en cause et signalé comme produisant, quand sa végétation est entravée, un poison qui n'a pas été isolé d'ailleurs. Si des observations ultérieures confirment ce qui a été dit à ce sujet, on aura un bel exemple de l'influence de la culture sur l'atténuation des propriétés toxiques des plantes.

§ III. — *Réflexions générales sur le déterminisme de la toxicité.*

Les quelques notions rassemblées dans les deux paragraphes précédents montrent qu'un très grand nombre de points relatifs à l'influence des milieux sur la production des substances toxiques restent encore à élucider; pourtant ce qu'on en sait déjà va nous permettre d'avancer quelques hypothèses sur cette production.

Puisqu'en soustrayant telle ou telle plante à l'influence de tel ou tel agent, en la plaçant dans des conditions arrêtées à l'avance, on atténue ou on fait disparaître sa vénénosité, n'est-on pas fondé à dire que cette plante n'est devenue toxique qu'à partir du moment où elle a été placée dans des conditions inverses, qu'elle n'a élaboré un produit dangereux que lorsqu'elle a été soumise à l'action de l'agent dont la disparition fait cesser cette élaboration ?

Si une pareille déduction est permise, n'est-on pas autorisé à dire que la toxicité n'est point un caractère primordial des végétaux actuellement vénéneux, mais une propriété acquise par quelques sujets placés dans des conditions favorables pour cela ? Ces sujets, dans l'impossibilité de se déplacer, ont produit, sur place, des descendants soumis aux mêmes influences qu'eux; l'hérédité s'en mêlant, des variétés, puis des espèces se sont créées avec le caractère acquis par les premiers ascendants.

Si cette hypothèse est fondée, les familles très naturelles, dont les espèces vivent dans les mêmes stations et ont de grandes ressemblances morphologiques et histologiques, doivent élaborer des poisons identiques ou fort voisins. On trouve la confirmation de cette idée en examinant les Légumineuses, les Euphorbiacées, les Renonculacées. Dans ces familles, des plantes appartenant à des genres différents produisent un poison identique, comme l'Anagyris, la Coronille et le Cytise parmi les Légumineuses, les Aconits et les Dauphinelles dans les Renonculacées, tandis que toutes les espèces d'un même genre peuvent ne pas être vénéneuses, vraisemblablement parce que les unes se sont trouvées dans des conditions favorables ou nécessaires pour la production du toxique, tandis que les autres en ont été éloignées.

La doctrine émise ici trouve un solide appui dans les travaux exécutés sur les végétaux inférieurs, particulièrement sur l'atténuation et l'augmentation de leurs propriétés pathogènes. Les Cryptogames microbiens, auxquels on fait allusion, agissent selon toute probabilité sur l'organisme animal dans lequel ils sont introduits, par leur prolifération et par l'élaboration d'un poison comparable à ceux dont nous faisons l'étude en ce moment. L'activité du toxique secrété n'est point toujours la même, elle varie énormément. La fièvre charbonneuse, par exemple, est due au *Bacillus anthracis*; or il est des cas où la mort arrive, bien qu'à l'autopsie on trouve peu de bacilles; elle n'est explicable qu'en admettant qu'ils étaient doués d'un pouvoir toxique considérable. D'autre part, personne n'ignore aujourd'hui que, tout en respectant la végétabilité de ces microphytes, on peut les dépouiller de la totalité ou d'une partie de leur virulence et créer des races de microbes atténués, peu ou point dangereux. Tout le monde sait aussi que l'introduction, dans un organisme, de ces microphytes atténués le préserve des atteintes des mêmes microbes non atténués; c'est le fondement de la doctrine des inoculations préventives ou vaccinations.

Les causes d'atténuation sont déterminées aujourd'hui pour un grand nombre de végétaux inférieurs pathogènes ; en modifiant le milieu dans lequel on les fait vivre et reproduire, en agissant sur eux par la chaleur, la lumière ou par quelques substances chimiques, on atteint ce but assez promptement.

Inversement, on est parvenu à augmenter l'activité normale des microphytes et à la leur restituer quand elle a été atténuée.

Sans doute que les obstacles sont plus grands quand il s'agit des végétaux supérieurs, surtout parce qu'il faut faire entrer le temps en ligne de compte, tandis que pour les microbes, les générations succèdent aux générations avec une telle rapidité que toute difficulté disparaît de ce côté. Mais les obstacles ne sont pas insurmontables et les résultats obtenus dédommageraient amplement ceux qui se livreraient à ce genre d'études.

Article II. — Réactions de l'organisme animal en présence des poisons.

Avant de rechercher comment l'organisme humain et celui de nos diverses espèces animales réagissent vis à vis des poisons, il ne sera pas inutile de jeter au préalable un coup d'œil sur la façon dont les empoisonnements se produisent.

§ I. — *Conditions de l'empoisonnement spontané.*

Pour l'espèce humaine, c'est naturellement parmi les habitants de la campagne que les accidents causés par les végétaux vénéneux se produisent de préférence. Les enfants fournissent le plus fort contingent, parce qu'avec l'insouciance qui est l'un des privilèges de leur âge et la gourmandise qui en est un des vices, ils touchent à tout ce qui leur tombe sous la main, cueillent et mangent toutes sortes de fruits, particulièrement les baies qui les tentent par leurs belles couleurs rouges, roses ou noires-bleuâtres. Il a déjà été dit, et l'on en trouvera de nombreuses preuves dans le cours de cet ouvrage, que souvent le poison se concentre précisément dans le fruit.

Chez les adultes les intoxications sont plus rares, elles se produisent surtout par confusion d'une plante vénéneuse avec une plante usuelle, telles que les feuilles d'Æthuse ache des chiens prises pour celles du Persil, la racine de l'Œnanthe safranée pour celle du Panais, les fleurs du Cytise pour celles du Robinier, etc. On en voit aussi être le résultat de l'ignorance des effets malfaisants de quelques plantes ; ceci se présente particulièrement pour l'Ivraie, la Nielle, le Mélampyre, dont on laisse broyer les graines avec le Blé ou le Seigle et qui contribuent à faire un pain nuisible à la santé.

Les empoisonnements volontaires par ingestion de plantes vénéneuses sont moins fréquents aujourd'hui qu'autrefois, bien que le nombre des suicides augmente d'année en année. Mais les désespérés et les vaincus choisissent, à notre époque, des moyens plus rapides, ils cherchent particulièrement dans les armes à feu le moyen de mettre fin à une existence qui leur pèse et qu'ils n'ont plus le courage ni la vertu de supporter.

Quant aux animaux domestiques, on dit assez fréquemment que, guidés par leur instinct, ils ne touchent point aux plantes qui peuvent les incommoder et que si, par hasard, ils en mangent avec leurs aliments habituels, ils n'en prennent jamais suffisamment pour faire naître des symptômes alarmants.

Cette assertion n'est point conforme à la vérité, de nombreuses observations m'en ont convaincu. Il est d'ailleurs peu de vétérinaires exerçant à la campagne, qui n'aient été appelés près de bestiaux empoisonnés spontanément et qui ne puissent confirmer ce que j'avance. Les animaux sauvages ne s'empoisonnent pas en s'alimentant, à moins que l'homme n'intervienne pour mêler à leur nourriture quelque substance vénéneuse, mais les animaux domestiques sont dans de tout autres conditions. La domestication a affaibli en eux l'instinct qui éloigne leurs congénères, vivant en liberté, des plantes vénéneuses ; quand celles-ci ne possèdent ni saveur âcre, ni odeur nauséabonde, ils les mangent volontiers. Combien d'empoisonnements de chevaux et de bœufs n'a pas causés l'If à baies !

Il est des circonstances qui favorisent les accidents. Lorsque le bétail a été maintenu pendant tout l'hiver en stabulation, au régime du sec, et qu'aux premiers beaux jours du printemps on le met en liberté dans la campagne, il se repaît avec avidité de toutes les herbes qui lui tombent sous la dent, sans que sa voracité momentanée lui laisse le temps de faire une distinction entre les plantes vénéneuses et celles qui ne le sont pas. C'est à ce moment que les Ombellifères, les Aroïdées, les Asparaginées causent leurs méfaits.

Il peut arriver que, dans les prairies et les pâturages, les bonnes et les mauvaises plantes soient mélangées si intimement, qu'en prenant les premières, le bétail consomme forcément une partie des secondes ; cela se présente surtout pour le Colchique, extrêmement abondant dans certaines régions et dont les fleurs peuvent être mangées à l'automne en quantité suffisante pour déterminer des empoisonnements.

Le plus souvent l'homme est le coupable ; on le voit forcer ses animaux à pâturer dans les forêts et à manger, faute d'une autre nourriture, des plantes sylvestres vénéneuses, telles que la Parisette ou de jeunes pousses de Quercinées et de Conifères. Ou bien il leur présente à l'étable des plantes vénéneuses quelquefois seules, le plus souvent associées à d'autres fourrages. On a vu, pendant l'hiver, distribuer des feuilles d'Hellébores au bétail et celles-ci ne pas être refusées, parce qu'elles tranchent par leur verdeur sur la nourriture sèche qui constitue le régime de cette saison. D'autres fois, c'est un mélange de bonnes et de mauvaises plantes qui sont données à l'étable, telles que des sarclures de jardins infestées de Mercuriale ou d'Euphorbe, des fourrages artificiels où se trouvent le Pavot coquelicot, l'Aristoloche, etc.

Une intoxication peut aussi être la résultante d'une alimentation trop exclusive et trop longtemps prolongée avec des graines peu vénéneuses, elle prend alors un caractère chronique ; nous étudierons sous les noms de lathyrisme et de lupinose les accidents de ce genre occasionnés par les Gesses et le Lupin jaune.

Une proportion élevée d'empoisonnements se produit par les graines vénéneuses mélangées, lors du battage, du vannage et du triage, à de menus grains de céréales distribués aux animaux comme criblures. Plusieurs Ivraies, le Mélampyre et la Nielle sont du nombre. Les farines qui servent à blanchir les boissons des animaux, à faire des barbottages et qui ont été extraites de telles graines, occasionnent les mêmes accidents.

On voit que les circonstances où nos animaux domestiques peuvent s'empoisonner sont nombreuses et qu'il n'y a aucun crédit à accorder à l'opinion qui prétend que leur instinct les défend constamment et suffisamment. Souvent cet instinct est en défaut et l'on admettra sans peine que les races très perfectionnées, améliorées particulièrement par ce qu'on a appelé pittoresquement « le repos au sein de l'abondance » c'est-à-dire par le régime de la stabulation aidé d'une copieuse alimentation, sauront moins se soustraire au danger que les races plus rustiques, encore soumises presque toute l'année au régime du pâturage.

Si l'on s'explique que sous l'empire de la faim, toujours mauvaise conseillère, ou des diverses circonstances qui viennent d'être indiquées, les bestiaux s'empoisonnent spontanément, on conçoit plus difficilement que quelques-uns manifestent un goût prononcé pour des végétaux qui doivent les intoxiquer. Quelle explication donner de l'avidité du bœuf pour les feuilles desséchées du Tabac et de celle de la chèvre pour le Rhododendron des marais, avidité que ces animaux paient souvent de leur vie? La saveur de ces aliments leur plaît-elle au point d'étouffer en eux l'instinct de la conservation?

Quelle que soit la cause de l'intoxication, nous avons à examiner les variations d'activité que présente un même poison lorsqu'on l'introduit dans un organisme animal.

On ne peut juger, à ce point de vue, l'activité d'un poison qu'en adoptant un étalon. Celui dont on se servira est la quantité de substance vénéneuse nécessaire pour tuer 1 kilog. de matière vivante, quantité qui fut aussi prise comme unité par M. Bouchard et appelée par lui une *toxie*.

Or l'expérimentation montre que le poids de la toxie varie dans des limites considérables suivant plusieurs causes, dont la plus active est l'espèce animale à laquelle appartient le kilog. de matière vivante qu'il s'agit de tuer.

Pour examiner ces causes, nous les rangerons sous cinq chefs : 1° la voie d'introduction du poison ; 2° l'âge du sujet ; 3° son sexe ; 4° son espèce ; 5° sa race et son individualité.

§ II. — *Variations d'activité ayant pour cause la voie d'introduction de la substance toxique dans l'économie.*

Dans les conditions ordinaires, les empoisonnements ont lieu par l'introduction du végétal dangereux dans le tube digestif, à titre d'aliment. Dans les laboratoires, pour les études expérimentales, on se sert assez rarement de ce moyen, on recourt plus volontiers aux voies intra-veineuse et hypodermique. On a tout avantage à agir ainsi lorsqu'il s'agit de poisons qui provoquent le vomissement, puisque, introduits par le tube digestif, ils ne tardent pas à être rejetés hors de l'estomac et que l'on n'en peut alors suivre les effets consécutifs.

Mais quand même on n'est point en présence d'une substance vénéneuse douée de propriétés émétiques, l'introduction de son extrait dans le torrent circulatoire ou sous la peau est encore à recommander à l'expérimentateur, parce que les effets sont sûrs et rapides. Un poison ne manifeste son activité propre que lorsque, dans un temps donné, il est en assez grande quantité dans le sang pour venir inciter certains tissus et notamment le tissu nerveux. Son introduction par le tube digestif n'a pas toujours ce résultat, parce que l'absorption se fait lentement d'une part et que l'élimination se produit parallèlement d'autre part. La voie veineuse et la voie hypodermique mettent immédiatement la masse introduite dans le cas d'agir sur le tissu d'élection ; charriée qu'elle est par l'irrigation sanguine, elle exerce de suite son action soit directement, soit par effet réflexe.

Si le sujet d'expérience est doué d'un très grand pouvoir digestif ou mieux encore si l'on prépare la substance vénéneuse de telle sorte qu'elle soit attaquée très facilement par les sucs digestifs, il n'y a guère qu'une différence de rapidité dans l'action, le résultat final est le même quelle que soit la voie d'introduction. Mais si les plantes et surtout les graines vénéneuses ingérées sont dures, sèches, l'élimination par l'appareil de la dépuration urinaire fait que l'empoisonnement ne se produit pas ou qu'il manifeste son action par des symptômes si fugitifs que l'observateur ne les note pas.

Nous verrons, lorsque nous étudierons les différences d'effets des poisons d'après les espèces animales, le grand parti que l'on peut tirer de leur introduction dans les deux voies sus-indiquées pour projeter un peu de lumière sur certains points obscurs de leur histoire.

Nous devons faire remarquer que, pour les recherches de laboratoire, la voie veineuse est la mieux indiquée, celle qui produit les effets les plus sûrs et *surtout les plus prompts*. Si elle doit avoir la préférence de l'expérimentateur quand il s'agit de l'action de médicaments qui se dissolvent très bien dans l'eau, il n'en est plus de même lorsqu'on veut étudier la totalité des principes nuisibles que contient un végétal. On s'adresse alors aux sucs des plantes, obtenus le plus souvent par trituration et expression, quelquefois par cuisson, décoction, macération et infusion. L'introduction de ces extraits dans les veines n'est pas toujours sans dangers, car il peut se former des embolies capables de déterminer rapidement la mort.

La voie sous-cutanée est préférable, elle n'expose à aucun accident, ne nécessite aucune éducation chirurgicale préalable pour mettre à découvert tel ou tel vaisseau, et si ses effets sont un peu moins rapides que ceux produits par l'introduction directe dans les veines, ils ne sont pas moins sûrs et moins nets. Nous l'employons tous les jours largement.

Il n'est pas hors de propos de dire à cette place que si l'on emploie les injections hypodermiques ou intra-veineuses, l'extrait végétal à injecter doit être de préparation récente et l'eau qui sert de véhicule, quand il est nécessaire d'en employer, soigneusement stérilisée au préalable. Les sucs végétaux fermentent très rapidement et si l'on n'y prend garde, on introduit avec eux des microorganismes qui peuvent se multiplier dans les tissus des sujets d'expériences. Ces phénomènes de prolifération microbienne s'ajoutent à ceux que produit le poison et en faussent l'étude. L'histoire des erreurs commises à propos des effets du Cyclame est le plus bel exemple qu'on en puisse citer.

Introduits par la voie sous-cutanée, les poisons mettent deux à trois fois moins de temps, selon leur sorte, à manifester leur présence par les symptômes qui leur sont propres, que s'ils ont été ingérés.

Quant aux différences dans la quantité de substance vénéneuse nécessaire pour produire la mort, suivant qu'on l'introduit sous la peau ou qu'elle est envoyée dans le tube digestif, elles sont subordonnées à l'espèce vénéneuse, à la puissance digestive du sujet qui l'ingère, à sa facilité d'élimination et à l'état sous lequel on la lui présente. L'espèce vénéneuse agit par sa constitution botanique, par son action élective sur les tissus ou les organes et par le chemin qu'elle suit pour son élimination. Une plante à tissus serrés abandonnera plus difficilement ses produits nuisibles qu'une autre à tissus lâches, et conséquemment l'écart ne sera pas le même entre les deux plantes, administrées l'une et l'autre comparativement par la bouche et sous la peau. Quand un végétal possède une action élective sur le tube digestif qu'il irrite par contact direct, il est évident que cette action irritante se manifestera plus tôt si le poison est ingéré que s'il a été versé sous la peau. Il va de soi que si l'on fait boire un extrait vénéneux, il y aura moins d'écart entre les quantités nécessaires pour tuer par le tube digestif et par la voie sous-cutanée, que si l'on fait manger la plante sèche ou les graines très mûres, puisque, dans le premier cas, l'absorption est plus facile que dans le second. L'esprit saisit avec non moins de facilité les différences qui se présentent suivant que la plante est tendre et gorgée de sucs ou arrivée à maturité, herbacée ou ligneuse, qu'il s'agit de tubercules peu consistants ou de fruits très durs, qu'elle est crue ou cuite, etc. Tout ce qui favorise l'action digestive et l'absorption, abaisse l'écart qui existe entre les quantités nécessaires pour tuer par les deux voies dont il s'agit.

Les causes qui tiennent à la puissance digestive du sujet et au fonctionnement de ses appareils de dépuration seront étudiées plus loin.

§ III. — *Variations d'activité causées par l'âge du sujet qui reçoit la substance toxique.*

Les enfants et les jeunes sujets de toutes les espèces animales sont beaucoup plus sensibles à l'action des poisons et aussi à celle des médicaments que les adultes. Ce n'est pas seulement parce que leur poids est plus faible, car en nous servant, comme nous l'avons fait constamment, de la toxie pour unité, cette considération perd toute valeur. Il est d'autres raisons, en tête desquelles il faut placer la masse plus considérable des tissus nerveux, proportionnellement au reste du corps et l'activité plus grande des cellules qui mettent rapidement et largement en œuvre les matériaux qui leur arrivent.

L'observation et l'expérimentation montrent la gravité de tous les empoisonnements chez les jeunes et la statistique indique quelle forte proportion de terminaisons fatales ils amènent. Au reste, l'expérience suivante, facile à exécuter, met très bien en évidence la différence de susceptibilité suivant l'âge : qu'on prenne un lapin adulte et un lapereau, qu'on leur distribue à chacun et proportionnellement à leur poids, le même nombre de toxies empruntées aux feuilles d'une solanée vireuse, on verra le sujet adulte sortir sain et sauf de l'épreuve, tandis que le jeune y succombera.

La grande susceptibilité des jeunes est d'ailleurs un fait reconnu et bien étudié en pharmacologie. On estime que la dose médicamenteuse d'un sujet à la mamelle doit être seulement le 1/16 de celle de l'adulte, et que du sevrage à l'âge adulte on doit suivre une progression croissante de 1/5 à 1. Évidemment, ces données sont très générales et bien des causes les font varier, mais nous pouvons néanmoins les appliquer sans inconvénient aux toxies.

§ IV. — *Variations d'activité qui tiennent au sexe.*

Les différences sexuelles sont très prononcées dans l'espèce humaine, elles le sont à un moindre degré dans les espèces animales. Néanmoins la femelle, comme le jeune, a le système nerveux plus développé, proportionnellement à la masse du corps, que le mâle, sa sensibilité est plus vive et elle réagit plus promptement.

On peut dire que les poisons, particulièrement les nerveux, agissent plus fortement et plus vite sur la femme et les femelles animales que sur l'homme et les animaux mâles. Lorsque l'utérus est gravide, les femelles sont particulièrement sensibles et plusieurs plantes qui, ingérées par des individus de l'autre sexe, ne traduiraient leur action nuisible que par des coliques, des nausées et une purgation, peuvent amener des contractions utérines, l'expulsion prématurée du fœtus et toute la série des conséquences fâcheuses inhérentes aux avortements. Il est même des poisons qualifiés *d'utérins* parce que, indépendamment d'autres effets, ils agissent vivement sur la matrice.

On verra aussi, dans le cours de ce livre, signalées des plantes qui, sans être vénéneuses dans le sens littéral du mot et sans influence appréciable sur les mâles, ont une action fâcheuse sur les femelles dont elles tarissent la sécrétion lactée, telles sont les feuilles de Noyer et de Nerpum. C'est là un inconvénient qui, pour les femelles exploitées spécialement en vue de leur lait, méritait une mention spéciale.

§ V. — *Variations d'activité liées à l'espèce.*

Parmi toutes les causes qui font varier l'activité des plantes vénéneuses, l'espèce zoologique qui ingère ces végétaux doit être signalée au premier rang. Cette influence est si puissante que des animaux ne paraissent éprouver aucun effet fâcheux de l'ingestion de végétaux qui causent des empoisonnements mortels sur d'autres espèces.

Si l'on voulait appuyer d'un exemple les différences de sensibilité d'espèces diverses vis à vis d'un même poison, la Belladone le fournirait aisément. En effet, cette plante est *très active* sur l'organisme de l'homme, *active* sur ceux du chat, du chien et des oiseaux, *peu active* pour ceux du cheval et du porc, *très peu* pour ceux du mouton et de la chèvre et *à peu près inactive* pour celui du lapin.

On s'explique en partie de pareils résultats quand on réfléchit aux différences anatomiques et physiologiques qui séparent l'homme des animaux et les divers animaux les uns des autres. Parmi ces différences, celles qui ont trait à l'appareil digestif et au système nerveux se placent au premier rang.

Du côté de l'appareil digestif, il faut faire entrer en ligne de compte l'état de la dentition, le nombre et la conformation des estomacs, l'étendue de la partie intestinale et son rapport avec la portion stomacale, le développement des glandes annexes, la quantité et la qualité des sucs sécrétés, toutes dispositions qui commandent le mode d'alimentation, la perfection du travail digestif et la puissance assimilatrice.

Le développement et la conformation du système nerveux n'offrent pas de moindres différences dans ses parties encéphalique, spinale, périphérique et splanchnique. Comme la plupart des poisons végétaux agissent avant tout sur la cellule nerveuse, la prépondérance du système nerveux dans les phénomènes toxicologiques s'impose.

La possession ou l'absence de la faculté de vomir influe également de la manière la plus notable sur la résistance aux substances vénéneuses, puisque, dans le premier cas, il y a élimination du toxique, qui reste dans l'économie dans le second.

La susceptibilité de l'homme en face des poisons, si bien expliquée par la perfection de ses organes et le très grand développement de son système nerveux, le place en tête des êtres et dans une catégorie à part.

Pour les animaux domestiques, les séries d'expériences que j'ai exécutées m'ont fait les classer dans l'ordre suivant :

Ane.
Mulet.
Cheval.
Chat.
Chien.
Porc.

Oiseaux de basse-cour.
Cobaye.
Bœuf.
Mouton et chèvre.
Lapin.

Je m'empresse d'ajouter que si ce groupement est l'expression de la majorité des résultats que j'ai obtenus, il y a une minorité qui n'y correspond pas. Dans cette minorité, on trouve des poisons vis-à-vis desquels, conformément à l'opinion anciennement en vigueur, les Carnivores possèdent une sensibilité supérieure à celle des Équidés; on en rencontre aussi dont l'action est tout à fait spéciale à quelques espèces et nulle pour les autres.

Il est bon de savoir que deux animaux classés zoologiquement dans le même ordre et parfois dans le même genre peuvent avoir une susceptibilité très différente pour le même poison. L'ordre des Rongeurs peut être pris comme exemple : le rat est plus sensible à l'action de quelques poisons que le cobaye et celui-ci l'est beaucoup plus encore que le lapin.

La première place occupée par l'âne dans notre arrangement, n'a rien qui doive surprendre. Outre que cet animal a la masse encéphalique proportionnellement plus développé, que le cheval, le bœuf et le porc, il est aussi de tous les animaux domestiques celui qui possède le pouvoir digestif le plus élevé. Les végétaux les plus grossiers et les plus durs, inutilisables par tous les autres herbivores, lui servent de nourriture, il les triture et en extrait des matériaux absorbables. L'étude histologique des glandules de son estomac a révélé combien elles sont nombreuses, développées et bien disposées pour la sécrétion des liquides gastriques.

Cette puissance digestive s'exerce vis-à-vis des végétaux vénéneux comme sur les fourrages, elle les désagrège promptement et intégralement et place les substances toxiques qu'ils renferment dans les meilleures conditions pour accomplir leur œuvre. Elle est telle que, pour plusieurs poisons dont je cherchais à déterminer comparativement les toxies d'après la voie digestive et la voie hypodermique, je n'ai pas trouvé de différences quantitatives, il ne s'en produisait que pour la rapidité de l'intoxication.

Il semblerait, *a priori*, que les Ruminants dont le coefficient de digestibilité est élevé et qui, grâce à la seconde mastication qu'ils effectuent, extraient des principes assimilables de fourrages de médiocre qualité, dussent être placés près de l'âne, tandis qu'ils viennent presque au dernier rang et qu'ils ne laissent que le lapin après eux. La raison d'un pareil fait se trouve dans la lenteur de leur digestion et dans l'activité de leurs appareils de dépuration et d'élimination.

Ceci nous amène à examiner de près une question que nous n'avons fait que poser tout-à-l'heure.

Les toxicologistes considèrent certains organismes comme réfractaires à l'action de poisons déterminés; l'alouette et la caille peuvent être nourries sans inconvénients avec la Ciguë, leur chair se saturerait même, avance-t-on, d'une telle quantité de toxique, que son ingestion suffirait pour empoisonner les carnivores. Le Coquelicot peut être largement distribué au lapin sans crainte de l'empoisonner. L'Euphorbe rend vénéneux le lait des chèvres qui le broutent, sans que celles-ci soient incommodées d'une façon appréciable.

On dit couramment que, non seulement ces mêmes animaux ne sont point intoxiqués par le Cytise aubour, mais encore qu'ils le recherchent, et les chasseurs avancent que, pendant l'hiver, les lièvres et les lapins rongent avidement l'écorce de cet arbuste sans en être incommodés. Le porc peut manger impunément le rhizome du Cyclame qui est un poison pour l'homme et pour plusieurs animaux.

Une pareille immunité est-elle absolue ou n'est-elle que relative? Nos connaissances sur la constitution des tissus d'un même système dans la série animale nous portent de prime abord à douter qu'elle soit absolue. Mais nous possédons un moyen des plus simples de décider la question. Au lieu d'introduire le poison par le tube digestif, plaçons-le directement dans le torrent circulatoire à l'aide d'une injection intra-veineuse, ou choisissons la voie hypodermique, si favorable également à une rapide absorption. En mettant à exécution cette expérience, qui n'est d'ailleurs que la répétition de celle que fit Cl. Bernard sur la strychnine, nous acquerrons la preuve que l'immunité absolue n'existe pas. Les organismes réfractaires ne le sont que d'une façon relative, simplement parce que, dans les conditions habituelles, il n'y a pas une quantité suffisante de matière toxique dans le sang pour impressionner les tissus sur lesquels elle dirige spécialement son action.

Une pareille constatation nous poussa à rechercher pourquoi — le rejet des substances vénéneuses par le vomissement étant laissé de côté — quelques animaux ne peuvent s'empoisonner par la voie digestive, puisqu'ils ne sont pas absolument réfractaires à l'action du poison qu'on étudie.

On peut émettre deux hypothèses pour tâcher d'expliquer cette apparente anomalie. Ou bien chez ces animaux, la marche des aliments dans le tube digestif serait très rapide et partant la digestion des aliments incomplète ; il en résulterait que les poisons n'auraient point le temps d'être extraits des parties végétales qui les renferment et de passer dans l'organisme ; ils seraient rejetés avec les fèces pour la plus grande partie.

Ou, au contraire, leur digestion ne serait point inférieure à ce qu'elle est chez d'autres animaux, et l'extraction du poison, sa séparation d'avec les aliments se ferait complètement, mais la fonction urinaire serait particulièrement active et l'élimination de la matière toxique par l'urine s'exécutant au fur et à mesure de sa production, il ne pourrait y avoir d'intoxication.

Nous avons cherché la réponse à ces questions par l'expérience suivante :

Un lapin de bon poids (2 k.500) est laissé pendant quarante-huit heures à la diète afin de nettoyer le tube digestif des résidus des digestions précédentes, puis nous lui ingurgitons de force 30 grammes de graines de Cytise broyées qui ne paraissent produire aucun effet sur lui. Vingt heures après, ce sujet est tué et ouvert rapidement, on trouve la vessie pleine d'une urine très trouble qui rougit fortement le tournesol. On la jette immédiatement sur un filtre.

On enlève ensuite le contenu de l'estomac, de l'intestin grêle et du cœcum où l'on reconnaît les débris de Cytise ingérés, on fait bouillir, on exprime et on filtre. Les produits ainsi préparés, on fait apporter deux chats laissés depuis la veille à jeun, afin d'en exalter la sensibilité. A l'un, on pousse sous la peau 40 grammes de l'urine filtrée. A l'autre, même quantité de l'extrait des matières intestinales. Tenus l'un et l'autre en observation, ce dernier n'a jamais présenté le moindre signe de malaise ou d'indisposition. L'autre, dix minutes après l'injection, a été pris de nausées et d'efforts de vomissements violents et répétés, il y a eu successivement salivation, dilatation de la pupille, titubation, incoordination des mouvements, chute, coma; en un mot tous les signes de l'empoisonnement par le Cytise se présentaient à moi de la façon la plus nette.

La question me semble donc tranchée et la réponse très décisive. Le lapin élimine par l'urine le toxique que j'étudiais, et j'ai à peine besoin de faire remarquer que ce poison accumulé dans la vessie n'incommode pas le sujet, la muqueuse vésicale ne l'absorbe pas ou l'absorbe très peu et l'épithélium vésical lui présente une barrière infranchissable tant qu'il est intact. L'extraction du poison contenu dans la gangue alimentaire se fait lentement, et cette lenteur permet son élimination. Mais quand il pénètre brusquement et en quantité considérable dans l'économie, ainsi que le cas se présente lors d'injection hypodermique, l'élimination n'a pas le temps de se faire assez rapidement pour que l'empoisonnement n'ait pas lieu.

Il est probable que les choses se passent de même pour la chèvre et les autres animaux qu'on ne peut empoisonner par la voie digestive avec quelques plantes pourtant vénéneuses.

Quelques recherches exécutées sur les vertébrés à sang froid ont fait voir que ces animaux étaient sensibles à l'action des toxiques comme les animaux à sang chaud. Les animaux aquatiques présentent des particularités intéressantes. Il est quelques substances vénéneuses qui, placées dans les cours d'eau, détruisent rapidement le poisson; la Coque du Levant, qui n'est que trop connue, est dans ce cas. Il en est d'autres qu'on peut y jeter impunément. Des sucs vénéneux tuent quelques espèces et en respectent d'autres. Des expériences bien conduites ont montré que l'extrait du *Cyclamen europeum*, déposé dans une rivière, tue les jeunes poissons, les naïades et les vorticelles, tandis qu'il respecte les cyclopes, les argules et quelques larves.

L'interprétation de pareils résultats n'est pas sans difficultés. On peut penser que les épithéliums et en particulier le revêtement branchial constituent un filtre si parfait qu'ils empêchent le passage de la matière toxique, ainsi qu'on le constate dans quelques cas de filtration sur le plâtre, ou que les branchies absorbent peu et lentement, de telle façon que le toxique est éliminé avant d'avoir eu le temps de s'accumuler dans l'organisme et de devenir nuisible. Dans le cas où il y a destruction des animaux, elle serait la conséquence de l'altération de l'épithélium qui permettrait alors la pénétration et l'absorption de la substance toxique.

§ IV. — *Variations d'activité d'après la race et l'individualité.*

Les animaux domestiques appartenant a des races très perfectionnées jouissent d'une réceptivité plus grande pour les poisons végétaux que ceux des races rustiques et non améliorées, parce que leur perfectionnement porte précisément sur l'appareil digestif qui s'est développé et dont le fonctionnement est devenu plus actif. Lorsque des végétaux vénéneux sont ingérés par eux, la gangue en est plus rapidement et plus complètement désagrégée et la matière toxique plus vite absorbée et en plus grande masse à la fois. Parmi les preuves de cette assertion, je choisirai la suivante qui m'a été fournie récemment par M. Boitel. Il est d'usage, dans le pays basque, de faire entrer le feuillage du *Quercus tosa* dans l'alimentation de l'espèce ovine. Or tandis que les moutons pyrénéens le broutent sans danger, des moutons southdowns importés dans la région et soumis à ce régime furent rapidement frappés par l'hématurie. On dut renoncer à toute tentative d'implantation de cette race dans le pays.

Nous n'insisterons pas davantage sur ce point parce que les animaux perfectionnés doivent être affouragés, soit à l'étable, soit au pâturage, avec des aliments de choix et qu'il y a, conséquemment, peu de chances d'intoxication pour eux.

Il faut consigner ici une observation qui remonte à une époque très lointaine, qui se transmet parmi les propriétaires de bestiaux et qui a été recueillie sur plusieurs points différents du globe par les naturalistes voyageurs qui ont parlé du bétail des pays qu'ils visitaient. Il s'agit de la plus grande résistance des animaux de robe noire à l'action des poisons en comparaison des sujets de pelage clair. Sans essayer une explication plus ou moins plausible, enregistrons simplement cette observation à côté de celle des éleveurs, notamment des propriétaires de petits animaux et d'oiseaux de basse-cour, qui ont remarqué que l'élevage des sujets blancs est plus difficile que celui des individus à peau et à phanères pigmentés.

Enfin, dans l'empoisonnement, il faut aussi tenir compte de cet ensemble de propriétés qui constitue l'individualité et qui est formé par la constitution, le tempérament et l'idiosyncrasie. Toutes choses étant égales du côté de l'espèce, de la race, de l'âge et du sexe, deux sujets, empoisonnés avec la même toxie, ne réagiront pas exactement de la même façon; la mort, si les doses sont suffisantes, n'arrivera pas à la même minute, parce qu'indépendamment des différences qui peuvent exister dans le rapport des solides et des liquides organiques et des variations de leur composition, il faut tenir compte de la façon dont les tissus et les organes fonctionnent et réagissent. Or la mesure de l'activité fonctionnelle ou dynamique dépasse les ressources de l'observation seule et celle-ci ne permet pas de préjuger la marche d'un empoisonnement.

Les alcaloïdes vénéneux fournis par la Belladone et le Tabac impressionnent diversement des sujets qui, en apparence, sont dans des conditions physiologiques identiques; on peut les citer comme de bons exemples de poisons d'origine végétale dont l'action est très nettement influencée par l'individualité.

DEUXIÈME PARTIE

ÉTUDE SPÉCIALE DES PLANTES VÉNÉNEUSES ET DES EMPOISONNEMENTS QU'ELLES OCCASIONNENT

Ainsi que cela a été dit précédemment, on s'efforcera de déterminer les tissus ou les organes dangereux dans un végétal suspect, d'indiquer la quantité nécessaire pour empoisonner l'homme et les animaux domestiques, de tracer brièvement la symptomatologie, la marche, les terminaisons et les lésions des empoisonnements et enfin de faire connaître, autant que le permet l'état actuel de la chimie, les principes auxquels ce végétal doit sa toxicité.

Les descriptions botaniques seront aussi succinctes que possible, on tâchera seulement qu'elles soient suffisantes pour permettre de reconnaître les plantes dont il est question et de se reporter aux Traités spéciaux ou aux Flores régionales pour en posséder complètement les caractères.

Il a semblé qu'il était préférable de passer en revue les végétaux dangereux en suivant une classification botanique plutôt que de les rassembler en familles pathologiques, d'après leur action, comme on le fait en Matière médicale. Les considérations exposées précédemment sur la présence de plusieurs principes différents dans un même végétal et sur les variations d'activité d'après les saisons, m'ont surtout déterminé à suivre cette marche.

Tout en sachant ce que les classifications botaniques même les plus récentes, présentent encore d'incomplet et d'artificiel, tout en n'ignorant point que ces groupements n'indiquent pas toujours une parenté entre les divers genres qui les composent, elles me semblent cependant moins imparfaites, moins arbitraires que ne pourraient l'être actuellement des familles toxicologiques. Pour établir rationnellement de telles familles, il faudrait que les conditions d'élaboration des principes toxiques fussent déterminées, que l'étude chimique en fût achevée et que les rapports qui unissent les formules atomiques et la toxicité fussent dégagés et traduits en lois. Ces bases font encore défaut; lorsqu'on les possédera, on pourra perfectionner la Taxinomie. Quand on considère, en effet, la diversité des produits fabriqués par la cellule végétale, nécessairement plus subordonnée que la cellule animale à l'action du milieu, on pressent que l'élaboration cellulaire devra entrer en ligne de compte, dans les classifications de l'avenir, à côté de la structure et de l'agencement morphologique.

Une pareille nomenclature rendra la tâche du Toxicologiste plus facile; en attendant qu'elle s'établisse, le mieux est de suivre une classification purement botanique.

Dans l'embranchement des Phanérogames, les deux groupes qui le constituent, Gymnospermes et Angiospermes, renferment des végétaux vénéneux. Le tableau suivant montre les diverses familles où on va les rencontrer :

- PHANÉROGAMES
  - Gymnospermes . . . . Conifères.
  - Angiospermes
    - Monocotylédones . . . . .
      - Aroïdées.
      - Graminées.
      - Colchicacées.
      - Liliacées.
      - Asparaginées.
      - Smilacées.
      - Amaryllidées.
      - Dioscorées.
      - Iridées.
    - Dicotylédones
      - Apétales . . .
        - Juglandées.
        - Cupulifères.
        - Phytolaccées.
        - Polygonées.
        - Aristolochiées.
        - Thyméléacées.
        - Corianthacées.
        - Euphorbiacées.
      - Dialypétales
        - Renonculacées.
        - Ménispermées.
        - Berbéridées.
        - Papavéracées.
        - Crucifères.
        - Violariées.
        - Caryophyllées.
        - Hypéricinées.
        - Rutacées.
        - Méliacées.
        - Ilicinées.
        - Célastrinées.
        - Rhamnées.
        - Térébinthacées.
        - Coriariées.
        - Légumineuses.
        - Rosacées.
        - Crassulacées.
        - Cucurbitacées.
        - Ombellifères.
        - Araliacées.
        - Caprifoliacées.

Phanérogames Angiospermes,
Dicotylédones, Gamopétales . . . . .
{ Valérianées.
Composées.
Campanulacées.
Ericacées.
Primulacées.
Apocynées.
Asclépiadées.
Convolvulacées.
Solanées.
Scrofulariées.
Orobanchées.

PREMIÈRE SECTION

PHANÉROGAMES GYMNOSPERMES

Le groupe des Gymnospermes ou Phanérogames sans ovaire, renferme trois familles : *Cycadées*, *Conifères* et *Gnétacées*.

De ces trois familles, une seule nous intéresse, celle des Conifères.

CONIFÈRES

La famille des Conifères, constituée par des arbres ou des arbrisseaux dont le port est caractéristique, les feuilles petites et persistantes dans le plus grand nombre des espèces, occupe particulièrement les régions tempérées ; ses représentants sont rares dans les pays chauds. Parmi les groupes qui constituent cette famille, il en est deux que nous devons signaler, ce sont les genres **Taxus** (If) et **Juniperus** (Genévrier).

I. — **Taxus**. Tournef. (**If**). Dans ce genre, l'espèce suivante offre pour nous un intérêt de premier ordre :

Taxus baccata. L. — *If à baies*. — Arbre croissant spontanément dans les régions montagneuses des pays tempérés et particulièrement dans les lieux ombragés. Sa taille varie entre 8 et 15 mètres, son tronc assez droit, jamais bien gros, est rameux dès le pied. Pas de canaux résineux dans la tige.

Ses rameaux (Voyez fig. 2) sont très nombreux, garnis

Fig. 2. — *Taxus baccata*. — If a baies.

de feuilles persistantes, dures, aciculaires, planes, étalées horizontalement et un peu irrégulièrement, d'un vert luisant et comme vernissé en dessus, vert clair en dessous.

« Fleurs mâles solitaires dans les aisselles des feuilles, subsessiles, globuleuses, étamines 5-8, à 4-6 sacs polliniques connés autour du sommet du filet, s'ouvrant en dessous et en dedans. Chatons femelles 1 fleur, axillaires, sessiles, portant à la base des écailles stériles, terminées par un ovule dressé orthotrope, unitégumenté et dont la base est entourée d'une cupulle arilleuse accrescente, devenant succulente à la maturité. Embryon à deux cotylédons. » (Vesque.)

Son fruit est une drupe rouge, ouverte au sommet, de saveur douce, renfermant une graine à enveloppe ligneuse, à amande blanchâtre et charnue.

Le bois en est très dur, veiné de rose ou de rouge, facile à polir. Il a été de tout temps très apprécié pour l'ébénisterie.

L'If est un des arbres qui se prêtent le mieux à la taille et se plient le plus docilement aux fantaisies des jardiniers, c'était l'arbre à la mode à la fin du dix-septième et au commencement du dix-huitième siècle. Aujourd'hui encore on lui donne dans nos jardins les formes les plus variées et parfois les plus bizarres. Ses rameaux touffus et toujours verts le font adopter pour l'établissement de haies de bordures.

Il paraît qu'au Japon on extrait de son amande une huile qui sert à la toilette.

L'If est classé parmi les végétaux les plus dangereux de notre flore et bien que ses propriétés vénéneuses soient connues depuis fort longtemps, l'étude de ses principes toxiques n'est pas encore parachevée.

Il est un de ceux qui occasionnent le plus d'accidents parce que rien ne met en garde contre sa toxicité. Il n'exhale point, quoi qu'on en ait dit, d'odeur forte, repoussante ; ce n'est pas un résineux comme la plupart des autres Conifères, et son feuillage d'un vert foncé tente les animaux domestiques qui, pendant l'hiver surtout, alors qu'ils sont soumis au régime du sec, broutent ses rameaux et s'empoisonnent.

On connaissait dans l'antiquité ses funestes propriétés et par une association d'idées assez commune autrefois, on le plantait, ainsi qu'on le fait d'ailleurs encore aujourd'hui, pour ombrager les tombes. Les médecins et les naturalistes anciens, Théophraste, Pline, Dioscoride, Galien signalent sa toxicité et César *(De bello gallico,* livre VI, § xxxi) rapporte que Cativolcus, roi de la moitié du pays des Eburons, s'empoisonna avec de l'If. Mais par une de ces exagérations dont les anciens ne savaient point se garder, ils ont avancé que son ombre était mortelle pour quiconque s'endormait sous ses rameaux, ce qui est erroné. Strabon nous apprend que les anciens Gaulois trempaient leurs flèches dans le suc de ce végétal pour les empoisonner. Ici encore nous voyons une manœuvre issue d'une idée exagérée de l'énergie de l'If, car la quantité de toxique qui, se fixant à l'extrémité des flèches, pouvait rester dans la plaie, était insuffisante pour déterminer un empoisonnement.

La réalité est suffisamment triste et trop de cas de mort dans l'espèce humaine et sur les animaux domestiques ont été enregistrés pour qu'on se puisse défendre de toute exagération. Dans notre espèce, nombre d'empoisonnements ont été constatés chez de malheureuses jeunes filles qui, pour cacher une faute, ont eu recours à cet arbrisseau, soit qu'elles le confondissent avec le Genévrier sabine, soit qu'elles lui attribuassent les mêmes propriétés abortives, soit enfin qu'elles fussent résolues à terminer par le suicide une existence brisée.

Nous verrons plus loin quelles sont les espèces domestiques qui s'empoisonnent le plus facilement et dans quelles circonstances les intoxications se produisent.

On a beaucoup recherché quelles sont les parties de l'If qui sont vénéneuses, voici ce que nous en savons actuellement.

Bois et écorce. — Il était de croyance populaire autrefois que le bois d'If était vénéneux et que les boissons conservées dans des vaisseaux de cette substance étaient nuisibles; on fera sagement d'imiter la prudence des anciens.

L'écorce était employée au xviie siècle comme médicament. Dans un mémoire intéressant sur les propriétés de l'If, MM. Chevalier, Duchesne et Reynal dénient toute propriété toxique à l'écorce et on répète communément aujourd'hui cette assertion; c'est à tort, mes propres recherches ont démontré qu'elle est vénéneuse.

Fleurs. — Les mêmes auteurs, dans le but de voir si les fleurs sont dangereuses, ont recueilli jusqu'à 4 décigrammes de pollen qui, administrés à un moineau, n'ont produit aucun effet sur lui.

Fruits. — Contrairement à ce que nous aurons fréquemment à constater sur beaucoup de plantes vénéneuses, les fruits drupacés de l'If contiennent une très faible quantité de poison. La simple observation du goût décidé que montrent quelques oiseaux, notamment les grives, pour ces drupes, le faisait penser. M. Clos, de Toulouse, dans un travail d'une très consciencieuse et très remarquable érudition, en a, sinon démontré l'innocuité absolue, car les faits positifs qui lui ont été opposés conservent leur valeur, du moins il a prouvé que la quantité de poison qu'ils renferment est incomparablement plus faible que dans les feuilles et qu'à moins de susceptibilité individuelle spéciale, ils provoquent rarement des accidents.

Dès 1816, Grognier, professeur à l'École vétérinaire

de Lyon, avait cherché à savoir si le fruit de l'If est vénéneux et au cas d'affirmative, si c'est la partie charnue ou l'amande. Un cheval à jeun auquel il fit avaler 800 grammes d'amandes n'en ressentit aucune indisposition ; Grognier en avait conclu que cette partie du fruit n'est point le siège du poison, conclusion exagérée, car son expérience prouvait seulement qu'à cette dose, elle est insuffisante pour rendre malade le cheval. Quant à la portion charnue, sa conclusion doit être également réservée, Grognier ayant eu l'idée malheureuse d'en faire une décoction aqueuse qui fut donnée à un chien. Or nous verrons que le poison, quand il existe réellement, n'est point abandonné à l'eau par ce procédé. L'incertitude régna sur ces points jusqu'en 1879, époque où R. Modlen publia une relation circonstanciée de l'empoisonnement d'enfants à Oxford par les fruits de l'If. Cette relation démontra que la pulpe n'est point vénéneuse, mais que les graines renferment une certaine proportion de matière toxique.

Feuilles. — Il n'y a ici aucune dissidence, tous les observateurs sont d'accord pour reconnaître que les feuilles sont les parties du végétal les plus riches en principe vénéneux et les plus dangereuses par conséquent. Mais il est nécessaire de faire une distinction qui n'a été mentionnée nulle part.

Des recherches sur les variations qu'éprouvent les végétaux vénéneux quant à leur teneur en principe toxique suivant les saisons, m'ont fait constater pour l'If un fait curieux dont j'ai déjà dit un mot antérieurement. Contrairement à ce qui se voit pour beaucoup de Phanérogames, où les parties les plus jeunes, les pousses et les feuilles encore tendres sont très vénéneuses, les pousses vernales de l'If sont peu dangereuses.

Tant qu'elles conservent la teinte vert tendre qui est

comme leur livrée de printemps, les animaux peuvent en ingérer de fortes quantités sans en être sérieusement incommodés. Ce n'est que lorsque leur couleur s'est mise à l'unisson des feuilles préexistantes, qu'elle est devenue vert sombre, qu'elles sont réellement dangereuses. Faute d'avoir fait cette constatation, on ne peut accepter que sous réserve les résultats présentés par plusieurs auteurs.

D'après M. Reynal, la *dessiccation* ne détruit point les propriétés de l'If. Il y avait longtemps d'ailleurs qu'une observation de Harmand de Mongarni nous a révélé l'empoisonnement d'un enfant auquel on avait administré de la poudre de feuilles d'If desséchées contre des accès d'éclampsie.

Le principe toxique que nous étudions ici est insoluble dans l'eau. Après d'autres expérimentateurs, j'ai traité des feuilles d'If par macération à froid, par infusion et par décoction prolongée. L'injection hypodermique ou l'ingestion par la voie digestive de l'eau employée ne m'a permis de noter aucun symptôme, aucun dérangement dans le rythme des fonctions des sujets d'expériences. Mais en faisant prendre à un cheval d'expérience, 650 grammes de feuilles cuites, j'ai déterminé sa mort : preuve que le poison était resté dans le végétal et que la *cuisson* ne le détruit pas.

L'alcool ne paraît pas être un meilleur dissolvant que l'eau pour le principe que nous étudions ; il n'en est pas ainsi de l'éther qui épuise l'If de sa substance vénéneuse. L'extrait éthéré de poudre de feuilles est très actif.

Il en est de même du suc que l'on obtient par expression des feuilles fraîches. Ce suc d'une couleur verte d'abord, puis safranée, d'une saveur douceâtre et d'une odeur rappelant celle des fruits écrasés de l'If, est aussi actif que les feuilles d'où on l'extrait. Nous nous en sommes fréquemment servi dans nos recherches.

Parmi les animaux domestiques, il va de soi que les herbivores sont seuls exposés à s'empoisonner par l'If, les carnivores, les porcs et les oiseaux de basse-cour ne le sont guère que dans un but expérimental et par suite de l'intervention de l'homme.

J'appelle particulièrement l'attention sur l'empoisonnement spontané des herbivores par les feuilles et brindilles d'If. Pour peu qu'ils soient poussés par la faim, l'instinct ne les avertit pas de dédaigner cet arbre dangereux. Le fait a été signalé pour le cheval, la vache et je l'ai constaté pour le lapin. Il faut donc éviter d'attacher un cheval à un If, de planter cet arbrisseau en bordures de prairies où vont paître des bestiaux et de leur donner les débris tombés sous les cisailles du jardinier lors de la taille.

Les Équidés, chevaux, ânes et mulets, sont les animaux sur lesquels les empoisonnements ont été le plus fréquemment signalés.

Quoique doués d'une sensibilité moins grande, les Ruminants ont fourni leur contingent de victimes. On a enregistré aussi quelques accidents sur l'espèce porcine et j'ai déjà dit que, parmi les rongeurs, les lapins s'empoisonnent sans difficulté.

Dans mes recherches, exécutées avec des feuilles automnales et hibernales, la quantité à ingérer nécessaire pour tuer 1 kilog. de poids vif fut de :

2 gr.	pour le cheval.
1 gr. 60	— l'âne et le mulet.
10 gr.	— le mouton.
12 gr.	— la chèvre.
10 gr.	— la vache.
3 gr.	— le porc.
8 gr.	— le chien.
20 gr.	— le lapin.

Les oiseaux de basse-cour, poules, oies, canards et faisans sont également empoisonnés par les feuilles d'If, mais la mort est rare sur les palmipèdes qui rejettent promptement par le vomissement le poison absorbé.

Des expériences exécutées sur ce toxique, il découle qu'il n'est pas susceptible de s'accumuler dans l'organisme. Dans la Hesse, au dire de Ahlers, les paysans donnaient jadis, lors des hivers rigoureux, quelques brindilles d'If à leurs bestiaux, en petite quantité mais pendant assez longtemps, sans qu'il survînt d'accidents, quand ils avaient la précaution de ne pas arriver à une dose trop élevée. D'autre part, M. Baillet a pu dans l'espace de 13 jours donner 24 k. 260 gr. de feuilles d'If à une vache sans qu'il en résultât rien de fâcheux pour cette bête, bien qu'elle en ait reçu de cette façon près de 2 kilog. chaque jour. A un jeune lapin de deux mois, M. Philippaux a donné, pendant 60 jours et chaque matin, 5 gr. de feuilles d'If hachées et mélangées à ses autres aliments sans voir survenir ni trouble de la santé ni arrêt de la croissance.

La question de savoir si ce poison est décomposé dans l'organisme, ou s'il est expulsé sans modification par l'un des appareils dépurateurs et notamment par les reins, est à étudier de près.

Symptomatologie. — Nous allons d'abord la suivre sur les animaux parce qu'on a pu l'y étudier expérimentalement et par conséquent d'une façon plus complète que chez l'homme.

Lorsque la quantité d'If ingérée est faible, il faut une certaine attention pour percevoir quelques symptômes. Un peu d'agitation, une faible émotion de la circulation et de la respiration, se traduisant par une légère élévation de la température, c'est tout ce qui se produit.

Quand elle est plus considérable, sans être mortelle pourtant, l'agitation est d'abord plus prononcée et n'échappe généralement pas à un observateur attentif, puis surviennent des nausées chez les animaux qui, comme le chien, le porc, le canard, vomissent sans difficultés. Parfois elles sont remplacées par un mouvement de déglutition continuel, comme si le sujet avait reçu dans l'arrière-bouche quelque chose de particulièrement amer dont il veuille se débarrasser.

Cette période d'agitation dure peu et une phase de coma lui succède. La respiration et la circulation se ralentissent de la façon la plus prononcée, le pouls est petit, lent, difficile à percevoir et les mouvements des flancs d'une telle lenteur qu'on croit volontiers la fonction respiratoire sur le point de se suspendre. La sensibilité est fortement émoussée, la contractilité et la motricité sont moins atteintes, c'est plutôt parce qu'il paraît accablé par le sommeil que par faiblesse musculaire, que l'animal se déplace difficilement. La température baisse, la peau et les extrémités sont froides. La tête est portée basse, les yeux à demi clos et l'animal reste dans le décubitus.

Quelques femelles pleines ont avorté, mais le fait est loin d'être général.

Chez le cheval, on remarque des tremblements musculaires particulièrement aux régions de la croupe et de la rotule avec de très fréquentes émissions d'urine. Ce sont là d'ailleurs des symptômes que nous retrouverons sur cet animal dans plusieurs empoisonnements bulbaires.

La rumination se suspend chez les bœufs et les moutons et une météorisation plus ou moins prononcée apparaît avec éructations, nausées et quelquefois vomituritions.

Le porc se cache la tête dans la litière et dort d'un sommeil interrompu de temps à autre par quelques nausées et des plaintes, ou bien il se relève, fait quelques pas en chancelant et se recouche bientôt.

Les plumes des oiseaux de basse-cour se hérissent sur le dos, la tête leur semble trop pesante, les [ailes sont pendantes et ils sont plongés dans le coma.

Lorsque la dose a été suffisante pour amener la mort, deux cas peuvent se présenter :

Dans un premier, les deux phases d'excitation et de coma qui viennent d'être décrites, se manifestent et ont pour terminaison la mort qui arrive d'une façon brusque et foudroyante, 40, 50 minutes, 1 heure, 2 heures ou davantage après l'introduction du poison dans l'organisme.

Quand on étudie expérimentalement sur les chiens l'empoisonnement par l'If, on peut très bien suivre la marche indiquée ; je vais, à titre d'exemple, rapporter un cas de cette sorte.

Un chien loulou reçoit sous la peau 20 grammes de suc de feuilles d'If. Trois minutes après l'injection, il s'agite, secoue la tête et fait entendre avec sa langue le bruit que produisent les chiens qui essaient d'avaler leur salive. Douze minutes après l'agitation augmente, le sujet bat des pattes, sort et rentre continuellement la langue de la gueule et fait une grimace analogue à celle qui s'observe sur les animaux de son espèce quand on leur a déposé sur la langue quelque chose de très amer, de l'aloès, par exemple. Un quart d'heure après, l'agitation cesse, le chien se couche, étend la tête sur les pattes et semble sommeiller, sa respiration est très calme. Il reste plongé dans le coma pendant cinq minutes, puis se réveille brusquement, est saisi de nausées et de vomissements, sa pupille se dilate. Il se recouche, mais son sommeil est agité et, de temps en temps, il branle la tête et se relève. Tout à coup, à la quarante-deuxième minute après l'injection, il se dresse puis tombe brusquement, pousse deux cris, a quatre ou cinq grandes et profondes inspirations, étend les pattes et meurt. Voici le tableau des oscillations des températures rectale et sous-cutanée pendant la durée de cette expérience :

Au moment de l'injection.	T. rectale	39,5.	T. s.-cutanée	37,4
10 minutes après	—	—	40	38,4
20 —	—	—	40,6	38,5
30 —	—	—	40	37,9
42 —	—	—	39,7	37,1

Huit minutes après la mort, la température rectale avait monté de 1/10 de degré.

Sur le mouton et le porc empoisonnés par la voie digestive, le même tableau symptomatologique se déroule, mais avec plus de lenteur, ce n'est que huit, dix et douze heures après l'ingestion d'un repas d'If que la mort arrive au milieu de quelques convulsions et toujours assez brusquement.

Le second cas, plus fréquent que le précédent, a depuis longtemps attiré l'attention et frappé l'imagination du public. Il se voit surtout sur le cheval, l'âne et le mulet, mais on l'a également observé sur le bœuf, le lapin et les oiseaux de basse-cour. Ici, la période de coma n'existe pas, la phase d'excitation est peu prononcée et passe souvent inaperçue pour les propriétaires d'animaux et pour leur personnel, de telle sorte que la mort semble arriver brusquement, comme si les animaux avaient été foudroyés ou empoisonnés avec une dose mortelle d'acide cyanhydrique. Ils s'arrêtent, secouent la tête, leur respiration se modifie, ils tombent sur le sol et expirent quelquefois sans se débattre, d'autres fois après quelques convulsions, par arrêt de la respiration et du cœur.

Dans l'espèce humaine, quand une dose d'If a été prise dans une intention criminelle, on voit, d'après les relations que nous possédons sur ce sujet, quatre heures environ après l'ingestion, survenir de l'étourdissement, du vertige, des troubles de la vue, une prostration profonde, l'impossibilité de se tenir debout, de l'assoupissement, puis la mort arrive également avec une très grande soudaineté.

Autopsie. — La rapidité avec laquelle un dénouement fatal se montre dans les cas d'empoisonnement par l'If, fait qu'il est à peu près toujours possible de retrouver, dans le tube digestif, le corps du délit. C'est là, dans les expertises médico-légales qui s'y rapportent, le point essentiel, car en raison de la façon dont se déroule la scène pathologique et de la nature du poison, les lésions sont peu nombreuses.

Le cadavre des sujets empoisonnés par l'If présente parfois à sa surface des élevures qui font songer à l'échauboulure ; dans l'espèce humaine on a signalé des taches ecchymotiques, particulièrement aux membres et sur le ventre.

La muqueuse de la bouche et de l'arrière-bouche est pâle ; parfois des spumosités, sanguinolentes ou non, dans l'arrière-bouche ; parfois aussi quelques taches ecchymotiques dans l'œsophage. L'estomac présente sur la muqueuse du sac droit, et plus spécialement près du pylore et près de la ligne de jonction des sacs gauche et droit, une inflammation d'intensité moyenne, s'accompagnant d'ecchymoses d'un brun noirâtre très foncé. Il y a toujours une forte proportion de mucus qui enveloppe les matières alimentaires. La muqueuse du rumen, chez le bœuf et les autres animaux polygastriques, s'exfolie et se colle aux aliments ; les trois autres estomacs peuvent aussi présenter de semblables marques d'exfoliation.

L'intestin grêle est toujours assez malade, du moins

dans sa première portion. Sa coloration peut aller du rouge au noir, en passant par le violet et le brunâtre, elle diminue d'intensité à mesure qu'on s'éloigne du pylore; elle peut exister ou faire défaut sur le gros intestin, tout cela étant subordonné au temps écoulé depuis l'empoisonnement et à la forme symptomatologique de celui-ci. Chez le bœuf, on a signalé sur une longueur de 2 mètres 1/2 environ, à partir du pylore, une teinte noire-verdâtre. Les dernières portions du tube digestif sont généralement intactes, à l'exception du rectum parfois renversé, congestionné et de l'anus resté béant.

Parmi les glandes annexes du tube digestif, le foie est celle qui a subi les modifications les plus prononcées. Il est tuméfié et d'une teinte quelquefois violette, plus souvent jaunâtre, très nette sur le bœuf, moins prononcée sur d'autres animaux, particulièrement sur le chien. Vésicule biliaire généralement distendue par une forte quantité de bile.

Rate normale. Reins plus volumineux qu'à l'état habituel et dont la substance corticale est quelque peu désorganisée si l'empoisonnement a eu une marche lente. Parfois, des traces d'irritation dans la vessie et les uretères.

Les poumons ont leur couleur rosée et ne sont que fort peu engoués. Des spumosités sanguinolentes se constatent dans les bronches et la trachée, mais non constamment; parfois aussi quelques taches ecchymotiques.

Le cœur est en diastole; les ventricules, particulièrement le gauche, sont pleins de sang. Il est assez habituel de trouver un engorgement des vaisseaux cérébraux ainsi que du système capillaire sous-cutané. On voit alors un pointillé sur les coupes de matière cérébrale.

Ces constatations faites, il faut revenir sur l'examen des matières alimentaires. Il a été dit qu'il est très facile de retrouver les débris d'If dans l'estomac et les premières portions de l'intestin, en raison du peu de durée de l'empoisonnement. En enlevant le mucus qui entoure et agglutine les aliments ingérés, on distingue avec la plus grande facilité les feuilles de cet arbre; les unes sont encore entières et même réunies sur un fragment de petit rameau par 6 ou 8; d'autres fois, elles sont coupées, mais encore reconnaissables à leur pointe. Si l'autopsie est faite très peu de temps après la mort, elles ont conservé leur couleur vert sombre; le plus souvent on les trouve d'un vert jaunâtre.

Mélangés à ces feuilles, on trouve des brindilles, de petits rameaux, avec ou sans écorce.

Si l'on conserve quelques doutes sur la nature de ces débris végétaux, pourtant facilement reconnaissables pour peu qu'on ait quelque connaissance de l'If, il faut alors avoir recours à l'examen microscopique du bois.

Mécanisme de l'empoisonnement. — Ce n'est point comme irritant que l'If amène les désordres que nous constatons. Les lésions inflammatoires de l'estomac et de l'intestin sont secondaires, c'est par son action anesthésique et narcotique d'abord, plus tard par la sédation et l'arrêt du cœur et de la respiration qu'il témoigne de sa puissance. A en juger par analogie, c'est un poison nerveux, agissant spécialement sur les centres bulbaires. A-t-il aussi une action hématique? Ce point reste à déterminer. Parmi les éléments nerveux, les sensitifs semblent particulièrement atteints.

La question de savoir si la viande des animaux de boucherie qui ont succombé à un pareil empoisonnement peut être utilisée, ne pourra être résolue que lorsqu'on se sera assuré que le poison se localise en certains points de l'organisme, probablement sur les centres nerveux. Jusqu'à présent, nous ne connaissons qu'un seul fait à l'appui de l'innocuité d'une telle viande. Il est rapporté par Viborg. Un porc venant de succomber à l'empoisonnement par l'If, l'estomac et les intestins furent enlevés, la chair de cet animal livrée à la consommation et parmi les personnes qui en firent usage, on ne signala aucun dérangement de la santé.

Ce cas dépose en faveur de la localisation du poison, mais il est unique; avant de se prononcer définitivement, il faudra de nouveaux essais.

Le médecin et le vétérinaire ne sont guère appelés pour combattre les effets de l'If, leur rapidité n'en laisse généralement pas le temps. Le plus souvent, c'est pour pratiquer des autopsies qui sont toujours d'une grande utilité dans la circonstance. S'il s'agit de l'espèce humaine, qu'il y ait suicide ou homicide, la justice a besoin d'être renseignée. S'il n'y a que perte de bestiaux, il faut voir aussi quelle en est la cause, de façon à pouvoir rassurer les propriétaires, généralement très alarmés par la brusquerie du dénouement et qui craignent toujours l'apparition d'une maladie contagieuse.

Ce n'est guère que lorsque la quantité de poison ingérée n'a pas été bien considérable et que la phase de coma se prolonge, que l'intervention de l'homme de l'art est utile et qu'il peut porter un pronostic rassurant.

Principe actif. — D'après les recherches de Marmé, le principe actif de l'If serait la *taxine*, substance soluble dans l'alcool, l'éther, le chloroforme et la benzine, à peine soluble dans l'eau et insoluble dans l'éther de pétrole. En laissant évaporer sa solution benzinique, on l'obtient cristallisée avec assez de facilité. Elle est fortement alcaline. D'après Marmé, l'acide sulfurique qui la colore en rouge serait le réactif qui permetttait de la reconnaître.

L'étude clinique des empoisonnements par l'If révélant des différences symptomatologiques, nous sommes enclins à nous demander si, à côté de la taxine, il n'existerait pas d'autres principes toxiques dans ce végétal. Est-ce le même corps qui ecchymose le tube digestif et qui agit sur les centres nerveux régulateurs de la circulation et de la respiration? Vu la forme foudroyante du dénouement, y a-t-il témérité à penser à la formation d'un poison, dans l'organisme, aux dépens des glycosides de l'If d'une part et des liquides organiques d'autre part? Je ne serais point éloigné de soupçonner quelque réaction analogue à celle qui produit l'acide cyanhydrique dans certains végétaux de la tribu des Amygdalées. Si cette vue est exacte, il n'est point besoin que cette substance soit mise directement et par la voie digestive en contact avec la salive, le suc gastrique ou d'autres liquides intestinaux, puisque l'injection hypodermique ou intra-veineuse conduit au même résultat.

Quoi qu'il en soit, de nouvelles recherches me semblent nécessaires pour élucider ces points.

Une variété de l'If à baies, le *Taxus fastigiata*, qu'on trouve en Irlande et qui est caractérisée par ses branches dressées et ses rameaux courts, a occasionné des empoisonnements analogues à ceux produits par le type dont elle dérive.

II. — **Juniperus**. L. (**Genévrier**). La plupart des espèces de Genévrier ont une odeur forte, une saveur âcre et possèdent des propriétés irritantes; nous signalerons les suivantes, comme dangereuses :

A. *Juniperus sabina*. L. *Genévrier sabine* ou simplement *Sabine*. Arbrisseau des lieux rocailleux, spécialement abondant dans la région pyrénéenne et cultivé quelquefois dans les jardins. Il est dioïque, rameux, à feuilles très petites, squamiformes, imbriquées sur quatre rangs. Les fruits sont de fausses baies de la grosseur des groseilles, d'un bleu glauque à la maturité et renfermant 1-2 graines.

Les feuilles de la Sabine sont vénéneuses, mais leur odeur forte, résineuse et leur saveur âcre éloignent les bestiaux qui ne les broutent jamais. Elles renferment l'*essence de Sabine*.

Dans l'espèce humaine, à part quelques indications thérapeutiques bien déterminées, l'emploi de la Sabine se fait dans un but criminel qui relève de la médecine légale.

Du moment où l'empoisonnement par la Sabine ne peut être spontané ni chez l'homme, ni chez les animaux, nous n'avons point à nous en occuper davantage dans ce livre.

B. *Juniperus virginiana*. L. Le *Genévrier de Virginie*, communément désigné sous le nom de *Cèdre de Virginie*, et appelé aussi *Cèdre rouge*, *Red Cedar*, est un arbrisseau de l'Amérique du nord, cultivé à titre ornemental dans les parcs et les jardins. Son bois est brun, odorant, brillant et facile à fendre.

Les chèvres broutent volontiers le Cèdre de Virginie et s'empoisonnent. Douze à quinze heures après en avoir suffisamment ingéré, elles deviennent tristes, grincent des dents; leur sécrétion lactée est supprimée, une diarrhée intense et fétide se déclare et la mort arrive du 3e au 4e jour après le début du mal.

Avant d'en terminer avec les Conifères, nous signalerons le danger qu'il y a à laisser, au printemps particulièrement, les animaux paître dans les forêts de *Sapins* et de *Pins*. Éprouvés par le régime du sec auquel ils ont été soumis pendant l'hiver, ils se laissent tenter par les bourgeons et les jeunes pousses qui sont d'un beau vert tendre. L'ingestion de ces parties en quantité un peu considérable occasionne l'*hématurie* ou *pissement de sang*, affection encore appelée *mal de brou* ou *mal de bois*. Comme d'autres bourgeons et jeunes pousses, spécialement ceux du Chêne, occasionnent de pareils accidents, nous nous occuperons du mal de bois à propos des Cupulifères.

BIBLIOGRAPHIE

If. — BREDIN et HÉNON, *Démonstrations élémentaires de botanique de Gilbert*, t. III. — HARMAND DE MONTGARNI, *Observations sur l'If*, in Journal de médecine, 1790. — GROGNIER, *Gazette de santé*, 1 novembre 1817. — ROQUES, *Phytographie médicale*. — AHLES, *Ausere wichtigeren Giftflewächle*. — VIBORG, *Expériences et observations sur les effets de l'If* in Bibliot. vétérinaire, 1849. — CHEVALIER, DUCHESNE et REYNAL, *Mémoire sur l'If et sur ses propriétés toxiques* in Annales d'hygiène et de médecine légale, 2ᵉ série, t. IV. — CLOS, *De l'innocuité des fruits de l'If commun*, in Bulletin de la Société botanique de France, t. XVI, p. 12. — DELCROIX, *Nouveaux faits qui démontrent les propriétés toxiques des feuilles d'If sur les animaux domestiques*, in Recueil de médecine vétérinaire, année 1854. — BAILLET, article If du Nouveau Dictionnaire pratique de médecine, chirurgie et hygiène vétérinaires. — COHIN, *Empoisonnement de plusieurs chevaux par l'If*, in Recueil de Médecine vétérinaire, 1873. — PHILIPPAUX, *Recherches expérimentales sur l'action physiologique de l'If*. Société de biologie, juin 1878. — HARTENSTEIN, *Empoisonnement de sept vaches par l'If commun*, in Archives vétérinaires, année 1877. — MARMÉ, Jahresb. f. Pharm. 1876.

R. Modlen, *Empoisonnement d'enfants par l'If*, Pharmaceutical Journal, 1879.

Genévrier. — Pour les empoisonnements par la *Sabine*, consulter les Traités de matière médicale, de toxicologie et d'obstétrique. Pour le Genévrier de Virginie voyez : Cagnat. *Empoisonnement de chèvres par le J. Virginiana*, Recueil de Médecine vétérinaire, 1859.

DEUXIÈME SECTION

PHANÉROGAMES ANGIOSPERMES

Les Phanérogames angiospermes se subdivisent en deux sous-groupes, celui des *Monocotylédones* et celui des *Dicotylédones*. Nous avons à examiner dans chacun d'eux les familles et les espèces dangereuses.

PREMIER SOUS-GROUPE

MONOCOTYLÉDONES VÉNÉNEUX

Des familles nombreuses qui forment le sous-groupe des Angiospermes monocotylédones, neuf doivent être signalées comme renfermant des plantes vénéneuses, ce sont celles des Aroïdées, des Graminées, des Colchicacées, des Liliacées, des Asparaginées, des Smilacées, des Amaryllidées, des Dioscorées et des Iridées. Mais l'importance qu'elles présentent au point de vue où nous sommes placés est bien inégale, aussi leur consacrerons-nous une place en rapport seulement avec les chances d'accidents qu'elles offrent.

Article Ier. — Aroïdées

Cette famille est riche en espèces tropicales, mais pauvrement représentée dans les pays tempérés. Elle est constituée par des plantes herbacées vivaces, acaules, à racine charnue, âcres et vénéneuses pour la plupart dans toutes les parties.

L'attention se portera sur les genres *Arum* et *Calla*.

I. — **Arum** L. (**Gouet**). Dans ce genre, on doit signaler en première ligne l'*Arum maculatum* (L.) ou *Gouet taché*.

Cette plante (fig. 3), désignée vulgairement sous le nom de *Pied-de-veau*, est herbacée, vivace, à souche épaisse, à feuilles amples, engainantes à la base, luisantes et tachetées de noir. Sa spathe est ouverte en cornet et renferme un spadice droit, blanchâtre, qui se flétrit après l'anthèse; il porte à sa base les fleurs femelles et au-dessus les fleurs mâles. D'abord verdâtres, les baies deviennent rouge corail à la maturité.

Le Gouet taché croît dans les lieux ombragés et un peu humides.

Toutes ses parties, souche, feuilles et fruits, sont vénéneuses. Elles renferment un suc, dont l'analyse chimique reste à faire et qui, heureusement, perd ses propriétés par la dessiccation ou la cuisson de la plante.

Les fruits, bacciformes et d'un beau rouge, ont tenté de malheureux enfants qui se sont empoisonnés en les consommant, malgré l'odeur spéciale qu'ils répandent quand on les écrase.

Les feuilles qui exhalent, lorsqu'on les froisse ou les broie, l'odeur fétide déjà signalée, ne sont prises spontanément par les animaux que dans des circonstances tout à fait exceptionnelles. Comme le Gouet est une plante vivace, il peut arriver que des bestiaux soumis au régime du sec pendant toute la durée de l'hiver, finissent par l'accepter. Mais ils n'en prennent jamais une quantité suffisante pour s'empoisonner mortelle-

Fig. 3. — *Arum maculatum*. — Gouet tacheté.

ment, il la refusent bientôt. Dans mes expériences, des cobayes à qui l'on présentait cette plante à l'exclusion de tout autre aliment, y touchaient fort peu et se seraient plutôt laissés mourir de faim que de s'empoisonner en la mangeant en abondance.

La racine trouvée par le porc n'est jamais, non plus que la feuille, prise en quantité suffisante pour le tuer, elle n'occasionne qu'un dérangement de la santé dont on va voir maintenant les symptômes.

Mis en contact avec les muqueuses, le suc de l'Arum agit comme irritant. La bouche et la langue du porc qui a mâché quelques racines fort riches en ce suc rougissent et se tuméfient, la salive coule et bientôt la déglutition devient difficile en raison de l'inflammation de l'arrière-bouche.

Introduit en petite quantité dans le tube digestif, comme c'est toujours le cas, je le répète, dans les empoisonnements spontanés des animaux, l'Arum agit à la façon des irritants, des purgatifs et parfois des vomitifs. Il y a de vives douleurs intestinales, de l'agitation, un peu de contraction musculaire des membres, du balancement de la tête, une superpurgation avec épreintes. Le ventre reste douloureux et l'appétit peu marqué pendant quelques jours.

Si la quantité a été suffisante pour causer la mort, comme on le voit dans l'empoisonnement de jeunes enfants par les fruits, indépendamment des symptômes de superpurgation, apparaissent des crampes, des convulsions, des douleurs stomacales terribles, avec sensation de brûlure à l'arrière-bouche et à l'épigastre, tous symptômes qui avaient fait établir aux anciens médecins un rapprochement entre l'empoisonnement dont il s'agit et le choléra. La mort survient de la dixième à la vingtième heure après l'ingestion du fruit vénéneux, si les soins médicaux ont été trop tardifs ou infructueux.

Le pronostic est toujours grave quand il s'agit des enfants, et l'on doit, en attendant l'arrivée du médecin, tâcher de faire rejeter, par le vomissement, le végétal toxique, puis administrer du lait à titre d'adoucissant.

L'ancienne médecine employait la racine d'Arum comme médicament purgatif; elle est aujourd'hui complètement abandonnée.

L'*Arum italicum*, qui n'est peut-être qu'une variété de l'espèce précédente, mais plus développée et plus méridionale, possède les mêmes propriétés et appelle par conséquent les mêmes observations.

L'*Arum dracunculus* L. ou *Gouet serpentaire* a des feuilles longuement pétiolées et digitées, sa spathe est pourpre en dedans, son spadice rougeâtre répand une mauvaise odeur. Il est moins âcre que les deux précédents, néanmoins, il n'est pas plus accepté qu'eux des bestiaux et il pourrait occasionner les mêmes accidents.

II. — **Calla**, L. (**Calla**). — Dans ce genre assez peu étendu, nous trouvons le *Calla palustris* dont le rhyzome, passablement volumineux, est âcre et dont l'ingestion peut amener des dérangements intestinaux. Ainsi que les Gouets, le Calla des marais perd ses propriétés nocives par la cuisson et peut même devenir comestible.

Article II. — Graminées

La famille des Graminées, si importante par le nombre de ses espèces, la profusion avec laquelle elles sont répandues, surtout dans les pays tempérés, les produits qu'elles fournissent à l'agriculteur et à l'industriel, n'a heureusement qu'un intérêt fort restreint pour le médecin et le toxicologiste.

Dans notre flore, deux genres de cette vaste famille, *Lolium* et *Zea*, ont seuls été signalés comme renfermant des plantes suspectes. On a bien accusé le genre *Melica* de fournir une espèce, la *Molinia cœrulea* (Mélique bleue), qui serait malfaisante pour les chevaux au moment de sa floraison, mais c'est un point qui reste douteux. Nous dirons aussi qu'il existe au Pérou une graminée, la *Festuca quadridentata*, dite *Pigonil*, qui passe pour fort vénéneuse; nous nous contenterons de la mentionner à cette place, car nous manquons de renseignements détaillés sur son histoire toxicologique.

§ I. — *Des Ivraies vénéneuses; de l'Ivraie enivrante en particulier* (Lolium temulentum, L.)

Le genre **Lolium** L. (**Ivraie**) renferme des plantes herbacées, à inflorescence en épi allongé et comprimé, à épillets comprimés latéralement, à 3-25 fleurs, le terminal à 2 glumes, les latéraux à une seule, par suite de l'avortement habituel de la supérieure. Glume inférieure herbacée, résistante, convexe. Fleurs hermaphrodites. 2 glumelles, 2 stigmates terminaux sortant à la base de la fleur. Le fruit est un caryopse soudé aux glumelles, allongé, avec un sillon sur l'une de ses faces. Feuilles roulées ou pliées dans la pousse.

Parmi les espèces de ce genre, deux constituent d'excellents fourrages et entrent dans la composition des prairies; ce sont : le *Lolium perenne*, communément appelé *Ray-grass anglais* et regardé comme une de nos graminées fourragères les plus précieuses, et le *Lolium italicum, Ivraie ou Ray-grass d'Italie*, un peu moins apprécié que le précédent. Le *L. multiflorum* n'est probablement qu'une variété de l'Ivraie vivace et participe à ses qualités fourragères.

Deux autres sont des plantes adventices, messicoles et vénéneuses sur lesquelles notre attention doit s'arrêter, il s'agit du *Lolium temulentum* et du *Lolium linicola*.

A. — *Lolium temulentum* L. (*Ivraie enivrante*). Plante annuelle, herbacée, de 60 centimètres de hauteur en moyenne, que l'on distingue de l'Ivraie vivace et de l'Ivraie d'Italie par sa tige généralement plus forte et par ses glumes qui dépassent ses épillets, tandis qu'elles sont plus courtes que ceux-ci dans les deux espèces précitées (Voyez les fig. 4, 5 et 6). Elle fleurit de juin à août.

La tige et les feuilles de l'Ivraie enivrante ne sont pas dangereuses pour le bétail qui les broute ; il est possible qu'elles renferment les principes vénéneux dont nous allons parler, mais soit qu'ils s'y trouvent en trop faible quantité, ou que les éléments qui doivent les constituer ne soient pas encore associés, on ne signale point d'accidents par leur usage.

Il n'en est pas de même du grain. Il est vénéneux pour l'homme et les animaux, et le danger qu'il présente est d'autant plus grand que l'Ivraie enivrante étant une plante messicole, son grain se mêle à celui des céréales, et s'il échappe au criblage, il peut être broyé au moulin avec le blé, le seigle, l'orge et l'avoine. Sa farine, se mélangeant en quantité suffisante à celle des céréales, amène l'empoisonnement des personnes qui mangent sans défiance le pain qui en provient et dont aucune saveur ni aucune odeur particulières ne décèlent les fâcheuses propriétés. Mêlée à l'orge et à l'avoine, l'Ivraie est consommée à l'état de grains par les animaux, chevaux, porcs, moutons, auxquels on distribue ces céréales, ou à l'état de farine prise en boissons blanches, en barbottages, en machs, etc.

Il paraît que dans le Midi on distribue quelquefois l'Ivraie à des mulets rétifs avant de les mettre en vente, afin de dissimuler le vice dont il sont atteints par l'état comateux où les amène momentanément cette graine.

Dans la pratique ordinaire, le danger est surtout dans la distribution des criblures aux animaux de la ferme. Chacun sait que pendant l'hiver le cultivateur, au fur et à mesure du battage, passe ses grains au tarare et donne les déchets comme nourriture à son bétail. D'après l'expérience personnelle que j'en ai, je n'hésite point à attribuer, pour la plus grande part, les troubles intestinaux, les coliques sourdes et persistantes, la somnolence, la gastro-entérite accompagnée ou non de jaunisse, qu'on constate pendant l'hiver, particulièrement sur les jeunes chevaux, à l'usage de criblures où se trouvent des graines de Nielle, de Coquelicot, de Jarosse, et où l'Ivraie enivrante tient sa place.

Enfin l'on a constaté, pour l'espèce humaine, des accidents dus à l'usage de bière fabriquée avec de l'orge infestée d'Ivraie et d'eau-de-vie obtenue par la fermentation de seigle renfermant également une forte proportion de zizanie, nom sous lequel, en bien des localités, on désigne l'Ivraie.

Dans la fabrication de la bière, on mêle parfois intentionnellement l'Ivraie à l'orge, afin de donner, croit-on, plus de montant à cette boisson. C'était même une pratique si répandue au moyen âge, que des règlements furent édictés, dès l'époque de saint Louis, pour défendre « de faire entrer l'Ivraie dans la bière ».

Les anciens, particulièrement les Orientaux, connaissaient les propriétés de l'Ivraie et ils les exagéraient même. Sans appuyer mon dire de nombreuses citations faciles à faire, je rappellerai simplement que Virgile

accole l'épithète d'*infelix* au mot *Lolium*, indiquant par
ce qualificatif les effets funestes qu'on lui attribuait de
son temps.

Plus tard, alors que la nourriture des populations de

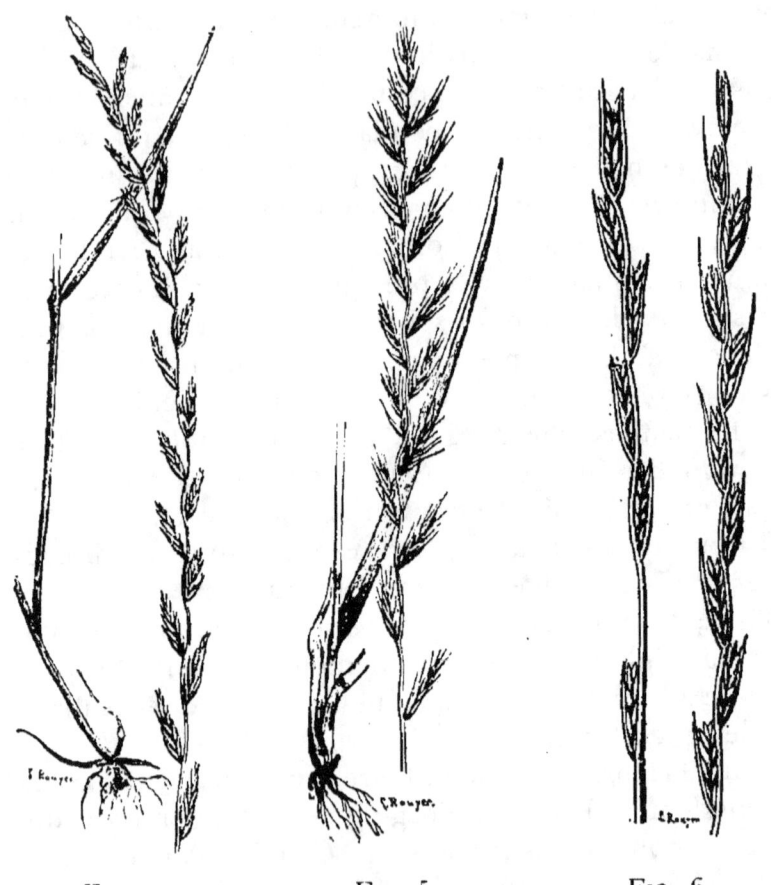

FIG. 4.   FIG. 5.   FIG. 6.
RAY-GRASS VIVACE. RAY-GRASS D'ITALIE. IVRAIE ENIVRANTE.

nos campagnes était si grossière, l'attention n'a pas cessé
de se porter sur cette plante dont les grains entraient
dans l'alimentation humaine avec ceux des céréales.

Puisque le grain seul est dangereux, nous devons

nous attacher tout particulièrement à le décrire, afin de fournir les moyens de le reconnaître lorsqu'il est mêlé à d'autres semences de céréales. L'examen de son amidon doit également nous arrêter pour le cas où il aurait été broyé et mêlé aux farines comestibles.

Les grains de l'Ivraie enivrante, tombés à maturité, sont isolés ou encore réunis à une portion de l'axe de l'épillet. On trouve souvent, mélangée avec eux, la glume qui accompagnait l'épillet dont ils faisaient partie. Ces grains ne sont jamais nus, mais constamment enveloppés de deux glumelles très adhérentes qu'on ne sépare qu'en y mettant du soin. La glumelle inférieure porte une arête longue et très pointue qui ne part pas de son sommet, mais naît en dessous. C'est la présence de cette longue arête qui distingue le caryopse du *L. temulentum* de celui du *L. perenne*. Le *L. italicum* en possède une aussi, mais sa graine, comme grosseur, est inférieure à celle de l'Ivraie enivrante. La glumelle supérieure présente un sillon large, profond, dans lequel se voit, le plus souvent, le pédicelle qui l'attachait à l'épillet. Les extrémités de ce caryopse sont obtuses ou subobtuses.

Il n'y a guère qu'avec les grains des Bromes qu'on pourrait confondre ceux de l'Ivraie enivrante, mais avec un peu d'attention, la confusion ne se fera pas. Les semences de Bromes ont des reflets violacés que ne présentent point celles des Ivraies qui sont jaune verdâtre, elles sont plus allongées, plus pointues à leurs extrémités, plus minces, leur glumelle supérieure est ciliée sur ses bords. Les enveloppes détachées, on trouve, pour l'Ivraie enivrante, un grain relativement gros et riche en farine, tandis que celui des Bromes est comme racorni, spiciforme et moins riche.

Débarrassé de ses glumelles, le grain de l'Ivraie enivrante rappelle quelque peu un grain de seigle avorté, mais il présente un sillon ventral large et profond dans lequel s'est moulée comme nous l'avons dit, la glumelle

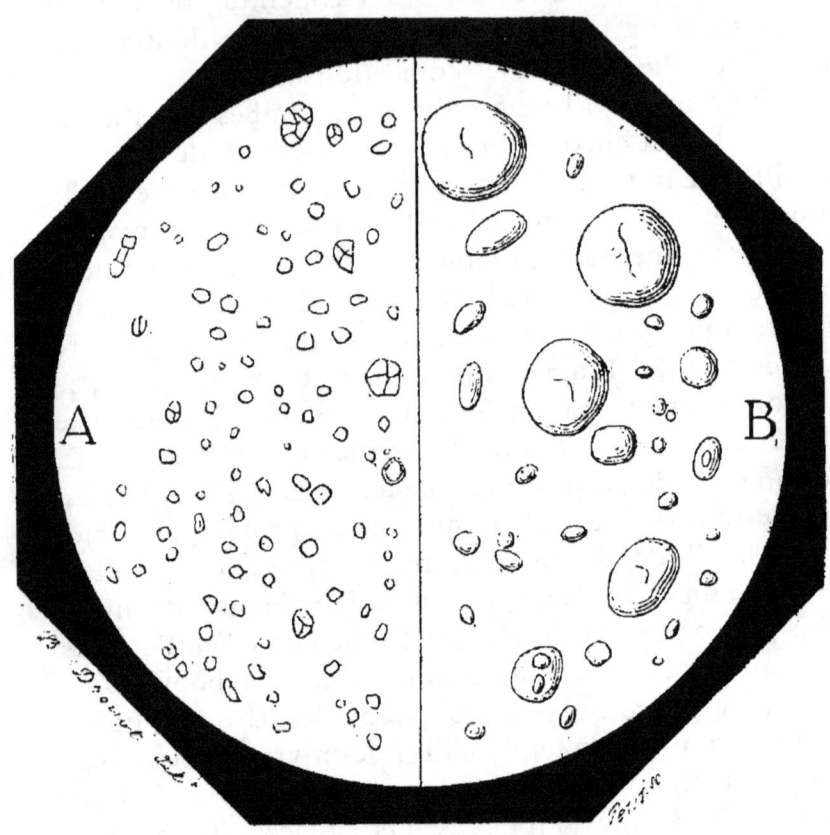

Fig. 7.

A. Amidon d'Ivraie enivrante. — B. Amidon de seigle.
4 à 8 μ   25 à 45 μ
(Grossissement = 260)

supérieure. Écrasé, il ne dégage aucune odeur, sa farine placée dans la bouche ne décèle non plus aucune saveur spéciale.

Les granules d'amidon de l'Ivraie enivrante se distinguent facilement de ceux du froment, du seigle, de l'orge, avec lesquels ils peuvent se trouver mêlés. En effet ils sont beaucoup plus petits, de 5 à 8 µ de diamètre, simples en grande majorité, quelques-uns agrégés et d'autres, plus rares, composés de 3 à 5 granules, polyédriques ou arrondis partiellement, avec un nucléus ou une cavité nucléale fusiforme. L'iode les colore très bien en bleu. Ils se rapprochent assez de ceux du maïs, mais ils sont environ 8 fois moins gros. Quant à ceux du Brome, la confusion n'est nullement possible, car ils appartiennent au groupe des granules simples terminés de tous côtés par des surfaces arrondies et leur grosseur les rapproche de ceux des céréales, notamment de ceux de l'orge. Au reste un coup d'œil jeté sur la figure ci-contre donnera immédiatement une idée de la conformation de l'amidon de l'Ivraie et de la différence qu'il présente avec celui du seigle auquel il est le plus souvent mélangé.

L'amidon de l'Ivraie est blanc, il n'a ni odeur ni saveur, et ce n'est point à lui qu'il faut attribuer l'activité de la graine qui le produit. MM. Baillet et Filhol ont dirigé leurs recherches vers ce dernier point. Ils ont vu que la vénénosité résulte de deux principes différents : une matière jaune spéciale, associée à une certaine quantité de cholestérine, contenue dans une huile verte qu'on sépare du grain par l'éther ; puis une substance existant dans l'extractif qu'on sépare, par l'eau, de la farine préalablement épuisée par l'éther. Ils ne sont pas volatils et ils s'altèrent quand on les soumet à une température dépassant 100°. L'un et l'autre sont solubles dans l'alcool. Si ces deux substances, matière jaune et extractif, sont nuisibles et vénéneuses, elles ne sont point les principes actifs, isolés et purs ; nous ne connaissons pas encore dans quel groupe chimique ceux-ci devront être placés et quelle sera leur formule.

Il reste donc une lacune importante à combler, car lors d'expertises relatives à des farines suspectées renfermer de l'Ivraie enivrante, il serait utile de pouvoir séparer à l'état de pureté chimique, les corps toxiques. En attendant que ce désidératum soit rempli, on se rappellera les indications précieuses que fournit le microscope pour la distinction des amidons et on recourra aussi aux manœuvres fort simples indiquées par MM. Baillet et Filhol pour l'extraction des principes vénéneux. En traitant par l'éther une farine renfermant une proportion nuisible d'Ivraie, on obtiendra une matière grasse de couleur olive, se rapprochant de l'axonge par sa consistance. Traitée à froid par l'alcool à 85 degrés, elle se dédouble en deux substances, l'une soluble dans l'alcool est jaune orangé, l'autre insoluble est verte. L'évaporation de l'alcool donne à la substance jaunâtre une consistance de cire un peu molle.

La matière obtenue par l'éther est un poison, comme il sera toujours facile de s'en assurer sur quelques sujets d'expérience. Orfila avait d'ailleurs déjà conseillé de traiter une farine suspecte par l'alcool, avançant que si elle renferme de l'Ivraie, l'alcool prendra une teinte jaune verdâtre.

Quoique non isolées, les deux substances trouvées par MM. Baillet et Filhol, ont été bien étudiées par ces auteurs dans les effets qu'elles produisent sur les animaux auxquels on les administre; ils ont constaté que ces effets sont différents, suivant qu'on administre l'un ou l'autre des deux principes et suivant les espèces qui les reçoivent; l'un et l'autre peuvent amener la mort.

Nous reviendrons tout à l'heure sur ce point, mais comme ces deux principes sont associés dans les grains ou dans la farine consommés par l'homme et les animaux, leurs effets s'enchevêtrent dans l'empoisonnement tel qu'il a lieu dans les conditions ordinaires. Nous devons donc examiner d'abord les effets de l'intoxication que j'appellerai complète.

Nous ne possédons que peu de documents sur la quantité de graines nécessaire pour amener la mort. Cette quantité doit être élevée, car si les empoisonnements ont été relativement communs, surtout autrefois où la condition du paysan était loin d'être ce qu'elle est actuellement et où l'on ne s'attachait point à l'épuration des grains et des farines comme aujourd'hui, les cas où la mort en a été le dénouement sont fort rares. On en cite un où l'individu qui succomba avait consommé un pain fabriqué pour un tiers de farine de froment et deux tiers de farine d'Ivraie. Dans un autre exemple, un paysan avare fit moudre du blé et de l'Ivraie dans la proportion de 1 du premier pour 5 de la seconde; la consommation du pain fait avec la farine qui en résulta, amena sa mort. Il est douteux qu'on trouve quelque part aujourd'hui dans notre pays, des individus, même poussés par la misère ou l'avarice, disposés à faire de pareils mélanges.

La dose de 30 grammes de farine d'Ivraie paraît être le maximum de ce qu'un homme adulte peut prendre sans ressentir de symptômes fâcheux, au delà commencent des accidents qui vont en augmentant proportionnellement à la quantité ingérée.

Le poids de grains nécessaire pour tuer 1 kilog. de poids vif est de :

Pour les Équidés. . . . . 7 gr. environ.
— le chien . . . . 18 —

Les ruminants et les oiseaux de basse-cour paraissent peu sensibles aux effets de l'Ivraie; il faut aller jusqu'à 15 à 18 grammes de graines par kilog. de poids vif pour produire des phénomènes de malaise : titubation, salivation, grincement de dents, arrêt d'appétit et de rumination chez le mouton ; je ne crois pas qu'on soit jamais parvenu à empoisonner mortellement avec l'Ivraie introduite par la voie digestive cet animal, pas plus que le bœuf, mais par la voie intra-veineuse ou hypodermique, on y arrive sans difficulté. Les porcs sont très peu affectés par l'Ivraie ; les poules et les canards sont moins sensibles encore à ses effets, car Clabaud rapporte qu'il a nourri pendant cinq semaines des poulets, d'abord avec de l'Ivraie en grains, puis de pâte faite de farine, puis de son, puis de pain d'Ivraie et enfin de grains d'Ivraie fermentés, tout cela sans que les animaux aient présenté les symptômes spéciaux de l'empoisonnement ; il fait seulement remarquer qu'ils avaient beaucoup maigri à ce régime. M. Baillet a dû employer l'extrait de 3 kilog. 400 grammes pour tuer une poule.

Symptomatologie. — Chez l'homme, après l'ingestion d'Ivraie réduite à l'état de pain ou de gâteau il y a vertige, éblouissements, raideur dans les mouvements, courbature et somnolence très accentuée. Le malade cède généralement au sommeil et les symptômes se dissipent. Si la quantité de poison a été plus forte, il éprouve en outre des nausées, avec ou sans vomissements, du pyrosis, de la pesanteur à l'épigastre, des troubles de la vue et des bourdonnements d'oreilles, puis 20 à 24 heures après, de la diarrhée avec douleurs intestinales plus ou moins violentes, du ténesme vésical avec mictions fréquentes et douloureuses. Pas de sueurs. Enfin si la quantité a été telle que la mort en doive être la conséquence, celle-ci arrive à la suite de coliques très violentes, accompagnées parfois de dysentérie ; la respiration se ralentit, le pouls est petit, il y a des convulsions, du délire.

La symptomatologie a été bien tracée pour les animaux par MM. Baillet et Filhol; nous allons la leur emprunter :

« Lorsque l'on fait prendre à des carnassiers (chiens ou chats) de l'Ivraie que l'on réduit en farine et que l'on associe à leurs aliments ordinaires, à la dose de 250 à 500 grammes pour le chien, et de 40 à 200 grammes pour le chat, on ne tarde pas à voir se manifester les effets de cette substance toxique. Un quart d'heure, une demi-heure, ou une heure au plus, après l'ingestion, l'animal devient triste et cherche à se retirer dans un coin du lieu où on l'observe. En même temps des tremblements apparaissent dans diverses régions du corps; ces tremblements d'abord faibles, locaux et passagers, deviennent bientôt généraux, continus et d'une violence plus ou moins marquée. Le plus souvent ils sont accompagnés de contractions spasmodiques des muscles des membres, du cou, de la face et des paupières, de mouvements convulsifs, et parfois même de raideur tétanique momentanée du cou, des membres et de la queue. Souvent les animaux que l'on voit d'abord répandre une bave abondante et filante finissent par vomir, mais l'absorption des principes actifs est si rapide, que le vomissement, même lorsqu'il est effectué fort peu de temps après l'ingestion du poison, ne suffit pas pour soulager le malade et pour le tirer de danger. Il est même ordinaire de voir les symptômes s'aggraver dans les instants qui suivent le rejet des matières contenues dans l'estomac. Comme nous l'avons dit déjà, lorsque les animaux qui sont sous le coup de l'empoisonnement par l'Ivraie sont abandonnés à eux-mêmes, ils cherchent à se coucher. Si on les fait lever et marcher, d'autres symptômes apparaissent. En général, on voit l'animal écarter les membres comme pour élargir la base de sustentation ; sa démarche est embarrassée, chancelante, il pose ses pattes sur le sol avec hésitation comme s'il éprouvait quelque douleur, et le plus souvent les tremblements généraux et les contractions involontaires des muscles sont si forts, que le malade pour se soutenir est obligé de s'appuyer contre le mur ou contre les corps voisins. Si alors on le force à marcher, il trébuche et parfois même, ses membres fléchissant brusquement, il s'affaisse sur le sol et ne se relève qu'avec difficulté. Quelques sujets, dans les intervalles des crises où les symptômes s'exagèrent, recherchent les boissons, mais il ne boivent qu'avec beaucoup de peine, à cause des tremblements dont les mâchoires sont agitées. Il en est de même encore lorsqu'ils veulent prendre les aliments qu'on leur présente au moment où les symptômes commencent à se calmer, et nous avons vu des chiens, dans ces circonstances, pousser avec le nez les morceaux de viande qu'on leur offrait sans pouvoir réussir à écarter les mâchoires pour les saisir.

« Quelque vives que soient les douleurs qu'éprouvent les animaux soumis à l'influence de l'Ivraie, la part d'intelligence que la nature leur a départie ne paraît nullement altérée. Ils entendent encore parfaitement la voix des personnes qui leur donnent des soins, répondent à leur appel en levant la tête, en agitant la queue, et parfois même, lorsqu'ils ne peuvent plus marcher, ils se traînent sur le sol pour venir chercher des caresses. Il semble néanmoins qu'à ce moment les sensations que l'animal perçoit par les yeux sont confuses. Presque toujours, en effet, les pupilles sont énormément dilatées. Une fois, cependant, nous avons observé que, sur un chat, elles étaient contractées outre mesure.

« Aux symptômes essentiels que nous venons d'indiquer on peut ajouter que la respiration et la circulation sont accélérées, que les battements du cœur sont forts, et que les muqueuses de la bouche et de l'œil sont d'un rouge violacé.

« Quand la dose d'Ivraie administrée n'est pas suffisante pour déterminer la mort, les symptômes se calment peu à peu. Le temps après lequel le calme survient est très variable. Le plus souvent, il est de trois à six ou huit heures. En général une période de somnolence et de coma succède à la violente agitation et aux convulsions qui se sont d'abord montrées. L'animal se couche et s'endort, et, pendant son sommeil, on observe encore des tremblements, et de temps à autre des soubresauts de tout le corps et des mouvements convulsifs dans les membres. Toutefois, ces derniers symptômes ne tardent pas à disparaître à leur tour, et c'est tout au plus si, le lendemain de l'expérience, on voit encore, à des intervalles de plus en plus rares, des tremblements partiels. Du reste, on conçoit que des différences doivent se manifester ici, suivant le degré de résistance des animaux, et suivant la dose du poison qu'ils ont prise. Nous avons vu un chien, soumis à l'action de l'un des principes actifs de l'Ivraie, offrir encore de temps à autre des tremblements partiels, sept ou huit jours après celui où le poison avait été administré.

« Lorsque la dose du poison est assez élevée pour déterminer la mort, les symptômes, au lieu de se calmer, s'aggravent. Les convulsions deviennent d'une violence extrême, et c'est le plus ordinairement au milieu d'une crise de convulsions que l'animal succombe.

« *Lésions.* — A l'autopsie, on rencontre toutes les lésions qui caractérisent l'action des poisons narcotico-âcres. La muqueuse de l'estomac et celle de l'intestin présentent les traces d'une irritation plus ou moins vive, qui parfois s'étendent sur une assez grande surface, et qui, d'autres fois, sont très limitées. Le foie et la rate sont gorgés de sang noir. Tout le système veineux est rempli de sang offrant la même teinte, que l'on retrouve aussi dans la petite quantité de ce liquide que renferment le cœur gauche et les principaux troncs artériels. Tout indique aussi une congestion des centres nerveux. Les vaisseaux qui rampent à la surface de l'encéphale et de la moelle épinière sont distendus par le sang, et lorsqu'on fait des coupes de la substance nerveuse, on reconnaît un sablé de points rouges qui sont comme autant de petits foyers apoplectiques.

« On a réussi à provoquer la mort d'un cheval, à l'école vétérinaire de Lyon, en lui faisant prendre deux kilogrammes d'Ivraie. Les symptômes qui ont alors été observés sont une forte dilatation des pupilles, du vertige, une marche chancelante, des tremblements partiels dans diverses régions et des mouvements particuliers d'ondulation du corps d'avant en arrière. L'animal est ensuite tombé, son corps était froid, ses extrémités raides et tendues, la respiration difficile, le pouls lent et petit, et des mouvements convulsifs avaient lieu dans la tête et dans les membres. Cet état se prolongea jusqu'au lendemain. L'animal s'affaiblit rapidement, une bave filante s'échappait de la bouche, et la mort survint trente heures après le début de l'expérience. A l'autopsie on ne trouva pas autre chose que des traces d'irritation dans l'intestin grêle et le gros intestin. »

Il a été dit précédemment que deux principes avaient été extraits des graines du *L. temulentum*. Bien qu'ils n'aient point été isolés et obtenus à l'état de pureté, il a été néanmoins constaté que la matière jaune, obtenue à l'aide de l'éther, agit à la façon des hyperesthésiques, elle provoque des tremblements, de la salivation, parfois des vomissements, des convulsions et de la raideur tétanique. L'extrait aqueux représente un mélange d'effets anesthésiques et narcotiques : somnolence, coma, prostration et incoordination des mouvements ; il y a aussi salivation et vomissements, comme dans l'administration de la matière jaune.

Les carnassiers paraissent d'une susceptibilité à peu près égale pour les deux principes, mais les solipèdes, les bêtes ovines et les poules sont particulièrement sensibles à la matière jaune, tandis que le lapin et le canard sont plus impressionnés par l'extrait aqueux.

Il a été dit que ce n'est que très exceptionnellement, et alors que la dose ingérée a été relativement énorme que la mort est le résultat de l'empoisonnement par l'Ivraie. Le pronostic peut donc être rassurant dans la très grande majorité des cas.

En présence des méfaits de l'Ivraie, le cultivateur devra s'attacher à ne confier à la terre que des semences purgées de plantes messicoles et, en l'espèce, de *Lolium temulentum*. Si, malgré ses soins, ces plantes apparaissent, il devra les sarcler. Sa vigilance devra être appelée aussi sur les criblures dont nous avons dit les dangers, et si ces résidus étaient par trop infestés de mauvaises graines, il ne faudrait pas hésiter à les détruire.

Telle est, tracée à grands traits, l'histoire toxicologique de l'Ivraie enivrante. J'ajouterai que la culture ne lui enlève point ses propriétés malfaisantes, ce qui s'explique, puisque c'est une plante messicole qui profite, à ce titre, des labours et des engrais donnés à la terre, en vue de la culture des céréales qu'elle accompagne.

Trois variétés du *Lolium temulentum*, plus ou moins communes selon les localités, sont vénéneuses au même titre que le type, ce sont : *L. leptochæton*, Braun (*L. arvense* de With et *L. robustum* de Rehb.), *L. macrochæton*, Braun et *L. oliganthum* de Godron.

B. — Il était utile de rechercher si d'autres Ivraies possèdent aussi des propriétés vénéneuses. MM. Baillet et Filhol se sont chargés de cette tâche. Ils ont constaté que le *L. italicum*, ou *Ray-grass d'Italie*, est inoffensif. Le *L. perenne* renferme un peu de matière extractive, mais en si faible proportion qu'on peut, dans la pratique, le regarder comme inoffensif. Il n'en est pas de même du *L. linicola*.

L. linicola Sond. — L'*Ivraie linicole* est une plante annuelle à tiges simples, droites et grêles, naissant parfois par deux ou trois sur une même touffe de racines. Les feuilles, peu nombreuses, sont étroites, lisses, à ligule courte et tronquée. La glume est un peu plus courte que l'épillet, caractère qui semble la rapprocher des espèces inoffensives et la glumelle inférieure est mutique ou parfois surmontée d'une arête courte et grêle, s'insérant au-dessous du sommet. Malgré la disposition de sa glume, quelques auteurs soupçonnent l'Ivraie linicole de n'être qu'une variété de l'Ivraie enivrante, modifiée par le voisinage de la plante près de laquelle elle vit.

Elle croît exclusivement, en France tout au moins, dans les champs de lin. « Son grain ne se rencontre donc que dans la graine de lin que l'on récolte pour les besoins des arts et de l'industrie ou pour l'usage de la médecine. Il n'a guère que le tiers ou le quart du volume que présente le grain du *L. temulentum* dont il rappelle assez la forme. Il est, comme lui, enveloppé de ses glumelles, creusé d'un sillon assez large sur sa face ventrale, et muni à sa base d'un fragment de l'axe, qu'il a emporté au moment où il s'est détaché. Mais il est proportionnellement un peu plus allongé et d'une couleur plus terne et plus sombre. Le caryopse, que l'on sépare très difficilement de ses enveloppes, est lisse, atténué à chacune de ses extrémités, renflé dans son milieu et affecte un peu la forme d'un fuseau raccourci. Le sillon de sa face ventrale est peu profond. Le grain renferme une quantité de farine plus grande que celle que l'on devait s'attendre à y rencontrer en raison de son volume peu considérable. Cela résulte du peu d'épaisseur de la pellicule de son qui le revêt. Par tous ces caractères, le grain du *L. linicola* se distingue facilement au milieu des graines de lin qui sont elliptiques, lisses, brillantes, aplaties et de couleur brune. » (Baillet.)

On trouve dans l'Ivraie linicole la matière jaune et l'extractif rencontré dans l'Ivraie enivrante, et la proportion de ces substances y est même plus élevée. Les symptômes et les lésions de l'empoisonnement par cette plante étant identiques à ceux que nous avons décrits pour l'Ivraie enivrante, nous n'avons pas à y revenir.

Les recommandations faites à propos de cette dernière sur la nécessité de sarcler les moissons, de cribler les grains et même de détruire les criblures où elle se trouve en abondance, s'appliquent de tous points à l'Ivraie linicole. Le médecin et le vétérinaire devront veiller à ce que la graine de lin qu'ils ordonneront pour tisanes ou boissons adoucissantes et diurétiques soient soigneusement expurgées de l'Ivraie qui la pourrait souiller.

Il sera bon que les propriétaires qui donnent des capsules de lin à leurs animaux, comme aliment ordinaire, ainsi que des graines de lin pendant le cours de l'engraissement, fassent de même. On a signalé en Belgique des cas d'empoisonnements de bestiaux qui recevaient du lin et des capsules de lin, empoisonnements qui se traduisaient par de l'hypersalivation, de la gastro-entérite, de la météorisation et de la paralysie, avec vue obtuse, yeux enfoncés, langue pendante, pouls petit et accéléré, et terminaison mortelle. N'y a-t-il pas bien des raisons de croire que ce n'est pas le Lin qui a été le coupable ainsi que le pensent les vétérinaires belges, mais plutôt l'Ivraie linicole qui pouvait s'y trouver mêlée ?

§ II. — *De quelques accidents attribués aux fleurs mâles du Maïs.*

Les caractères botaniques du *Maïs (Zea maïs)* L. sont trop connus pour que, dans un ouvrage de la nature de celui-ci, il y ait quelque utilité à les rappeler. Il en est de même des services que rend cette précieuse graminée dans l'alimentation humaine, dans l'affouragement de nos bestiaux et dans l'industrie de la distillerie. Aussi passons-nous immédiatement aux observations d'ordre médical qui s'y rattachent.

Le Maïs a des épillets monoïques, les mâles sont réunis en une panicule terminale ; les femelles, placées plus bas, sont axillaires sur un axe épais et enfermées dans des bractées engainantes. Depuis quelques années, on emploie en médecine les stigmates de Maïs pour remédier aux affections calculeuses de la vessie, et l'on dit grand bien des effets produits, dans ces cas, par la partie de la fleur femelle employée. D'après les uns, elle les devrait à un sel de lithine, probablement le carbonate, qui a la propriété de favoriser la dissolution des calculs urinaires. Suivant les autres, elle éloignerait seulement les coliques néphrétiques, en empêchant les phénomènes réflexes qui les produisent.

Mais, depuis quelque temps aussi, des vétérinaires ont signalé les fâcheux effets qui résultent pour les bêtes bovines de l'ingestion des panaches de fleurs mâles. Dans les régions où le Maïs est très largement cultivé, comme dans la haute Italie, par exemple, lors de la floraison et quand on suppose la fécondation accomplie, les cultivateurs coupent les panaches qui portent les fleurs mâles et les distribuent aux bêtes à cornes. Or, cette alimentation, continuée pendant quelque temps sans interruption, aurait pour résultat, d'après les observations de vétérinaires italiens, d'occasionner la formation de calculs et la production de toute une série d'accidents du côté de l'appareil urinaire. Ce n'est que consommés à l'état frais que les panaches sont dangereux; desséchés, ils cessent de l'être, malgré qu'ils aient été récoltés au moment de la floraison. La nature du terrain sur lequel végète le Maïs influerait sur sa nocivité et les formations argileuses le rendraient inoffensif ou à peu près.

En Italie, on commence à observer les accidents sur les bœufs nourris aux cimes de Maïs dans la première moitié de juillet ; ils sont très nombreux dans la dernière quinzaine, puis décroissent pour cesser vers le 10 ou 12 août. Ils coïncident donc complètement avec l'époque de la floraison de cette graminée dans la Lombardo-Vénétie.

Les accidents produits sont : des coliques néphrétiques, la dilatation des uretères, la cystite, l'uréthrite et l'arrêt partiel ou total de l'excrétion urinaire. Ils reconnaissent pour cause le passage dans les voies urinaires d'une poussière irritante, fine, de couleur jaune pâle qui, suivant la nature des accidents observés, reste disséminée ou s'agrège en concrétions de volume variable, formant des calculs généralement cylindriques, à extrémités arrondies et d'une longueur variant de quelques millimètres à cinq centimètres. On n'aperçoit à leur intérieur aucune trace de stratification, ils ont l'apparence cristalline bien marquée, se réduisent facilement en poussière et sont aisément taillés par l'instrument tranchant.

Après quelque temps d'exposition à l'air, ils deviennent grisâtres et plus durs.

Il y avait lieu de se demander si la poussière urinaire ou les calculs n'étaient pas produits directement par le passage du pollen, toujours abondant sur les cimes du Maïs, dans les voies urinaires. Ce fut l'opinion soutenue par M. de Tuoni, ancien professeur à l'École de Turin. Mais elle n'est appuyée ni par l'examen microscopique, ni par l'expérimentation. Quand on examine au microscope comparativement du pollen de Maïs et de la poussière urinaire, on ne trouve aucune ressemblance. Les grains urinaires se présentent sous l'aspect de petits cristaux prismatiques à quatre faces latérales et à extrémités à deux facettes, ils sont plus pesants que l'eau, insolubles dans ce véhicule et dans l'acide acétique et un peu solubles dans l'eau bouillante. Les analyses de Roster ont fait voir qu'ils sont constitués par du lithurate de magnésie, des traces de carbonate de chaux et du mucus.

Quant à l'expérimentation, voici comment un vétérinaire italien, M. Furlanetto, y a procédé; il a récolté du pollen dans les champs de Maïs où des accidents avaient été constatés sur le bétail qui avait déjà reçu des cimes fraîches, il l'a fait prendre, mêlé à d'autres aliments, à deux génisses et à un mouton. L'expérience a duré quelques jours et a porté sur plusieurs onces de pollen. A un second lot, comprenant des bovins, il a fait donner les panaches entiers provenant des mêmes champs. Aucun des animaux qui avaient reçu le pollen ne manifesta la moindre indisposition, tandis que, dans le second lot, une bête manifesta des symptômes de coliques néphrétiques dès le 3e jour de l'alimentation spéciale et exclusive à laquelle elle avait été soumise. L'auteur, s'appuyant sur ces deux sortes de preuves, conclut qu'il faut innocenter le pollen et attribuer les accidents qui surviennent à la présence, dans les parties terminales des panaches du maïs, au moment de la floraison, d'une substance capable de produire du lithurate de magnésie par son introduction dans l'appareil urinaire.

J'ai tenu à signaler ces observations faites à l'étranger, mais trop peu connues en France, parce que la culture du Maïs, dans notre pays, tend plutôt à s'étendre qu'à rester stationnaire et qu'il importe de savoir que notre bétail peut présenter de semblables accidents.

A première vue, l'opposition entre les effets des stigmates de Maïs si favorables dans les cas de calculs vésicaux, et ceux des fleurs mâles qui sont producteurs de petites concrétions urinaires, paraît étrange. Mais elle n'est peut-être qu'à la surface des choses. D'où vient l'acide lithurique qui se combine à la magnésie pour former les calculs vésicaux des bœufs nourris avec des panaches de Maïs? Il y a, pour résoudre les questions qui se posent à l'esprit à ce sujet, des recherches de chimie biologique à faire qui présenteraient assurément un haut intérêt.

§ III. — *Empoisonnements, de nature indéterminée, consécutifs à l'usage de quelques Graminées.*

Les Graminées peuvent être envahies par des parasites et subir, sous leur attaque, des altérations qui en rendent la consommation dangereuse pour la santé publique.

Au premier rang, on doit signaler le Seigle dont le grain, altéré par un champignon, le *Spacelia segetum*, Lev. ou *Sclerotium clavus*, C., devient très dangereux. Son usage amène, selon la dose, un empoisonnement aigu ou un empoisonnement chronique désigné sous le nom d'*ergotisme*.

Il faut citer ensuite le Maïs qui, récolté dans de mauvaises conditions, est envahi par plusieurs sortes de moisissures végétant à ses dépens. L'alimentation avec les grains moisis ou avec la farine qui en provient, est suivie de désordres pathologiques dans l'espèce humaine et les animaux domestiques; elle détermine à la longue, sur l'homme, une affection décrite en pathologie sous le nom de *pellagre*.

Mais l'ergotisme et la pellagre ne sont point produits par le Seigle et le Maïs, ce sont les végétaux inférieurs vivant sur ces graminées, à leurs dépens, qui sont les facteurs uniques de ces deux affections. Il est donc logique de ne pas disjoindre l'étude du mal de la cause qui le produit et de les renvoyer l'une et l'autre au moment où l'on s'occupera des Cryptogames vénéneux.

Il est d'autres intoxications coïncidant avec l'usage de Graminées, dont la nature et la cause sont encore l'objet de controverses, mais qui doivent cependant être exposées ici.

Le *Sorgho sucré* (*Sorghum saccharatum*, Per. *Holcus saccharatus*, L.), qui fut introduit à grand bruit parmi nos cultures comme plante industrielle et qui paraît en effet être utilisé à ce titre aux États-Unis, est cultivé dans notre pays seulement comme plante fourragère. Distribué en vert, il est appété par les animaux de la ferme quand il est près de la maturité, mais lorsqu'il est jeune, il est peu recherché. On l'a vu occasionner *parfois* des accidents qui recommandent quelque circonspection dans son emploi.

Nous empruntons à un journal agricole la relation d'un empoisonnement par cette plante :

« M. D. cultivateur à Allones, près Chartres, ayant un champ de Sorgho dont la végétation languissait, essaya de le faire pâturer par ses moutons. Ces animaux broutèrent les autres herbes du champ et laissèrent le Sorgho.

« Quelques jours après, le Sorgho était coupé à la faucille et on le donnait à manger aux quinze vaches qui peuplent l'étable de la ferme dans la proportion de 2 kilog. par tête. Trois vaches refusèrent d'y toucher. Les douze autres furent prises des symptômes les plus alarmants : tremblements continuels, état de somnolence hébétée, trépignements des membres postérieurs, saillie des yeux hors de l'orbite, perte d'appétit, ballonnement du ventre, envies fréquentes d'uriner, etc. Deux de ces vaches succombèrent. Les autres furent guéries par les soins du vétérinaire.

« L'autopsie des vaches qui avaient péri ne révéla d'autres lésions qu'un peu de rougeur dans l'un des estomacs et un caillot de sang noir dans le cœur. Tous les autres viscères étaient à l'état normal. »

Malgré sa concision, cette note nous fait connaître les symptômes et les lésions d'une façon suffisante pour qu'il n'y ait pas lieu de multiplier les relations d'intoxications semblables, ainsi qu'on pourrait le faire.

Avant d'ouvrir la discussion sur la recherche du principe qui cause de tels accidents, nous allons exposer les méfaits — tout aussi accidentels — des graines d'une autre de nos graminées alimentaires, le Seigle.

Une préparation alimentaire, assez commune pour les animaux dans l'Est et le Nord, consiste à faire cuire du Seigle avec une quantité suffisante d'eau et à le distribuer particulièrement aux jeunes bêtes d'élevage, poulains et veaux. On fait aussi macérer des mélanges de farine de seigle et d'orge concassée, ou de cette même farine avec des navets, des betteraves, des menues pailles, des balles de crucifères, des capsules de graines de lin etc., ou même de l'orge égrugée et soumise à la **fermentation**.

Ces préparations alimentaires ont donné lieu, de

temps à autre, à des intoxications portant de préférence sur les poulains, mais dont les autres animaux ne sont point exempts, et dont les principaux symptômes furent les suivants :

Pouls petit et vite, pâleur des conjonctives, regard anxieux, tête appuyée sur la mangeoire, dos voussé, coliques, diarrhée. Quelquefois de la fourbure, de la polyurie et même de l'hématurie, parfois aussi de la paraplégie quand l'intoxication n'a pas un brusque dénouement.

Le pronostic est toujours grave et la terminaison subordonnée à la quantité d'aliments ingérés et à la sensibilité des sujets. Lorsqu'elle doit être mortelle, elle survient de la 8e à la 10e heure après l'apparition des premiers symptômes.

On trouve peu de lésions à l'autopsie ; le cœur rempli de caillots volumineux et très noirs, la muqueuse du sac stomacal droit plus ou moins enflammée et enfin les vaisseaux de la pie mère engoués, sont celles qu'on rencontre habituellement. Si la mort a été lente à venir, il y a inflammation intestinale et quelquefois altération des reins.

Le lecteur a sans doute déjà fait un rapprochement entre la symptomatologie de l'intoxication par le Sorgho et celle de l'empoisonnement par le Seigle ; il n'a point manqué de remarquer que, tout en tenant compte des différences liées aux espèces animales que l'on observe, le tableau symptomatologique est le même. Or si des effets semblables ne sont pas toujours produits par des causes identiques, les exceptions qui se présentent n'infirment point la règle et de sérieuses probabilités se présentent à l'esprit pour que, dans tous les cas examinés dans ce paragraphe, une même cause ait été agissante. Mais quelle cause ?

On a avancé que le Sorgho, plante fort épuisante et très avide de nitrates, emmagasine de l'azotate de potasse et devient nuisible par la présence de ce sel. Une pareille assertion est difficile à accepter. Si elle était conforme à la réalité, il semble que les intoxications par le Sorgho devraient perdre leur caractère tout à fait exceptionnel et se montrer plus fréquemment. D'autre part, la quantité de sel de nitre contenu dans la graminée qui nous occupe, analysée à l'état frais et dans les conditions indiquées comme favorables à l'intoxication, ne dépasse pas 4 à 5 grammes par kilog. Qu'on se rappelle que des vaches ont été empoisonnées avec 2 kilog. de Sorgho vert, ce qui correspond à 8 ou 10 grammes de nitrate et qu'on mette cette faible quantité en regard de la dose toxique indiquée par les thérapeutistes vétérinaires, dose qui est de 200 grammes, n'abandonnera-t-on pas de suite une pareille idée?

Doit-on songer à l'existence éphémère d'un principe malfaisant dans toutes les jeunes pousses de Sorgho, principe qui disparaîtrait avec les progrès et l'âge de la plante? L'objection présentée tout à l'heure et fondée sur le caractère tout exceptionnel des intoxications par les tiges de Sorgho se dresse ici avec toute sa valeur.

Il a été dit que ce principe toxique ne se formait que dans les tiges d'un Sorgho languissant, souffreteux, végétant dans un terrain qui ne lui convient point ou soumis à des influences atmosphériques qui contrarient sa venue. Nos connaissances sur le déterminisme de la formation des poisons sont encore si peu avancées, comme je l'ai fait remarquer antérieurement, qu'il nous est impossible de discuter actuellement cette manière de voir; acceptons-la provisoirement comme une hypothèse dont l'avenir aura à examiner la valeur, en recherchant d'abord la nature de cette substance vénéneuse, si elle existe réellement.

Quant au Seigle, personne ne soutiendra que ses grains renferment normalement un principe toxique. Leur emploi journalier dans l'alimentation dispense de discuter une semblable opinion.

On est amené, en rapprochant l'intoxication produite par les deux graminées en cause, à penser que dans les cas où le Sorgho s'est montré malfaisant, il avait subi un commencement de fermentation. Celle-ci est d'ailleurs très prompte à se déclarer, après la coupe, sur ce fourrage comme sur tous les végétaux riches en sucre. Quant au Seigle, il est dit très expressément, dans les récits d'intoxication qui le concernent, qu'il avait subi la fermentation.

S'il en est ainsi, il reste à chercher sur quels éléments la fermentation a dû agir et si cette opération a pu produire de nouveaux corps doués de propriétés nocives. Les analyses chimiques apprennent que les tiges de Sorgho contiennent du sucre cristallisable et de la glycose, en proportions variables suivant la saison où l'on prélève les échantillons, mais toujours en quantité considérable (46 gr. 4 de matières sucrées par kilogramme de tiges fraîches récoltées en août, analyse de M. Meunier). Indépendamment de l'amidon, les grains de Seigle contiennent de la synanthrose, c'est même le seul sucre qu'on y rencontre (Müntz).

La fermentation agit donc, dans les cas qui nous occupent, sur du sucre cristallisable et de la glycose, de la synanthrose et de l'amidon. Est-elle capable, pendant qu'elle s'opère, de rendre nuisible l'une quelconque de ces matières? Cette question est fort intéressante, surtout à cause de l'extension que prend l'usage de la glycose; aussi a-t-elle été déjà examinée par quelques chimistes.

MM. Schmitz et Nessler ont étudié la glycose de pomme de terre et ils ont constaté qu'après fermentation, l'ingestion du résidu par l'homme occasionnait de la difficulté de la respiration, des sueurs froides, des nausées et surtout une violente migraine.

La preuve de la nocivité de la glycose de pomme de terre ressort de leurs expériences, mais celles-ci ne permettent de conclure que pour ce cas particulier et elles ne s'appliquent point à toutes les glycoses. Il reste donc à examiner celle du Sorgho de près et à étudier également d'une façon spéciale la synanthrose qui réserve peut-être des surprises aux expérimentateurs.

En résumé, de toutes les hypothèses qui se présentent à l'esprit pour rendre raison des intoxications produites par les tiges de Sorgho et les grains de Seigle, la formation d'un principe nuisible, lors de la fermentation des matières sucrées qu'elles contiennent, semble la plus acceptable dans l'état actuel de la science.

Avant de clore ce qui a trait aux Graminées, j'appellerai l'attention sur l'intoxication alcoolique qui se remarque sur les animaux nourris avec les drêches ou résidus de brasserie, ainsi qu'avec d'autres produits qui ont subi la fermentation alcoolique. A plus forte raison, les produits préparés pour la subir, comme le malt, qui pourraient être donnés accidentellement au bétail, l'amèneraient plus sûrement et plus rapidement.

Les vétérinaires belges, bien placés pour observer les résultats d'une pareille alimentation, ont décrit avec soin l'*ivresse* ou *intoxication alcoolique* qui en résulte. A la suite d'un usage immodéré de drêches de distillerie ou de brasserie, les bêtes ainsi nourries tombent comme foudroyées quand on les sort de l'étable et qu'elles arrivent à l'air. Les propriétaires qui voient ces accidents pour la première fois, sont fort inquiets et songent à l'apoplexie ou à la paralysie ; leurs alarmes, généralement, ne sont pas de longue durée car, si on laisse les animaux tranquilles, ils se rétablissent, se relèvent et retrouvent tous les attributs de la santé. Pourtant, la terminaison n'est pas toujours aussi favorable, la mort peut arriver ou l'intoxication passer à l'état chronique si l'alimentation reste la même. Les bêtes bovines conservent alors des allures incertaines, du balancement du train postérieur, de l'hébétude, de l'inappétence, de l'enfoncement des yeux, de la tuméfaction des muqueuses oculaires et de la cyanose des conjonctives.

L'abatage pour la boucherie ou le changement immédiat de régime sont indiqués ; les propriétaires ont généralement recours à la première mesure.

L'acidification, la putréfaction et diverses moisissures peuvent aussi altérer les drèches ainsi que les pulpes, et les rendre malfaisantes pour les animaux. Leur retrait de l'alimentation s'impose immédiatement dans ces cas.

Article III. — Colchicacées

Si la famille des Colchicacées ne renferme qu'un nombre très restreint d'espèces, par un triste privilège, toutes celles-ci sont vénéneuses. Elles se groupent dans les deux genres *Colchicum* et *Veratrum* ; nous allons les étudier successivement.

I. — **Colchicum**, Tournef. (**Colchique**). Ce genre est constitué par des herbes vivaces à souche bulbeuse, à feuilles et à fleurs radicales et à périanthe prolongé par en bas en tube très long, naissant sur le bulbe.

On compte dans ce genre une vingtaine d'espèces européennes et méditerranéennes. Nous nous contenterons de signaler le *C. variegatum*. L. qui croît dans les îles de l'Archipel et en Asie mineure ; ses bulbes passent pour fournir l'hermodacte des officines. Nous arrivons immédiatement au *C. autumnale*, l'espèce la plus répandue dans notre pays et conséquemment la plus dangereuse. Nous ne considérons le *C. Provinciale*, Loret, qui croît dans le Midi, que comme une de ses variétés méridionales et tout ce que nous dirons de celle-là s'applique à celle-ci.

Colchicum autumnale, L. Le *Colchique d'automne*, vulgairement appelé *Safran bâtard*, *Veilleuse*, *Veillotte*, *Tue-chien*, selon les localités, est une herbe qui croît dans toutes les prairies un peu basses et humides de l'Europe occidentale.

Elle présente un bulbe formé par la partie inférieure de la tige et enveloppé d'une tunique noirâtre ; près de lui se développe un second bulbe qui doit pourvoir à la végétation de l'année suivante.

Du bulbe naissent, en automne, de 1 à 3 fleurs, hautes de 12 à 18 centimètres, d'une belle couleur lilas tendre, avec une gaine à leur base, réunies en tube communiquant avec le bulbe (fig. 8). Les étamines, au nombre de 6, sont à filets distincts et à anthères volumineuses, biloculaires et mobiles.

Après la fécondation, les fleurs se flétrissent rapidement, l'ovaire reste caché dans le sol, mais au printemps, en même temps qu'apparaissent les feuilles qui sont lancéolées, sans découpures sur leurs bords, il s'élève au-dessus du sol et forme un fruit capsulaire, triloculaire, à déhiscence septicide, polysperme. Les graines sont petites, brunâtres, irrégulièrement globuleuses, ayant quelque ressemblance avec celles des Crucifères, mais rugueuses et renflées à l'ombilic.

Le mode de végétation du Colchique fait qu'il y a tou-

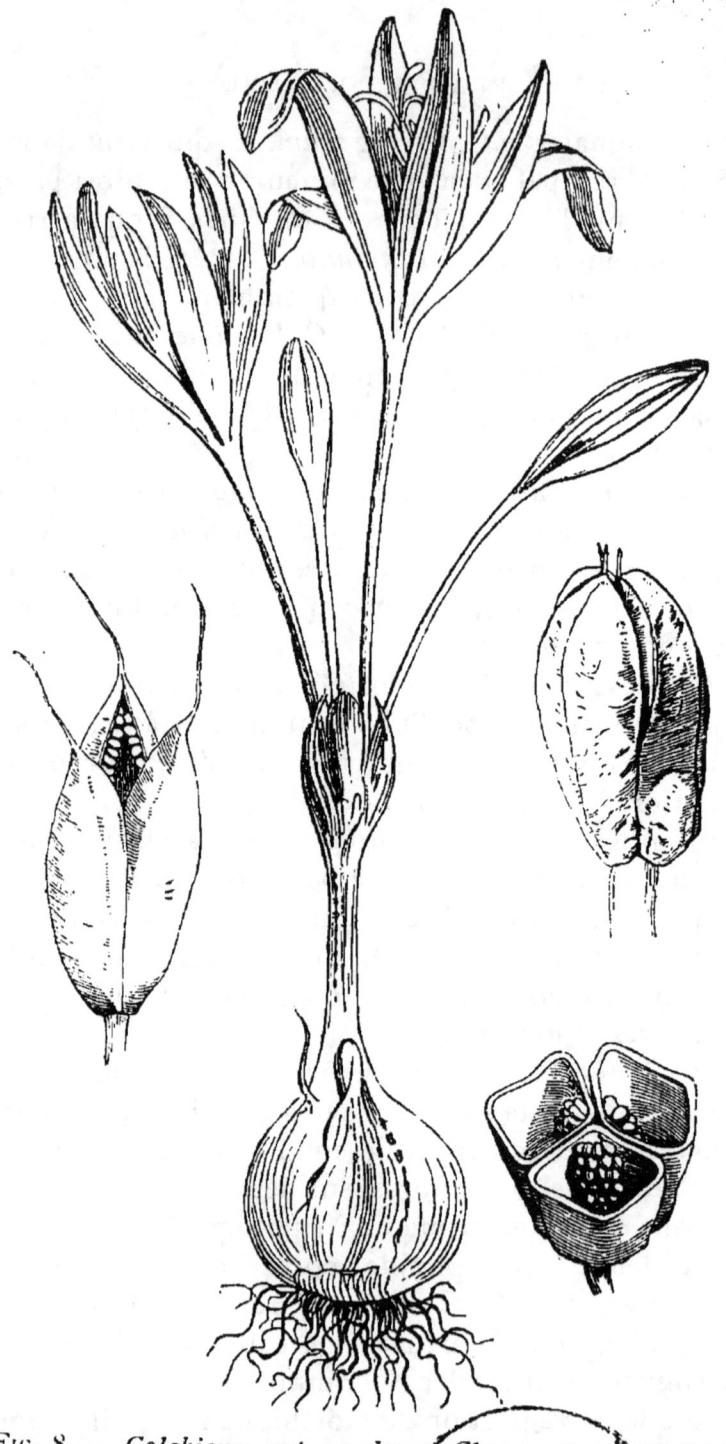

Fig. 8. — *Colchicum autumnale.* — Colchique d'automne.

jours une saison d'hiver intercalée entre la floraison et la fructification ; ses fruits sont donc loin de précéder ses fleurs, comme le dit le vulgaire. Il en résulte aussi que dans le foin on ne peut trouver que des feuilles et des capsules, mais jamais de fleurs, et que dans le regain on récolte des fleurs, mais point de capsules, particularités bonnes à connaître, puisqu'elles peuvent nous permettre de déceler le mélange du foin au regain ou inversement, quand ces fraudes ont été commises.

En se desséchant, les fleurs prennent rapidement la couleur tabac ; il en est de même des feuilles et surtout des capsules qui la présentent à un degré plus prononcé. Même après leur dessiccation, les fleurs sont néanmoins faciles à reconnaître, car les anthères restent avec leur coloration et leurs caractères spéciaux.

Pas d'amidon dans les graines, mais beaucoup de granulations se colorant en jaune par la teinture d'iode.

Le Colchique est âcre et peu appété du bétail ; il ne répand point, sauf lorsque l'on touche aux bulbes, l'odeur nauséeuse qu'on lui a attribuée. En faisant une décoction de ses feuilles ou de ses fleurs, on ne perçoit pas davantage de mauvaise odeur, mais plutôt la senteur du foin qui n'a rien de désagréable.

Toutes les parties du Colchique, bulbes, feuilles, fleurs, capsules et graines sont vénéneuses. Contrairement à ce qui s'écrit couramment, la dessiccation n'enlève point aux feuilles, aux bulbes et aux fleurs, leurs propriétés malfaisantes ; l'eau de macération ou de décoction de ces parties est très vénéneuse, je m'en suis assuré plusieurs fois. Il est vrai qu'après la formation et la maturation des graines, les feuilles, qui d'ailleurs se dessèchent spontanément, sont moins riches en principe toxique qu'auparavant, quoique toujours dangereuses, mais c'est le résultat de la migration du poison, de son passage partiel dans la graine, la dessiccation n'y est pour rien ; d'ailleurs, le principe vénéneux, la *Colchicine*, n'est pas volatil. Au moment de la floraison, le bulbe est également moins toxique, il en est de même lors de la frondaison, quand il se vide pour fournir un aliment aux feuilles ; il y a déplacement des principes dangereux, et si l'on doit tenir compte de ces faits pour la récolte des bulbes en vue d'usages médicinaux, on ne doit point oublier qu'il en reste assez pour que cette partie doive toujours être traitée en suspecte. C'est en août et septembre que les bulbes sont le plus riches en colchicine.

Posologie. — En dehors de l'intervention d'une main criminelle, l'homme n'est point exposé à trouver dans ses aliments ni les fleurs, ni les feuilles, ni les bulbes du Colchique ; lorsqu'on a eu à constater des empoisonnements par cette plante, ils ont toujours été le résultat d'une préméditation coupable.

Il n'en est pas de même pour les animaux domestiques. Les cas d'empoisonnements accidentels observés sur les chevaux, les ruminants et les porcs sont nombreux. Ces accidents s'observent en France à deux époques, de fin avril à fin mai et du 15 septembre à fin octobre. A la première époque, ce sont les feuilles et les coques, vertes et tendres, qui sont mangées par les animaux, affamés par le jeûne de l'hiver. A la seconde, ce sont les fleurs que l'animal ingère avec l'herbe de la prairie. Le bœuf évite autant que possible de les manger, mais il lui arrive d'en happer avec sa langue en même temps qu'il tond l'herbe et il peut en ingérer une quantité suffisante pour déterminer une intoxication.

En raison des variations dans la teneur en principe vénéneux, qui sont le fait des migrations saisonnières, on ne peut guère donner de chiffres au sujet de la quantité suffisante pour empoisonner des animaux. Pour les feuilles vertes, des essais m'ont montré que l'ingestion de 8 à 10 grammes par kilogramme de poids vif suffit pour amener la mort des ruminants.

Les bulbes frais peuvent empoisonner le porc qui les mangerait à la dose de 30 centigrammes par kilogramme de poids vif.

Des bulbes récoltés en automne, au moment de la floraison, puis *desséchés* et utilisés un an après pour faire une décoction qui fut injectée hypodermiquement, ont tué le chien et le chat, à la dose de 2 grammes (après dessiccation) par kilogramme de poids vif.

Des feuilles recueillies dans du foin, et par conséquent bien sèches, entourant des capsules pleines de graines très mûres, utilisées trois ans après leur récolte, également par décoction et injection hypodermique, ont tué le chien et le chat à la dose de 3 grammes par kilogramme de poids vif. Il est donc acquis que les feuilles de Colchique, mélangées en trop forte proportion au foin, le rendent nuisible. Les herbivores dépourvus de la faculté de vomir peuvent être empoisonnés de cette façon; on a signalé dernièrement en Belgique la mort de quatre truies pleines auxquelles on avait donné de la litière renfermant des tiges *desséchées* de Colchique.

Symptomatologie. — Du moment où l'homme n'est empoisonné que par des préparations officinales, nous laisserons de côté les symptômes qu'il présente dans ces cas.

Parmi les animaux, les jeunes ont, proportionnellement à leur poids, une susceptibilité extrême pour le poison qui nous occupe.

Les symptômes n'ont rien de caractéristique et pourraient être attribués aussi bien à l'emploi de violents purgatifs qu'au Colchique. Il est pourtant quelques particularités à signaler.

D'abord, il faut noter que le Colchique n'agit qu'un temps relativement long après son ingestion ou sa pénétration dans l'organisme. Même quand on se sert des voies intra-veineuse ou hypodermique, ce n'est guère que deux heures après, en moyenne, qu'il manifeste son action, tandis que nombre d'autres poisons, même moins violents que celui-là, agissent presque immédiatement, soit de 2 à 5 minutes après l'injection. Cette particularité a pour résultat de rendre les empoisonnements par le Colchique très dangereux et difficiles à combattre. En effet, quand il y a eu pénétration dans le tube digestif, en raison de la longueur de cette phase d'attente, le Colchique est en partie digéré. Les vomissements, qu'ils soient spontanés ou qu'on cherche à les provoquer thérapeutiquement, ont peu de chance de débarrasser l'organisme qui est déjà imprégné; il en est de même des évacuants par les voies rétrogrades.

Le pronostic de cet empoisonnement est donc toujours très grave car, alors même qu'il n'est pas mortel, les animaux sont longs à se remettre de la secousse éprouvée, une constipation opiniâtre succède à la diarrhée, le lait ne revient que lentement à la vache, et ce n'est guère qu'au bout de 12 à 14 jours que les malades sont complètement rétablis.

Le premier symptôme qui apparaît, en général, est une salivation abondante et exagérée, avec constriction de la gorge et dysphagie, puis viennent des nausées avec vomissements, des coliques et des évacuations abondantes, répétées, diarrhéiques et devenant dysentériques à la fin, avec des épreintes douloureuses. Émissions abondantes d'urine; respiration courte, accélérée, difficile, avec discordance des mouvements thoraciques et abdominaux. La fonction circulatoire n'est modifiée que si l'empoisonnement est mortel, alors le pouls est petit et intermittent vers la fin de la scène symptomatologique. Enfin il y a abaissement notable de la température; on pourrait le préjuger rien qu'en passant la main sur la peau des malades et les prises de température rectale ne laissent aucun doute sur ce sujet. Pendant la première heure où se manifestent les symptômes, elle peut baisser d'un degré et plus, et le refroidissement se prononce de plus en plus à mesure que le dénouement fatal approche. La mort arrive de la 16e heure au 6e jour après l'ingestion du Colchique, suivant la quantité ingérée ou la force de résistance des animaux. Chez le lapin, elle peut ne survenir que le 8e et même le 10e jour.

Pendant les dernières heures les animaux sont étendus de tout leur long sur la litière, absolument incapables de se tenir debout, l'anus béant ou le rectum en prolapsus, l'œil enfoncé au fond de l'orbite, la sensibilité émoussée; ils meurent par arrêt de la respiration précédant celui du cœur. La rigidité cadavérique arrive, m'a-t-il semblé, plus lentement qu'après la mort dans d'autres circonstances, la contractilité musculaire se manifeste encore 1 heure, 1 heure 1/2 et 1 heure 3/4 après la mort. Pendant la durée de la maladie, la contraction musculaire présenterait, chez la grenouille tout au moins qui a servi à des observations de M. Laborde, une forme caractéristique, mais ces observations sont encore inédites.

Le cheval présente quelques mouvements spasmodiques du train postérieur et un peu de surexcitation de l'appareil génito-urinaire.

Le bœuf ne rumine plus et grince des dents; il y a sécheresse du mufle, ptyalisme, gémissements, coliques fort douloureuses, dysentérie, l'œil est extrêmement enfoncé et larmoyant, l'anus est souvent béant. Expulsion de matières glaireuses noirâtres, très fétides, entourant les excréments. Il y a suppression radicale du lait chez la vache et on a signalé quelques avortements.

Le porc bave très abondamment, vomit, se tient le groin enfoncé dans la litière et expulse des matières diarrhéiques mêlées de sang, extrêmement fétides.

Le lapin est abattu et ne veut pas se déplacer, sa respiration est très accélérée. Il expulse d'abord les excréments moulés qu'il a dans le tube digestif, puis il est pris de diarrhée qui provoque l'expulsion d'un liquide grisâtre; l'animal semble mourir épuisé par cette diarrhée.

Chez le chien qu'on empoisonne intentionnellement, indépendamment de la salivation, des nausées et de la diarrhée, on remarque au début la grande accélération de la respiration, l'animal est haletant. Il s'agite, tourne en rond, a de légers spasmes aux membres postérieurs, puis se couche mais ne ferme pas les yeux; pas de somnolence.

Lésions. — Sur le cadavre, le train postérieur est toujours sali par les matières alvines. Les lésions ne portent guère que sur le tube digestif et les reins.

Il en est de constantes, quel que soit le mode d'introduction du poison dans l'organisme. Je signalerai comme telles la présence d'une couche de matière muqueuse, blanchâtre, avec trainées sanguines, qui dénote clairement que le colchique est un hypersécrétoire, puis une *inflammation du gros intestin*, spécialement à sa partie rectale, qui peut aller de la congestion simple à l'hémorrhagie et à l'ulcération.

Celles qui siègent sur les muqueuses stomacale et duodénale sont contingentes. Le plus souvent, l'iléon est sain et j'ai été plusieurs fois frappé par la netteté de la ligne de séparation entre cette portion de l'intestin dont la membrane interne était à l'état normal, et le cœcum qui était vivement enflammé. Tout à fait contingentes aussi sont les ulcérations et le gonflement des plaques de Peyer, des ganglions mésentériques, des follicules et des glandes intestinales; elles ont manqué plus souvent qu'elles se sont montrées dans les autopsies que j'ai pratiquées.

Les glandes annexes du tube digestif, foie, rate et pancréas, ne présentent généralement pas d'altération; parfois, la vésicule biliaire est très distendue et le foie un peu congestionné.

Les reins sont toujours enflammés et la vessie vide ou à peu près.

Rien à signaler dans l'appareil respiratoire si ce n'est, accidentellement, quelques petites ecchymoses sous-pleurales.

Cœur sain, présentant exceptionnellement de petites ecchymoses sous l'endocarde. Sang coagulé, abondant dans le ventricule droit, en petite quantité dans le gauche. Un peu de congestion des méninges.

Chez les ruminants, on trouve des débris de Colchique dans le rumen avec une inflammation marquée de la caillette, sans préjudice des altérations intestinales.

En résumé, s'il existe des lésions constantes dans cette intoxication, elles ne sont point caractéristiques, puisqu'on peut les rencontrer dans d'autres empoisonnements par les drastiques.

Si l'on cherche à s'éclairer sur le mécanisme de l'empoisonnement par le Colchique, on voit que le principe actif de cette plante n'agit pas seulement sur l'intestin par irritation de contact, puisque, injecté par les voies intra-veineuse ou hypodermique, le résultat est le même. Serait-ce une action indirecte par l'intermédiaire du système nerveux? C'est possible, mais il faut avouer que l'intervalle, toujours relativement considérable, qui s'écoule entre l'administration du poison et l'apparition des symptômes, est peu favorable à cette hypothèse. On serait plutôt tenté de se rallier à l'idée d'une action éliminatrice par l'intestin et partiellement par les reins.

Il semblera donc indiqué, dans les expertises, de rechercher avant tout le poison dans ces deux sortes d'organes, et de recourir aux deux ordres de réactions qui sont signalées comme se manifestant avec le principe toxique du Colchique : teinte orangée par le traitement par l'acide azotique, passant au rouge par la potasse; teinte brune par le ferricyanure, passant au bleu verdâtre par le perchlorure de fer. Ces deux réactions se complètent mutuellement, mais il est bon de savoir qu'elles ne sont pas absolument celles de la colchicine pure qui donne une teinte rose violette par l'acide azotique et une teinte verte après traitement successif par le ferricyanure et le perchlorure de fer.

Il reste des recherches à faire afin de voir si, les appareils digestif et génito-urinaire étant enlevés, on pourrait utiliser la viande des bœufs morts de cette façon. En effet, pendant la durée de l'empoisonnement, il y a élimination d'une partie du poison par les urines et les matières alvines ou par le vomissement. Il en résulte qu'au point de vue médico-légal et indépendamment des causes indiquées plus haut, ce qui en reste est difficile à retrouver dans l'organisme. Peut-être aussi à cause de cette élimination, la chair des animaux intoxiqués ne présenterait-elle pas de danger et pourrait-on l'utiliser, tout au moins pour la nourriture des porcs et des chiens.

Principe actif. — Les données que nous possédons sur le principe actif du Colchique d'automne sont encore fort incertaines, les chimistes qui s'en sont occupés étant arrivés à des résultats différents.

« MM. Pelletier et Caventou, après quelques essais rapides, ont signalé les premiers dans le Colchique la présence d'une substance de nature alcaline, possédant les propriétés actives de la plante, et qu'ils ont envisagée comme étant de la vératrine. Plus tard, MM. Hess et Geiger ont retiré du même végétal un alcaloïde extrêmement vénéneux, différant de celui de MM. Pelletier et Caventou par quelques propriétés et pour lequel ils proposèrent le nom de *colchicine*. D'après ces chimistes, la colchicine cristallise en prismes ou en aiguilles incolores. Si le liquide est trop concentré, elle se dépose sous la forme d'une couche d'aspect résineux. La colchicine possède une réaction légèrement alcaline; elle est assez soluble dans l'eau, soluble dans l'alcool et dans l'éther. Elle possède une saveur âcre très amère. Elle n'a pas d'odeur, elle est inaltérable à l'air et fusible à une douce chaleur. La colchicine produit avec la solution d'iode une coloration rouge-brique foncé; elle précipite en jaune par le bichlorure de platine et forme, avec l'infusion de noix de galle, un précipité floconneux blanchâtre. Sous l'influence de l'acide azotique concentré, elle se colore en bleu ou violet foncé, et cette teinte passe peu à peu au vert olive ou au jaune. Enfin, l'acide sulfurique la colore en jaune brunâtre, ce qui la distingue de la vératrine, qui prend une coloration violette par le même réactif.

« Cet alcaloïde neutralise les acides et forme avec eux des sels qui, pour la plupart, sont cristallisables, solubles dans l'eau et l'alcool. Les alcalis précipitent l'alcaloïde de la solution aqueuse, pourvu qu'elle ne soit pas trop étendue.

« D'après M. Oberlin, la colchicine de MM. Hess et

Geiger, qu'il n'a jamais pu obtenir cristallisée, serait un produit complexe ; il a en effet retiré de la colchicine préparée par le procédé de MM. Hess et Geiger une substance neutre, cristallisant avec facilité, et pour laquelle il a proposé le nom de *colchicéine*.

« La colchicéine cristallise en lamelles nacrées à peu près insolubles dans l'eau froide, plus solubles dans l'eau chaude, solubles dans l'alcool, dans l'éther et dans le chloroforme ; la colchicéine est soluble dans l'acide benzoïque en formant une solution d'un jaune intense, dans l'acide chlorhydrique avec une coloration jaune plus clair et dans l'acide acétique sans coloration. Elle est soluble dans la potasse ainsi que dans l'ammoniaque, qui la laisse cristalliser par l'évaporation à l'air.

« La colchicéine est inaltérable à l'air et fond vers 155 degrés ; elle n'est pas volatile, elle est sans action sur les réactifs colorés. Elle se colore en vert par le bichlorure de fer. L'infusion de noix de galle ne la précipite pas de ses dissolutions. Elle paraît se combiner avec la baryte, en donnant un précipité gélatiniforme dans un excès d'eau de baryte. La colchicéine serait isomérique avec la colchicine et répondrait à la formule :

$$C^{17} H^{19} Az O^5.$$

« M. Oberlin s'est assuré que la colchicéine préexistait dans le Colchique et d'après lui, elle ne serait pas vénéneuse. » (*Dictionnaire de chimie*, de Würtz, article Colchicine.)

A côté de ces principes, existerait dans les semences une huile grasse douée de propriétés purgatives énergiques (Oberlin).

II. — **Veratrum**. Tournef. **(Vérâtre)**. Ce genre est constitué par des plantes herbacées, vivaces, dont le périanthe est à folioles libres ou soudées en un tube très court et à fleurs en panicules. Il renferme plusieurs espèces dont deux, abondantes dans nos pays, présentent de l'intérêt pour nous. Toutes ces espèces contiennent un ou plusieurs principes vénéneux.

Veratrum album L. Le *Vérâtre blanc* encore désigné sous les noms de *Varaire*, d'*Hellébore blanc*, est une herbe à souche tubéreuse et à fibres radicales grises; ses feuilles sont ovales et plissées dans le sens de la hauteur; sa tige simple atteint 0,60 à 0,80 cent.; ses fleurs blanchâtres apparaissent de fin juillet à fin août suivant les localités. On trouve le Vérâtre blanc dans tous les pâturages de montagnes, dans les Vosges, le Jura, le Plateau central, les Cévennes, les Pyrénées et les Alpes.

La racine, la tige, les feuilles, les fleurs et les semences du Vérâtre blanc sont vénéneuses; la dessiccation ne leur enlève point leurs propriétés malfaisantes et l'on prétend que lors du tassement en meules ou dans les greniers à foin, les herbes qui sont en contact direct avec elles s'imprègnent du poison qu'elles renferment et deviennent dangereuses à leur tour (Rodet et Baillet, d'après Marret). Si cette malfaisante action de contact est réelle, ce doit être une raison de plus pour détruire cette mauvaise plante dans les pâturages de montagnes où elle est fort abondante.

Posologie. — On s'est soigneusement appliqué, en thérapeutique, à déterminer la posologie du principal des alcaloïdes retirés du Vérâtre, mais les renseignements que nous possédons sur l'ingestion de la plante sont peu nombreux jusqu'à ce jour.

Bien que toutes les parties soient vénéneuses, nous n'avons de renseignements positifs que pour la **racine**.

Fig. 9. — *Veratrum album*. — Vératre blanc.

A l'état frais, il en faut environ :

1 gr. par kilog. de poids vif pour tuer le cheval.
2 gr.   —   les ruminants.

Le porc ne s'empoisonne pas mortellement par cette voie à cause de la facilité avec laquelle il vomit. D'ailleurs, fraîche, cette racine est âcre, brûlante dans la bouche, et très rarement les animaux continuent à en prendre assez pour se rendre malades. Desséchée et réduite en poudre, la racine de Vérâtre produit l'éternuement quand elle s'introduit dans les narines. Il en faut environ quatre fois moins que fraîche, pour produire les mêmes effets.

Symptomatologie. — Rien dans cette plante ne peut tenter l'homme et surtout les enfants. Son emploi ne peut avoir lieu dans notre espèce que dans un but thérapeutique ou criminel.

Il est fort rare aussi que cette plante soit mangée en vert par les animaux, bien que sa tige et ses feuilles ne répandent aucune odeur vireuse, mais elle est d'une saveur âcre qui la fait repousser. Aussi quand on parcourt les pâturages des régions montagneuses où elle est abondante, on trouve la plupart des pieds d'Hellébore blanc intacts tandis que tout autour l'herbe est tondue.

Cependant on a signalé des empoisonnements d'agneaux qui, accompagnant leurs mères au pâturage, ont mangé cette plante et sont morts.

C'est plutôt dans le foin qu'elle est dangereuse parce qu'elle ne perd point, ainsi qu'il a été dit, ses propriétés par la dessiccation et parce qu'aussi elle imprègne de ses alcaloïdes les plantes tassées avec elle. Il se produit en effet, dans le foin, pendant la première quinzaine de mise en tas, des fermentations où il y a formation d'alcool et de divers éthers. Or le principal des alcaloïdes du Vérâtre, insoluble dans l'eau, est, au contraire, soluble dans ces derniers produits, ce qui explique les effets constatés.

Il faut dire aussi que ses graines tombent dans le foin et, comme elles sont fort vénéneuses, elles peuvent amener des accidents. On a enregistré des empoisonnements d'oiseaux de basse-cour auxquels on avait jeté des graines de foin et qui sont morts à la suite de l'ingestion des semences de Vérâtre qui s'y trouvaient mêlées.

L'ingestion d'une quantité peu élevée de Vérâtre ou de fourrage le renfermant provoque chez les solipèdes de la salivation, de l'agitation, des tremblements musculaires commençant au grasset et au coude, quelques contractions de même nature aux muscles de l'encolure et notamment de la région du larynx. Il y a émission abondante d'une urine claire et expulsion copieuse de matières fécales un peu ramollies. La respiration est accélérée, un peu difficile, avec des arrêts suivis de mouvements plus rapides, le pouls se ralentit, les muqueuses pâlissent et la température rectale s'abaisse. Aux symptômes précédents s'ajoutent des efforts infructueux de vomissement chez le bœuf et sur un certain nombre de sujets, des vomiturations. Le porc vomit abondamment.

Si la quantité ingérée a été plus considérable et suffisante pour causer la mort, on remarque de violents mais impuissants efforts de vomissement chez les solipèdes, des tremblements généraux qui amènent rapidement une sudation très abondante, car la sueur ruisselle sous le ventre des malades.

Il y a incoordination des mouvements, ataxie locomotrice, faiblesse, chute sur le sol, avec agitation des membres, le tout résultant de ce que la vératrine, par suite d'une action spéciale sur la fibre musculaire, comme l'ont démontré les expériences de Bezold, de Hirt, de Marey, permet au muscle de se raccourcir facilement, mais ne le laisse se relâcher qu'avec difficulté et lenteur.

Le cœur s'affaiblit et le pouls devient petit et intermittent; la respiration est fortement modifiée, elle est saccadée par suite de la brusquerie avec laquelle s'exécutent l'inspiration et l'expiration, elle se ralentit et la mort arrive par son arrêt qui précède celui du cœur.

Chez les bêtes bovines et ovines, il faut ajouter du ballonnement, des éructations, une superpurgation, et des coliques généralement plus marquées que sur les solipèdes, sans doute parce que la mort est plus lente à arriver.

Le pigeon et le canard qui ont avalé des graines de Vératre s'en débarrassent assez promptement par le vomissement et ils ne succombent qu'exceptionnellement. Les poules, qui ne peuvent vomir, périssent après avoir présenté de la tristesse, de la difficulté à se déplacer, de la diarrhée, tous symptômes qui, d'ailleurs, n'ont rien de pathognomonique.

Lésions. — Le Vératre agit comme poison bulbaire et peut-être musculaire; ses principes toxiques s'éliminent par les urines, ne laissant sur le cadavre que des lésions peu marquées et moins considérables que celles produites par la colchicine. Néanmoins, comme il est purgatif, son action se remarque sur le tube digestif.

L'estomac montre des taches rosées et parfois des plaques hémorrhagiques. L'intestin grêle, particulièrement dans sa portion duodénale, est hyperémié, présente quelquefois des exsudats pseudo-membraneux ou des ulcérations ovalaires. On trouve des arborisations vasculaires et des suffusions sanguines sur le gros intestin, mais non d'une façon constante comme dans l'empoisonnement par le Colchique. Le foie est souvent, mais non toujours, congestionné. Vessie vide et revenue sur elle-même. Reins enflammés.

Il y a des probabilités pour l'existence de lésions bulbaires.

L'élimination du toxique se fait par les urines, Prévost en a donné la démonstration. Malgré son action sur l'intestin, il ne semble pas s'éliminer par cette voie (Kaufmann). Il est de toute vraisemblance qu'il y a, lorsque la mort a été le résultat de l'action du Vérâtre, accumulation du poison dans le bulbe et la moelle allongée; mais, en raison de l'action modificatrice de la contraction musculaire, y a-t-il aussi imprégnation des muscles? Cette question intéressante a été résolue par l'affirmative, et l'utilisation de la chair n'est pas possible. Le lait des vaches empoisonnées est également dangereux.

En raison de ses propriétés vénéneuses, le *V. album* doit être détruit par l'agriculteur qui le rencontre dans ses prairies ou ses pâturages.

Veratrum nigrum (Vérâtre noir). — Cette espèce est moins abondante que la première, on la rencontre surtout dans l'Est. Ses propriétés vénéneuses sont celles du Vérâtre blanc. Tout ce que nous avons dit de celui-ci est applicable au Vérâtre noir, et nous ne nous répéterons pas.

Nous ne ferons que mentionner une autre espèce également fort toxique, le *Veratrum viride*. Quoique très voisine morphologiquement de notre Varaire, elle ne fait pas partie de notre flore, elle est indigène de l'Amérique du Nord et souille les fourrages de cette provenance.

Principes actifs. — Le Vérâtre doit ses propriétés malfaisantes à plusieurs alcaloïdes distribués en quantités inégales, ce sont : la *Vératralbine*, découverte par Mitschell ; la *Vératramarine* qui, d'après Weppen, existerait en petite quantité dans la racine ; la *Jervine*, signalée par Simon et la *Vératrine*.

Ce dernier alcaloïde, $C^{32}H^{52}Az^2O^8$, a été isolé par Pelletier et Caventou ; il se présente sous forme de poudre blanchâtre, incolore, à peu près insoluble dans l'eau, mais soluble dans l'alcool et l'éther. Traité par le réactif d'Erdman (acide sulfurique concentré, 20 grammes ; acide nitrique étendu, 1/2 gramme), il donne une coloration jaune qui passe au rouge brique et au rouge cerise par addition de quelques gouttes d'eau. Selon Budlock, deux bases existeraient dans la vératrine, l'une, la *vératroïdine*, serait insoluble dans l'éther, l'autre, la *viridrine* y serait soluble.

Ajoutons qu'à côté des alcaloïdes cités, on a encore signalé la *cévadine*, la *cévadilline*, la *sabadilline* et la *sabatrine* ; mais ces alcaloïdes sont surtout abondants dans quelques Vérâtres exotiques, tels que le *V. sabadilla* et, pour ce motif, nous ne nous en occuperons pas davantage.

Il y a un écart très considérable entre la quantité de vératrine nécessaire pour amener la mort, suivant qu'on l'emploie en injections hypodermiques ou intra-veineuses, ou qu'elle est introduite directement dans le tube digestif. Une injection sous-cutanée de 5 centigrammes de vératrine suffit pour tuer un chien de taille et de poids moyens, tandis que cette même quantité, prise par le tube digestif, détermine un vomissement après lequel l'animal retourne à l'état de santé. Si on veut le tuer, il faut arriver jusqu'à 80 centigrammes, et même parfois 1 gramme, soit une dose de 16 à 20 fois plus forte.

Article IV. — Liliacées, asparaginées, smilacées, amaryllidées, dioscorées et iridées

Nous réunissons les six familles précédentes sous le même titre, parce qu'elles ne renferment chacune que quelques espèces vénéneuses et surtout parce qu'il est assez exceptionnel que des empoisonnements aient lieu, de leur fait, dans l'espèce humaine et dans les espèces animales domestiques.

§ I. — *Liliacées.*

Les Liliacées, qui comprennent dans leur groupe exotique les Aloës, plantes médicinales par excellence, mais dont nous n'avons pas à nous occuper ici, renferment quelques genres auxquels nous devons une mention.

A. **Urginea**, Steinh. (**Urginée**). Nous avons à signaler dans ce genre l'espèce suivante :

Urginea scilla, Steinh. *(Urginée scille).* Plus communément désignée sous le nom de *Scille maritime*, l'Urginée est une liliacée vivace qui croît spontanément et abondamment sur les plages de l'Océan et de la Méditerranée et qui est surtout très commune en Algérie où sa présence est un ennui pour l'agriculteur. Sa tige, de 20 à 60 centimètres de hauteur, est nue et cylindrique, ses feuilles sont radicales, lancéolées, se développent avant la tige et se fanent avant la floraison. Ses fleurs forment une grappe terminale qui s'épanouit d'août à septembre. Sa base est un bulbe volumineux, désigné généralement sous le nom d'oignon de Scille (fig. 10).

Toutes les parties de la Scille sont vénéneuses, mais le bulbe est la portion du végétal la plus riche en toxique.

Si la Scille joue un rôle important en thérapeutique, en revanche et fort heureusement, les empoisonnements spontanés qu'elle a causés dans notre espèce et parmi les animaux domestiques sont peu nombreux.

Les bulbes et les feuilles ont été incriminés. Il est arrivé qu'à la suite de défrichements exécutés pour se débarrasser de cette mauvaise plante, l'agriculteur a jeté sur le bord des chemins les bulbes arrachés et que des porcs affamés en ont pris suffisamment pour s'empoisonner, malgré leur odeur et leur saveur.

La feuille étant vénéneuse, on a vu, dans quelques pâturages qui en sont infestés, comme ceux de la Mitidja, en Algérie (Boitel), l'empoisonnement de jeunes animaux.

Les quantités de bulbe ou de feuilles fraiches de Scille qu'il est nécessaire d'ingérer pour amener une intoxication mortelle, n'ont point été déterminées directement. En nous basant sur les doses thérapeutiques de poudre de cette plante, nous ne croyons pas nous éloigner beaucoup de la vérité en indiquant comme toxiques les quantités suivantes de Scille fraiche prise par la voie digestive :

    Cheval.. . 0 gr. 20 centigr. par kilog. de poids vif.
    Ruminants 0 — 50   —   —   —
    Porc.. . . 0 — 25   —   —   —

Prise en petite quantité, elle détermine d'abondantes émissions d'urine, pousse à l'expectoration et ralentit les battements du cœur par une action spéciale sur les filets nerveux cardiaques.

En plus grande quantité ou en quantité modérée mais continuée pendant quelques jours, la diurèse se transforme en hématurie et anurie, des nausées et des vomissements se montrent, de la diarrhée accompagnée de coliques apparaît chez les herbivores, la respiration devient difficile et pressée, le pouls s'accélère, il y a de l'agitation et des convulsions qui font place à une

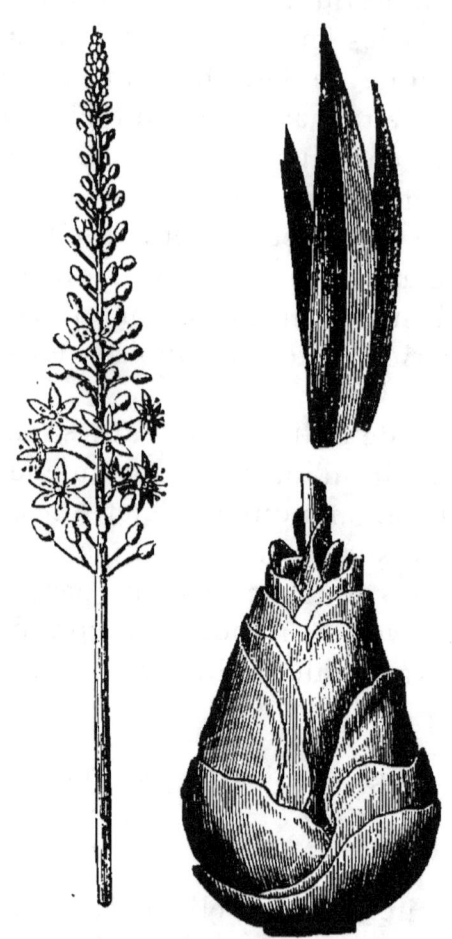

Fig. 10. — *Urginea scilla*. — Scille maritime.

phase de prostration pendant laquelle la mort arrive.

A l'autopsie, on trouve une irritation du tube digestif et des voies urinaires.

Partout où la Scille végète, l'agriculteur doit lui faire

la guerre; le colon algérien y est spécialement intéressé. Lors du fauchage, on devra distraire de l'herbe coupée toutes les feuilles et les hampes, les brûler ou les laisser pourrir. L'arrachage des bulbes est également tout indiqué.

Bien que l'étude des principes vénéneux de cette plante réclame de nouvelles recherches chimiques, on semble pourtant d'accord aujourd'hui pour en distinguer deux : 1° la *scillitine*, corps amorphe, rougeâtre, de saveur âcre et d'odeur forte, déliquescent et par conséquent très soluble dans l'eau, soluble aussi dans l'alcool et le vinaigre; 2° la *skulléine*, également amorphe, âcre, mais insoluble dans l'eau et l'alcool faible, et soluble dans l'éther (Naudet). Cette dernière substance aurait des propriétés toxiques beaucoup plus actives que la première qui, d'ailleurs, serait peut-être un corps complexe.

B. **Fritillaria**, L. (**Fritillaire**). — Ce genre renferme une espèce ornementale, *Fritillaria imperialis*, L. *Fritillaire impériale*, plus communément appelée *Couronne impériale*, ou simplement *Impériale*, dont les bulbes sont vénéneux. Cette plante ne croit pas spontanément dans nos pays, mais on la cultive beaucoup dans les parterres à cause de la beauté de ses fleurs nombreuses, allant du rouge safran au blanc, et réunies en une sorte de couronne au-dessous d'un bouquet de feuilles terminant la tige. Il se pourrait que ses bulbes fussent jetés volontairement ou distribués par négligence aux animaux et particulièrement aux porcs. L'agriculteur veillera à ce qu'il n'en soit point ainsi, puisque des empoisonnements pourraient en être la conséquence.

C. **Tulipa**, L. (**Tulipe**). — Ce genre n'est pas très riche en espèces, mais tout le monde sait combien sont nombreuses les variétés qui se sont formées, soit par hybridation, soit sous l'influence de la culture, car il est peu de plantes qui aient provoqué un pareil engouement.

Il a été trouvé assez récemment dans la Tulipe un principe qui fut désigné sous l'appellation de *tulipine* et dont l'introduction dans l'organisme, en quantité un peu notable, ne serait pas exempte de dangers.

Pour cette raison, nous appliquerons aux oignons de Tulipe les réflexions que nous venons de présenter au sujet des bulbes de la Fritillaire impériale.

D. Allium, L. (**Ail**). Les Liliacées qui constituent ce genre sont distribuées en espèces dont plusieurs entrent dans l'alimentation humaine. Elles renferment une essence qu'on croit être un mélange de plusieurs sulfures d'allyle et à laquelle on a attribué des propriétés anthelminthiques et antivirulentes.

Ce n'est point parce qu'elles sont capables d'occasionner des empoisonnements que je les signale, mais parce qu'elles sont quelquefois mangées par les vaches laitières; elles communiquent au lait (l'ail et l'échalotte en particulier) un goût alliacé prononcé et des plus désagréables. La couleur de ce liquide est également modifiée, il prend une teinte rouge jaunâtre qui rappelle celle des oranges mandarines. Sa saveur est brûlante et provoque dans l'arrière-bouche une cuisson persistant longtemps malgré les gargarismes. Les autres propriétés du lait ne sont pas modifiées et la quantité qu'en fournissent les vaches n'est pas diminuée (Boulay, d'Avesnes).

Il a été également remarqué que la viande des animaux qui mangent des aulx, en acquiert l'odeur d'une façon prononcée.

L'Ail des ours *(Allium ursinum L.)* qu'on trouve en

abondance dans les haies et les bois de l'Est et du Nord, où il croît spontanément, présente le même inconvénient quand ses feuilles sont broutées par le bétail. L'odeur alliacée qu'il répand n'empêche pas les vaches de le manger.

§ II. — *Asparaginées et Smilacées.*

La famille des Asparaginées qui fournit l'Asperge à nos tables et la Salsepareille à nos pharmacies, possède aussi deux espèces vénéneuses, le Muguet et la Parisette.

A. **Convallaria**, L. (**Muguet**). Dans ce genre, tout le monde connaît l'espèce *Convallaria maialis*, L. *Muguet de mai*, petite plante des lieux ombragés, à rhizome horizontal rameux, à hampe grêle, à feuilles ovales, longuement pétiolées, curvinerviées, à petites fleurs blanches, campanulées, en grappe et d'une odeur des plus suaves, qui s'épanouissent d'avril à mai et auxquelles succèdent des baies globuleuses, rouges à la maturité (fig. 11).

Cette jolie plante est vénéneuse dans toutes ses parties qui, mises en macération hydro-alcoolique, abandonnent un poison très violent. Les fleurs sont les parties les plus dangereuses, les feuilles le sont moins.

Walz a extrait de cette plante la *convallarine*, $C^{34}H^{62}O^{11}$, substance vénéneuse qui, bouillie avec un acide, se dédouble en sucre et en *convallarétine*. Martin en aurait isolé un alcaloïde appelé *maialine* et un acide dit *maialique*.

L'extrait de muguet est un poison si actif que quatre gouttes en injection intra-veineuse suffisent pour tuer un chien en dix minutes. Ses propriétés ont été particulièrement étudiées par MM. Sée et Bochefontaine. Pris en quantité moyenne, il ralentit d'abord les mouvements

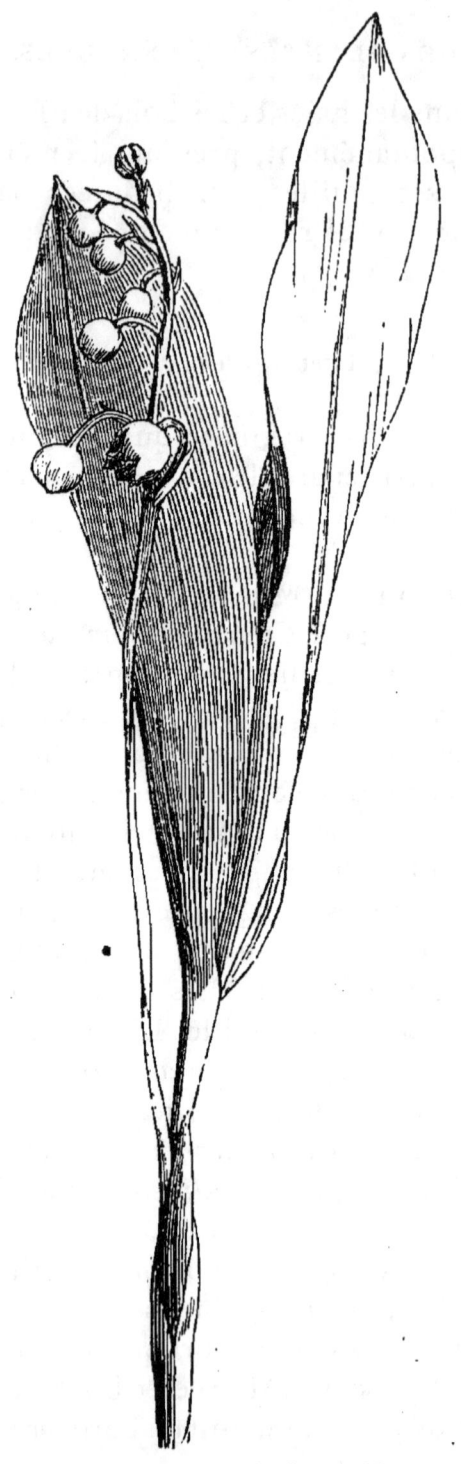

Fig. 11. — *Convallaria maialis*. — Muguet de mai.

du cœur et de l'appareil respiratoire qui s'amplifient. A cette période en succède une autre où il y a des intermittences du cœur, de l'arrêt de la respiration et des vomissements. Diurèse très manifeste chez l'homme, peu prononcée sur les animaux.

En forte quantité, la période de ralentissement est très courte, le pouls devient bientôt rapide et petit, la respiration s'amplifie à l'extrême, puis le cœur s'arrête en systole ventriculaire.

Il y a trop peu de temps que l'attention s'est portée sur le Muguet pour que nous possédions des renseignements sur la quantité de fleurs, de feuilles, de baies ou de rhizomes qui doivent être consommés par les animaux pour amener des empoisonnements. Je me bornerai à dire que, dans les années de disette fourragère, où, par une tolérance spéciale de l'administration forestière, le bétail pourra aller paître sous bois, l'agriculteur et le vétérinaire devront songer à cette plante en cas d'accidents.

B. **Paris**, L. (**Parisette**). On trouve dans ce genre une espèce, *Paris quadri folia* L. *Parisette à quatre feuilles*, qui suggère les mêmes réflexions que la précédente ; le vulgaire la nomme *Raisin de renard*. On la faisait entrer autrefois, dit-on, dans la composition de philtres aphrodisiaques. Elle vient, comme le Muguet, dans les bois et les pâturages ombragés et humides.

C'est une herbe vivace, à longue souche, à tige simple, à feuilles au nombre de 4 généralement, formant un verticille au haut de la tige, acuminées, à grande fleur terminale tétramère ou pentamère, à 8 étamines, se montrant d'avril à juin et à laquelle succède une baie noire bleuâtre quand elle est mûre.

La Parisette est toxique dans toutes ses parties. Walz a extrait de ses feuilles un glucoside qu'il a nommé

Fig. 12. — *Narthecium ossifragum*. — Narthécie ossifrage.

paridine, $C^{32}H^{36}O^{14}$. Chauffé avec l'acide chlorhydrique, ce corps se dédouble en glucose et en une matière résineuse que le même chimiste appelle *paridol* et auquel il donne la formule $C^{26}H^{47}O^9$.

Si les diverses parties de cette plante sont vénéneuses, il se dégage des recherches de Cazin qu'elles n'agissent pas toutes de la même façon. Ainsi, l'action des baies se fait sentir particulièrement sur le cœur, les feuilles sont antispasmodiques et la souche est vomitive. De nouvelles études sont à entreprendre sur cette plante qui serait probablement fort dangereuse, si elle était broutée par le bétail dans les circonstances indiquées pour le Muguet.

On devra recommander aux enfants de ne point toucher à son fruit, non plus qu'aux baies du Muguet.

Dans la petite famille des Smilacées, si intimement liée à celle des Asparaginées que leur séparation semble artificielle à plusieurs botanistes de mérite, nous mentionnerons l'*Abama ossifraga* ou *Narthecium ossifragum*, *Narthécie ossifrage*, plante des lieux marécageux du Nord et de l'Est, qui passait autrefois, mais sans preuves, pour rendre friables les os des bestiaux qui la broutaient, d'où son nom spécifique (fig. 12). Dernièrement, en Belgique, on a attribué une gastro-entérite violente à son usage. Il serait utile que des expériences fussent entreprises pour savoir à quoi s'en tenir à son sujet.

§ III. — *Amaryllidées.*

La famille des Amaryllidées fournit à nos jardins et à nos serres de belles plantes ornementales ; on en a acclimaté dans la région méridionale quelques espèces exotiques, pour cet objet. Mais, à part les Agaves, on

Fig. 13. — Faux Narcisse.

n'y trouve pas de végétaux utiles à l'agriculteur. Au contraire, ceux qui croissent spontanément dans notre pays sont dédaignés du bétail et ils renferment, spécialement dans leur bulbe, un principe vénéneux.

Comme ce sont avant tout des végétaux d'ornement, que les espèces spontanées sont peu nombreuses et assez faiblement représentées, une simple nomenclature suffira.

Nous laisserons de côté l'*Hœmanthus toxicaria* et l'*Hœmanthus nudus* qui, avec l'*Amaryllis disticha*, servent dans l'Afrique australe, par le suc extrait de leurs bulbes, à empoisonner les armes des indigènes.

A. Dans le genre **Amaryllis**, nous devons citer l'*A. belladona*, originaire des Antilles, mais acclimaté dans la région méditerranéenne, qui est vénéneux à un degré supérieur à l'*A. lutea*, celui-ci autochtone et croissant spontanément dans la même région.

B. Outre ses variétés ornementales, le genre **Narcissus (Narcisse**), renferme deux espèces très envahissantes qui croissent spontanément dans nos prairies humides et sur le bord de nos petits cours d'eau ; ce sont : le *N. poeticus*, L. Narcisse des poètes et le *N. pseudo-narcissus*, L. *Narcisse faux-narcisse* (fig. 13). Leurs feuilles et leurs tiges sont refusées du bétail, il en est de même de leurs bulbes qui sont émétiques. Les fleurs du *N. pseudo-narcissus* ont été signalées comme dangereuses.

En 1877, M. Gérard a retiré du bulbe du Narcisse faux-narcisse un alcaloïde qu'il a nommé *narcissine* et auquel on aurait reconnu des effets différents, selon qu'il aurait été extrait du bulbe avant ou après la floraison.

C. Le *Galanthus nivalis* L. *Galanthe des neiges*, vulgairement appelé *Galant d'hiver* ou *Perce-neige*, et les **Leucoium vernum** L. *Nivéole du printemps*, appelé également *Perce-neige*, et **Leucoium œstivum** L. *Nivéole d'été* ont des bulbes violemment émétiques.

D. Il en est de même du *Pancratium maritimum* qui croît sur les bords de la Méditerranée et en Algérie; on le désigne fréquemment sous les noms de *Petite Scille* et de *Scille blanche*.

§ IV. — *Dioscorées*.

La petite famille des Dioscorées, où l'on rencontre plusieurs espèces exotiques remarquables comme plantes alimentaires, n'est représentée dans notre flore que par deux espèces et l'une d'elles, *Tamus communis*, L. *Tamier commun*, est vénéneuse.

Le Tamier (fig. 14), encore appelé *Taminier*, *Seau de Notre-Dame*, *Herbe aux femmes battues*, *Vigne noire*, est une plante sous-frutescente, vivace, à souche charnue, grise en dehors, blanche en dedans, à tige grêle, longue de 2 à 3 mètres, à feuilles alternées, pétiolées, volubile, d'un vert luisant, à fleurs dioïques par avortement, petites, jaunâtres, en grappes, à périanthe, avec limbe à 6 divisions, portant six étamines insérées à la base des lobes du périanthe. Elles se montrent de mai à juillet, produisent des baies globuleuses un peu plus grosses que celles du groseillier, d'un beau rouge à l'automne.

Le Tamier est commun dans les haies où il trouve des arbrisseaux pour enrouler et soutenir sa tige. Sa racine, qui est féculente, est très âcre et agit sur l'intestin; les propriétés purgatives de cette partie sont connues depuis longtemps. Dans la médecine populaire, on la rape, on la réduit en pulpe et on l'applique sur les contusions, d'où le nom vulgaire qui lui a été donné. On la fait infuser dans du vinaigre et on la donne aux vaches, en Dauphiné, à la dose de 200 grammes environ, pour aider à l'expulsion des enveloppes après la mise-bas, lui attribuant ainsi des propriétés emménagogues.

Si les tiges et les feuilles sont vénéneuses, la proportion de matière toxique qu'elles renferment est peu considérable puisque, d'après Mérat et de Lens, les Italiens et les Arabes mangeraient les jeunes pousses de cette plante à la façon des asperges, et que d'autre part les chèvres et les moutons la broutent, sans en paraître incommodés.

Quant aux fruits, ils sont vénéneux et cette propriété est méconnue du plus grand nombre; leur couleur rouge, leur pulpe juteuse et l'absence de saveur désagréable peuvent tenter les enfants qui les voient pendre aux haies qui bordent les chemins.

Le principe vénéneux du Tamier n'a point encore été isolé, mais l'empoisonnement récent aux environs de Lyon, d'une jeune enfant à laquelle sa mère, dans son ignorance, donna à manger des baies de cette plante, a permis de recueillir quelques symptômes et a provoqué quelques recherches expérimentales sur les animaux de la part du docteur H. Coutagne, qui fut chargé d'un rapport judiciaire lors de cette affaire.

De cet ensemble d'observations, il se dégage qu'à petites doses, les fruits du Tamier déterminent de l'inquiétude, de la somnolence et de la difficulté dans les déplacements.

En quantité plus considérable, il y a des vomissements, des douleurs intestinales et un commencement de paralysie du train postérieur; la mort arrive assez promptement.

Quant aux lésions, elles seront empruntées intégralement au rapport précité, où M. Coutagne relate ce qu'il a observé à l'autopsie de l'enfant :

La surface péritonéale des intestins est d'une coloration ordinaire dans toute l'étendue de l'intestin grêle et dans

toute celle du gros intestin, à l'exception du cœcum, au ni-

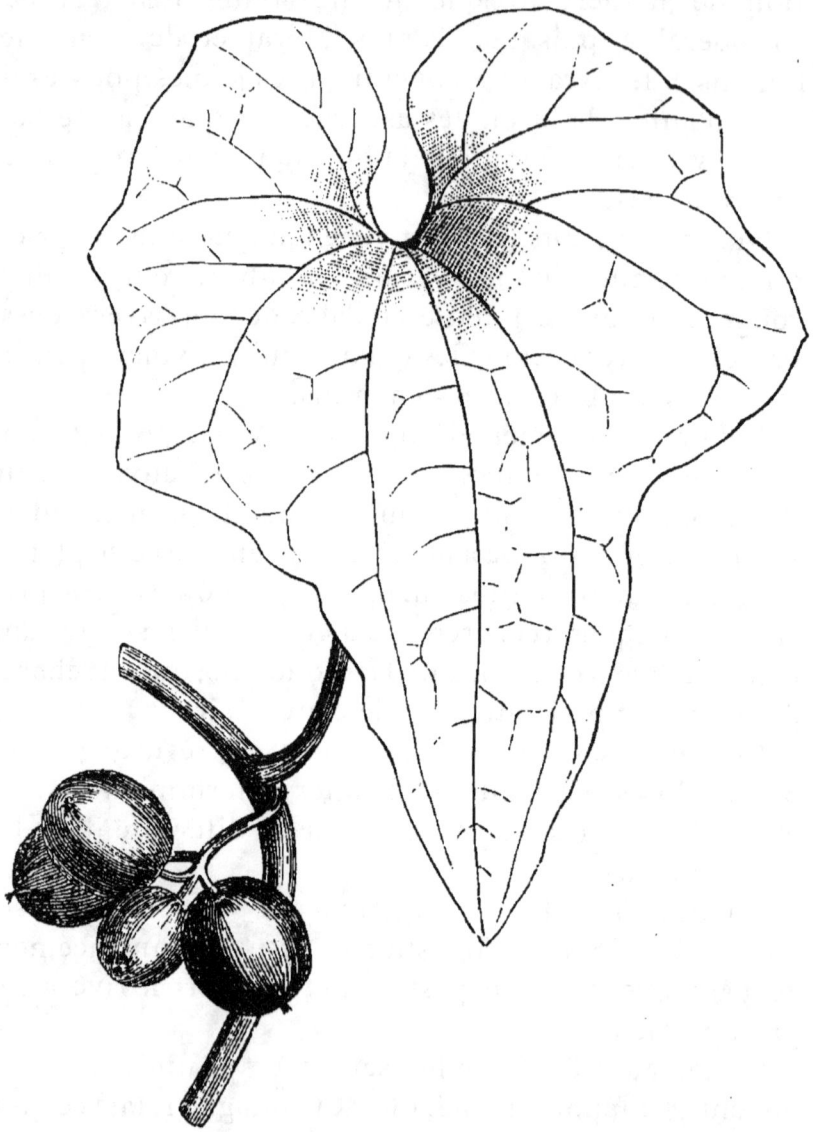

Fig. 14. — *Tamus communis*. — Tamier commun.

veau duquel nous notons une congestion assez vive. A l'ouverture de l'intestin grêle, nous constatons sa vacuité presque absolue; sur la muqueuse, à part une exsudation séreuse d'origine probablement cadavérique, nous n'avons à noter que trois érosions punctiformes de la dimension de la tête d'une épingle. Par contre, tout le gros intestin, depuis le cœcum jusqu'au rectum, est plein, ou, pour parler plus exactement, gonflé de matières fécales de consistance pâteuse, d'une coloration vert foncé et d'une odeur franchement stercorale. Au milieu d'elles, particulièrement dans le cœcum, nous trouvons des débris végétaux consistant surtout en un grand nombre de graines arrondies, brunâtres, et en plusieurs enveloppes vides de petits fruits rouges, dont un premier examen ne nous permet pas de déterminer la nature.

Nous avons alors exprimé tout le contenu intestinal dans un verre à pied parfaitement propre, et après lavage dans l'eau distillée et filtration, en avons séparé : des fragments de pain et de fromage incomplètement digérés, des résidus non digérés de poire, enfin, un très grand nombre de graines brunes, à peu près sphériques, dépassant un peu comme diamètre une tête de grosse épingle en acier; nous en comptons 55 libres dans le liquide stercoral; 9 autres sont agglutinées à trois fragments végétaux rouge ponceau, qui sont évidemment l'enveloppe du fruit qui les a contenues; comme pour en rendre la démonstration plus nette, une de ces enveloppes à peu près intacte, vidée seulement de sa pulpe, par un léger orifice, contient, retenues dans son intérieur, deux dernières graines, identiques aux précédentes; ajoutons, pour compléter l'examen du contenu intestinal, la mention de deux fragments d'enveloppes minces de fruits de même nature, mais sans graines adhérentes. Autant qu'on en peut juger par l'enveloppe restée presque intacte, le volume du fruit en question rappelle celui de la groseille ordinaire.

Pris dans leur ensemble, les symptômes et les lésions ne permettent pas de regarder les baies de Tamier comme agissant exclusivement sur l'intestin; à côté de cette action locale mais non exclusive il y a des effets généraux qui nous autorisent jusqu'à nouvel ordre à ranger le *T. communis* dans la classe des narcotico-âcres en attendant qu'une étude chimique et des recherches physiologiques complémentaires nous apprennent quelle est sa véritable place dans la classification des poisons.

§ V. — *Iridées*.

Les Iridées sont, comme les Amaryllidées, des plantes qui concourent à l'ornementation de nos jardins; on a créé, parmi elles, un grand nombre de variétés à très belles fleurs. Les espèces qui croissent dans notre pays à l'état spontané se rencontrent dans les lieux ombragés ou incultes, sur le bord des cours d'eaux et ne sont pas très nômbreuses. Délaissées par le bétail et à peu près sans emploi, nous leur devons une mention à cause de leurs propriétés âcres, purgatives et émétiques. Leur rhizome est dangereux surtout à l'état frais, les graines aussi, les autres parties du végétal sont également vénéneuses bien qu'à un moindre degré. On devra donc éviter de les distribuer aux animaux, particulièrement aux porcs.

En tête de toutes les espèces du genre **Iris**, comme vénénosité, doit se placer l'*Iris pseudo-acorus*, L. l'*Iris faux-acore*, vulgairement dénommé *Iris jaune*, *Glayeul des marais* ou simplement *Faux acore*. Linné l'avait déjà signalé comme dangereux pour le bétail; ses fleurs et ses rhizomes ont des propriétés drastiques et émétiques très marquées.

A côté de cette espèce et partageant, mais à un degré inférieur, ses propriétés, citons : *I. germanica*, *I. florentina*, *I. fœtidissima*, *I. siberica*.

Mentionnons aussi dans le genre **Gladiolus**, L. (**Glayeul**), les espèces. *G. segetum*, Gawl. *Glayeul des* *moissons* et *G. communis*, L. *Glayeul commun* qui ont, du reste, les plus grands rapports entre elles.

BIBLIOGRAPHIE

Aroïdées. — Roques. *Phytographie médicale*, t. I, pages 65 et suivantes.

Ivraie enivrante. — Seeger. *Dissertation latine sur l'Ivraie*, Tubinge, 1710. — Rivière. *Mémoire sur l'Ivraie*, in *Recueil de la Société des sciences de Montpellier*, 22 décembre 1729. — Maizière. *Note sur l'Ivraie*, in *Mémoires de la Société royale de médecine*, 1797. — Gallet. *Note sur l'Ivraie*, in *Journal de médecine, chirurgie et pharmacie*, t. XVI, pages 116 et suivantes. — *Comptes rendus de l'École vétérinaire de Lyon pour* 1820. — Clabaud. *Dissertation sur l'Ivraie*, thèse de la Faculté de médecine de Paris, année 1813. — Chevalier. *Rapport au sujet d'un pain fait avec de la farine de Seigle contenant de l'Ivraie*, in *Annales d'hygiène publique et de médecine légale*, année 1853, pages 147 et suivantes. — Wittstein. *Analyse d'une farine de Seigle contenant de l'Ivraie*, même publication, même rapport, page 191. — Baillet et Filhol, article Ivraie, du *Nouveau Dictionnaire pratique de médecine, chirurgie et hygiène vétérinaires*, t. X.

Ivraie linicole. — Baillet et Filhol. Article Ivraie du *Dictionnaire* précité. — Wehenkel. *Rapport sur l'état sanitaire des animaux en Belgique pendant l'année* 1882 (citation d'empoisonnement par des capsules de lin; il y a des probabilités pour que l'Ivraie linicole y ait joué un rôle).

Maïs. — Castan. Traitement de la gravelle par les stigmates de Maïs, *Comptes rendus de l'Association française pour l'avancement des sciences*, 1879. — Furlanetto. Maladie de l'appareil urinaire du bœuf produite par la consommation de cimes fraîches de Maïs en fleurs, in *Giornale di medicina veterinaria pratica et di zootecnica*, janvier 1884.

Colchique. — Tous les Traités de toxicologie, de médecine légale, de thérapeutique, de pharmacologie, ainsi que tous les Dictionnaires de médecine. — Plusieurs thèses de médecine et de pharmacie. — Roux : *Empoisonnement par la teinture de Colchique*, in *Union médicale*, 1855. — Roy. *Note relative à l'action du Colchique sur le tube intestinal*, in *Archives de physiologie*, 1878. — Laborde. *Sur la colchicine*, in *Bulletin de la Société de Biologie*, 1885. — Brouardel. *Accusation d'empoisonnement par la Colchicine*, in *Annales d'hygiène*, 1886. — Butte. *Recherches expérimentales sur les lésions intestinales produites par les poisons drastiques*, in *Annales d'hygiène*, 1886.

Leloir. *Effets funestes du Colchique administré comme aliment au bétail*, in *Journal pratique de médecine vétérinaire*, 1826. — Barry. *Empoisonnement de bétail par le Colchique*, in *Recueil de médecine vétérinaire*, 1862. — Laudel. *Empoisonnement de bétail par le Colchique*, in *Annales de médecine vétérinaire de Bruxelles*, 1864. — Baillif. *Note sur un fait d'empoisonnement par la Scille ou le Colchique pendant la route de Puebla à Mexico*, in *Journal de médecine vétérinaire de Lyon*, 1865. — Wolff. *Du Colchique d'automne et de ses principes actifs*. Thèse de l'école vétérinaire de Lyon, 1870. — Wehenkel. *Rapport sur l'état sanitaire des animaux de la Belgique en 1882*.

Vérâtre ou Hellébore blanc. — Tous les Traités de toxicologie, de matière médicale, de thérapeutique; — tous les Dictionnaires de médecine. — Pallas. *Voyages*, traduction Gauthier, t. I, page 88. — Ollivier et Bergeron. *Des réactions physiologiques de la vératrine, au point de vue de ses applications à la thérapeutique et à la médecine légale*. — Prevost. *Mémoire sur la vératrine*, in *Mémoires de la Société de biologie*, 1866, page 133. — Mossel. *Essai sur la vératrine*, thèse de 1868, Paris. — Rodet et Baillet. *Botanique agricole et médicale*, art. Colchique. — L. Butte. *Recherches expérimentales sur les lésions intestinales produites par les drastiques*, in *Annales d'hygiène publique*, 1886, page 352. — *Un cas d'empoisonnement du cheval par l'Hellébore blanc* in *The Veterinarian*, 1886.

Scille maritime. — Tous les Traités de toxicologie, de matière médicale, etc. — Rodet et Tabourin. *Recherches sur l'action physiologique et toxique des principes actifs de la Scille maritime*, in Journal de l'école vétérinaire de Lyon. 1861.
— Boitel. *Herborisation en Algérie*, in Annales agronomiques, 1882.

Muguet de mai. — See et Bochefontaine. *Recherches sur l'action du Muguet* (Convallaria maïalis). In Cptes R. de l'Ac. des Sciences 3 juillet 1882.

Parisette. — Cazin. *Plantes médicales indigènes*, 3ᵉ éd., page 735.

Tamier commun. — H. Coutagne. *Note sur un cas d'empoisonnement par les fruits du Taminier*, in Lyon-médical, 1884, page 239.

Narthécie ossifrage. — Wehenkel. *Rapport sur l'état sanitaire des animaux en Belgique, pendant l'année 1882.*

Ail. — Boulay, d'Avesnes. *Ingestion d'Ail par des vaches laitières; effets sur le lait*, in Recueil de médecine vétérinaire, année 1876, page 1187.

Sorgho sucré. — *Sur différents cas d'empoisonnements par le Sorgho*, in Journal d'agriculture pratique, année 1858.

Rodet. — *Réflexions sur les causes d'empoisonnement de plusieurs vaches par le Sorgho sucré*, in Journal de médecine vétérinaire de Lyon, année 1858.

Meunier. *Étude sur le Sorgho*, in Annales agronomiques, 1881.

Seigle et orge. — Bastin. *Empoisonnement de cinq poulains par du Seigle fermenté*, in Écho vétérinaire belge, décembre 1879.

Wehenkel. *Rapport sur l'état sanitaire des animaux en Belgique.*

Müntz. *Recherches sur la maturation des graines*, in Annales des sciences naturelles (Botanique), 7ᵉ série, t. III, n° 1.

Drèche. — André. *Intoxication alcoolique chez les bêtes bovines*, in Annales de médecine vétérinaire de Belgique, 1870, page 74.

DEUXIÈME SOUS-GROUPE

DICOTYLÉDONES VÉNÉNEUX

Les végétaux du sous-groupe des Dicotylédones, le plus important des Phanérogames, à beaucoup près, ont été partagés d'après la disposition du périanthe, en **Apétales**, **Dialipétales** et **Gamopétales**. Nous avons à passer, tour à tour, chacune de ces divisions en revue.

PREMIÈRE DIVISION

DICOTYLÉDONES APÉTALES

Les Apétales, caractérisés par un périanthe simple, non différencié en calice et en corolle, auquel se rattachent directement les étamines, renferment plusieurs familles sur lesquelles nous devons arrêter notre attention ; il s'agit des Juglandées, des Cupulifères, des Phytolaccées, des Polygonées, des Aristolochiées, des Thyméléacées, des Loranthacées et des Euphorbiacées.

Article Iᵉʳ. — Juglandées et Cupulifères

I. — **Juglandées**. — La famille des Juglandées, caractérisée par des fleurs monoïques, dont les mâles sont en chatons pendants et les femelles en épis dressés, à étamines en nombre indéfini, à ovaire infère uniloculaire, à fruit drupacé, dont l'exocarpe est charnu, l'endocarpe ligneux et la graine unique, n'est représentée que par des arbres de grande taille, à feuilles alternes non dentées. Notre flore n'a qu'un seul genre de cette famille, encore est-il peu riche en formes, c'est le **Juglans** L. (**Noyer**). L'espèce la plus répandue est la suivante :

Juglans regia, L. *Noyer commun*. Arbre trop connu pour qu'il y ait ici la moindre utilité à rappeler, même très sommairement, ses caractères botaniques. Cultivé depuis la plus haute antiquité, son amande est un aliment agréable, contenant une huile excellente qui rancit fort vite. Les feuilles, les fleurs et la couche fibro-charnue, enveloppant le fruit (brou, exocarpe), contiennent une huile aromatique, du tannin et une substance amère, âcre, très avide d'oxygène, noircissant promptement à l'air et teignant les tissus et les doigts.

Rien n'autorise à considérer ces parties comme vénéneuses; leur emploi en médecine, à titre d'astringentes, est fort ancien et aucun empoisonnement n'a été mis à leur charge jusqu'à présent.

Si les Noyers figurent dans ce volume, c'est parce que, dans quelques pays, notamment en Suisse, où ils sont nombreux et les pailles rares, on avait eu l'idée d'employer leurs feuilles comme litière. Mais on a remarqué que si des vaches mangent ces feuilles, placées sous leurs pieds, la sécrétion laitière baisse énormément et peut même se tarir complètement.

Il y a également lieu de présenter une observation à propos des tourteaux laissés comme résidus de l'extraction de l'huile de noix. Ces tourteaux, fort employés dans le Midi où on les désigne dans le langage populaire sous le nom de *nougats*, constituent un bon aliment pour le bétail, mais ils ont, comme l'huile de noix elle-même, l'inconvénient de rancir promptement. Dans cet état, ils communiquent à la viande des animaux qui les consomment, et particulièrement à celle du porc, une odeur qui se dégage à la cuisson et qui est tellement détestable qu'on répugne à manger un tel produit. Les anciens usages du Languedoc autorisent l'acheteur d'un animal ainsi engraissé à attaquer le vendeur en restitution de prix. Pour éviter tout ennui, il est indiqué de cesser l'administration des tourteaux de noix aux animaux destinés à la boucherie, au moins trois semaines avant la vente et l'abatage, et de ne point faire consommer ceux qui ont subi le rancissement.

II. — **Cupulifères**. — Cette importante famille est constituée par des arbres et des arbrisseaux, à feuilles simples, alternes, entières ou dentées. Leurs fleurs sont monoïques ; les mâles, disposées en chatons, ont de 4 à 20 étamines libres, à filets inégaux, insérées sur une écaille ou au fond d'un périanthe caliciforme ; les femelles, isolées, rarement réunies dans des involucres, ont pour base un périanthe tubuleux adhérent à l'ovaire qui est infère et à 2 à 6 loges. L'involucre accompagnant ces fleurs se développe après la floraison, devient membraneux, coriace ou ligneux, prend, dans beaucoup d'espèces, la forme d'une cupule qui a fourni le nom de la famille. Le fruit est uniloculaire et généralement monosperme par avortement. Cotylédons charnus.

Parmi les tribus renfermées dans cette famille, celle des Quercinées doit particulièrement nous arrêter et nous avons à examiner les genres Fagus et Quercus.

A. Le genre **Fagus** ne contient qu'une espèce européenne, *Fagus sylvatica*, L. *Hêtre commun*.

Le Hêtre est, avec le chêne, un des plus beaux arbres de nos forêts. On l'appelle vulgairement *Fayard* ou *Foyard*. Son tronc est droit, à écorce blanchâtre et lisse, ses rameaux sont étalés, ses feuilles sont d'un beau vert, luisantes en dessous, ses stipules sont roussâtres, velues et caduques, ses fleurs apparaissent avec les feuilles, ses fruits, moins gros que la noisette, sont bruns, luisants, trigones, enveloppés d'une cupule coriace, péricarpoïde; on les désigne sous le nom de *faînes*. Ce sont les seules parties du végétal dont nous ayons à nous occuper.

La saveur de la faîne rappelle celle de la noisette; on trouve dans ce fruit une proportion élevée d'une huile grasse, d'un goût agréable si elle a été extraite à froid, et douée d'âpreté quand elle a été exprimée à chaud. Elle a le grand avantage de rancir difficilement.

A côté de cette huile, la faîne renferme un principe vénéneux, mal connu chimiquement, dont l'action toxique a d'étroits rapports avec celle de l'Ivraie enivrante que nous avons fait connaître précédemment (Voyez page 74). Les probabilités sont grandes pour que ce poison soit localisé dans l'enveloppe péricarpoïde, car on n'a jamais constaté d'accidents à la suite de l'usage de l'huile de faînes, qu'on emploie couramment dans l'Est et spécialement dans la haute Alsace. Il n'y a eu d'empoisonnements que par les tourteaux qui restent à la suite de la fabrication de l'huile. Et encore il importe de faire une distinction ; si les tourteaux proviennent de faînes décortiquées, ils sont inoffensifs, tandis que s'ils sont formés de débris de fruits non décortiqués, ils sont dangereux. Une expérience de Magne témoigne dans le sens qu'avait indiqué la pratique et Hertwig a montré que le rancissement doit être mis hors de cause, puisque les tourteaux frais ont la même action que ceux qui datent de plusieurs mois.

Tous les animaux sont sensibles aux effets de tels tourteaux, mais on a signalé les chevaux comme en étant particulièrement incommodés et il y a bien longtemps que Laurent Rusé a dit que les juments, soumises à ce régime, avortent.

On devra n'acheter, pour l'alimentation du bétail, que des tourteaux décortiqués et, pour la même raison, ne pas distribuer des quantités trop considérables de faînes aux porcs qui en sont avides, ni aux autres animaux et aux oiseaux de basse-cour.

Les ruminants mangent volontiers les feuilles de Hêtre, vertes ou sèches, et aucun inconvénient n'a jamais été signalé à la suite de cette alimentation.

B. On ne compte pas moins de trois cents espèces dans le genre **Quercus**; pour notre sujet, nous n'en envisagerons qu'une seule, la plus commune. D'ailleurs, les considérations présentées à son endroit pourraient s'appliquer aux autres.

Quercus Robur, L. (*Chêne rouvre*). Avec nombre de botanistes, nous réunirons dans cette espèce linnéenne, les deux variétés *Q. pedunculata*, Thrh. et *Q. sessiliflora* Smith, ainsi que les formes qui dérivent de l'une et de l'autre, notamment le *Q. Cerris* et le *Q. pubescens*, Willd.

Le Chêne est si connu qu'il serait hors de propos d'en faire une description botanique à cette place. Rappelons seulement que le fruit a sa base plongée dans une cupule, pédonculée dans la variété qualifiée précisément de pédonculée pour cela, et sessile dans le Q. sessiliflora, tandis que la disposition inverse se remarque dans les feuilles de ces deux formes.

Indépendamment du bois et du tan qu'il fournit pour l'industrie et le chauffage, le Chêne donne annuellement ses glands et, dans quelques régions, ses feuilles pour l'alimentation des animaux.

C'est sur les feuilles exclusivement qu'il faut appeler l'attention; elles occasionnent au bétail qui les consomme et *dans des circonstances spéciales*, des accidents d'une réelle gravité.

Au premier printemps dans la plaine, un peu plus

tard sur les plateaux, quand les bourgeons des arbres de nos forêts viennent de s'entrouvrir et que les jeunes feuilles ont encore la couleur vert tendre qui teinte si délicieusement la campagne au renouveau, il arrive que les agriculteurs, dont les provisions de fourrage sont épuisées, font paître leurs bestiaux dans la forêt. C'est l'habitude chez les forestiers, les charbonniers, les bûcherons qui exploitent les coupes, et c'est souvent une nécessité pour les petits cultivateurs des pays boisés. Le bétail, depuis longtemps entretenu au régime du sec et qui trouve peu d'herbe encore sur le sol de la forêt, mange avidement les pousses récentes et les jeunes feuilles à sa portée; s'il pâture dans un taillis, son avidité n'a pas de bornes au début.

Après quelques jours de ce régime apparaissent, d'abord sur les jeunes animaux et spécialement, a-t-on remarqué, sur ceux à peau mince et à pelage blanc, puis sur les vaches laitières et le reste du troupeau, les signes d'une maladie observée et décrite depuis longtemps sous le nom caractéristique de *mal de brou* ou de *maladie des bois*. Dans le Midi, elle a été observée à la suite de la dépaissance dans les landes où croissent divers arbrisseaux et notamment le Genêt d'Espagne, on l'appelle vulgairement *genestade*.

Symptômes. — Les animaux, pleins d'appétit au commencement, mangent de moins en moins, ils ruminent peu et avec difficulté, semble-t-il; ils sont ensuite atteints d'une constipation qui va en augmentant, leurs excréments sont durs et coiffés. Ils restent longtemps couchés et regardent de temps en temps leur flanc, comme dans le cas de coliques sourdes, puis se relèvent et se campent pour uriner; le liquide est émis par jets et il est d'abord de couleur roussâtre. La sécrétion lactée baisse considérablement chez les femelles et finit par tomber à rien.

Il y a de la fièvre, des tremblements musculaires partiels et un peu de faiblesse du train postérieur, le poil est piqué, la colonne dorso-lombaire est plus sensible qu'à l'état normal, la bouche chaude, la salive rare.

Trois ou quatre jours après le début du mal, la rumination est complètement suspendue, les sujets piétinent, accusent des coliques, ont le ventre rétracté, le pouls dur, le cœur tumultueux, la respiration accélérée et plaintive, des secousses musculaires assez violentes et ils se campent très fréquemment pour uriner. Un caractère qui frappe toujours est la couleur de l'urine : constamment elle est foncée, mais avec des variations de teintes qui vont du rouge clair à la coloration noire foncée du vin de Malaga, avec la nuance brune comme dominante.

Si l'animal est soustrait à la cause de son mal et s'il reçoit les soins nécessités par son état, le plus généralement il guérit. Le pronostic n'est fâcheux que lorsqu'à la constipation succède une dysenterie spumeuse, très fétide et très abondante. Alors les malades s'affaiblissent très rapidement et meurent dans le marasme.

Dans la très grande majorité des cas, le mal de brou n'a point une marche rapide ; pourtant on a constaté, exceptionnellement, une sorte d'explosion subite du mal. Il y a eu expulsion immédiate et abondante d'urine sanguinolente, avec des coliques violentes et parfois hémorrhagie intestinale ; dans ces conditions, les sujets ont succombé dans les vingt-quatre heures.

Lésions. — Ce sont celles de la gastro-entérite et de la néphro-cystite. Les premières ne sont point en rapport, généralement, avec l'intensité et la marche du mal. Les secondes sont plus accentuées : les reins ont doublé ou triplé de volume, présentent des taches ecchymotiques à leur surface, des foyers hémorrhagiques dans leur parenchyme, l'inflammation du bassinet, la destruction des canalicules urinifères ou leur obstruction par des coagulats fibrineux. La vessie est presque toujours revenue sur elle-même, à peu près vide ou renfermant une petite quantité d'urine foncée, la muqueuse est enflammée.

L'étude de l'urine, qui est la partie la plus intéressante dans l'histoire de l'hématurie, avait été fort négligée jusque dans ces dernières années. On ne s'était occupé que des caractères physiques les plus saillants, et encore ne s'accordait-on pas sur un point essentiel, la présence ou l'absence d'hématies dans l'urine. Stockfleth en niait l'existence dans ce liquide, tandis que la plupart des auteurs français l'admettaient. M. A. Robin a fait une bonne étude de ce point d'urologie et nous ne pouvons mieux agir que de lui emprunter le résumé de ses observations.

L'urine est visqueuse, à réaction alcaline, à odeur de bouverie, riche en sédiment formé surtout de matière albuminoïde coagulée et teintée de brun. Les globules sanguins y sont rares, mais on y trouve des cristaux d'urate d'ammoniaque, très peu de carbonate de chaux, quelques gouttes de graisse, des leucocytes, point d'oxalate de chaux, un peu plus d'urée qu'à l'état normal, une diminution considérable des hippurates et une augmentation notable des chlorures, un peu d'acide phosphorique, de l'albumine en quantité considérable ainsi que de l'urohématine et de l'hémoglobine. Aucune trace de sucre.

De ses analyses, M. Robin conclut que, pendant le cours de la maladie « l'organisme fait de plus grandes pertes en urée et surtout en chlorures, pertes d'autant plus sensibles que les animaux mangent moins ; que l'acide urique remplace l'acide hippurique, rapprochant temporairement ainsi l'urine des animaux malades de celle des carnivores ; que les sels de chaux diminuent dans le liquide et disparaissent dans le sédiment ; que la graisse libre et les cylindres augmentent et apparaissent aux alentours de la défervescence ; enfin, que l'affection parait être une hémoglobinurie plutôt qu'une hématurie véritable. »

Quelle est la substance productrice de cette hémoglobinurie ? Elle doit se trouver dans les *jeunes* pousses et les *nouvelles* feuilles du Chêne, mais on a remarqué que celles du Charme, du Frêne, de l'Aulne, du Coudrier, du Troëne, du Cornouillier, du Sapin, de l'Épicea, de l'Ajonc et du Genêt, dans les mêmes conditions, étaient capables d'occasionner des accidents semblables. Toutes ces pousses et ces feuilles sont riches en tannin, et l'on a été naturellement porté à regarder ce corps comme le facteur du mal. Nous avons à discuter cette opinion.

Pour la soutenir, on peut arguer que le tannin est en plus forte proportion dans les végétaux incriminés, et spécialement dans le Chêne, au printemps qu'en hiver et qu'il est plus abondant chez les jeunes Chênes que chez les vieux, puisque dans ceux-ci le tannin se transforme en acide gallique puis, peu à peu, en extractifs bruns. Il est acquis que la teneur en tannin, chez les végétaux à contenu tannique, est en rapport avec l'activité physiologique des tissus, de telle sorte que son maximum se rencontre dans les jeunes organes, tels que les bourgeons, les jeunes rameaux et les premières feuilles, les tissus formateurs, le cambium et le phellogène.

En résulte-t-il que c'est une plus grande introduction de tannin dans l'économie qui occasionne le mal de brou ? Je ne le pense pas. En effet, on donne aux animaux des aliments qui sont également fort riches en tannin et qui, néanmoins, n'occasionnent point d'accidents malgré la durée d'un tel régime. Citons d'abord les glands qui, dans les districts forestiers, en France et ailleurs, sont distribués à profusion, pendant plusieurs semaines, à tous les animaux, chevaux, bêtes d'engrais, porcs, et qui n'amènent jamais d'hématurie, mais produisent d'excellents effets. Les feuilles de vigne sont, parmi les organes foliacés, des plus riches en tannin ; de temps immémorial, on les récolte et on les conserve même en silos comme provision d'hiver pour le bétail. Qui a jamais constaté le mal de brou par suite de leur consommation ? Dans les pays scandinaves, dans le nord de la Russie et dans l'Asie septentrionale, spécialement parmi les tribus baskirs, on fait provision d'écorce de Bouleau, de Pin, de Sapin, d'Orme, de Mérisier, de Tilleul, de Saule, également d'une haute teneur en tannin, pour la nourriture des animaux pendant tout l'hiver et nul inconvénient, nul accident n'en résultent.

L'expérimentation, soit avec le tan, soit avec l'acide tannique tel que le fournissent les pharmaciens, n'a pas davantage démontré la nocivité de ces substances et la production d'accidents hémoglobinuriques. Gohier a exécuté, dans cet ordre d'idées, une expérience souvent citée. Il a fait prendre de grandes quantités d'écorce de Chêne à des chevaux qui en ont d'abord retiré de bons effets, puis ont fini par éprouver un arrêt de la digestion avec constipation opiniâtre, mais sans hématurie. Leur sang, loin d'avoir de la tendance à abandonner son hémoglobine, est devenu plus vermeil, plus coagulable et d'une putréfaction beaucoup plus lente.

D'autre part, les recherches de thérapeutique faites sur l'acide tannique employé aussi pur que possible, n'ont point décelé d'hématurie à la suite de son emploi longtemps soutenu.

Enfin, nous ajouterons que la consommation des feuilles de Chêne, de Frêne, etc. en été, en automne et en hiver, alors qu'elles contiennent du tannin en moins forte proportion qu'au printemps, c'est vrai, mais pourtant encore en quantité élevée, n'amène plus la maladie des bois. Dans la région montagneuse du sud-est et du centre, particulièrement dans les Hautes et les Basses-Alpes, la Lozère, l'Ardèche, la Haute-Loire, le Rhône, etc., on coupe en automne les rameaux feuillus des Chênes entretenus en têtards et l'on en nourrit fort longtemps les moutons sans accidents.

Si le tannin des écorces, des fruits, des feuilles estivales et automnales ne doit point être accusé, deux hypothèses se présentent : il existerait dans les *jeunes* feuilles, à côté du tannin, une substance vénéneuse, éphémère, qui disparaîtrait bientôt; ou le tannin lui-même serait sous un état spécial qui lui donnerait les propriétés malfaisantes qui viennent d'être décrites.

La première hypothèse est peu soutenable, car il serait assez singulier que ce poison ait échappé jusqu'à présent aux chimistes et aux botanistes qui ont étudié de très près les tannins. Nous ne la repousserons point d'une façon absolue, car il ne faut jamais engager l'avenir et nous ne pouvons prévoir ce que l'on découvrira ultérieurement, mais nous attendrons que des faits viennent l'appuyer.

Voyons la seconde. On admet aujourd'hui que les végétaux renferment le tannin sous forme d'un glucoside polygallique fort altérable. Les variétés en sont nombreuses, suivant les espèces végétales qui les fournissent; il est probable que, dans une même espèce, plusieurs de ces variétés, dérivant les unes des autres, apparaissent et disparaissent pour faire définitivement place à la variété spécifique. Il serait très utile que les chimistes étudiassent ce point en commençant leurs analyses dès le début du printemps. Le contrôle de l'histologie végétale ne serait point à dédaigner. On possède actuellement plusieurs bons réactifs qui pourraient fournir d'utiles indications : le perchlorure, qui colore en vert ou en bleu, suivant la nature du tannin ; le bichromate de potasse, qui forme un composé compact rouge brun ; la dissolution de molybdate d'ammoniaque dans une solution concentrée de chlorhydrate d'ammoniaque, qui colore les tannins en rouge et qui a l'avantage de permettre de distinguer les tannins glycosides de l'acide tannique, car un excès de chlorhydrate d'ammoniaque produit dans les premiers un volumineux précipité tandis que ce dernier reste coloré en rouge.

Ces variétés de tannin, très altérables comme il a été dit, peuvent subir des modifications dans l'économie et fournir soit des acides, soit des corps spéciaux comme la pyrocatéchine.

Or, de fort intéressantes recherches de M. G. Hayem ont montré que le sang des animaux soumis à l'action de l'acide pyrogallique et de la pyrocatéchine éprouve des modifications spéciales. Les hématies sont attaquées, une certaine proportion d'hémoglobine s'extravase. Il y a formation de méthémoglobine à la fois dans les globules rouges et dans le plasma et déglobulisation plus ou moins intense.

D'un autre côté, on a constaté que dans la fièvre hématurique et dans l'hémoglobinurie paroxystique, les urines renferment de la méthémoglobine.

Toutes ces notions ne concordent-elles pas pour nous faire admettre la possibilité d'un état particulier du tannin dans les jeunes tissus et la modification de ce tannin dans l'économie animale ?

Quoi qu'il en soit, l'agriculteur doit voir par ce qui précède, que si l'alimentation avec des feuilles récoltées en été et en automne ne soulève aucune objection parce qu'elle n'entraîne aucun inconvénient, il n'en est pas de même lorsque la dépaissance se fait au commencement du printemps et porte sur les bourgeons et les très jeunes feuilles. Le mieux sera de n'y point soumettre les animaux.

Avant de terminer, nous dirons que l'emploi de la sciure de bois de Chêne, comme litière, n'est pas à recommander ; elle fournit un fumier acide qui ne peut être employé utilement qu'après avoir été corrigé par les phosphates. On a accusé également cette litière d'attaquer à la longue le pis des vaches laitières et d'y occasionner des inflammations (Darbot).

Article II. — Phytolaccées et Polygonées.

I. — **Phytolaccées**. — Cette famille ne renferme que la seule espèce suivante qui nous intéresse : *Phytolacca decandra*, L. *Phytolaque à dix étamines*, vulgairement *Raisin d'Amérique, Herbe à la laque, Epinard doux, Michoacan du Canada* (fig. 15). Plante herbacée, vivace, à tige dressée, cannelée, de 1 à 3 mètres de haut, très riche en moelle et de teinte rougeâtre, comme les rameaux. Grandes feuilles alternes, ovales, à petite pointe calleuse. Fleurs petites, à longues grappes, à 10 étamines. Baies noirâtres, sillonnées à la surface et composées d'un assez grand nombre de carpelles.

Originaire de l'Amérique du Nord, le Phytolaque est depuis longtemps acclimaté en Europe, à tel point qu'on pourrait maintenant le croire spontané dans le midi.

Il renferme dans toutes ses parties un principe qui agit à la façon des purgatifs. On s'est servi, et l'on se sert peut-être encore, de ses baies pour colorer les vins, mais l'emploi doit en être prohibé à cause des dangers qui peuvent en résulter pour la santé des consommateurs de pareilles boissons. La prohibition a été édictée déjà en Portugal. On s'en sert en Allemagne comme colorant dans la pâtisserie et la confiserie; ce ne peut être non plus sans danger.

Dans le midi de la France, on a constaté l'empoisonnement du cheval et de l'âne par l'ingestion des feuilles du Phytolaque. Cette intoxication s'est présentée avec les caractères de la superpurgation. Baston a vu mourir promptement un chien auquel il avait administré de l'extrait de ce végétal.

L'étude chimique du principe toxique du *Ph. decandra* est à faire; pour le moment nous savons seulement que c'est un cathartique qui semble détruit par la cuisson et aussi par l'étiolement, car en Amérique, au moment où les bourgeons de cette plante sortent de terre, on les mange comme les asperges.

Une espèce voisine, le *P. dioïca*, devient un arbre dans le midi de l'Europe et en Afrique, c'est le *Belombra* des Algériens et des Niçois, la *Bella sombra* des Espagnols; il n'a jamais été mis en cause.

II. — **Polygonées**. — Plantes herbacées ou frutescentes, à tige quelquefois volubile, souvent noueuse, à feuilles simples, alternes, hastées, dont le pétiole est entouré d'une ochrea. Fleurs petites, de nuances diverses, généralement hermaphrodites, isolées ou réunies en épis, en grappes, en panicules, à périanthe herbacé ou pétaloïde formé de 3 à 6 lobes, étamines 4 à 10, le plus souvent 6 à 9, insérées à la base du périanthe et accompagnées ou non de petites glandes. Ovaire supère, uniloculaire, uniovulé, trigone ou comprimé à 2 ou 3 styles. Fruit indéhiscent, monosperme, trigone ou aplati, à péricarpe coriace. Albumen farineux.

D'assez nombreuses espèces de Polygonées se rencontrent dans les champs et les pâturages; il en est qui sont mangées avec plaisir par les bestiaux; d'autres

Fig. 15. — *Phytolacca*. — Phytolaque a dix étamines.
(Fleurs.)

comme le *Polygonum hydropiper*, L. *Renouée poivre d'eau* ou *Persicaire brûlante*, sont dédaignées de tous les animaux; quelques-unes sont refusées par une espèce et acceptées par d'autres, telles la *Bistorte*, *Polygonum*

Bistorta L. que le cheval ne mange pas, et la *Renouée amphibie, Polygonum amphibium*, que la vache refuse. La *Renouée Liseron, Polygonum convolvulus*, L. est quelquefois excessivement commune dans les moissons; sa tige volubile s'enroule après celle des céréales et ses graines, trigones, dures, à arêtes aiguës se mêlent au blé, à l'avoine, etc. M. Galtier a publié des faits qui prouvent qu'une avoine trop chargée en graines de Renouée peut occasionner, par un usage prolongé, une entérite plus ou moins grave, parfois mortelle, surtout quand elle est distribuée à des chevaux gloutons qui mâchent à peine leurs aliments.

Les Polygonées sont amères, riches en tannin, mais on ne leur connaît pas de principes vénéneux; aussi ne nous en occupons-nous ici que pour recommander de soumettre à un criblage convenable les avoines qui en renferment une forte proportion.

A. Le genre **Rumex**, très riche en espèces et en variétés, fournit des plantes qui sont peu recherchées des bestiaux. Parmi ces espèces, on doit signaler la suivante :

Rumex acetosella L. *Rumex petite oseille*. Herbe vivace, vulgairement appelée *Oseille de brebis*, à feuilles glabres pétiolées, à fleurs dioïques et rougeâtres, à valves intérieures du périanthe membraneuses, à valves extérieures dressées. Elle est commune dans les terrains sablonneux et sur le bord des chemins.

Les botanistes agricoles disent que la Petite oseille est mangée avec plaisir par les moutons, qu'elle peut préserver de la cachexie aqueuse. Mais quelques vétérinaires l'accusent de produire des intoxications chez le cheval et le mouton qui la broutent lorsqu'elle est à maturité et couverte de ses graines.

Sur le cheval, les symptômes ont d'abord, a-t-il été écrit, quelque ressemblance avec ceux de l'ivresse, c'est-à-dire démarche titubante, écartement des membres pour le soutien, facies anxieux, lèvres pendantes, ptyalisme, muqueuses cyanosées. Puis il y a des frémissements musculaires des fessiers et des scapulo-olécraniens, dilatation de la pupille, relâchement des sphincters, émission d'urine, pouls lent, faible, avec des intermittences de cinq en cinq minutes. Enfin, contraction convulsive des lèvres, rétraction de l'œil au fond de l'orbite, respiration accélérée, stertoreuse, dilatation extrême des naseaux, contracture tétanique des muscles de l'encolure, du dos et des membres, soubresauts convulsifs comme sous l'influence de décharges électriques, sueurs abondantes, chute sur le sol. L'animal se relève, reste quelque temps extrêmement abattu, puis la même série de symptômes recommence jusqu'à ce qu'il expire au milieu de convulsions finales (Michels). Tel est le tableau symptomatologique.

A l'autopsie, on a trouvé le sac droit de l'estomac très enflammé; ce fut la principale et à peu près la seule lésion.

Il n'a été émis jusqu'à présent que des hypothèses sur le principe vénéneux que renfermerait la Petite oseille. Sa recherche et son isolement restent encore l'une des tâches de la chimie; l'absence des documents que cette science pourra nous fournir un jour, nous oblige à nous tenir, jusqu'à nouvel ordre, dans une prudente réserve.

B. Le genre **Fagopyrum** doit nous arrêter et nous avons à considérer spécialement l'espèce *Fagopyrum vulgare*, Nees. (*F. esculentum* Mænch, *Polygonum fagopyrum* L.) *Sarrasin commun*. Elle est constituée par une plante annuelle, de taille très variable suivant la fertilité du sol et la saison, à tige rougeâtre, à feuilles cordées, aux fleurs blanches ou rosées, en grappes courtes, aux fruits trigones, noirs et lisses.

Cultivé dans les terrains maigres, le Sarrasin est parfois enfoui en vert ou pâturé par le bétail, mais le plus souvent il est récolté pour sa graine. Celle-ci est riche en farine et fournit un pain nutritif, mais d'une digestion difficile dont l'usage se restreint de plus en plus, même dans les pays pauvres. A part le peu de digestibilité de ce pain, on ne lui signale pas de propriétés spéciales.

Les fleurs, la paille et les graines provoquent sur les animaux qui les consomment une série de phénomènes congestifs assez singuliers. Les grains sont peu dangereux, la paille l'est davantage, mais ce sont surtout les sommités fleuries qu'il faut redouter.

La cuisson enlève aux *grains* leurs mauvaises propriétés et en les donnant aux porcs après cette préparation, l'engraissement est activé.

A l'état cru, les oiseaux de basse-cour en retirent les meilleurs effets, les femelles sont poussées à la ponte et on ne remarque pas d'accidents sur cette sorte d'animaux. Mais donnés aux chevaux de quelques grandes compagnies de transport, en mélange avec de l'avoine, ils ont occasionné des poussées congestives à la peau et des démangeaisons qui ont cessé quelque temps après la suspension de leur usage.

La *paille sèche* est la cause d'accidents plus graves et de symptômes singuliers, se manifestant le plus communément sur les moutons qui, plus que tous les autres animaux de la ferme, reçoivent cette paille comme nourriture et comme litière. La symptomatologie de cette intoxication a été fort bien tracée dans une communication de M. Moisant, vétérinaire à Chateaudun ; nous allons la reproduire :

Le 10 mars 18..., M. R..., cultivateur du canton d'Orgères (Eure-et-Loir), fit entrer de la paille sèche et battue de Sarrasin pour un quart dans la ration d'un troupeau composé de 400 bêtes ; 150 agneaux, placés dans une bergerie séparée, n'en reçurent pas. Ce régime fut continué jusqu'au 10 avril. Le troupeau vécut tout ce temps dans la bergerie, et aucun phénomène particulier ne fut remarqué. Peut-être en eût-il été ainsi quelques semaines encore si, pour enlever le fumier de la bergerie, M. R... n'eût pas fait séjourner dans la cour de sa ferme 80 brebis pendant trois heures. Sous l'influence de l'air extérieur, la tête et les oreilles de ces brebis devinrent énormes et le berger, ayant été leur donner à manger, resta stupéfait de les voir en cet état. Elles s'agitaient, bêlaient et cherchaient à se frotter la tête contre les murs, partout où elles pouvaient. Elles furent immédiatement rentrées et une heure après, à l'exception de 5 ou 6, elles fourrageaient avec appétit, l'engorgement de la tête et des oreilles se dissipait peu à peu et le lendemain il n'y avait plus que de la rougeur à la peau.

M. R... voulut voir alors si le même phénomène se reproduirait sur un lot de 75 bêtes plus jeunes, gaudines et antenaises, placées dans un autre compartiment de la bergerie, en les faisant également sortir et séjourner dans la cour. Au bout de deux heures, tout le cortège de symptômes observés la veille sur les autres apparut, se dissipa de même à la bergerie et trois jours après la rentrée de chaque lot, il ne restait aucun signe apparent de maladie.

M. R..., qui est doué d'une grande placidité de caractère, ne s'émut pas davantage de cet accident qu'il croyait tout à fait éphémère ; mais le 15 avril, ayant envoyé tout son troupeau au pâturage, les mêmes phénomènes se reproduisirent avec une égale intensité. Un ancien berger, consulté alors, diagnostiqua la clavelée. M. R..., ne connaissant pas cette grave maladie, même de nom, conserva son calme habituel et, en persistant à faire séjourner son troupeau au dehors, il eut bientôt la satisfaction de voir disparaître les signes les plus saillants du mal inconnu. Du 24 avril au 18 mai tout sembla rentré dans l'ordre accoutumé.

A cette dernière date, notre cultivateur, ayant fait tondre son troupeau, s'aperçut que les bêtes, dépouillées de leur laine, ne pouvaient plus rester à l'air libre sans bêler, s'agiter, lever la tête et se précipiter à chaque instant du côté de la bergerie. La tête, les oreilles surtout, la vulve, étaient rouges et tuméfiées et la peau de tout le corps participait plus ou moins, selon les places, à cet état congestionnel. Les brebis étaient comme folles, selon l'expression du berger.

Cette fois M. R..., tout à fait alarmé, vint me prier d'accompagner chez lui mon excellent confrère et ami M. G... de B..., son vétérinaire habituel. Notre première question à l'un et à l'autre, une fois en possession des renseignements qui précèdent, fut de lui demander si son troupeau n'avait pas mangé de Sarrasin. Aussi, après sa réponse affirmative, nous rendîmes-nous à sa ferme bien fixés sur la nature de la maladie, d'autant mieux que les 150 agneaux auxquels il n'avait pas été donné de Sarrasin n'avaient rien éprouvé et étaient les seuls qui n'eussent rien éprouvé. Ce fait que M. R... ne s'expliquait pas avant de nous avoir consultés, le fixa à son tour sur la cause des accidents qu'il remarquait.

Le troupeau nous fut présenté à la bergerie dont on ne l'avait pas fait sortir depuis vingt-quatre heures. A part un peu d'épaississement et de rougeur à la peau des oreilles, un peu plus d'excitabilité et de bêlements qui ne pouvaient frapper d'ailleurs que des gens prévenus, on ne constatait rien d'anormal; les bêtes mangeaient avec appétit et avaient un embonpoint ordinaire. Après ce premier examen nous les fîmes sortir et conduire en deux bandes séparées sur des terrains en friche qui avoisinent la ferme ; pendant cinq à six minutes elles se mirent à brouter l'herbe comme en bonne santé, puis elles commencèrent à s'agiter, à lever la tête, à bêler; les oreilles et la vulve se tuméfiaient visiblement, les pauvres bêtes se campaient comme pour uriner et elles allongeaient les membres jusqu'à ce qu'elles tombassent étendues sur le sol ; elles se relevaient aussitôt, puis toutes cherchaient à se précipiter du côté de la bergerie, et lorsque, malgré les hommes et les chiens qui veillaient à les en empêcher, elles pouvaient se frayer un passage, elles y couraient de toutes leurs forces. Une fois rentrées, l'agitation persistait pendant un certain temps, une demi-heure, trois quarts d'heure, puis progressivement, tout rentrait dans l'état précédemment indiqué.

Les *sommités fleuries* occasionnent des accidents du même genre mais dont la terminaison est parfois mortelle. On les a signalés chez le bœuf, le mouton, le porc et le lapin.

Des chasseurs prétendent que le lièvre, levé dans une pièce de Sarrasin en pleine floraison, devient facilement la proie du chien qui le poursuit, car il chancelle comme s'il était en état d'ébriété et oublie ses ruses habituelles pour dépister ses ennemis.

Les porcs qui s'échappent dans un champ de Sarrasin en fleurs ou que l'on y conduit volontairement, ne tardent pas à présenter des symptômes qui rappellent les phases de l'ivresse alcoolique : agitation, grognements, sorte de délire furieux qui les fait se battre entre eux, se précipiter sur les chiens et sur les bergers, puis titubation marquée, agitation en rond, chute et frottement sur la terre, enfin coma et sommeil profond.

Sur les moutons, la phase d'agitation et de délire est plus courte, moins nette, mais la titubation, l'incoordination des mouvements, la marche sur les boulets et enfin la chute sur le sol arrivent rapidement. Ces signes s'accompagnent de bouffissure de la tête, sorte d'anasarque à marche rapide, de congestion et de larmoiement des yeux, d'écoulement clair par les narines et d'augmentation de la salivation.

Les bœufs présentent des symptômes analogues à ceux du mouton. On les voit trébucher, puis tomber lourdement sur le sol ; la bouffissure de la tête ne se montre pas toujours, il peut arriver que la congestion se fasse sur les centres nerveux et la mort, dans ce cas, termine la scène. Les bêtes bovines sont moins sensibles que les moutons à l'action des fleurs de Sarrasin et il faut l'ingestion de quantités élevées de sommités fleuries pour déterminer les accidents en question. On les a observés de préférence quand ces sommités étaient distribuées à l'étable et que les animaux sortaient ensuite au grand air.

Il est à peine besoin de dire que, dans des cas analogues à ceux rapportés ici, une seule chose est à faire pour arrêter le mal : supprimer la cause, c'est-à-dire le pâturage dans les champs de Sarrasin.

La paille et le grain du Sarrasin ont été l'objet d'analyses chimiques fort consciencieuses de la part de plusieurs savants, notamment de M. Lechartier, de Rennes. Aucun d'entre eux n'a signalé jusqu'à présent la présence d'un principe auquel nous puissions attribuer les faits signalés. Si nous avions à risquer une hypothèse et à faire un rapprochement, en attendant de nouvelles études chimiques sur ce point, nous rapprocherions les effets du Sarrasin de ceux que produisent sur l'homme le Chanvre des pays méridionaux et particulièrement le *Cannabis indica*. L'ivresse, les hallucinations et le narcotisme produits par le haschish ont avec les effets du Sarrasin en fleurs plusieurs points de contact.

Nous ignorons si le *F. Tartaricum* et le *F. cymosum* possèdent les propriétés du Sarrasin ordinaire et si des accidents doivent leur être attribués.

Article III. — Aristolochiées, Thyméléacées et Loranthacées.

I. — **Aristolochiées.** — La famille des Aristolochiées est constituée par des plantes vivaces, herbacées, par-

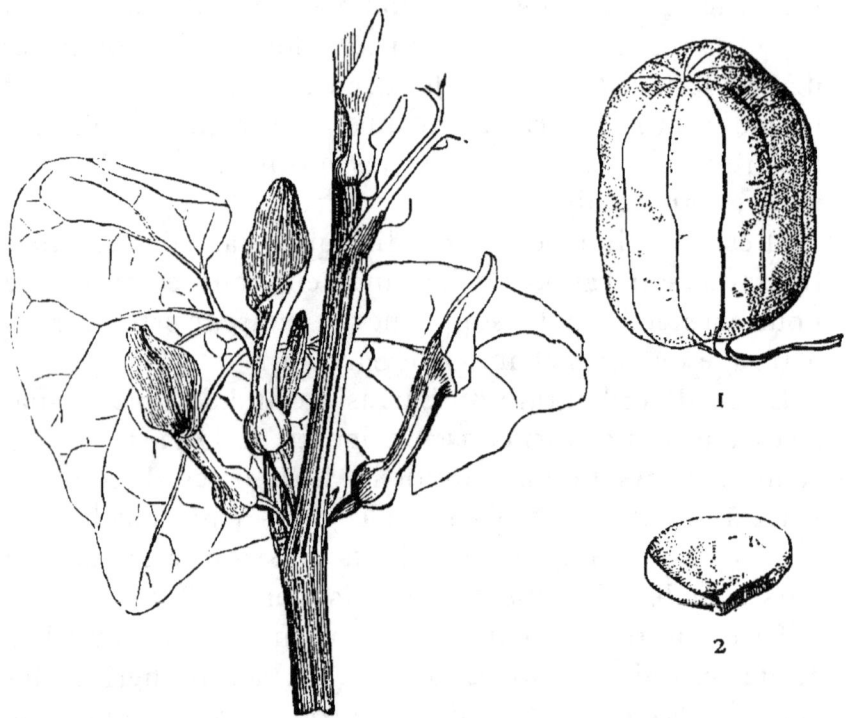

Fig. 16. — *Aristolochia clematitis*. — Aristoloche clématite.
1. Fruit. — 2. Graine.

fois grimpantes, aux fleurs bizarres et aux fruits capsulaires. L'espèce suivante nous intéresse spécialement :
Aristolochia clematitis, L. (*Aristoloche clématite*) (fig. 16). Herbe de 0,60 à 0,80 centim. de taille, avec une ou plusieurs tiges dressées glabres, à feuilles cordiformes, entières et alternes. Fleurs jaune clair, à pé-

rianthe longuement tubuleux, prolongé inférieurement en une lèvre unique; capsule pyriforme; souche traçante et profonde.

Elle se trouve dans les lieux ombragés, pierreux, dans les interstices des chaussées d'endiguement, dans les buissons, les vignes et parfois les luzernes. Cette plante est généralement citée comme un bel exemple de fécondation par les insectes.

Dans les campagnes, on la désigne sous les noms vulgaires de *Sarrazine, Ratelaire, Pomme rasse, Poison de terre*. La racine de l'Aristoloche était employée dans l'ancienne médecine, mais elle est abandonnée aujourd'hui, à tort peut-être.

On n'a point enregistré d'accidents arrivés à l'homme par son usage; on ne voit pas d'ailleurs ce qui pourrait l'engager à y toucher. En raison de l'odeur vireuse qu'elle dégage, les bestiaux la prennent rarement au pâturage, mais quand elle se trouve mêlée à d'autres fourrages, elle est mangée et il a été remarqué que, prise à petites doses pendant quelque temps, elle communique au lait une saveur désagréable.

Ingérée en quantités plus fortes, elle occasionne une véritable intoxication. Jeannin, ancien vétérinaire au dépôt de remonte d'Arles, a relaté l'empoisonnement de cinq chevaux qui recevaient une luzerne contenant l'énorme proportion de 1 kilog. 100 gr. d'Aristoloche clématite par 7 kilog. de luzerne. Voici, d'après cet observateur, les symptômes présentés par les malades : « A ma première visite je constatai une espèce d'immobilité générale, de la torpeur, un état voisin de l'ivresse, la démarche incertaine; l'un des malades chancelait et traînait avec peine son train de derrière. Le pouls avait acquis de l'ampleur, de la vitesse, de la force et de la dureté. Des soubresauts, des spasmes, des convulsions légères se manifestaient dans diverses régions du corps pendant les somnolences longues, comateuses, qui avaient lieu. La pupille était dilatée, la vision obscurcie. Anorexie. Un peu plus tard, constipation opiniâtre, émission fréquente d'urine, spasme génital. La convalescence fut très longue. »

Chevalier et plus tard Walz ont extrait de la racine d'Aristoloche un principe amer, jaune, insoluble dans l'éther, soluble dans l'alcool, dans 50 parties d'eau chaude et 200 d'eau bouillante, auquel ils ont donné le nom d'*Aristolochine*. Walz lui attribue la formule $C^3 H^{10} O^6$. A côté de l'aristolochine, ce chimiste a encore obtenu l'*acide aristolochique* et l'*essence d'aristoloche*.

Il est probable que c'est à l'aristolochine qu'il faut attribuer les effets constatés chez les chevaux dont il vient d'être parlé.

L'agriculteur devra détruire l'Aristoloche quand elle apparaîtra dans ses prairies permanentes où temporaires.

Les autres espèces d'Aristoloches indigènes : *A. rotunda, A. longa, A pistolochia*, sont âcres comme l'Aristoloche clématite et occasionneraient probablement les mêmes accidents. Il sera bon d'être en garde également vis-à-vis de l'*A. Sipho,* plante américaine acclimatée maintenant chez nous et communément utilisée pour ombrager les tonnelles et les berceaux dans les jardins.

Les Aristoloches exotiques sont nombreuses et à peu près toutes fort vénéneuses. Il en est une qui est particulièrement bien connue des colons des Antilles, c'est l'*A. grandiflora* Sw. qu'ils appellent vulgairement *Tue-cochon* et *Viande à cochon empoisonnée* pour indiquer son action malfaisante sur cet animal.

II. — **Thyméléacées**. — Cette famille, constituée principalement par des arbustes, nous intéresse spécialement par le genre **Daphne**. Plusieurs espèces se rencontrent dans ce groupe, toutes sont vénéneuses. Nous allons prendre comme type celle qui a été le plus souvent citée à cause des accidents qu'elle a occasionnés.

Daphne Mezereum, L. (*Bois-Joli*), (fig. 17). Petit arbuste de 50 à 90 centim. encore appelé *Bois-gentil*, *Faux-Garou* et *Lauréole gentille*, à feuilles lancéolées, glabres, pâles en dessous, apparaissant après les fleurs. Celles-ci sont roses, sessiles, odorantes, disposées latéralement le long des rameaux en un faux épi couronné de jeunes feuilles ou d'un bourgeon, accompagnées de bractées, hermaphrodites, à 8 étamines. Le fruit est une baie ovoïde, d'un beau rouge à la maturité.

Le Bois-joli croit spontanément dans les forêts de montagnes et on le cultive dans les jardins pour la beauté de ses fleurs très printanières.

Toutes les parties du Daphné sont âcres et vénéneuses, mais les fruits ont occasionné le plus d'accidents, car ils sont une tentation pour les enfants qui parfois les ont mangés et en ont très vivement ressenti les effets.

La dessiccation n'enlève pas au Daphné ses propriétés vénéneuses. L'écorce appliquée sur la peau agit à la façon des vésicants et la thérapeutique l'emploie dans ce sens. Si l'on mâche une partie quelconque de ce végétal, on éprouve à la bouche, à la langue et au palais, une sensation de brûlure et si la quantité ingérée a été suffisante, il y a empoisonnement, dont les symptômes sont ceux des narcotiques combinés aux drastiques. Un quart d'heure à 20 minutes après l'ingestion de baies, par exemple, il y a de la prostration, du malaise, de l'hébétude. Un peu plus tard, se montrent des frissons, de la pâleur, il y a perte de la connaissance, dilatation des pupilles en même temps qu'insensibilité à la lumière.

Tuméfaction des muqueuses buccale et labiale; coliques et quelquefois nausées. Si la quantité ingérée n'est

Fig. 17. — *Daphne Mezereum*. — Bois-Joli.

pas suffisante pour amener la mort, il y a généralement une amélioration marquée après d'abondantes évacuations, néanmoins l'assoupissement persiste quelque temps encore.

Si le dénouement doit être fatal, les douleurs intestinales deviennent d'une violence extrême, il y a dysenterie et évacuations de débris de la muqueuse intestinale en même temps que convulsions musculaires, cardialgie, troubles respiratoires et circulatoires; la mort arrive au milieu de souffrances atroces.

Il ne faut guère qu'une douzaine de baies pour empoisonner un enfant.

Le Bois-joli est tellement âcre que les bestiaux qui ont commencé à le brouter s'arrêtent promptement et s'empoisonnent très rarement. On fait usage de son écorce en médecine vétérinaire à titre de séton et de trochisque, spécialement pour le bœuf.

Gmelin et Baer ont extrait de cette écorce un corps que Vauquelin avait précédemment retiré du *D. alpina* et qui a été appelé *daphnine;* sa formule est $C^{31}H^{34}O^{19}+2H^2O$.

La daphnine a une saveur amère, astringente, elle est insoluble dans l'éther, peu soluble dans l'eau froide, davantage dans l'eau chaude et très soluble dans l'alcool chaud. Elle cristallise en prismes triangulaires ou en aiguilles enchevêtrées. Traitée par l'acide sulfurique, elle se dédouble en glucose et en *daphnétine* $C^{19}H^{14}O^9$.

Il paraît que ce n'est ni la daphnine ni la daphnétine qui communiquent au Bois-gentil ses propriétés vénéneuses, ce serait l'*Ombelliférone* $C^9H^6O^3$. Ce corps a été extrait par Zwenger de l'écorce du *D. mezereum* puis de la racine de plusieurs Ombellifères. Il s'obtient en fines aiguilles incolores, à peine solubles dans l'eau froide, mais très solubles dans l'alcool. La potasse le dissout également sans l'altérer à froid, mais vers 60-70 degrés, elle le transforme en *acide ombelliféronique*.

Casselmann a isolé des graines du Bois-joli une autre substance cristallisée, à laquelle il a imposé la formule $CO^2K^2 (AzO^2)$, $4AzH^3$ et le nom de *Coccognine*.

Tout ce qui vient d'être dit du *D. mezereum* s'applique aux autres espèces indigènes de Daphnoïdées, notamment au *D. laureola* ou *Laurier des bois*, au *D. Gnidium* ou *Garou, Sain-Bois*, au *D. cneorum* ou *Daphné odorant* et au *D. alpina* ou *Tymelée des Alpes*.

Leurs propriétés vénéneuses sont les mêmes et on a extrait aussi de leurs graines, de leur racine ou de leur écorce, des principes identiques.

III. — **Loranthacées**. — Cette petite famille n'a qu'une espèce que nous devions signaler, *Viscum album*. L. ou *Gui à fruits blancs*.

Le Gui est une plante parasite commune ; elle n'était pas rare autrefois, paraît-il, sur les Chênes, aujourd'hui nous la trouvons surtout sur les branches des Poiriers, des Peupliers, des Pommiers et des Saules. Tige polychotome, rameaux articulés, feuilles opposées, charnues, formant touffe ; fleurs jaune-verdâtre, dioïques, les mâles sans corolle, à 4 étamines, les femelles à périanthe double. Le fruit est une baie blanche, presque transparente, ressemblant à la groseille à grappes, renfermant une matière visqueuse propre à faire la glu.

Le Gui est parfois très abondant dans les vergers et dans les pays de pommes à cidre, on l'enlève avec soin car il épuise l'arbre sur lequel il végète. Il est des Pommiers qui portent jusqu'à 20 kilog. de touffes de Gui.

Il était tout naturel de songer à donner ces touffes vertes et suffisamment tendres pour être broutées, aux animaux, particulièrement aux ruminants qui les mangent avec plaisir. C'est d'une pratique courante dans quelques pays.

Il ne semble pas que les feuilles et les tiges du Gui soient vénéneuses, mais si elles sont accompagnées de baies, celles-ci rendent l'alimentation dangereuse et il a été signalé un empoisonnement d'animaux dans ces circonstances.

Les enfants n'ont point manqué de cueillir et de manger les baies du Gui. Un médecin anglais, le docteur Dixon, a relaté l'empoisonnement d'un petit garçon auquel il fut appelé à donner ses soins. La première impression de ce médecin fut que l'enfant était sous l'influence de l'alcool. Il avait les lèvres livides, les conjonctives injectées, les pupilles dilatées et immobiles, le pouls lent et plein, la température normale, la respiration ralentie et stertoreuse, du coma et des hallucinations. L'administration d'un vomitif permit de constater que cet enfant n'avait ingéré ni vin, ni bière, ni aucune boisson alcoolique, mais il rendit huit baies de Gui, incomplètement mâchées et les débris de plusieurs autres mieux triturées.

Rappelons ici que les traditions populaires attribuaient au Gui des propriétés antispasmodiques et antiépileptiques. L'étude chimique de son principe vénéneux est à faire et celle de l'empoisonnement est à contrôler expérimentalement.

Article IV. — Euphorbiacées.

La famille des Euphorbiacées, d'une connaissance très importante au point de vue spécial où nous sommes placés, est constituée par des végétaux herbacés, des arbustes et des arbres.

Les feuilles sont alternes, entières ou dentées; les

fleurs unisexuées, monoïques ou dioïques sont à périanthe nul ou très petit et ordinairement à 3, 5 folioles distinctes ou soudées entre elles par la base. Dans les fleurs mâles, les étamines sont en nombre variable, égal à celui des divisions du périanthe ou en nombre inférieur et quelquefois réduites à une seule. Dans les fleurs femelles, on trouve un ovaire sessile, à 3 ou à 2 loges uni ou biovulées et autant de styles que de carpelles, libres ou soudés sur une certaine longueur. Fruit capsulaire se séparant en coques égales comme nombre aux carpelles; quelquefois il est charnu. Une ou deux graines par loge, à test crustacé.

Les Euphorbiacées renferment un latex abondant, de couleur blanche et plus ou moins âcre.

Quatre genres indigènes : Euphorbe, Mercuriale, Ricin et Buis, doivent retenir notre attention. Pour des raisons qui seront déduites plus loin, nous devrons aussi dire quelques mots de plusieurs genres exotiques.

I. — **Euphorbia**. L. (**Euphorbe**). — Les plantes de ce genre sont désignées fréquemment sous l'appellation de Tithymales; elles sont nombreuses en espèces qui toutes, bien qu'à des degrés divers, sont âcres et vénéneuses. L'*E. lathyris* va être prise comme type pour la description des symptômes de l'empoisonnement qu'elles provoquent.

A. *Euphorbia Lathyris*. L. L'*Euphorbe épurge*, vulg. *Épurge* (fig. 17), est une plante herbacée, bisannuelle, à tige rigide de 60 centimètres à 1 mètre, à feuilles opposées par paires et en croix, lancéolées, à grande ombelle et à larges bractées à « involucre caliciforme, enfermant plusieurs fleurs mâles monandres et une fleur femelle centrale simulant par conséquent une fleur hermaphrodite » (Vesque). Grosse capsule, graines brunâtres et ovoïdes. On la trouve sur la lisière des chemins et des sentiers, dans les jardins et les vignes.

Son latex est âcre et vénéneux ; ses graines contiennent une huile extrêmement purgative.

La dessiccation affaiblit les propriétés nocives de l'Euphorbe, mais ne les détruit point entièrement.

L'homme est assez fréquemment intoxiqué ; à la campagne, il n'est point rare de voir les paysans avaler quelques grains de cette plante dans l'intention de se purger, dépasser la dose thérapeutique et être victimes de leur imprudence.

Les bestiaux n'y touchent guère que quand elle est fort jeune, plus tard ils la refusent ; on a pourtant rapporté des cas d'empoisonnement. La chèvre, plus que tous les autres animaux, peut s'en nourrir.

Il a été signalé des intoxications que j'appellerai indirectes. On a vu des chèvres qui avaient mangé de l'Euphorbe fournir un lait qui s'est révélé par des propriétés toxiques vis-à-vis des personnes qui l'ont consommé. Des médecins ont publié des relations desquelles il résulte que la consommation d'escargots, ramassés dans des haies où l'Épurge croissait en abondance, a amené une série de symptômes rappelant ceux de l'empoisonnement par la plante elle-même sans que, d'ailleurs, on ait déterminé si la chair des mollusques incriminés était nuisible par imprégnation du principe vénéneux ou si des débris d'Euphorbe n'étaient point restés dans leur corps par suite d'un nettoyage insuffisant.

Symptomatologie. — Le suc des Euphorbes appliqué sur la peau agit comme irritant et vésicant. Ingéré, son action sur les muqueuses commence par être la même ; la muqueuse de l'arrière-bouche est spécialement atteinte. Les mêmes effets se produisent par la mastication et l'ingestion des graines.

Trois quarts d'heure à 2 heures et même plus, après

Fig. 17. — *Euphorbia Lathyris*. L. — Euphorbe épurge.

ces premiers phénomènes, arrivent des vomissements fort pénibles, suivis d'évacuations diarrhéiques, le tout avec abaissement de la température. Si la quantité ingérée a été suffisante, apparaissent aussi des phénomènes nerveux, vertiges, délire, secousses musculaires, troubles respiratoires et circulatoires, qui disparaissent après d'abondantes sueurs quand l'empoisonnement n'est pas mortel. S'il l'est, ce sont les phénomènes de superpurgation et d'entérite violentes qui dominent la scène, mais toujours accompagnés de symptômes nerveux et de désordres circulatoires.

A l'autopsie, on trouve les lésions des gastro-entérites intenses.

La dose de suc, pas plus que celle de graines, nécessaire pour amener des empoisonnements mortels, n'a pas encore été déterminée rigoureusement. Dans les ouvrages de Pharmacologie, on enseigne que 6 à 12 graines suffisent pour amener la purgation, mais quelques essais de MM. Sudour et Caraven-Cachen ont fait voir que l'ingestion de 2 graines seulement, avec mastication prolongée, suffit pour déterminer le vomissement. Il y a d'ailleurs de grandes variations dans la répartition du principe vénéneux dans les diverses parties de la plante et même dans les graines.

Ce principe vénéneux qui agit, nous venons de le voir, comme vésicant, vomitif, drastique et convulsivant, est fort mal connu. La chimie a extrait d'une même Euphorbe plusieurs résines d'une composition et de propriétés différentes. L'une que l'alcool épuise à froid, se présente en une masse rouge brun et a pour formule $C^{20}H^{30}O^3$; une autre, soluble dans l'alcool bouillant, se dépose en cristaux indistincts et correspond à $C^{20}H^{32}O^2$; une troisième enfin serait soluble dans les alcalis.

Chacune de ces résines agit-elle d'une façon complexe sur l'économie animale et produit-elle une association d'effets différents, ou est-ce par leur réunion naturelle dans la plante qu'elles produisent les effets multiples qu'on observe? La seconde hypothèse paraît la plus probable, mais des recherches sont à faire pour la confirmer ou l'infirmer.

B. Les propriétés qu'on vient de reconnaître à l'*E. lathyris* se retrouvent dans les principales espèces indigènes. Nous citerons d'une façon particulière :

E. sylvatica, E. esula, E. cyparissias, E. characias, E. peplus, E. verrucosa, E. palustris, E. helioscopia et *E. Gerardiana*.

En dépouillant les revues spéciales, on trouve la relation d'empoisonnements occasionnés sur l'espèce humaine et sur le bétail par ces diverses formes végétales. Après ce qui vient d'être exposé pour l'Epurge, ce serait tomber dans des redites que de faire l'histoire distincte de ces accidents dont la symptomatologie varie peu. Nous dirons seulement que les agriculteurs ont grandement raison de qualifier toutes les Euphorbes de « mauvaises herbes » et de les détruire.

Parmi les espèces exotiques du genre Euphorbe, nous citerons *E. canariensis, E. abyssinica* et *E. cotinifolia* dont les sucs sont fort vénéneux.

II. — **Mercurialis**. Tournef. (**Mercuriale**). — Ce genre renferme quatre espèces indigènes douées de propriétés vénéneuses. Nous allons choisir comme type la plus répandue et la plus souvent citée.

A. *Mercurialis annua*. L. La *Mercuriale annuelle*, vulgairement désignée sous les noms de *Foirole, Foirande, Blé foiroux, Leuzette, Ortie morte, Chenevière sauvage, Vignette, Marquois, Ramberge, Cagarette, Vignoble*, selon les localités, est une herbe glabre, de petite taille, à tige dressée et anguleuse, à feuilles opposées ovales, dentées, vert clair, à fleurs dioïques. Les mâles, (fig. 18 *bis*), sont en glomérules sur un ou plusieurs pédoncules communs, plus longs que la feuille. Les femelles, (fig. 18) sont solitaires ou en petit nombre à l'aisselle

Fig. 18. — *Mercurialis annua.*
Plante femelle.

des feuilles et à pédoncules très courts. Le fruit est une capsule arrondie, didyme, hérissée de petits aiguillons verts et de poils blancs.

La Mercuriale annuelle croît avec une grande abondance dans les jardins, les friches, le bord des chemins, les jeunes luzernières, les décombres. Quoique apparte-

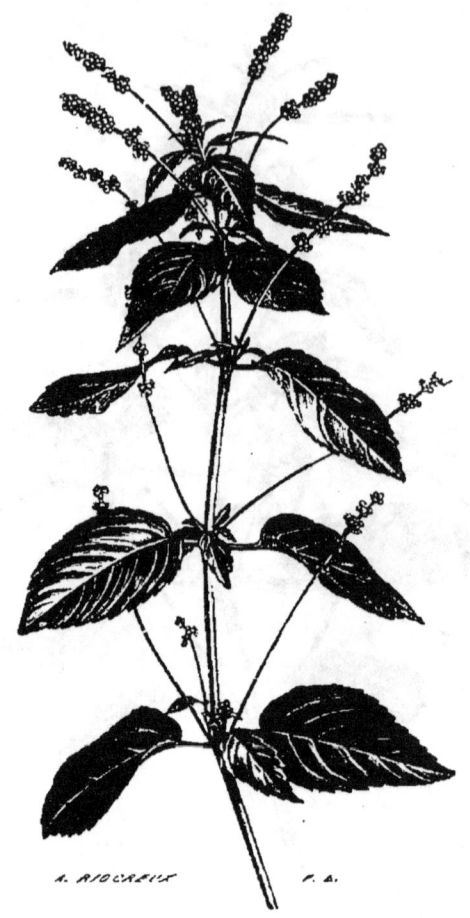

Fig. 18 *bis*. — Mercuriale annuelle.
Plante mâle.

nant à la famille des Euphorbiacées, elle n'a pas de latex, mais elle est très aqueuse et contient un suc vénéneux.

Elle exhale une odeur désagréable qui fait que les bestiaux la prennent rarement dans les champs, mais ils l'acceptent lorsque, nourris à l'écurie, on la leur donne mélangée à d'autres plantes ; les empoisonnements se constatent surtout dans les très petites exploitations rurales, où l'on utilise, pour la nourriture de quelques têtes de bétail, les sarclures de jardin, les herbes ramassées de tous côtés. J'ai eu l'occasion d'en observer un cas sur les chevaux d'un fermier qui faisait consommer la première coupe d'une luzerne où cette plante dominait.

Dans l'espèce humaine, les intoxications, très rares d'ailleurs, sont toujours le résultat de l'emploi médical de la Mercuriale. En effet, de temps immémorial, elle fait partie de l'arsenal thérapeutique populaire et les anciens, connaissant sa dioïcité, mais prenant la fleur femelle pour le pied mâle et inversement, comme on le fait encore dans nos campagnes pour le Chanvre, lui attribuaient une influence marquée sur le sexe du fœtus, de là le qualificatif de παρθένιον qu'ils lui donnaient. Elle était employée dans toutes les maladies des femmes, dans les hydropisies, les fièvres intermittentes. Aujourd'hui on s'en sert encore à la campagne à titre de purgatif. On comprend que l'usage de cette plante dont on buvait le suc, qu'on appliquait en pessaires, etc., ait pu amener quelques accidents. S'ils n'ont point été plus nombreux, c'est que, fort heureusement, la dessiccation et la cuisson détruisent les propriétés vénéneuses de la Mercuriale, à tel point qu'on peut s'en servir alors et qu'on l'utilise comme aliment dans quelques régions de l'Allemagne. Nous l'avons vu employer sans inconvénients dans quelques fermes de l'Est de la France, après cuisson, pour la nourriture du porc.

Les observations recueillies par les médecins sur les effets de la Mercuriale ne permettent pas de savoir exactement à quoi s'en tenir, puisqu'ils les qualifient tour à tour de diurétiques, d'emménanogues, de purgatifs et même d'hypnotiques. Les relations des vétérinaires appelés à donner leurs soins aux animaux domestiques empoisonnés, débrouillent la question en partie, mais elles présentent une lacune, elles ne renseignent pas sur la quantité de Mercuriale nécessaire pour amener un empoisonnement mortel. Toutefois, elles nous apprennent que son principe vénéneux s'accumule dans l'organisme, car c'est généralement au bout de sept, huit, dix jours d'une alimentation où elle entre pour partie que les symptômes d'intoxication apparaissent.

Elle porte son action sur le tube digestif et sur l'appareil urinaire : il y a indigestion avec léger ballonnement, puis surviennent des coliques d'intensité variable ; diarrhée au début pouvant faire place à de la constipation dans la suite. Un autre symptôme de cet empoisonnement est l'hématurie. La miction est fréquente, douloureuse, et l'urine rendue est noirâtre, sanguinolente.

Comme signes accessoires et consécutifs aux précédents, il y a de la tristesse, de l'inappétence, une faiblesse en rapport avec la durée de la maladie et du jeûne, qui se traduit par la conservation obstinée de la position décubitale ; le cœur bat très fort, le pouls est vite, ample, et la muqueuse oculaire rouge-jaunâtre ; la respiration ne semble pas modifiée.

L'autopsie montre les lésions de la gastro-entérite et de la néphrite.

M. Schultz a étudié expérimentalement l'action de la *M. perennis* sur des porcs et des lapins. Nous verrons tout à l'heure que le principe actif de cette plante est le même que celui de la *M. annua*, nous pouvons donc intercaler ici le résultat des recherches du savant allemand.

Chez le porc, les injections hypodermiques d'extrait de Mercuriale ont provoqué des tremblements, des frissons, de l'injection de la peau, des éructations, puis une polyurie manifeste qui persista pendant 24 heures; en outre, il y eut des selles diarrhéiques.

La consommation de fourrage renfermant de la Mercuriale amena chez le porc la même polyurie.

Sur les lapins, l'expérience a donné comme résultats constants, de la rétention d'urine avec distension de la vessie, c'est-à-dire des effets en apparence manifestement opposés à ceux recueillis sur le porc.

De ces recherches, M. Schultz conclut que la Mercuriale contient un principe qui exerce sur les plans musculaires de la vessie une action paralysatrice à certaine dose ou chez quelques espèces et tétanisante dans d'autres circonstances.

Quel est ce principe? M. E. Reichhardt a extrait des tiges et des semences de *M. annua* et *M. perennis* une base volatile, constituée par un liquide incolore, huileux, alcalin, se résinifiant facilement à l'air, d'une odeur rappelant celle de la nicotine, provoquant le larmoiement, paraissant très narcotique et bouillant vers 140°. Il lui a donné le nom de *mercurialine* et indiqué CH^5Az comme sa formule; elle serait donc un isomère de la méthylamine.

Il est réservé à l'avenir de nous apprendre si la mercurialine est un corps unique et si c'est le seul principe qui rend les Mercuriales vénéneuses.

La viande des bœufs et moutons empoisonnés par la Mercuriale peut-elle être livrée sans dangers à la consommation ? *A priori*, une réponse affirmative semble s'imposer; puisqu'il a été dit que la cuisson détruit le principe vénéneux dans la plante, elle doit aussi le détruire s'il s'est accumulé en quelque partie de l'organisme.

Mais l'expérience a été faite et nous savons par M. Jouquan qu'aux environs de Vitré, une vache empoisonnée par la Mercuriale et abattue alors que tout espoir de la sauver était perdu, fut consommée sans « qu'aucun mauvais effet pour personne » ait pu être noté.

Si la mercurialine était employée dans un but criminel, le toxicologiste chargé de la recherche du poison sur le cadavre ne devrait pas oublier sa facile destruction et agir ici comme vis-à-vis de tous les dérivés ammoniacaux volatils.

B. Le genre Mercuriale renferme encore d'autres espèces. Citons d'abord *M. perennis*, L. *Mercuriale vivace*, *Mercuriale sauvage*, *Chou de chien*, comme on l'appelle encore. Plus riche peut-être que la précédente en principe vénéneux, elle a été signalée depuis bien longtemps comme susceptible d'empoisonner le bétail et notamment les moutons.

Si les espèces *M. tomentosa* L. et *M. ambigua* sont plus rares et font surtout partie de la flore méditerranéenne, elles appellent néanmoins les mêmes réflexions que les précédentes ; ce sont, comme elles, des plantes à détruire.

III. — **Buxus**. Tournef. (**Buis**).

Buxus sempervirens. — L. *Buis toujours vert* et plus simplement *Buis*. Arbrisseau à tige tortueuse, d'un bois jaunâtre, très dur, végétant de préférence dans les terrains calcaires et d'une taille très variable, plus élevée dans les pays méridionaux que dans les contrées du nord. Ses feuilles sont persistantes, parcheminées, luisantes, opposées et entières. Fleurs monoïques, très petites, verdâtres, hibernales. Les fleurs mâles ont 4 étamines avec périanthe porteur d'une seule bractée, les fleurs femelles ont un périanthe à 3 bractées, un ovaire à trois styles courts. Le fruit est une capsule à 3 loges dispermes.

Toutes les parties du Buis ont une odeur désagréable et une saveur détestable. Sous l'influence des soins qui ont été donnés à cet arbrisseau, fréquemment employé comme ornement dans les jardins et les parcs, il s'est formé plusieurs variétés telles que le *B. nain*, le *B. à bordures*, le *B. à feuilles étroites*, le *B. à feuilles de romarin*, le *B. à feuilles de myrte*. Les propriétés toxiques de ces variétés étant celles du type, nous les négligerons pour ne parler ici que du *B. sempervirens*.

Le Buis a occasionné des empoisonnements sur l'homme et les animaux. Pour l'espèce humaine, les accidents ont été causés par l'emploi frauduleux du Buis dans certaines industries à la place d'autres produits. La substitution la plus commune est celle des feuilles de cet arbrisseau en remplacement du houblon dans la fabrication de la bière. Une autre supercherie consiste à mêler ses feuilles à celles du séné. La bière ainsi sophistiquée est malfaisante en proportion de la quantité de Buis qui a servi à sa fabrication et l'emploi thérapeutique d'un séné falsifié n'est point sans dangers.

Les animaux peuvent s'empoisonner spontanément en broutant les touffes de cet arbrisseau. De pareils accidents ont été observés dans les pays arides où les animaux ne trouvant guère d'autre nourriture verte que le Buis, le mangent faute de mieux. Hansway a rapporté qu'en Perse des chameaux ont succombé à la suite de semblables repas.

En Europe, on a vu des intoxications résulter de la distribution, à la fin de l'hiver, de brindilles de Buis provenant de la tonte des bordures de jardins. Il y a peu d'années, un vétérinaire suisse, M. Hübscher a publié la relation d'un empoisonnement de porcs auxquels on avait fait une distribution de feuilles et de tiges et qui moururent le lendemain.

Toutes les parties de la plante sont vénéneuses, mais les feuilles et l'écorce de la racine passent pour avoir le maximum d'activité. La dessiccation et la cuisson ne détruisent pas le poison.

On admet que chez l'homme les feuilles à l'état frais, à la dose de 10 grammes, commencent à faire sentir des effets purgatifs qui vont en progressant comme la quantité elle-même. A la dose de 30 grammes, l'écorce agit de même.

A petites doses, le Buis est éméto-purgatif. A doses moyennes, il y a, en outre, des symptômes nerveux, de la courbature, quelques secousses musculaires, du vertige, des bourdonnements d'oreilles, puis une période de coma avec retour à l'état normal au réveil. A forte dose, la mort arrive comme après l'usage abusif des drastiques, avec douleurs abdominales intenses, flux dysentérique, épreintes, convulsions, gêne de la respiration, troubles circulatoires.

Les renseignements nécropsiques, fournis à l'autopsie des sujets intoxiqués par le Buis, ont montré des lésions inflammatoires étendues et violentes de l'appareil digestif, ainsi que de la congestion pulmonaire, indice de l'asphyxie à la dernière phase de l'empoisonnement.

La recherche du principe actif du Buis a fait découvrir à M. Fauré un alcaloïde auquel fut donné le nom de *buxine*. Il se présente en masse incristallisable, de saveur amère, à peu près insoluble dans l'eau, très peu aussi dans l'éther, mais très soluble dans l'alcool.

La buxine est l'un des éléments vénéneux du buis, mais ce n'est pas le seul, car à côté existent une résine et une huile essentielle qui n'ont point été encore l'objet de recherches expérimentales, mais qui mériteraient d'être étudiées, car l'analyse chimique fait voir que les feuilles sont moins riches en buxine que l'écorce et pourtant l'expérimentation montre qu'elles sont trois fois plus actives. Preuve évidente que cet alcaloïde n'est pas la seule substance vénéneuse agissante.

Serait-il prudent de consommer la viande d'un animal domestique empoisonné par le Buis? Les études de Gubler lui ayant appris que la buxine ne s'élimine pas par les urines, il en a conclu que cet alcaloïde devait se décomposer dans l'économie. Cette conclusion ne s'impose pas nécessairement, car la buxine pourrait se localiser en un point de l'organisme autre que les reins et la vessie, point qui resterait à déterminer. En admettant comme fondée l'opinion de Gubler, il faudrait voir si, en se dissociant, la buxine n'entrerait pas dans d'autres combinaisons, à l'aide des liquides organiques, pour former des ptomaïnes ou des leucomaïnes vénéneuses.

Des recherches sont à faire sur tous ces points; en attendant on devra se tenir dans une sage réserve.

IV. — **Ricinus**. Tournef. (**Ricin**). — *Ricinus communis* L. *Ricin commun*. Plante herbacée et annuelle dans nos pays, arborescente et vivace sur la plage méditerranéenne et dans nos possessions africaines. Sa tige, chez nous, ne dépasse guère 1 ou 2 mètres, tandis qu'elle forme un véritable arbre en Afrique. Ses feuilles sont très amples, alternes, palmées à 5-9 lobes dentés. Ses fleurs monoïques, apétales, forment une panicule terminale, composée de grappes dont les fleurs supérieures sont mâles, les inférieures femelles. Étamines nombreuses, à filets réunis en faisceaux. Ovaire à 3 styles soudés par la base, à stigmates velus et colorés en rouge. Fruit capsulaire à trois coques monospermes. La graine est ovale, aplatie sur une face, convexe sur l'autre, à surface lisse, luisante, marbrée. On voit au sommet un ombilic surmonté d'une caroncule charnue. Elle renferme un albumen charnu, huileux et riche en aleurone; l'embryon, très grand, a de larges cotylédons.

On extrait du Ricin une huile qui est purgative et usitée à ce titre en médecine; il reste comme résidu un tourteau dont les propriétés sont plus prononcées que celles de l'huile elle-même. Il en est de même des graines entières qui sont fort vénéneuses.

Nous n'avons point à nous occuper de l'usage thérapeutique de l'huile de Ricin, mais à considérer les empoisonnements qui peuvent survenir chez l'homme et les animaux à la suite de l'ingestion de graines de Ricin, et chez les animaux seulement comme conséquence de l'alimentation avec des tourteaux de Ricin.

Dans l'espèce humaine on a vu survenir des accidents chez des personnes qui, attribuant à tort aux graines les seules propriétés évacuantes de l'huile, en ingéraient pour se purger. Des enfants, prenant ces graines pour des haricots ou des pistaches (Chevalier), en ont mangé; des herboristes ignorants en ont parfois délivré à titre de purgatif au lieu de l'huile médicinale (Houzé de l'Aulnoy).

D'après les observations de plusieurs auteurs et notamment de Pécholier, quatre graines causent déjà des accidents notables, huit amènent un état très grave, et au delà la mort peut en être la conséquence.

Au moment où le fruit du Ricin est mangé, il ne laisse ni chaleur ni mauvais goût dans la bouche. Surviennent, au bout d'un temps variable suivant les prédispositions, des douleurs épigastriques et abdominales, une fièvre prononcée avec suppression des urines, une pâleur extrême de la face tirant sur le jaune, puis des nausées, des vomissements, des évacuations répétées et douloureuses. Plus tard la température baisse, il y a une prostration profonde, des crampes, le pouls devient misérable et la mort, conséquence de l'irritation intestinale, peut arriver plus ou moins promptement.

A l'autopsie, on trouve dans le tube digestif les lésions habituellement consécutives à la superpurgation : altération profonde des tuniques intestinales, ramollissement, teinte noirâtre, ecchymoses, infarctus et pointillé hémorrhagique. Il y a aussi hyperémie du foie et congestion du poumon.

Des empoisonnements ont été constatés, sur les oiseaux de basse-cour et sur les porcs, par l'ingestion directe des graines de Ricin. On en a vu aussi sur des ruminants auxquels, par ignorance et dans un but d'économie mal entendue, on avait distribué des tourteaux de Ricin. M. Audibert, de Tournelle, près Beaucaire, fit connaître autrefois à la Société centrale d'agriculture la mort de 80 moutons qui avaient mangé du tourteau de Ricin.

Quel est le principe toxique du Ricin et où se trouve-t-il? On n'est pas fixé sur sa composition; il est vraisemblablement « de nature résineuse, analogue à ceux de l'Epurge et du Croton-tiglium et il y a beaucoup de chances pour qu'il soit représenté par le corps que Soubeyran a retiré de la semence du Ricin. » Il réside exclusivement dans la graine, mais on n'a point déterminé rigoureusement dans quelle partie de celle-ci. On a indiqué tour à tour l'embryon (Mérat), la coque, l'amande (Delioux de Savignac).

Des auteurs, notamment Pécholier, ont émis l'hypothèse que le principe toxique de la semence du Ricin n'y préexiste point et ne se développe que dans l'estomac par une réaction analogue à celle que produit l'essence de moutarde dans la semence du *Sinapis nigra*.

M. Tuson a extrait des semences du Ricin un alcaloïde qu'il a appelé *ricinine*; il est d'une saveur amère et cristallise en prismes rectangulaires, mais il n'est pas purgatif et ce n'est point à lui qu'on peut attribuer les propriétés toxicologiques et thérapeutiques des graines. Par divers procédés de laboratoire, on obtient avec l'huile de Ricin de la *ricinélaïdine* $C^{78}H^{72}O^{14}$ que les alcalis transforment en acide *ricinélaïdique*: en la saponifiant, on obtient l'*acide ricinique* et l'*acide ricinolique* qui sont très âcres mais qui, néanmoins, ne possèdent pas davantage les propriétés des semences de Ricin.

Il est des Euphorbiacées exotiques que nous ne pouvons nous dispenser de mentionner.

V. — **Croton**. L. (**Croton**). — A citer dans ce genre l'espèce suivante :

Croton tiglium L. Arbuste répandu dans toutes les régions tropicales et introduit dans nos serres où il fleurit quelquefois. Il est souvent désigné sous les noms de *Bois de Tilly*, *Bois purgatif des Moluques*, etc. Il fournit des graines plus petites que celles du Ricin, mais leur ressemblant, fréquemment appelées *petits pignons d'Inde*, *graines de Tilly ou de Tigli*. On extrait de ces graines l'huile de Croton tiglium qui constitue l'un des purgatifs les plus violents dont dispose la thérapeutique en même temps qu'un vésicant énergique.

Les propriétés de l'huile de Croton ont été longtemps attribuées à l'*acide crotonique*, $C^4H^6O^2$, de Pelletier et Caventou. Il résulte de recherches récentes qu'il faut seulement considérer cet acide comme vésicant et que les propriétés purgatives sont le fait d'une matière encore à isoler, qu'on soupçonne de nature résineuse.

Des empoisonnements, suivis généralement de mort d'homme, ont été le résultat de l'administration, par erreur dans les officines, de doses trop fortes d'huile de Croton ou de l'ingestion de graines par ignorance de leurs effets. Les symptômes ont été ceux de la plus violente superpurgation, avec vomissements répétés, cyanose, crampes ; le facies du malade ferait songer à une attaque cholériforme si l'on ne connaissait la cause du mal.

Mais ceci est surtout du domaine médical et nous n'avons point à y insister davantage. Nous devons à cette place attirer tout particulièrement l'attention des agriculteurs sur le mélange frauduleux de tourteaux de Croton à d'autres tourteaux comestibles, comme ceux de Palme, de Coton et de Coprah qui nous sont envoyés de l'étranger pour la nourriture de notre bétail.

Les animaux qui reçoivent de pareils mélanges meurent avec les symptômes de la superpurgation et à l'autopsie, on en trouve toutes les lésions.

VI. — **Jatropha**. L. (**Jatropha**). — *Jatropha curcas* (*Curcas purgans*, Med. *J. cathartica*). Cette Euphorbiacée est un arbre de 3 à 4 mètres de hauteur, croissant dans l'Amérique méridionale et sur la côte occidentale d'Afrique, spécialement au Gabon.

Le Jatropha donne des graines connues sous les divers noms de *Noix américaines, grands Haricots du Pérou, Pignons de Barbarie, Médiciniers, Purgères, Noix des Barbades, gros Pignons d'Inde, Ricins sauvages* (fig. 19). On en extrait une huile dont les effets se rapprochent beaucoup de ceux que produit l'huile de Croton, et il en reste comme résidu un tourteau des plus dangereux. L'huile est employée pour l'éclairage ou en médecine à titre de parasiticide

Les graines de Jatropha prises par mégarde ou par ignorance ont occasionné des accidents trop souvent mortels; la rareté de ces graines en Europe est heureusement une garantie contre les empoisonnements qu'elles peuvent causer.

Il n'en est pas de même de leurs tourteaux qui ont concouru dans ces dernières années à falsifier d'autres

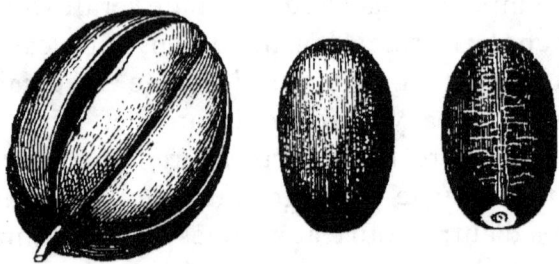

Fig. 19. — Fruits du Jatropha Curcas.

résidus et ont occasionné des empoisonnements mortels sur le bétail.

Actuellement, il existe en Portugal de nombreuses fabriques d'huile de Jatropha (de *Purgueira*, en portugais) qui font venir les graines des côtes d'Afrique et qui écoulent une partie des tourteaux en France.

Si ces résidus étaient employés uniquement à la fumure des terres, il n'y aurait rien à dire; malheureusement, on s'en sert parfois pour falsifier les tourteaux alimentaires, particulièrement ceux de Chanvre auxquels ils ressemblent beaucoup, soit en mêlant les deux tourteaux quand ils sont pulvérisés, soit en glissant quelques galettes de Jatropha au milieu de celles de Chènevis. Le résultat d'une pareille fraude est généralement la mort des bestiaux qui reçoivent ce mélange.

Les signes de l'empoisonnement sont ici encore ceux

de l'inflammation du tube digestif et de la superpurgation. Les documents font défaut pour nous renseigner exactement sur le poids de tourteaux de Purgère nécessaire pour amener la mort; ce poids doit être peu élevé puisque les expériences d'Orfila ont appris que 4 à 12 grammes de farine de graines de Jatropha, suivant la taille, suffisent pour tuer en dix heures les chiens à qui on les fait prendre.

Les graines de Jatropha contiennent de l'*acide jatrophique* et un principe très âcre, la *curcasine*, mais des expériences sont nécessaires pour s'assurer si ces principes sont vénéneux et si ce sont les seuls qu'elles renferment.

Comme il est d'un grand intérêt de distinguer le tourteau de Chanvre du tourteau de Jatropha ou de Purgère, comme on l'appelle communément, nous allons emprunter à MM. Renouard et Corenwinder, le procédé suivant qui permet de le faire et qui, par sa simplicité, est à la portée de tout le monde :

Broyer dans un mortier un échantillon du tourteau à essayer, puis délayer la poudre dans l'eau froide et filtrer immédiatement. Si l'on a affaire à du tourteau de Chanvre, la liqueur prend une couleur ambrée caractéristique; avec le tourteau de Purgère, la couleur est brun-foncé. Il suffit d'une proportion de 10 o/o de tourteau de Jatropha dans celui de Chanvre pour donner au liquide filtré une teinte beaucoup plus foncée que celle obtenue avec le Chanvre pur.

Les falsifications de tourteaux avec le Jatropha ont des conséquences si graves pour le bétail qu'un agriculteur, trompé de cette façon, ne doit pas hésiter à recourir à l'intervention judiciaire pour obtenir, en même temps que la répression de cette fraude, réparation du préjudice qui lui a été causé.

VII. — **Hura**. — A signaler dans ce genre l'espèce *Hura crepitans*, dite *Sablier élastique*. Son fruit est une capsule ligneuse, formée de 12 à 18 coques qui en se desséchant s'ouvrent subitement et font entendre un bruit très fort. Ce végétal fournit un lait, analysé autrefois par M. Boussingault, qui est dangereux. Les fruits ne le sont pas moins. — « Une femme de chambre avait reçu de son frère résidant en Amérique un fruit de Sablier. Sept ans après, ce fruit éclata et fit sauter à peu près une douzaine de noyaux aplatis. Trois bonnes en mangèrent chacun un et lui trouvèrent un goût d'amande. Peu d'heures après, elles se trouvèrent mal, eurent des nausées, une forte sensation de brûlure à la gorge. L'une d'elles qui avait mangé la graine avec son enveloppe eut de violents vomissements et de la céphalalgie; les autres qui l'avaient pelée n'éprouvèrent qu'un vomissement, mais de violentes douleurs d'estomac et une forte diarrhée » (Lorenzen).

Le principe actif est un alcaloïde découvert et analysé par Boussingault et Ribero.

VIII. — Nous ne ferons que mentionner ici quelques autres espèces exotiques très dangereuses.

1° *Excœcoria Agallocha*, *Arbre aveuglant*, végétal des Moluques dont le suc est extrêmement caustique; on prétend même que la fumée qui se dégage, lorsqu'on brûle cet arbre, est dangereuse.

2° *Hyœnanche globosa*, de l'Afrique australe.

3° *Elœococca verrucosa*, *Arbre à huile du Japon;* ses graines sont très vénéneuses.

4° *Manihot utilissima*, *Maniot amer*, contient dans sa racine un suc vénéneux rappelant l'acide cyanhydrique, très volatil, de sorte qu'après fermentation ou cuisson, cette racine est comestible.

5° *Crozophora Tinctoria*, *Tournesol* ou *Maurelle*, a un sucre âcre et des graines purgatives.

6° *Hippomanes mancenilla*, *Mancenillier*. Arbre de l'Amérique tropicale, possède un suc très vésicant et des fruits fort vénéneux, mais Jacquin a prouvé combien est exagérée l'assertion prétendant que son ombre est mortelle.

7° Dans la vallée du Niger, les flèches, d'après Barth, sont empoisonnées par le suc d'une Euphorbe appelée *Kunkumuria*, commune dans l'Afrique centrale et qui sert à cet usage dans beaucoup de localités.

BIBLIOGRAPHIE.

Noyer. — Raynaud. L'usage alimentaire du Nougat ou tourteau de Noix et la qualité de la viande, *Revue vétérinaire*, 1879.

Hêtre. — Hertwig. *Empoisonnement par les tourteaux de faîne*, note traduite dans le *Recueil de méd. vétérinaire*, 1858. — Magne et Baillet. *Traité d'Agriculture pratique et d'hygiène vétérinaire générale*, t. III, page 98.

Chêne. — Chabert. *Instructions vétérinaires*, t. IV. — Cruzel. *Traité des maladies de l'espèce bovine*. — Reynal. *Dictionnaire*, Art. « Hématurie ». — A. Robin. *De l'urine dans l'hématurie des vaches*, in *Recueil de médecine vétérinaire*, 1878, pages 993 et suivantes. — G. Hayem. *La Méthémoglobine*, in *Revue scientifique*, juin 1886, page 717.

Petite oseille. — Michels. *Empoisonnement par le Rumex petite Oseille*, in *Annales de médecine vétérinaire de Bruxelles*, 1870. — Chassaing. *Empoisonnement par la petite Oseille* (*Bulletin de la Société d'Agriculture de France*, séance du 21 janvier 1886).

Liseron. — Galtier. Entérite déterminée par des graines de *Polygonum convolvulus*, in *Journal de médecine vétérin. de Lyon*, 1887.

Sarrasin. — Voyez les ouvrages agricoles d'Yvart et de

Magne, à l'article *Sarrasin*. — Moisant. *Effets de la paille de Sarrasin sur le mouton*, in *La Culture*, 1865-66, page 259. — *Effets du Sarrasin en fleurs sur le bétail*, par M. de Gaiata, in *Journal d'Agriculture pratique*, 1870, t. I, page 531. — Frommet. Heu. idem, idem, année 1875, t. II, pages 363 et 512.

Aristoloche. — Jeannin. *Empoisonnement de chevaux par l'Aristoloche clématite*, in *Bulletin de la Société centrale de médecine vétérinaire*, année 1850. — Article *Aristoloche* du *Dictionnaire encyclopédique des sciences médicales*.

Daphne Mezereum. — Roques. *Phytographie médicale.* — W. Ichaw. *Empoisonnement par le Daphne Mezereum*, in *The Brit. med. Journ.* 16 septembre 1882.

Gui. — Dr Dixon. *British med. Journal*, 21 février 1874.

Euphorbe. — Tous les *Traités de Botanique médicale et de Pharmacologie.* — Desbarreaux-Bernard. *Empoisonnement au moyen des tiges de l'Euphorbia peplus*, in *Mémoires de l'Ac. des sciences de Toulouse*, 1860. — Sudour et Caraven-Cachen. *Empoisonnement par l'Euphorbia Latyris*, in *Comptes rendus de l'Académie des sciences*, 1881, page 504.

Mercuriale. — Voyez les *Traités de Pharmacologie* et les *Dictionnaires de médecine* à l'art. *Mercuriale.* — Schaak. *Quelques faits sur l'action nuisible de la Mercuriale*, in *Journal de médecine vétérinaire de Lyon*, 1847. — Vernant. *Empoisonnement de 3 chevaux et une vache par la M. annuelle*, in *Recueil de médecine vétérinaire*, 1883, page 379. — Jouquan. *Empoisonnement par la M. annua*, idem, 1885, page 686. — Schulze. *Recherches sur l'action de la Mercuriale vivace*, in *Archiv fur experim. Pathol. und Pharmakologie*, t. XXI, fasc. 1, page 88, année 1886.

Buis. — Cazin. *Traité prat. et rais. des plantes médicinales.* — Hanway. *Empoisonnement de chameaux*, in *An Account of the British Trade over the Caspian sea.* — Hübscher. *Empoisonnement de porcs par le Buis*, in *Schweizer Archiv für Thierheilkunde*, 1883. — Fauré. *Sur la Buxine*, in *Journal de pharmacie*, t. XVI.

Ricin, Croton et Jatropha. — Tous les *Traités de ma-*

tière médicale. — Pécholier. *Empoisonnement par les graines de Ricin*. in *Montpellier-médical*. — Chevalier. *Empoisonnement par les tourteaux ou semences de Ricin et autres graines*, in Annales d'hygiène publique, 1871, 401. — Renouard et Corenwinder. *Falsification de tourteaux*, in Annales agronomiques, 1880, page 432.

Sablier. — Lorenzen. *Empoisonnements par le fruit du Sablier élastique*, in Annales d'hygiène publique, 1877.

DEUXIÈME DIVISION

DICOTYLÉDONES DIALYPÉTALES

Les Dialypétales, caractérisés par une corolle formée de pétales libres, un androcée polyandre et un ovule généralement dichlamydé, constituent un groupe renfermant les familles les plus nombreuses que nous ayions à examiner. Ce sont celles des Renonculacées, Ménispermées, Berbéridées, Papavéracées, Crucifères, Violariées, Caryophyllées, Hypéricinées, Rutacées, Méliacées, Célastrinées, Rhamnées, Térébinthacées, Coriariées, Légumineuses, Rosacées, Cucurbitacées, Cactées, Ombellifères et Araliacées.

Article Ier. — Renonculacées

La famille des Renonculacées est constituée par des végétaux herbacés pour la plupart, à feuilles entières ou divisées, à fleurs généralement régulières et hermaphrodites. Ces fleurs peuvent avoir un périanthe corolliforme simple, le plus souvent il est double. Sépales caducs, souvent colorés avec des formes quelquefois bizarres. Pétales alternes avec les sépales, parfois plans ou concaves, parfois de formes assez étranges. Étamines en nombre indéfini, hypogynes, à anthères biloculaires et extrorses. Carpelles en nombre indéfini ou réduits au nombre de 1 à 5. Ovaire uniloculaire, monosperme ou polysperme. Fruits variés : akènes ou follicules, quelques-uns sont bacciformes.

Cette famille jouit d'un fâcheux privilège : ses espèces indigènes, fort nombreuses, sont toutes vénéneuses; heureusement que, par une sorte de compensation, plusieurs ne le sont qu'à l'état frais et perdent leurs propriétés par la dessiccation ou la cuisson.

I. — **Clematis**, L. (**Clématite**). — Quelques-unes des espèces de ce genre sont sarmenteuses et ont des fleurs à carpelles surmontés d'un style accrescent, plumeux après la floraison. Nous signalerons la suivante comme la plus répandue :

Clematis vitalba. L. *Clématite vigne blanche,* encore dite *Viorne, Clématite des haies, Berceau de la Vierge, Clématite brûlante, Herbe aux gueux.* Elle est abondante dans les haies qu'elle étouffe et garnit de ses rameaux.

Toutes ses parties sont vénéneuses, mais au commencement du printemps, alors que les tiges sont encore jeunes, leur âcreté est peu développée et quelques animaux très robustes, tels que l'âne et la chèvre, peuvent en brouter d'assez grandes quantités sans en être incommodés sérieusement. Plus tard, ils ne pourraient le faire sans danger.

La dessiccation et la cuisson font perdre à cette Renonculacée la plus grande partie de ses propriétés vénéneuses. Il en serait de même du séjour dans l'acide acétique, car, dans quelques contrées, on coupe les jeunes pousses de Clématite, on les met confire dans le vinaigre et on les mange ensuite.

Appliquée à l'extérieur, la Viorne est irritante et

même vésicante. Prise à l'intérieur, elle agit d'abord comme diurétique, puis elle purge violemment, enflamme les tuniques intestinales et détermine des dysenteries parfois mortelles.

Dans l'espèce humaine, on connaît l'usage qui en fut et qui en est encore fait quelquefois par des mendiants ; ils s'en frottent les bras ou les jambes dans le but de développer des plaies superficielles pour solliciter la charité publique.

A côté de la *C. vitalba*, citons la *C. flammula*, commune dans le bassin méditerranéen et désignée habituellement sous l'appellation de *Clématite odorante*. Comme la Viorne, elle est âcre et vénéneuse à l'état frais, mais perd ses propriétés par la dessiccation, si bien que dans quelques localités du Narbonnais, on la récolte et on la dessèche pour la faire servir de nourriture d'hiver aux bestiaux.

Donnons aussi une mention particulière à la *C. erecta* de notre flore méridionale et à la *C. integrifolia*. Cette dernière, commune en Italie, en Hongrie et dans le bassin méditerranéen, s'est beaucoup répandue en France depuis quelque temps à cause de la beauté de ses larges fleurs bleues ; elle est fort vénéneuse. Roques rapporte, d'après Tarzioni Tazzetti, qu'au siècle dernier, le maréchal de Palfy perdit plusieurs chevaux qui s'empoisonnèrent en broutant cette plante, très commune en Pannonie où étaient ses propriétés.

Une analyse des feuilles sèches de Clématite, de très ancienne date et due au docteur Mueller, a fourni une huile essentielle, un extractif et une résine. Il faudrait reprendre cette analyse.

On devra se garder de considérer la *Clématiline*, de Walz, comme l'alcaloïde des Viornes, car c'est le principe vénéneux de l'Aristoloche clématite.

II. — **Thalictrum**. L. (**Pigamon**). — Ce genre comprend des herbes vivaces par la racine, a feuilles ternées décomposées, à fleurs hermaphrodites, à périanthe à 4-5 sépales pétaloïdes, à étamines nombreuses, débordant le périanthe, à 4-10 carpelles. Le fruit est un akène.

Les espèces de ce genre sont mal délimitées; la plus commune dans notre pays est le *T. flavum*, L. *Pigamon jaune,* encore dite *Rose des prés, Rhubarbe des pauvres,* qu'on rencontre dans les lieux humides et ombragés. Nous citerons ensuite le *T. aquilegifolium*, L. *Pigamon à feuilles d'Ancolie* ou *Colombine plumacée* et le *T. macrocarpum* qu'on voit dans la région pyrénéenne.

Si la tige, les feuilles et les fleurs des Pigamons ne constituent pour le bétail qu'une nourriture assez médiocre, il ne semble pas que ces parties soient vénéneuses, ou si elles le sont, ce n'est qu'à un faible degré. Il en est autrement de la racine qui est très manifestement toxique.

La meilleure étude que nous possédions actuellement sur l'empoisonnement par la racine de Pigamon est due à M. Doassans; elle a été effectuée sur le *T. macrocarpum*.

M. Doassans a fait voir qu'on peut en extraire isolément deux substances. L'une est un alcaloïde cristallisable, doué de toutes les propriétés vénéneuses de la racine, qui a reçu le nom de *thalictrine;* l'autre est une matière colorante jaune, qui, chimiquement, se rapproche de la berbérine et ne possède aucune propriété physiologique, le nom de *macrocarpine* lui a été donné.

En faisant un extrait aqueux avec la racine, on obtient un liquide doué de telles propriétés vénéneuses que 2 à

3 centigr. insérés sous la peau d'une grenouille suffisent pour la tuer. 2 à 4 grammes introduits par la même voie dans l'organisme d'un chien le tuent.

Le Pigamon est par excellence un poison nerveux dont le mode d'action se rapproche beaucoup de celui de l'Aconit. Il agit sur les centres nerveux en portant spécialement son action sur l'innervation cardiaque et peut-être aussi sur la fibre musculaire elle-même.

Toutes les fonctions sous la dépendance immédiate du système nerveux sont déprimées. La pression artérielle diminue par suite d'un affaiblissement marqué des systoles cardiaques, affaiblissement qui coïncide avec une accélération des battements du cœur; la respiration s'accélère aussi, sans toutefois qu'il y ait asphyxie véritable. La motilité est proportionnellement beaucoup plus frappée que la sensibilité. La mort est surtout le résultat de l'atteinte portée aux contractions cardiaques.

Sans affirmer que le *T. flavum* possède une activité égale à celle du *T. macrocarpum*, il est hors de doute qu'il n'est point inoffensif. Il est donc indiqué de traiter tous les Pigamons comme de mauvaises herbes, de les détruire, car les porcs en fouillant la terre pourraient s'empoisonner en mangeant leurs racines.

III. — **Anemone**, L. (**Anémone**). — Genre comprenant des plantes herbacées, vivaces, à floraison printanière, dont l'habitat est le bord des eaux, les bois et les lieux couverts. Leur périanthe est à 4-20 sépales pétaloïdes; carpelles en nombre indéfini, à style persistant. Le fruit est un akène. La beauté des fleurs de plusieurs Anémones les a fait adopter par la floriculture.

Les espèces d'Anémone sont assez nombreuses et elles **passent** pour **être** toutes vénéneuses; il y a des probabilités pour qu'il en soit ainsi, mais il n'y a de certitude que pour trois espèces, desquelles a été extrait le principe toxique qui les signale à l'attention. Ces trois espèces sont l'*A. pratensis*, l'*A. pulsatilla*, L. et l'*A. nemorosa*, L.

Toutes les parties des Anémones citées sont vénéneuses; le principe toxique est volatil et se détruit par la dessiccation ou la cuisson.

Je n'ai vu consignés nulle part d'empoisonnements mortels, pour l'espèce humaine, par suite de l'usage de l'Anémone. Une espèce peu commune, l'*A. ranunculoïdes* donne un suc que les habitants du Kamtschatka utilisent pour empoisonner leurs flèches. Mais il y a eu d'assez nombreux accidents locaux consistant en irritation, tuméfaction, vésication. Ces accidents sont dus à l'emploi, dans quelques-unes de nos campagnes, des Anémones, qu'on applique après les avoir broyées, sur les vieux ulcères ou sur les poignets dans le cas de fièvre intermittente. Quand on écrase l'Anémone pulsatille ou Coquelourde, on a la bouche et le nez irrités.

Des bestiaux se sont empoisonnés en mangeant ces plantes à l'état frais; c'est particulièrement l'*A. nemorosa* ou *Sylvie*, qui a occasionné des accidents, parce qu'elle est extrêmement abondante sous bois ou le long des haies au printemps, et qu'à ce moment les bestiaux affamés n'ont ni la précaution, ni la patience de la démêler des autres herbes auxquelles elle est associée.

La symptomatologie de pareils empoisonnements se traduit par des nausées, des hoquets et des vomissements sur les sujets susceptibles de vomir, par de l'hébétude, des tremblements musculaires, des coliques violentes accompagnées parfois d'hématurie et toujours de diarrhée et de dysenterie. **Troubles respiratoires et cardiaques prononcés.**

A l'autopsie, peu de lésions. L'irritation intestinale n'est point en rapport avec les douleurs, la diarrhée, la dysenterie et l'hématurie constatées du vivant. On se trouve en présence d'un toxique dont l'action sur les fonctions circulatoire et respiratoire doit être reprise.

Ce poison a été isolé par Heyer qui lui a donné le nom d'*anémonine* et dont la formule serait $C^{15}H^{12}O^6$. Il se présente en masses blanches, cristallines, peu solubles dans l'eau, davantage dans l'alcool; l'acide azotique le convertit en acide oxalique, les alcalis le dissolvent facilement et le transforment en *acide anémonique*.

IV. — **Adonis**, L. (**Adonis**). — Groupe de plantes herbacées, quelques-unes messicoles, à fleurs solitaires, à périanthe double, constitué par un calice à 5 sépales caducs, une corolle à 3-15 pétales, des étamines et des carpelles nombreux. Quelques espèces sont cultivées dans les jardins pour la beauté de leurs fleurs. De ce nombre sont l'*A. autumnalis* dont les pétales rouges lui ont valu le nom de *Goutte de sang* et l'*A. vernalis*, L. plante alpestre à fleurs jaune d'or.

Les racines de l'*A. vernalis* dégagent une odeur nauséeuse et possèdent une saveur très âcre. Ingérées à très petite dose, elles agissent comme tonique du cœur, mais à dose moyenne elles amènent des vomissements et purgent fortement. Si la dose a été trop élevée, la mort arrive par superpurgation et désordres cardiaques (Huchard). Elles possèdent aussi une action emménagogue, pour laquelle on les utiliserait en Sibérie, au dire de Pallas, sous le nom de *Starodoubka*. On a cru autrefois que l'*A. vernalis* était l'Héllébore noir des anciens.

Les propriétés vénéneuses de l'Adonis sont dues à un glucoside désigné sous le nom d'*adonidine*.

V. — **Ranunculus**, L. (**Renoncule**). — Ce genre comprend des végétaux herbacés, annuels ou vivaces, à feuilles très variées, puisque les unes sont entières et les autres profondément découpées. Leurs fleurs, le plus souvent de couleur jaunâtre, ont un périanthe double dont le calice a 5 sépales et la corolle généralement 5 pétales accompagnés d'une fossette nectarifère. Carpelles nombreux, uniovulés. Akènes réunis en capitule ou en épis.

Les espèces en sont très nombreuses et à peu près toutes âcres et vénéneuses. Heureusement qu'elles perdent par la dessiccation leurs fâcheuses propriétés ; sans cette circonstance le foin de beaucoup de prairies serait inutilisable, car elles sont très répandues dans les lieux bas et humides. Nous attirons particulièrement l'attention sur les formes suivantes :

1° *Ranunculus sceleratus*, L. La *Renoncule scélérate* est encore appelée *Mort aux vaches*, *Grenouillette des marais*, *Herbe sardonique*. Elle végète dans les prairies basses, les lieux fangeux, le bord des mares. C'est une plante annuelle, de 50 centimètres de hauteur, à tige striée, rameuse, à feuilles réniformes, à petites fleurs jaunes auxquelles succèdent des capitules spiciformes d'akènes.

Afin d'éviter des redites, nous allons décrire l'empoisonnement par la Renoncule scélérate, comme le type des intoxications par les Renonculacées, sans affirmer toutefois et tant que des recherches étendues n'auront pas été faites à ce sujet, que le principe toxique est le même dans toutes les espèces du genre Renoncule.

L'ancienne médecine se servait couramment des Renoncules à l'extérieur et à l'intérieur ; il ne serait point impossible que ce fussent quelques accidents causés par leur emploi qui en aient amené l'abandon. Ce renoncement à leur usage fait que l'on ne signale pas d'empoisonnements pour l'espèce humaine ; pourtant écrasées et appliquées sur la peau, la tige et les feuilles fraîches sont irritantes.

Il paraît que dans quelques districts pauvres d'Allemagne et d'Angleterre, on mange les jeunes pousses de quelques-unes de ces herbes après les avoir fait bouillir. La cuisson, comme la dessiccation, les rend inoffensives.

Ce n'est donc que sur le bétail qu'on doit s'attendre à constater des empoisonnements et de fait, ils ne sont pas absolument rares, tant parce que les Renoncules sont communes dans les prés bas et leur végétation printanière, que parce qu'on les sarcle dans les champs, les jardins et qu'on les distribue aux animaux.

Symptomatologie. — Les premiers symptômes observés à la suite de l'ingestion de la Renoncule sont ceux de la gastro-entérite avec bâillements, coliques, piétinements, nausées et vomissements si l'espèce le comporte, rejet de matières fécales noires, à odeur repoussante, diarrhée, épreintes. Il peut survenir de l'hématurie, mais ce symptôme n'est pas constant, il n'a été observé que dans le cas d'ingestion de jeunes renoncules et il n'est pas sûr qu'aucune autre plante nuisible n'accompagnait celles-ci. La quantité de lait fournie par les vaches baisse beaucoup.

Après ces phénomènes d'irritation du tube digestif apparaissent des symptômes d'ordre nerveux : ralentissement du pouls et de la respiration qui devient stertoreuse, ronflante, dilatation des pupilles, faiblesse du train postérieur, difficulté dans la mastication et surtout la préhension des boissons, affaiblissement et perte de la vue. Quelques mouvements spasmodiques des oreilles, des lèvres, des joues ; irritabilité réflexe à peine altérée.

Si la quantité de Renoncule ingérée est très forte et les soins médicaux nuls ou mal dirigés, de véritables

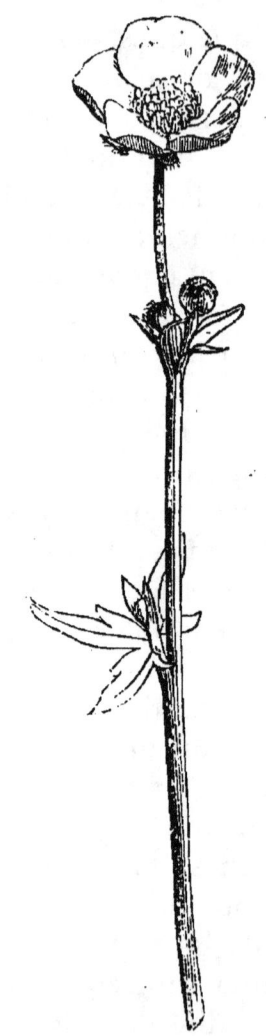

Fig. 20. — *Ranunculus acris.* — Renoncule acre.

convulsions se déclarent, qui s'accompagnent du retrait de l'œil au fond de l'orbite, d'une exagération dans l'évacuation de matières séro-glaireuses ou, au contraire, d'un arrêt absolu d'expulsion des matières fécales. La mort arrive généralement de la 6ᵉ à la 12ᵉ heure après l'apparition des convulsions.

A l'autopsie, on trouve les lésions de l'inflammation du tube digestif et parfois des reins.

Dans l'ignorance de ce qui a pû se passer, si l'on était tenté, en présence d'empoisonnements de cette nature, de songer à une maladie infectieuse, l'examen du sang tirerait le praticien d'embarras ; ce liquide a conservé ses caractères normaux, il se prend promptement en caillot et ne montre aucun microbe parmi ses globules.

La suppression immédiate de la plante incriminée est l'indication capitale à remplir dans le cas présent.

Je ne crois pas qu'il y aurait inconvénient à consommer la viande d'animaux empoisonnés par les Renoncules, puisque le principe toxique qu'elles renferment est détruit par la cuisson.

Après la Renoncule scélérate que Polli place en tête comme puissance vénéneuse, il faut citer *R. acris*, *R. bulbosus*, *R. flammula*, *R. Thora*, *R. lingua*, *R. repens*, *R. ficaria* et *R. arvensis*.

2° La *Renoncule âcre* (fig. 20) est fort commune dans les prairies, ce qui lui a valu le nom de *Renoncule des prés;* c'est peut-être celle qui cause le plus d'accidents. Ses fleurs sont les parties les plus dangereuses, viennent ensuite la tige et les feuilles.

3° La *Renoncule bulbeuse*, vulgairement appelée *Rave de saint Antoine*, est fort reconnaissable à son collet renflé en bulbe. Celui-ci est d'une vénénosité variable suivant les saisons : dangereux quand la tige et les fleurs sont desséchées et coupées, il l'est beaucoup moins lorsque la plante étale sa corolle; le poison semble, à ce moment, avoir émigré au sommet du végétal pour l'abandonner quand il se dessèche sous les feux de l'été.

4° et 5° La *Renoncule flammette* et la *Renoncule langue* (fig. 21), désignées, la première sous le nom de *petite Douve* et la seconde sous celui de *grande Douve*,

Fig. 21. — *Ranunculus lingua.* — Renoncule langue.

sont aussi malfaisantes mais moins abondantes que les précédentes.

6° La *Renoncule Thora*, qui croît dans les Vosges, les Alpes, les Pyrénées, est peut-être plus dangereuse que toutes les précédentes; ses propriétés se sont révélées depuis longtemps, puisque les Gaulois empoisonnaient leurs flèches avec le suc de ses feuilles.

7° La *Renoncule rampante*, appelée *Pied de poule*, nom que l'on donne aussi à la *R. arvensis* dans quelques contrées de la France, est à détruire à cause de sa grande facilité de propagation. Si elle cause quelques empoisonnements, quand elle est fraîche, ses feuilles ont été utilisées, après cuisson, pour la nourriture des dindonneaux.

8° La *Renoncule des champs* est une plante messicole qui souille les blés et surtout les avoines. Le cultivateur doit lui faire la guerre, d'abord parce qu'elle est vénéneuse quand elle est verte et ensuite parce qu'après maturité et au battage, ses fruits aplatis, bruns, garnis de tubercules épineux se mélangent aux céréales et en diminuent la valeur marchande. Des avoines nous ont été soumises, à l'École vétérinaire de Lyon, qui contenaient 3 grammes de ces graines par kilogramme; en raison de leur présence, elles étaient mâchées et avalées avec une certaine difficulté par les chevaux. De quelques expériences que j'ai faites, il ne semble pas résulter que ces graines renferment le principe toxique des Renonculacées, ou du moins s'il existe, il n'a pas paru agir sur les cobayes et les pigeons qui m'ont servi.

La *Renoncule ficaire* (fig. 22), pour laquelle quelques botanistes ont créé le genre *Ficaria* et l'espèce *F. ranunculoïdes*, Mœnch. est désignée, suivant les localités, sous les noms de *petite Chélidoine, Herbe au fic, Éclairette, petite Éclaire, petite Scrofulaire, Grenouillette, Ganille, Pissenlit rond, Jauneau, Billonée, Herbe aux hémorrhoïdes*. Elle n'est pas vénéneuse quand elle est jeune, car en Allemagne on en mange les premières pousses en salade, mais plus tard elle le devient; Dioscoride l'indiquait déjà. Il faut éviter de la

Fig. 22. — Renoncule ficaire.

laisser prendre aux animaux, car un vétérinaire anglais,

M. Flower, a relaté l'empoisonnement de trois génisses par cette plante.

Au point de vue particulier où nous sommes placés, ce sont les variations dans la teneur du poison, selon la partie du végétal et selon la saison, qui dominent dans l'histoire des Renonculacées. A la sortie de l'hiver, au moment où les jeunes pousses apparaissent et se développent, elles sont peu et pour quelques-unes (*R. ficaria*, par exemple), elles ne sont pas vénéneuses; avec les progrès de la végétation, le principe toxique se forme et la plante est particulièrement dangereuse au moment de la floraison. Plus tard, les propriétés vénéneuses décroissent au fur et à mesure de la maturité et de la dessiccation.

Les fleurs sont les parties les plus toxiques, puis viennent les feuilles et la tige; chez la Renoncule bulbeuse, le collet est surtout malfaisant en automne et en hiver. Il n'a pas été démontré que les graines d'aucune espèce fussent dangereuses.

La connaissance du principe vénéneux des Renoncules exigerait de nouvelles recherches chimiques. Pour le moment, on sait que c'est une essence jaunâtre, soluble dans l'éther, non sulfureuse, très âcre, qui s'épaissit par l'évaporation et se dédouble, pense-t-on, en *acide anémonique* et *anémonine*. Il y aurait aussi un peu de matière résineuse.

D'après M. S. Martin, on trouverait dans toutes les Renonculacées un acide très âcre, volatil, décomposable par la chaleur, qu'il appelle *acide ficarique*. Ce même chimiste aurait trouvé dans *R. ficaria* une substance qu'il rapproche de la saponine, mais qui s'en distingue en ce qu'elle n'est pas colorée par le chlorure ferrique et qu'il nomme *ficarine*. Disons enfin que Dragendorff donne le nom de *Renonculol* à une substance qu'il identifie à l'anémonol et nous aurons montré la nécessité de nouvelles études chimiques sur le groupe des plantes du genre Renoncule.

Les recherches de Clarus ont montré que l'*Anémonol* se dédouble en anémonine et acide anémonique dans l'organisme. Or, dans les empoisonnements expérimentaux par l'anémonine, on a retrouvé ce corps dans les matières vomies et le contenu intestinal, mais non dans le sang, le foie et la rate. Ce fait établit une forte présomption en faveur de la possibilité d'utiliser la chair d'animaux ayant succombé à un empoisonnement de ce genre.

VI. — **Caltha**, L. (**Populage**). — Ce genre renferme une espèce commune et intéressante :

Caltha palustris, L. *(Populage des marais)*. Herbe vivace de 30 centimètres de hauteur en moyenne, dont la tige est striée, fistuleuse, les feuilles radicales palmatinerviées, un peu crénelées, les fleurs jaunes d'or, assez grandes, à périanthe simple, à 5-9 sépales pétaloïdes, caducs ; carpelles nombreux terminés par un style persistant.

Le Populage est une plante fréquente dans les lieux marécageux, on la désigne à la campagne sous le nom de *Souci des marais*. Elle partage toutes les propriétés des Renoncules et ce que nous avons dit de celles-ci lui est applicable. Elle a fort peu ou pas d'âcreté au moment où elle sort de terre, devient vénéneuse au temps de sa floraison et perd sa toxicité par la cuisson et la dessiccation. D'ailleurs, les bestiaux la dédaignent le plus souvent ; quand, mêlée à d'autres fourrages, elle a produit des empoisonnements, les symptômes et les lésions ont été ceux que nous venons d'étudier à propos des Renoncules. Cela nous dispense de nous y arrêter davantage

VII. — **Helleborus**, L. (**Hellebore**). — Les plantes de ce genre sont vivaces, herbacées, à feuilles palmatiséquées, à calice à 5 sépales persistants et pétaloïdes, à corolle à 3-21 pétales très petits, en forme de cornets pédiculés, carpelles en nombre variable, formant autant de follicules à sa maturité. Trois espèces indigènes doivent être mentionnées dans ce genre ; ce sont : *H. niger* L., *H. viridis* L., *H. fœtidus* L. Mais aucune de ces espèces ne correspond à l'Hellébore dont il est question fréquemment chez les anciens et qui jouissait, pensait-on, de propriétés curatives des maladies mentales. Celui-ci serait, d'après Tournefort, l'*Helleborus orientalis*, qu'il aurait recueilli dans son voyage en Orient et qui n'a pas été retrouvé. « Le nom d'*H. orientalis* a été donné à plusieurs espèces distinctes qui ont été de nouveau séparées et dont on a également écarté l'ancienne espèce sous le nom d'*H. ponticus*. Toutes ou presque toutes sont, du reste, peut-être des variétés d'une espèce, l'*H. caucasicus*, qui correspond en général à l'*H. orientalis* des jardins » (Vesque).

L'*H. niger*, *Hellébore noir* (fig. 23), possède une souche épaisse, noire en dehors ; ses feuilles sont persistantes, longuement pétiolées, à segments oblongs, dentés en scie à leur pointe, d'un vert foncé et coriaces. Ses fleurs sont grandes, blanc-rosé et, comme elles fleurissent en hiver, on comprend le nom de *Rose de Noël* qui lui fut donné. On le trouve dans les lieux ombragés et pierreux, sans distinction de nature du sol.

L'*H. viridis*, *Hellébore vert*, se distingue du précédent par ses feuilles d'un vert moins foncé, non persistantes, à segments plus étroits et beaucoup plus finement dentés, à fleurs moins grandes et verdâtres, s'ouvrant seulement à la fin de l'hiver. Il n'est pas rare dans les pâturages de montagnes et dans les coteaux pierreux.

FIG. 23. — *Helleborus niger*. — Hellébore noir.
1. Fleur. — 2. Pétale d'Hellébore fétide. — 3. Pétale d'Hellébore noir.

L'*H. fœtidus*, *Hellébore fétide*, a des feuilles d'un vert très foncé, tirant sur le noir, persistantes, à segments presque entièrement dentés, des fleurs très nombreuses, verdâtres, avec une petite bordure pourprée. Il exhale une odeur vireuse de toutes ses parties et on le désigne communément sous le nom de *Pied de griffon*. Son pollen, ainsi que celui de l'Hellébore noir, est pointillé, tandis que celui de l'Hellébore vert est orné d'un réticule.

Ces trois espèces d'Hellébores sont vénéneuses et paraissent, à quantité égale, posséder la même activité, bien que des auteurs aient cru devoir placer au premier rang l'Hellébore noir et d'autres l'Hellébore vert.

La dessiccation et la cuisson ne détruisent pas leurs propriétés toxiques, comme cela arrive pour beaucoup d'autres Renonculacées.

Des empoisonnements ont été causés par ces plantes sur l'espèce humaine et sur les animaux domestiques.

Sur l'homme, ils ont eu lieu, soit par erreur dans les pharmacies, soit à la suite d'administration de racine d'Hellébore par des charlatans et des empiriques à de trop crédules personnes.

Appliqué sur la peau, l'Hellébore produit de la rubéfaction et de la vésication ; si la barrière épidermique est endommagée ou détruite, il y a absorption rapide et production des phénomènes d'intoxication. Sur les muqueuses, l'absorption est la règle.

Que l'Hellébore ait été pris à l'intérieur ou qu'il ait pénétré par effraction dans l'organisme, ses effets se manifestent par de l'agitation, de la salivation, des nausées, du vomissement, des douleurs abdominales, de la purgation. Celle-ci manque pourtant quelquefois, mais quand elle se manifeste, elle est très violente, les matières expulsées se teintent de sang, plus tard se mêlent de sérosité et se couvrent de mucus, elles répandent alors une odeur infecte. Les grandes fonctions se troublent, le pouls s'accélère et devient petit, la respiration éprouve des alternatives d'accélération et de ralentissement, puis apparaissent des contractions musculaires et quelques secousses convulsives, particulièrement aux muscles du cou et de l'abdomen. Si la mort doit terminer la scène, le pouls devient de plus en plus imperceptible, le corps se refroidit et le malade expire en s'agitant convulsivement.

Ferrary, pharmacien à Saint-Brieuc, a rapporté autrefois l'observation de l'empoisonnement de deux personnes qui, sur le conseil d'un rebouteur, burent un verre d'une décoction composée de : racines de sceau de Salomon, feuilles de lierre terrestre et racine d'Hellébore noir, le tout bouilli dans du cidre et qui moururent, l'une 1 heure 1/2 et l'autre 2 heures 1/2 après l'ingestion de cette étrange boisson.

Les vétérinaires se servent, dans la médecine du bœuf spécialement, des racines d'Hellébore comme trochisques. Ils l'emploient aussi à titre d'antiparasitaire, de vomitif et de diurétique, mais il faut être très prudent dans son emploi. M. Wehenkel a relaté l'empoisonnement de trois vaches auxquelles un empirique avait administré de l'Hellébore noir pour les guérir d'un malaise au sujet duquel le propriétaire de ces bêtes l'avait consulté.

Il est rare que les bestiaux prennent suffisamment d'Hellébore pour s'empoisonner, cependant cela est arrivé. Ces plantes étant vertes pendant la mauvaise saison, on a vu des propriétaires besogneux aller en ramasser les feuilles sous la neige et les mêler à la nourriture sèche de leurs animaux qui, de la sorte, les mangeaient sans trop de difficultés. Fauchées au printemps dans des champs de Luzerne et de Trèfle, elles ont été prises avec ces Légumineuses.

L'exemple suivant, emprunté à MM. E. et H. Thierry, donnera une bonne idée des symptômes et des lésions qui résultent de l'empoisonnement des bêtes bovines par l'*H. viridis*.

« Inappétence, diarrhée, épreintes, efforts violents qui, après cinq ou six jours, n'aboutissent plus qu'à l'expulsion de matières glaireuses, noirâtres; ventre tendu, tristesse profonde par moments; jusqu'à la fin le pouls reste lent et intermittent. Les battements du cœur sont faibles et, après cinq ou six battements, il y a un temps d'arrêt égal au moins à la durée d'un battement et demi. Ce fait a été constaté à toutes nos visites quotidiennes.

« Un fait remarquable, c'est l'amaigrissement très lent et la persistance jusqu'au dernier jour de la sécrétion lactée.

« En présence de l'aggravation des symptômes nous avons soumis nos malades à un traitement excitant : café à haute dose, infusions aromatiques, alcool, frictions d'huile de croton-tiglium, et de temps à autre quelques électuaires d'ipécacuanha pour ramener la rumination. La première morte a succombé le 20 juin, c'est-à-dire douze jours après l'empoisonnement; la seconde n'est morte que le 6 juillet.

« Les deux autopsies, faites au plus trois heures après la mort, ont montré des lésions absolument semblables, à cette différence près que sur la seconde elles étaient beaucoup plus accusées.

« Le péritoine est sain ainsi que le gros intestin. Quelques portions de l'intestin grêle sont d'un rouge brun, mais sur une étendue très restreinte. Dans toute la longueur du tube intestinal il n'y a aucune matière alimentaire, on ne trouve que quelques mucosités noirâtres. Le rumen, le réseau et le feuillet sont remplis d'aliments comme si les animaux venaient de prendre leur repas. La caillette est vide, d'une teinte brune et dans sa portion conique, à l'endroit de sa jonction avec le duodénum, elle présente sur une surface de la largeur de la main des ulcérations rouges, profondes, au nombre de neuf à dix et de la superficie d'un centime. C'est peut-être ce qui explique l'absence de matière alimentaire dans l'intestin. Ce véritable vésicatoire du pylore ne se serait-il pas opposé au passage du chyme?

« Le poumon et les plèvres sont sains, le péricarde non plus ne présente rien de particulier, mais le cœur présente à sa surface une grande quantité d'ecchymoses. Dans les cavités, ces ecchymoses sont encore bien plus nombreuses, surtout dans le cœur gauche qui est vide et dont l'oreillette a une teinte complètement noire ainsi que toutes les valvules. »

Il a déjà été dit que toutes les parties des Hellébores sont vénéneuses et qu'elles ne perdent leurs propriétés ni par la dessiccation, ni par la cuisson.

250 grammes de racines fraîches suffisent pour tuer le cheval et le bœuf, 70 grammes des mêmes parties desséchées amènent le même résultat. On estime qu'il en faut 30 à 40 grammes à l'état frais pour tuer le mouton et le chien et 8 à 10 grammes à l'état sec.

Si l'on veut dépouiller ces plantes de leurs propriétés toxiques, il les faut faire macérer dans l'alcool qui devient alors dangereux, tandis que l'eau d'ébullition ne l'est nullement.

Bastick a retiré de l'Hellébore noir un principe qu'il a appelé *helléborine*; après lui Vauquelin, Fenelle et Capron, et plus récemment Husemann et Marmé ont repris ces études. Des recherches des deux derniers, il résulte qu'on trouve dans les Hellébores noir, fétide et vert, deux glucosides l'*elléboréine* et l'*elléborine*. La première est soluble dans l'eau, blanche, hygroscopique, d'une saveur mi-sucrée mi-amère, difficilement soluble dans l'alcool et l'éther. L'acide sulfurique concentré la dissout presque instantanément en la colorant en rouge foncé.

L'elléborine est difficilement soluble dans l'eau et dans l'éther, facilement soluble dans l'alcool et le chloroforme. L'acide sulfurique concentré la colore peu à peu en violet. Dragendorff attribue particulièrement à l'elléboréine les propriétés vénéneuses ; ce fait paraît difficile à concilier avec les empoisonnements qui se produisent quand on se sert d'un liquide alcoolisé pour faire infuser les Hellébores et qui ne se manifestent pas quand on prend l'eau comme véhicule.

Dans l'état actuel de nos connaissances, nous ne pouvons dicter de règle de conduite raisonnée pour l'utilisation des cadavres de bestiaux empoisonnés par les Hellébores. Nous ne savons comment leurs principes actifs s'éliminent, ni s'ils subissent dans l'économie quelques transformations. En effet, Heide a recherché infructueusement l'elléboréine dans l'urine, les reins, le foie, le cœur et les muscles d'animaux empoisonnés. Cette ignorance justifie notre réserve.

VIII. — **Actea**, L. (**Actée**). — La similitude d'effets toxicologiques nous oblige à rapprocher l'Actée des Hellébores. Ce genre est constitué par des plantes herbacées, vivaces, dont la tige est un rhizome à feuilles alternes. Une seule espèce indigène est à signaler :

Actea spicata, L. L'*Actée en épis,* qu'on appelle aussi *Herbe de Saint-Christophe* et dont Tournefort avait constitué le genre *Christophoriana,* est une plante de 40 à 80 cent. qu'on trouve dans les bois. Ses feuilles, peu nombreuses, sont décomposées, ternées. Fleurs blanchâtres, en épis terminaux, régulières : calice à 4 sépales pétaloïdes. Corolle à 4 pétales. Le fruit est une baie lisse, ovale, noirâtre.

Toutes les parties de cette plante sont vénéneuses, tige, feuilles, fleurs, baies et souche ; les deux dernières sont les plus dangereuses. La *dessiccation* leur enlève une partie de leur toxicité.

Les empoisonnements spontanés sont rares, car l'Actée exhale une odeur désagréable; tout au plus les enfants pourraient-ils manger ses baies. Mais comme sa souche est employée parfois à titre de purgatif et ses autres parties comme parasiticides, quelques empoisonnements ont pu se produire de ce chef.

Il paraît que ses souches sont mêlées frauduleusement à celles des Hellébores, notamment de l'Hellébore noir et vendues pour elles. En tous cas, on a rapproché les symptômes de l'empoisonnement qu'elle produit de ceux des Hellébores : inflammation vive du tube digestif, purgation violente, vomissements, effets antispasmodiques, puis ivresse et délire furieux. Ce rapprochement nous dispense d'en donner une description détaillée pour le moment, d'autant plus que le ou les principes vénéneux qu'elle renferme n'ont pas encore été isolés.

On trouve en Amérique deux espèces d'Actées : *A. brachypetala* et *A. racemosa,* et en Sibérie, une espèce : *A. Cimicifuga,* qui jouissent des mêmes propriétés vénéneuses que notre Actée indigène.

IX. — **Aconitum**, L. (**Aconit**). — Ce genre est constitué par des plantes herbacées, vivaces, à feuilles alternes, palmatipartites, à fleurs assez belles, bleues ou jaunes, réunies en grappes ou en panicules au sommet des rameaux. Calice à 5 sépales inégaux, le supérieur ordinairement en forme de casque recouvrant la corolle, sans pourtant que ce soit là un caractère général du genre. Corolle à 2-5 pétales irréguliers, les 2 postérieurs, longuement onguiculés contenus dans le casque, sont terminés par une lame enroulée et formant un cornet renversé et éperonné. Étamines très nombreuses. Carpelles 3-5, sessiles, pluriovulés se transformant en follicules. Graines nombreuses à enveloppes ridées, rugueuses.

On trouve dans le genre Aconit plusieurs espèces indigènes toutes vénéneuses, mais à des degrés inégaux : *A. napellus*, *A. anthora*, *A. paniculatum*, *A. lycoctonum*, et une espèce exotique végétant en Asie, plus vénéneuse que toutes les autres, c'est l'*A. ferox*.

Depuis la plus haute antiquité, les effets pernicieux des Aconits ont été observés, il en est fait mention dans Pline, Dioscoride, Galien, etc. La période moderne est fort riche en travaux sur ces plantes, considérées surtout au point de vue thérapeutique; dans notre siècle, à l'aide de la méthode expérimentale, l'étude de leurs effets physiologiques et toxiques a été reprise et suivie avec soin. Il en a été de même de l'examen de leurs principes actifs.

L'Aconit napel, la plus dangereuse des espèces indigènes, sera prise comme type.

A. Aconitum Napellus, L. L'Aconit napel (fig. 24) est une herbe de 1 mètre de hauteur environ, à souche napiforme et noirâtre, à tige peu rameuse, à feuilles nombreuses, luisantes en dessus, vert-pâle en dessous, à fleurs bleues ou violettes, quelquefois blanches ou panachées, disposées en grappes terminales, commune dans les lieux ombragés et un peu humides des montagnes

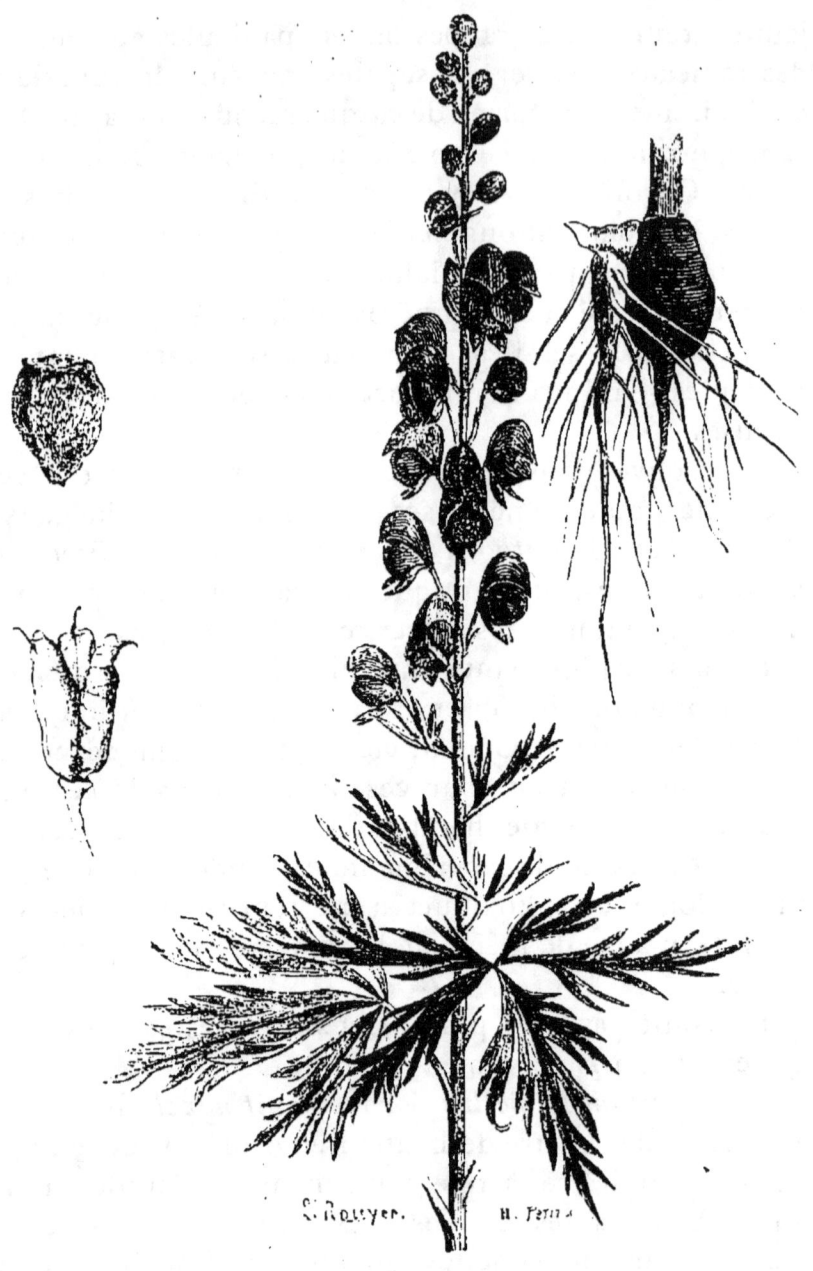

Fig. 24. — *Aconitum Napellus*. — Aconit Napel

et cultivée dans quelques jardins comme plante ornementale.

Il a été désigné autrefois par les botanistes sous le nom de *Napellus vulgaris*. Nous ne considérons les prétendues espèces *A. macrostachyum* et *A. Neubergense* que comme des variétés de l'*A. napellus*, et ce qui sera dit de celui-ci s'appliquera à ceux-là.

L'Aconit napel est une plante fort vénéneuse, mais d'une toxicité très inégale dans ses diverses parties; la racine est la portion la plus dangereuse, viennent ensuite les graines et les feuilles. Il présente des inégalités qui tiennent aussi à son âge et au climat. Peu actives au moment où elles sortent de terre, ses pousses acquièrent leur maximum de toxicité un peu avant la floraison, pour redescendre au minimum au moment de la maturation des graines. Ce végétal est plus actif dans le Midi que dans le Nord; à mesure que l'on monte à une latitude plus septentrionale, sa vénénosité décroît, à tel point qu'au témoignage de Linné, en Norvège et en Laponie, on en mange les jeunes tiges sans aucun danger. On a constaté aussi que l'Aconit napel cultivé dans les jardins depuis quelques générations comme plante ornementale, est beaucoup moins vénéneux que celui qui végète spontanément sur le flanc des montagnes.

Par la dessiccation, l'Aconit perd une partie de ses propriétés vénéneuses, mais on a observé que la perte est beaucoup moins considérable lorsque la dessiccation a lieu lentement et à l'obscurité que quand elle s'opère rapidement, sous l'influence d'un soleil ardent. La cuisson lui enlève la plus forte partie de sa vénénosité, ses principes actifs étant solubles dans l'eau d'ébullition.

Les publications médicales renferment de nombreux

exemples d'empoisonnement de l'homme par l'Aconit, à la suite surtout de l'ingestion de ses racines et aussi, mais plus rarement, par l'emploi de ses feuilles, de ses fleurs et de ses graines. Sa racine renflée, par sa ressemblance avec le navet et la rave, a été l'occasion de méprises fatales. Quelques erreurs regrettables dans des prescriptions pharmaceutiques ont également été signalées.

Généralement, dans les pâturages les animaux l'évitent; on a pourtant enregistré quelques empoisonnements de chevaux, de bœufs, de moutons et de porcs.

On s'abstiendra de donner aucune indication relative aux quantités d'Aconit napel nécessaires pour amener l'empoisonnement. Cette réserve est imposée par les variations énormes dans la teneur en principes toxiques des parties examinées, suivant l'époque, la localité, l'état, etc. On ne pourra qu'approuver cette abstention quand on saura que la lecture des mémoires consacrés à cette plante montre des variations de 1 à 40 dans les doses indiquées par les auteurs. Tous à coup sûr sont de bonne foi, mais ils ont opéré sur des Aconits napels de composition différente.

Symptomatologie. — Appliqué sur la peau humaine intacte l'Aconit, quel que soit le mode de préparation employé, ne produit pas d'effet, mais quand il est placé sur les muqueuses ou sur le tégument très fin, il y a production manifeste de chaleur, de prurit et d'un peu d'hyperesthésie locale.

Dans la bouche, il cause, par l'acreté de sa saveur, une sensation brûlante qui, si la substance est avalée, se fait sentir dans l'œsophage et l'estomac. Lorsque l'homme en a ingéré une quantité insuffisante pour produire la mort, environ une demi-heure après l'ingestion, surviennent des nausées, de la gêne de la respiration, puis de l'engourdissement et du picotement, d'abord des lèvres et de la langue, ensuite de la face, des membres et surtout des doigts. Faiblesse musculaire. Diurèse. Diminution de la fréquence du pouls, mais conservation de son rythme. Vertiges. État léthargique.

Quand la quantité de poison ingérée est suffisante pour amener la mort, tous les symptômes précédents s'aggravent : la face devient très pâle et exprime une vive anxiété, la voix s'affaiblit en même temps que les forces baissent, la respiration s'embarrasse, de l'écume s'écoule de la bouche, la pupille se dilate, l'ouïe et la vue se perdent à peu près entièrement, le pouls est à peine perceptible, la peau se refroidit de plus en plus, de très légères convulsions apparaissent. Puis la respiration finit par s'arrêter alors que le cœur continue à battre encore pendant quelques instants. Le plus fréquemment, les patients conservent leur intelligence jusqu'à l'asphyxie qui les emporte, quelquefois ils tombent dans le délire.

Sur le cheval, on observe « des mouvements des mâchoires, de la salivation, des contractions fibrillaires des muscles olécraniens, de la croupe, puis de tout le corps; des douleurs intestinales accusées par des piétinements, des coups de pied sous le ventre et en arrière avec les membres postérieurs, des contractions intenses et douloureuses des muscles de la région cervicale inférieure, de l'hyoïde et de l'abdomen; une augmentation de la sensibilité, une expulsion répétée de crottins, d'abord une congestion, puis une grande pâleur des muqueuses, une diminution du volume des artères; quelques petits cris au moment de la contraction des muscles de l'encolure et de l'abdomen, des nausées, de la raideur musculaire dans les membres postérieurs, une démarche vacillante, une respiration laborieuse et enfin une paralysie motrice, respiratoire et sensitive » (Kaufmann).

En résumé, ce qui domine dans l'intoxication par l'Aconit, ce sont des phénomènes de dépression se manifestant sur le système nerveux et sur les appareils circulatoire et respiratoire. Comme il s'y joint quelques symptômes de tétanisation, on peut en inférer que le végétal qui nous occupe ne renferme pas qu'un seul principe actif.

Le pronostic de cet empoisonnement varie naturellement selon la quantité de la plante ingérée ; il devient fort grave lorsqu'elle est un peu élevée.

Lésions. — Elles sont peu importantes. Inflammation des premières parties du tube digestif, ne se propageant généralement pas loin, surtout si la mort est survenue promptement ; taches ecchymotiques sur les plèvres et sur l'endocarde du cœur gauche ; un peu d'engouement du poumon ; vessie vide, rétractée et enflammée ; reins irrités rappelant l'empoisonnement par les cantharides.

Les toxicologistes ont retrouvé les principes actifs de l'Aconit dans le contenu stomacal et intestinal, dans le sang, l'urine, le foie, la rate et les reins. Une pareille dispersion sous l'influence de l'irrigation sanguine indique que la consommation des chairs d'un herbivore empoisonné par l'*A. napellus* ne serait pas sans dangers, car il faudrait déployer pendant la cuisson une chaleur de 120 degrés pour décomposer le principe vénéneux. La consommation ne devra donc pas être autorisée.

Aucun contrepoison n'est encore connu.

Principes actifs. — Il y a déjà longtemps que l'on s'est efforcé d'extraire la matière véritablement vénéneuse de l'*A. napellus*. Brandes, le premier, en isola un corps qu'il appela *aconitine* et qu'il considéra comme le principe immédiat actif de cette renonculacée. Les travaux des chimistes modernes ont fait voir que l'aconitine de Brandes était très impure et les progrès de la chimie ont amené à l'obtenir aujourd'hui à un état de pureté satisfaisant. Ces recherches ont montré aussi que l'aconitine, bien que devant être considérée comme le principe le plus important des Aconits, n'est pas le seul actif. En effet, on a retiré de l'Aconit napel un autre alcaloïde appelé *aconelline* qui serait identique à la narcotine. Hubschmann pensait en avoir isolé un troisième auquel il avait imposé le nom de *napelline*, mais son existence fut contestée et son auteur l'a récemment abandonné.

L'aconitine, $C^{60} H^{47} O^{14} Az^3$, est blanche, cristallisée dans le système rhombique (tandis que ses combinaisons cristallisent dans le système monocline), très amère, très soluble dans le chloroforme, se dissolvant dans 7, 20 parties d'eau, 5, 65 de benzol et 36 d'alcool absolu. Elle fond à 85 degrés et devient anhydre. Chauffée à 120 degrés, elle se décompose en dégageant de l'ammoniaque; l'acide sulfurique concentré la colore d'abord en jaune, puis en brun-rougeâtre et enfin en violet.

B. L'Aconit anthora (*Aconitum anthora*, L.) moins élevé que le précédent, à fleurs jaunes en courtes grappes, est âcre et vénéneux comme lui. Tout ce qui a été dit de l'empoisonnement par l'Aconit napel est applicable à l'Aconit anthora et ce serait tomber dans des redites que d'en faire à nouveau une description symptomatologique.

C. L'Aconit tue loup (*Aconitum Lycoctonum*, L.), dont la souche est épaisse et charnue, les feuilles profondément incisées et les fleurs d'un jaune pâle, est également fort vénéneux.

Indépendamment de l'aconitine, l'Aconit tue loup renferme deux autres alcaloïdes isolés par Dragendorff et Spohn, la *lycaconitine* et la *myoctonine*. Ces deux corps, identiques par beaucoup de propriétés et qui produisent sur les sujets d'expérience les mêmes effets, se distinguent par la manière dont ils se comportent avec l'éther pur, la lycacoctonine étant soluble dans ce véhicule et la myoctonine ne l'étant pas.

L'action physiologique de ces alcaloïdes est analogue à celle du curare et ils n'altèrent point la muqueuse intestinale comme l'aconitine ; ils se décomposent en partie dans l'organisme.

D. On a trouvé dans l'*Aconitum heterophyllum*, à côté de l'aconitine, un principe spécial, l'*atisine*, dont l'action est faible.

E. L'*Aconitum ferox*, Wall, *Aconit du Népaul*, connu en Asie sous le nom de *Bish* ou de *Bikh* et aussi sous celui de *Racine d'Issikoul*, parce qu'il croît en grande abondance sur les bords du lac de ce nom, est le plus vénéneux de tous. Il a acquis une triste célébrité, car il sert à perpétrer bien des crimes dans l'Asie centrale, parmi les populations Kirghises.

Quelques maisons anglaises introduisent en Europe l'Aconit du Népaul pour l'extraction de ses principes actifs, qu'elles vendent sous le nom d'aconitine. C'est à tort, car à côté de l'aconitine, cette plante contient un autre alcaloïde, plus violent et plus rapide dans ses effets ; on lui a donné le nom de *népaline* ou *pseudoaconitine*. La népaline est plus soluble que l'aconitine dans l'eau, l'alcool, la benzine et le chloroforme. En contact avec l'acide azotique et la solution alcoolique de potasse, il y a production d'une coloration violette, tandis que dans les mêmes circonstances, l'aconitine ne donne pas de réaction colorée.

La népaline exerce sur les muqueuses et la peau une action locale fort énergique; aussi la mort survient-elle très rapidement chez les individus intoxiqués par l'Aconit féroce.

X. — **Delphinium**, L. (**Dauphinelle**). — Genre très naturel constitué par des plantes herbacées, annuelles ou vivaces, rameuses, à feuilles palmatiséquées, à belles fleurs en grappes, bleues, roses ou blanches, dont le calice est à 5 sépales pétaloïdes, le supérieur prolongé en éperon. Corolle à 4 pétales soudés par leur base en un éperon inclus dans celui du calice, ou distincts et les deux supérieurs prolongés en deux éperons également emboîtés ; 1-5 carpelles pluriovulés se transformant en follicules.

Un alcaloïde vénéneux a été trouvé dans toutes les espèces indigènes, mais la suivante seule le contient en proportions telles qu'elle est fort dangereuse :

Delphinium Staphysagria (fig. 25), L. La *Dauphinelle staphysaigre* ou plus simplement la *Staphysaigre*, que les gens de la campagne appellent *Mort aux poux*, *Herbe aux pouilleux*, parce qu'ils l'emploient pour détruire les parasites de la peau de leurs bestiaux et parfois les leurs, est une jolie plante annuelle qui croît spontanément dans les lieux ombragés du Midi, qu'on cultive pour les besoins de la pharmacie et aussi comme plante ornementale. Sa tige, haute de 0,60 à 0,80 centimètres est rameuse, un peu rougeâtre et velue, ses feuilles à pétiole velu, palmatipartites, ses fleurs bleues ou grisâtres en grappes. Carpelles très velus. Follicules épais contenant des graines collées les unes contre les autres,

Fig. 25. — *Delphinium Staphysagria*. — Staphysaigre.

déformées par pression réciproque. L'enveloppe de ces graines, d'un brun-grisâtre, présente à sa surface un réseau de lignes saillantes enchevêtrées.

Les principes vénéneux se concentrent dans les graines qui sont les parties les plus actives et les plus dangereuses de la Staphysaigre. Au moment de la floraison, toute la plante est suspecte, mais le bétail n'y touche guère. Les coutumes populaires ayant consacré l'usage de la graine, à titre médicinal, cette partie seule doit être incriminée.

Elle a causé plusieurs intoxications sur l'homme, particulièrement par son emploi à titre de purgatif; elle en a déterminé aussi sur le bétail quand on s'en est servi pour des lotions anti-parasitaires.

Les *symptômes*, les *lésions* et le *pronostic* de l'empoisonnement par la Staphysaigre sont, à peu de choses près, ceux de l'Aconit ou tout au moins il n'a pas été fait jusqu'à présent de différences sérieuses. Nous ne croyons pas utile, pour ces motifs, d'en tracer à nouveau l'histoire, renvoyant au paragraphe précédent.

Principes actifs. — Lassaigne et Feneulle découvrirent dans la plante qui nous occupe en ce moment un principe auquel ils imposèrent le nom de *Delphine*. Des études récentes firent voir que ce corps, auquel on attribuait les propriétés vénéneuses de la Staphysaigre, n'est point simple comme on le croyait. On est arrivé à le décomposer et aujourd'hui on admet que la *D. Staphysagria* renferme quatre alcaloïdes désignés sous les noms de *Delphinine, Delphinoïdine, Delphisine* et *Staphysagrine;* la delphisine n'est pas constante.

La delphinine, $C^{22} H^{35} Az^{3} O^{6}$, cristallise dans le système rhombique, elle est amère, se dissout dans 11 parties d'éther et 15,8 de chloroforme.

La delphinoïdine, $C^{42} H^{68} Az^{32} O^{7}$, est amorphe, amère, se dissout dans 3 parties d'éther et à peu près en toutes proportions dans le chloroforme.

La delphisine, $C^{27} H^{46} Az^{32} O^4$, agit comme la delphinoïdine, mais elle cristallise en fines aiguilles.

La staphysagrine, $C^{22} H^{33} Az^3 O^3$, est amorphe, soluble dans 200 parties d'eau, 885 d'éther et en toutes proportions dans le chloroforme.

Au point de vue physiologique et toxicologique, la delphinine et la delphinoïdine se comportent comme l'aconitine et la népaline, tandis que la staphysagrine se rapproche de la lycaconitine et de la myoctonine, c'est-à-dire du curare.

Après la Staphysaigre, nous citerons *D. Requienii*, D. C. qu'on trouve dans le Midi de la France, en Corse, en Italie et *D. pictum* W. également de l'Europe méridionale. Ces deux formes ne sont probablement que des variétés de *D. staphysagria*. Elles en partagent toutes les propriétés.

L'espèce *D. consolida*, L. connue partout sous le nom de *Pied d'alouette*, est commune dans nos moissons. Quoique moins actives que celles de la Staphysaigre, ses graines sont néanmoins dangereuses et, à doses élevées, elles produisent des symptômes analogues, ce qui conduit à penser à l'identité des principes malfaisants.

L'agriculteur devra comprendre cette plante au nombre de celles qu'il faut détruire par le sarclage ; il devra également, lors du vannage et du triage, éliminer ses graines mêlées aux céréales.

XI. — **Aquilegia**, L. (**Ancolie**). — Ce genre ne renferme qu'une seule espèce indigène ; nous allons la décrire parce qu'elle est vénéneuse.

Aquilegia vulgaris, L. — L'*Ancolie commune*, vulgairement connue sous les noms d'*Aiglantine*, de *Colombine*, de *Cornette*, de *Gant de Notre-Dame*, est une herbe vivace de 0,60 cent. de haut en moyenne, à tige rameuse, à feuilles vertes en dessus et glauques en dessous, alternes décomposées, ternées, à grandes fleurs bleues, purpurines ou panachées, à 5 sépales pétaloïdes, caducs, à 5 pétales alternant avec les sépales roulés en cornets dont l'éperon descend entre les sépales. Carpelles 5, pluriovulés, se transformant à la maturité en follicules.

L'Ancolie commune est une assez jolie plante, qu'on trouve dans les pâturages de montagnes, dans les lieux ombragés et humides, sur le bord des ruisseaux. Elle est âcre, vénéneuse ; le bétail ne la prend qu'exceptionnellement et peut alors s'empoisonner.

Son ou ses principes vénéneux n'ont pas été isolés à ma connaissance et, dans les empoisonnements qu'elle produit, on rapproche la symptomatologie et les lésions de celles qu'occasionnent les Aconits. Comme pour la Staphysaigre, nous renverrons à l'étude pathogénique des Aconits afin de ne point nous répéter.

Les graines sont les parties les plus dangereuses, mais les racines, la tige et les feuilles sont également vénéneuses quoique à un degré beaucoup moindre.

Il est encore d'usage, dans quelques campagnes, d'employer des infusions de graines d'Ancolie pour favoriser l'apparition des élevures dans les fièvres éruptives ; maniée par des mains inhabiles, une telle médication peut occasionner des intoxications, surtout chez les enfants, ainsi que l'avait déjà prévu Linné.

Ces mêmes graines, mélangées aux céréales ou à d'autres semences comestibles et ingérées par les animaux, peuvent les empoisonner.

BIBLIOGRAPHIE

Clématite. — Roques. *Phytographie médicale*, t. II.

Pigamon. — Doassans. *Etude botanique, chimique et physiologique sur le Thalictrum macrocarpum*, Thèse de Paris. 1881.

Anémone. — Fonssagrives. Article *Anémone* du *Dictionnaire encyclopédique des sciences médicales*.

Adonis. — Huchard. Sur *l'Adonidine*.

Renoncules. — Delplanque. *Empoisonnement de cinq vaches par la Renoncule des champs*, in *Recueil de médecine vétérinaire*. 1854. — Flower. *Mort de trois génisses par la Ranunculus ficaria*, idem, 1866. — Wehenkel. *Bulletin du comité consultatif belge pour les affaires relatives à la police sanitaire des animaux*, fascicules de 1884 et de 1885.

Hellébores. — Tous les *Traités de matière médicale, de thérapeutique et de toxicologie*. — Chevallier, *Empoisonnement par la poudre d'Hellébore*. in *Annales d'hygiène publique*, 1877. — E. et H. Thierry. *Empoisonnement de bestiaux par l'Hellébore vert*, in *Recueil de médecine vétérinaire*, 1878.

Aconits. — Tous les *Traités de toxicologie, de matière médicale* et un grand nombre de *Mémoires* publiés au siècle dernier. Parmi les auteurs plus récents, voyez : Fleming. *An Inquiry into the Physiol. an medical properties of the Aconitum napellus*. Londres, 1845. — Schroff. *Aconitum lycoctonum in pharmakognost. toxikologisch und historicher Hinsicht*. Traduction analytique dans l'*Union médicale* de 1854. — Hahn. *Essai sur l'Aconit*. Thèse de Strasbourg, 1864. — Laborde et Duquesnel. *Des Aconits et de l'aconitine* 1 vol. in-8, Paris, 1883. — Kaufmann. Article *Aconit* du *Précis de thérapeutique vétérinaire*, 1886. — Dragendorff et Spohn. *Sur la lycaconitine et la myoctonine*, in *Manuel de toxicologie*, — Ewers. *Ueber die phy. Wirkung der aus Aconitum ferox dargestel Aconitum*. Dissertation de Dorpat, 1873.

Staphysaigre. — Dragendorff et Marquis. *Ueber die Alcaloide des D. Staphisagria* in *Archiv. f. exp. Path. und Pharmacol.*, t. VII, 1877.

Article II. — Ménispermées, Berbéridées, Papavéracées et Crucifères

Sous-Article I. — Ménispermées et Berbéridées

I. — Le plan de cet ouvrage ne comporte pas la description des *Ménispermées* dont les espèces n'appartiennent point à notre flore, mais à celle des tropiques. Cependant il faut en parler car, parmi les genres peu nombreux qui nous sont connus, plusieurs ont des espèces vénéneuses. C'est ainsi que le *Cocculus palmatus*, de l'Afrique australe, fournit la *racine de Colombo* qui est officinale à dose moyenne et toxique à haute dose, et que le *Cissampelos* des Antilles nous donne une drogue mal étudiée désignée sous le nom de *Pareira brava*.

L'*Anamirta cocculus*, Arn. (*Cocculus suberosus*, D. C. *Menispermum lacunosum*, Lamk.), mérite une mention spéciale, car son fruit fournit la *Coque du Levant*.

« Les fruits, composés de deux ou trois drupes arquées, à cicatrice stylaire rapprochée de la base d'insertion, contiennent un noyau muni intérieurement d'un prolongement bilobé sur lequel se moule la graine. Celle-ci, sous ses téguments, renferme un albumen corné, au milieu duquel est un embryon à cotylédons divariqués » (Baillon).

L'amande renferme un poison dont l'usage tend malheureusement trop à se répandre en Europe et qui a déjà occasionné quelques accidents, ce qui m'oblige à le mentionner.

De temps immémorial, dans l'Inde, on se sert de la **Coque du Levant** pour tuer le poisson dans les cours d'eau et le recueillir ensuite avec toute facilité. Les **importateurs de ce produit ont appris aux braconniers** de nos rivières l'usage qu'on en peut faire et la connaissance s'en est répandue rapidement. J'ai été très étonné de le trouver dernièrement entre les mains de pêcheurs habitant de pauvres hameaux isolés.

On se sert aussi de la Coque du Levant pour communiquer à la bière une saveur plus amère et des effets enivrants ; il nous vient d'Angleterre, pour cet usage, un extrait aqueux tout préparé.

Les recherches faites sur la Coque du Levant ont montré que tous les vertébrés sont vivement impressionnés par cette substance ; parmi les invertébrés, les mollusques se sont montrés relativement réfractaires.

Symptomatologie. — Comme phénomène primordial, on observe de la torpeur qui s'accompagne d'un ralentissement des fonctions cardiaques, d'engouement des capillaires et d'obtusion de la sensibilité. Si la dose a été suffisamment élevée, à la torpeur succèdent des convulsions toniques, spécialement dans les extenseurs, de la parésie et de l'incoordination motrice. Au moment de l'apparition des convulsions, le cœur ne bat plus qu'avec difficulté, puis reprend son rythme, mais avec décroissance, en nombre et en force, en raison directe des convulsions. L'engouement des capillaires est parallèle à l'affaiblissement du cœur. La sensibilité, d'abord fortement émoussée, s'exalte dans la phase convulsive pour s'anéantir dans le collapsus final.

Dans le travail qu'il a consacré à l'intoxication par la Coque du Levant, M. Planat conclut : 1° qu'elle agit sur le myélencéphale ; 2° qu'elle épargne le cerveau et les cellules idéo-motrices et porte principalement son action sur le bulbe, le cervelet et la moelle ; 3° qu'elle en surexcite les éléments, d'où exagération et déviation fonctionnelle suivie de paralysie par dépense excessive d'influx nerveux ; 4° que la conséquence principale de cette suractivité est l'arrêt plus ou moins complet du système circulatoire (par action sur le pneumogastrique et le dépresseur de Cyon). Il y a donc une action cardio-vasculaire sous la dépendance de l'action nerveuse.

À l'autopsie, on ne trouve que les lésions de l'engouement capillaire et de l'asphyxie commençante.

La vénénosité des Coques du Levant est due à la *picrotoxine* qu'elles contiennent dans la proportion de 5 o/o de leur poids. On ne la trouve que dans l'amande, non dans les enveloppes.

La picrotoxine cristallise en prismes soyeux, à quatre pans, groupés souvent en choux-fleurs. Elle se dissout dans 25 parties d'eau bouillante et dans 150 d'eau froide. L'éther, l'alcool, le chloroforme et l'ammoniaque la dissolvent avec facilité. En fondant, elle répand des vapeurs à odeur de caramel. Ce n'est pas un alcaloïde et d'après M. Barth, sa formule serait $C^{12} H^{14} O^5$.

À côté de la picrotoxine, la Coque du Levant renferme, dans son péricarpe, un principe amer, doué de propriétés émétiques, la *ménispermine*. Son activité est loin d'égaler celle de la picrotoxine.

On peut causer de grands dégâts dans les pièces d'eau à l'aide de la Coque du Levant, car on estime que 40 centigrammes suffisent pour tuer en dix heures un cyprin de 200 à 300 grammes.

La vente de cette substance, sa délivrance à des personnes peu recommandables, nous paraissent se faire en France avec trop de facilité, d'autant plus que si le poisson tué par la Coque du Levant n'est pas vidé immédiatement, sa chair devient vénéneuse et n'est pas consommée sans danger.

Si, par malveillance, un de nos herbivores domestiques était empoisonné par la Coque ou par son toxique, l'usage de sa chair ne pourrait être toléré.

II. — On trouve dans la famille des Berbéridées une espèce américaine, *Podophyllum peltatum*, qui fournit à la médecine, par son rhizome, un purgatif énergique; pris à trop fortes doses il peut devenir un poison.

L'empoisonnement par le Podophyllum se traduit par des nausées et des vomissements, de violentes coliques avec évacuation de matières diarrhéiques; il y a une dépression musculaire considérable.

La mort arrive assez rapidement et les lésions sont celles de la superpurgation.

La substance active du Podophyllum est une matière résineuse, la *podophylline*, soluble dans l'alcool, mais insoluble dans l'eau et d'un goût désagréable.

Une autre espèce, d'origine américaine aussi, mais acclimatée en Europe, le *Mahonia à feuilles de houx*, *Mahonia aquifolium*, Nutt. a été suspectée récemment de donner des fruits capables d'empoisonner les oiseaux de basse-cour. Il serait nécessaire de vérifier expérimentalement ce qu'il en est.

Sous-Article II. — Papavéracées.

La famille des Papavéracées est formée de plantes herbacées, annuelles, bisannuelles ou vivaces, glauques ou couvertes de longs poils, dont la fleur est très caduque et le fruit une capsule ou une silique. Ces plantes élaborent un latex blanc ou coloré, quelquefois âcre et doué de propriétés narcotiques.

Les genres Pavot, Glaucion et Chélidoine doivent nous arrêter.

1. — **Papaver**, T. (**Pavot**). — Ce genre renferme des plantes annuelles, à feuilles lobées ou disséquées, à grandes fleurs portées sur de longs pédoncules, soli-

taires, blanches, lilas, roses, rouges ou panachées, à calice à 2 sépales, corolle à 4 pétales, étamines nombreuses à anthères noirâtres, stigmates 4-20, sessiles, rayonnant sur le sommet de l'ovaire. Capsule ovoïde, s'ouvrant par des pores operculés placés sous le disque terminal entre les placentas; sa cavité montre un grand nombre de placentas pariétaux élargis en fausses cloisons. Graines très nombreuses et très petites.

Les espèces suivantes nous intéressent :

A. *Papaver somniferum* L. (*Pavot somnifère*). Cette espèce, originaire de l'Orient, mais depuis longtemps cultivée en France où elle croît parfois d'une façon spontanée, est caractérisée par ses capsules globuleuses, son calice glabre et ses feuilles complexicaules à dents obtuses.

Les agriculteurs français la cultivent surtout comme plante oléagineuse et on en connaît deux variétés : le *Pavot noir* et le *Pavot blanc*; le premier ayant des capsules à pores ouverts et à graines noires; le second, porteur de capsules indéhiscentes à graines blanches.

Mais le Pavot n'est pas seulement une plante oléagineuse, c'est encore un végétal producteur d'*opium*, c'est-à-dire d'une substance qui joue en médecine un rôle capital et qui est aussi un agent d'intoxication relativement commun.

Nous n'avons point à parler du rôle médical de l'opium, l'un des mieux étudiés de la thérapeutique, mais le Pavot nous appartient comme plante toxique et c'est à ce titre que nous allons l'examiner.

De temps immémorial, le public connaît les propriétés vénéneuses du Pavot somnifère; les annales médico-légales renferment une trop nombreuse série d'empoisonnements qui lui sont dus, empoisonnements volontaires, accidentels ou criminels, le défilé en est long et chaque année la liste s'en accroît.

A côté de ces cas aigus, il faut placer l'intoxication chronique qui s'empare des fumeurs invétérés d'opium et qui abrutit tant de peuples de l'Orient. Les Occidentaux ont résisté jusqu'à ce jour à cette habitude funeste. Cependant, depuis quelques années, la pratique médicale s'est trouvée en face d'une affection nouvelle due à l'abus, non de l'opium entier, mais de la morphine, l'un de ses alcaloïdes constituants; c'est la *morphinomanie*, passion non moins tyrannique que d'autres, qui déséquilibre et désorganise ceux qui s'y abandonnent.

Les Pavots, à l'état vert, répandent une odeur forte et ont une saveur désagréable, aussi les bestiaux n'y touchent guère et ne s'empoisonnent pas spontanément. Cependant un vétérinaire allemand, Leonhardl a relaté l'empoisonnement de quatre bêtes bovines par des têtes de Pavots données comme litière et mangées par ces animaux.

La tige, les fleurs et les feuilles du Pavot sont vénéneuses, mais leur activité n'égale point celle des capsules qui sont les organes les plus riches en opium et sont, pour ce motif, la partie exploitée. C'est un peu avant la maturité que la teneur en opium des capsules est portée à son maximum ; cette teneur est d'ailleurs fort variable suivant les localités, la nature du terrain, le climat, etc.

La dessiccation des capsules ne leur enlève pas leurs principes vénéneux; elles les abandonnent dans l'eau bouillante.

Les nombreuses graines renfermées dans la capsule ne sont pas vénéneuses, celles du Pavot blanc sont mangées en Orient et l'on en fait en Italie une sorte de gâteau, la *paverata*.

J'ai déjà dit qu'on en extrait une huile désignée dans le commerce sous le nom d'huile d'œillette. Pas plus que la graine d'où on la retire elle n'est vénéneuse, on peut en faire usage sans inconvénient. On s'en sert pour la falsification des huiles d'olives.

Les tourteaux d'Œillette et de Pavot sont appétés par les animaux et leur réussissent bien ; on a prétendu qu'ils maintiennent les bestiaux qui en font usage dans un demi-sommeil très favorable à l'engraissement, ce qui supposerait la présence d'un peu d'opium dans l'enveloppe du grain, mais cela reste à démontrer.

Symptomatologie. — Chez l'homme, lorsqu'il y a eu empoisonnement à la suite de l'ingestion d'une décoction de têtes de Pavots, on remarque d'abord une période d'excitation qui se traduit par une suractivité des sécrétions glandulaires et notamment de la salive. Elle est assez fugitive et l'on voit survenir de l'arrêt de la digestion avec difficulté de la déglutition, sécheresse de l'arrière-bouche, puis nausées et vomissements.

Une phase de stupeur succède aux précédentes, les facultés intellectuelles sont les premières et les plus profondément touchées ; le sujet intoxiqué perd la notion du lieu où il se trouve et des personnes qui l'entourent, il se tient immobile et devient la proie d'hallucinations et de rêves. Au milieu de cette stupeur morphinique, le moindre bruit est perçu et il impressionne désagréablement le malade. La sensibilité n'est qu'émoussée mais non abolie. La respiration devient irrégulière et de plus en plus lente. Après s'être ralenti pendant un court intervalle, le pouls s'accélère considérablement. La température rectale s'élève ainsi que celle de la peau. Il y a parfois des sueurs et de la **dysurie**.

Sur les animaux, les symptômes dominants sont des

coliques avec tympanite, une difficulté accentuée de la respiration, la bouche écumante, etc.

Pendant les derniers moments, les températures centrale et cutanée s'abaissent rapidement, quelques mouvements convulsifs apparaissent au milieu du coma; la mort arrive par arrêt de la respiration qui précède celui du cœur.

Si la quantité ingérée, quoique forte, est insuffisante pour amener la mort, il importera de ne point oublier que l'élimination par les reins se fait lentement et dure plusieurs jours, que les troubles cérébraux ne se dissipent que petit à petit, que le malade en se réveillant est comme effaré, avec les yeux hagards et qu'il ressent une violente courbature, tous phénomènes qui ne se dissipent qu'avec lenteur.

Lésions. — Ce sont surtout celles de l'asphyxie et de l'apoplexie, car les muqueuses stomacale et intestinale sont peu enflammées. — Le cerveau est fortement hyperémié, les vaisseaux de ses enveloppes sont distendus, les poumons sont engoués, le cœur en diastole. Il y a aussi inflammation des reins.

On retrouve les alcaloïdes du Pavot dans les matières vomies, le contenu du tube digestif, les glandes annexes et l'urine; ils passent dans le sang mais n'y séjournent pas longtemps. L'urine est le liquide qui en renferme le plus et celui qui devra surtout servir au toxicologiste pour ses recherches.

Principes actifs. — Nous avons dit qu'il s'écoule des capsules de Pavot, après incision, un suc qui se concrète et forme l'opium. Celui-ci n'est point un produit simple, car il renferme six alcaloïdes principaux, bien connus, et d'autres qui sont à l'étude actuellement. Les six principaux sont : la *morphine* ($C^{17} H^{19} Az O^3$), la *codéine* ($C^{18} H^{21} Az O^3$) la *thébaïne* ($C^{19} H^{21} Az O^3$), la *papavérine* ($C^{20} H^{21} Az O^4$), la *narcotine* ($C^{22} H^{33} Az O^7$), la *narcéïne* ($C^{23} H^{29} Az O^9$). Ils n'existent pas dans l'opium à l'état de liberté, ils sont combinés en partie avec l'*acide méconique*.

Leur proportion dans l'opium varie suivant la provenance et maintes autres circonstances, mais la morphine domine toujours de beaucoup; cet alcaloïde possédant des propriétés énergiques, on s'explique comment l'action toxique des capsules de Pavot se rapproche de celle de la morphine. Ce n'est pourtant point, d'après les recherches de Cl. Bernard, le plus vénéneux, ce rôle est rempli par la thébaïne d'abord, la codéine ensuite. Le plus somnifère des alcaloïdes de l'opium est la narcéine.

La morphine cristallise en prismes rhomboïdaux blancs, inodores, qui fondent à 120 degrés, se dissolvent dans 1000 parties d'eau froide et 500 d'eau bouillante, dans 40 d'alcool absolu, peu solubles dans l'éther, le chloroforme et la benzine.

Elle se combine pour former des sels, chlorhydrate, acétate, sulfate qui, comme elle, sont employés couramment en médecine. La codéine, la narcéine et la papavérine ont déjà reçu quelques applications thérapeutiques.

B. *Papaver Rhœas*, L. Le *Pavot coquelicot* (fig. 26), qui végète à profusion dans les moissons, est une plante connue de tout le monde. Sa tige est hérissée de poils raides, ses feuilles sont pinnatipartites, à dents ciliées, ses fleurs à grands pétales d'un rouge vif et tachés de noir à la base, sa capsule, glabre, subglobuleuse est assez petite.

Toutes les parties de cette plante sont vénéneuses, à **un degré moindre que celles du Pavot somnifère, mais suffisant pour occasionner des accidents chaque année.**

Les animaux domestiques s'empoisonnent lorsqu'on

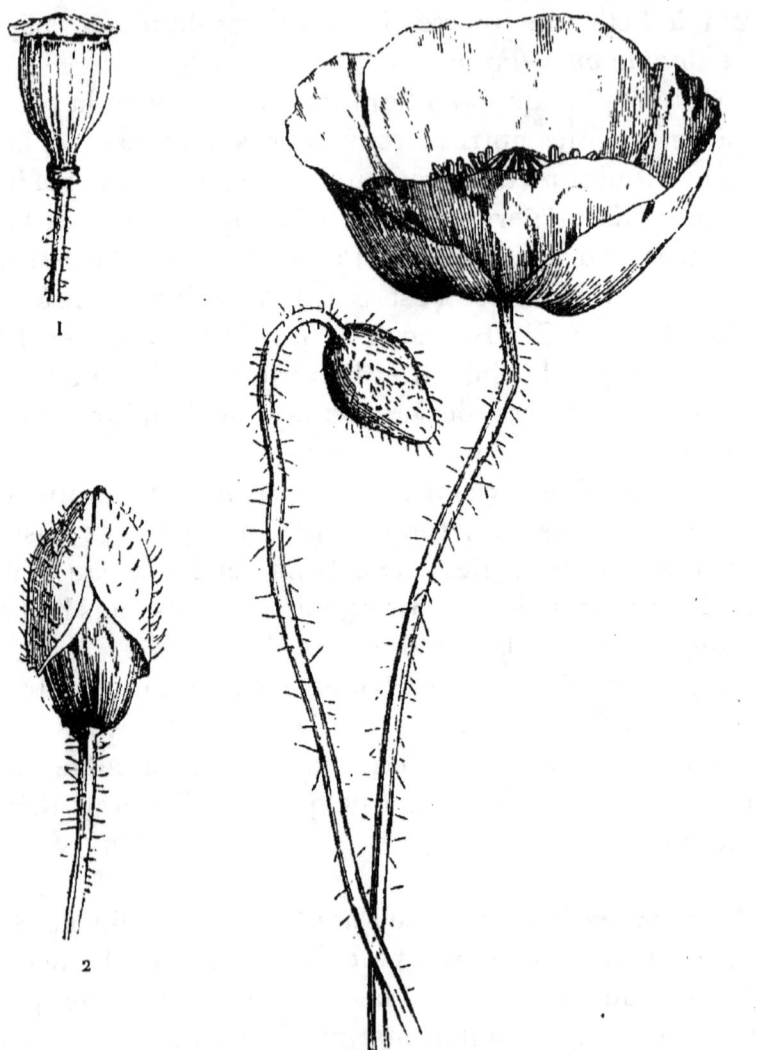

Fig. 26. — *Papaver Rhœas*. — Pavot Coquelicot.
1. Fruit. — 2. Fleur avant l'épanouissement.

leur distribue le Coquelicot en vert avec d'autres herbes provenant des sarclages, ou avec des trèfles et des sainfoins qui en sont infestés, ou encore lorsqu'ils en prennent les capsules avec d'autres déchets ou produits du vannage et du triage des céréales.

Le bœuf empoisonné par le Coquelicot présente d'abord de l'excitation qui se traduit par des déplacements continuels, l'action de gratter le sol ou la litière et l'émotion de la respiration et de la circulation. Viennent l'arrêt des fonctions digestives et, parfois, un peu de tuméfaction des paupières. Une période de coma succède à ces premiers phénomènes, l'animal semble dormir debout, se tient immobile et, si on le force à se déplacer, il marche en chancelant ; bientôt il se laisse choir et reste, si la terminaison doit être mortelle — ce qui est l'exception — étendu sur le sol ; sa respiration se ralentit, la température baisse ; quelques mouvements convulsifs apparaissent et la mort arrive par arrêt de la respiration.

Mêmes lésions que dans l'empoisonnement par le Pavot somnifère, avec des désordres intestinaux plus marqués.

Le lapin paraît jouir d'une sorte d'immunité vis-à-vis du Coquelicot. J'ai vu, à la campagne, une personne pauvre aller chaque jour dans les champs, chercher des bottes de cette plante à tous les degrés de végétation et les distribuer comme nourriture à peu près exclusive à ses lapins. Ceux-ci s'accommodaient très bien de cette alimentation et pendant tout le temps qu'elle a duré, je n'ai point remarqué de dérangement dans leur santé.

Une telle immunité, complète si l'on n'envisage que les conditions ordinaires de l'alimentation et que nous retrouverons pour d'autres plantes, ne l'est plus si l'on introduit la morphine dans l'économie par les voies sous-cutanées ou intraveineuses. Mais dans ce cas encore, on est obligé de se servir de doses considérables, relativement au poids du corps des Léporins.

Toutes les parties du Coquelicot ont fourni à Hesse un alcaloïde qu'il a appelé *rhœadine* et qui a pour caractères d'être presque insoluble dans l'éther, la benzine, le chloroforme, l'alcool et l'eau; l'acide acétique étendu le dissout et le décompose. Chauffée avec une solution étendue d'un acide minéral, la rhœadine se dédouble et donne une coloration *rouge de sang*.

C. Papaver Dubium, L. Le *Pavot douteux*, moins répandu que le Coquelicot, végète comme lui dans les moissons; les fleurs sont d'un rouge plus pâle, il possède des propriétés analogues, mais moins prononcées. Il est probable qu'ingéré en grande quantité par les animaux ou pendant longtemps, il produirait des empoisonnements analogues.

Le cultivateur a tout intérêt à faire disparaître de ses moissons, par des sarclages répétés, le Coquelicot et le Pavot douteux.

II. — **Glaucium**, T. (**Glaucion**). — Ne renferme que l'espèce suivante qui nous intéresse :

Glaucium luteum, Scop. Le *Glaucion à fleurs jaunes*, vulgairement connu sous le nom de *Pavot cornu*, fut décrit par Linné sous celui de **Chélidoine Glaucion** et rattaché au genre Chélidoine (*Ch. Glaucium*). C'est une plante bisannuelle, glauque, de 4 à 8 décimètres, dont la tige est rameuse, les feuilles un peu charnues, pinnatipartites, les fleurs grandes, terminales, jaunes, dont le calice est à 2 sépales herbacés, le fruit capsulaire, long, à deux valves qui, à la maturité, se détachent du sommet à la base.

Le Glaucion, dont l'habitat de prédilection est constitué par les décombres, les graviers et les terrains sablonneux, renferme dans toutes ses parties un latex jaune, âcre et vénéneux. Les bestiaux ne prennent pas spontanément cette plante, mais elle peut leur être distribuée avec d'autres fourrages et les empoisonner.

L'étude du principe actif du *G. Luteum* n'a point encore été exécutée, que je sache, non plus que la symptomatologie de l'empoisonnement. Provisoirement et jusqu'à ce que des études ultérieures aient décidé, nous identifierons l'intoxication par cette plante à celle qu'occasionne la grande Chélidoine que nous allons examiner.

III. — **Chelidonium**, T. (**Chélidoine**). — Comme le précédent, ce genre n'a qu'une espèce qui doive nous arrêter :

Chelidonium majus, L. La *Chélidoine majeure,* encore dite *grande Chélidoine, Éclaire, grande Éclaire, Herbe aux verrues, Herbe aux boucs, Herbe de l'Hirondelle,* est une plante vivace, commune dans les vieux murs, les matériaux de démolition, les lieux pierreux et un peu frais. Sa tige a 0,50 en moyenne, elle est poilue; ses feuilles sont grandes, molles, pinnatiséquées; fleurs jaunes en ombelle simple, à 2 sépales et 4 pétales. Capsule siliquiforme, s'ouvrant de bas en haut en deux valves. Graines lisses.

La grande Chélidoine exhale une odeur fétide et toutes ses parties sont gorgées d'un suc jaunâtre, très âcre et vénéneux.

Elle a joué un certain rôle dans l'ancienne médecine et aujourd'hui encore les gens de la campagne l'utilisent contre les verrues et les parasites; ils l'emploient aussi comme **émétique, purgative** et à titre de collyre dans les maladies des yeux. Par suite de ces usages et de l'emploi immodéré qui est fait du suc de cette plante, il se produit parfois des empoisonnements sur l'espèce humaine.

Les bestiaux dédaignent la grande Chélidoine, ils ne l'acceptent que très exceptionnellement et lorsqu'on a eu recours à quelque artifice pour la leur faire prendre.

La dessiccation et la cuisson ne lui enlèvent pas ses propriétés vénéneuses.

Symptomatologie. — Appliqué sur la peau, le suc de la Chélidoine est irritant. Introduit dans l'organisme, il produit rapidement des nausées, des vomissements, puis des coliques apparaissent accompagnées d'évacuations abondantes de matières fécales diarrhéiques ou dysentériques. Si la quantité ingérée a été suffisante, la mort est la conséquence de la superpurgation.

Les lésions sont celles que l'on constate à la suite de l'administration des purgatifs drastiques.

Le poison de la Chélidoine localise son action spécialement sur l'appareil digestif; on peut s'en assurer en pratiquant une injection intra-veineuse ou sous-cutanée de suc, on produit alors les effets évacuants et irritants ainsi que les lésions qui viennent d'être signalés.

Principes actifs. — L'action toxique de la grande Chélidoine est produite par deux alcaloïdes renfermés dans son latex : la *Chélidonine* et la *Sanguinarine*. Ils agissent inégalement, le premier n'a qu'une faible activité, c'est au second que sont dus surtout les effets constatés.

On y trouve aussi un acide dit *chélidonique,* mais les recherches de plusieurs chimistes, celles de Schmidt, en particulier, ont fait voir que ce corps n'est autre que de l'acide succinique avec lequel il doit être identifié. Il n'y a pas autrement à s'y arrêter ici.

Dans les cas d'empoisonnements, il faut rechercher dans le tube intestinal les alcaloïdes spécifiques, quelle qu'ait été d'ailleurs, je l'ai dit, la voie d'introduction du poison. On les retrouve aussi dans le sang, la bile, le foie et la rate. L'élimination par les reins est assez faible.

Ils sont stables, car dix semaines après les avoir mélangés à du sang et à des aliments, on a pu les isoler.

Avec l'acide sulfurique concentré, la sanguinarine donne une solution violet pâle passant ultérieurement au vert; la chélidonine donne immédiatement la couleur vert pâle passant ensuite au brun et au brun violet.

En raison de la stabilité des alcaloïdes et de leur passage dans le sang, l'autorisation d'utiliser pour l'alimentation le cadavre d'herbivores empoisonnés par la Chélidoine ne peut être accordée.

Sous-Article III. — Crucifères

La famille des Crucifères, si naturelle, si intéressante pour la botanique pure et si importante au point de vue économique, n'a qu'un très faible intérêt pour nous. Les trois espèces dont il va être question dans les paragraphes suivants, méritent seules une mention.

I. — **Sinapis**, L. (**Moutarde**). — Ce genre, d'une grande importance agricole et médicale, renferme une espèce nuisible :

Sinapis arvensis, L. La *Moutarde des champs*, encore dite *Sénevé, Moutarde sauvage, Raveluche, Sanve, Jatte* (fig. 27), est une plante annuelle, très envahissante qui couvre les guérets d'un tapis jaune d'or au printemps et gêne le développement des céréales. Haute de 0,60 cent., en France, elle dépasse un mètre en Algérie; sa tige est dressée, rameuse, hispide, ses feuilles

Fig. 27. — *Sinapis arvensis.* L. — Moutarde sauvage.

ovales, oblongues, les inférieures lyrées, les supérieures sinuées dentées, elle a des fleurs jaunes assez grandes; son fruit est une silique glabre, surmontée d'un bec comprimé. Graines petites, lisses, noires, ayant le goût de moutarde.

La Moutarde des champs est une mauvaise plante que l'agriculteur doit détruire, d'abord par ce qu'elle souille ses céréales, notamment les avoines et les orges et qu'elle tend à étouffer les bonnes plantes, ensuite par ce qu'elle peut déterminer des accidents sérieux sur les bestiaux qui la prennent. Elle est à peu près inoffensive quand elle est jeune, mais elle devient particulièrement dangereuse à partir de sa floraison, au moment où les graines commencent à se former. Les animaux mangent ses feuilles, sans les rechercher. L'ingestion un peu considérable de cette plante, continuée pendant une vingtaine de jours, est capable de provoquer des accidents, parfois mortels, sur les chevaux et les mulets.

Les chevaux présentent les signes suivants : « Tête basse, grande tristesse, respiration plaintive, pénible, accélérée, avec un fort soubresaut comme chez un cheval poussif au dernier degré, muqueuses jaunâtres, de temps en temps toux convulsive, avortée, quinteuse, s'accompagnant de grande anxiété à la suite de laquelle l'animal jette par le nez une abondance de liquide mousseux, ressemblant à de la mousse de bière. Le patient peut ainsi en rejeter une dizaine de litres dans l'espace d'une heure. Cette émission de liquide spumeux a lieu particulièrement quelque temps après l'ingestion des boissons et souvent l'animal meurt asphyxié dans un accès de toux. A l'autopsie, on trouve les poumons congestionnés et comme soufflés, les bronches injectées, d'un rouge foncé et remplies de liquide mousseux jaunâtre » (Mégnin).

Quelques agriculteurs ont voulu utiliser les graines de Moutarde sauvage en les mélangeant à celles de la Navette. Ils ont obtenu un tourteau de très mauvaise qualité qui, distribué au bétail, amena des inflammations intestinales avec diarrhée épuisante et soif inextinguible. Tous ces symptômes fâcheux ne cessèrent que lorsqu'on supprima l'usage de ce tourteau.

La Moutarde sauvage agit comme irritante par toutes ses parties quand elle est en fleurs et plus tard seulement par ses graines. A en juger par ses effets, il y a de fortes présomptions pour qu'elle agisse par du *sulfocyanure d'allyle* ou *essence de Moutarde* qui prendrait naissance lors de son contact avec les liquides organiques. Ce serait un point de ressemblance de plus entre la Moutarde des champs et la Moutarde noire dont les usages médicinaux sont connus de tout le monde.

La production de la bronchorrée dont il a été question tout à l'heure, semble indiquer qu'il y a élimination de l'essence par la voie pulmonaire.

II. — **Raphanus**, T. (**Raifort**). — L'espèce suivante du genre Raifort est à signaler :

Raphanus Raphanistrum, L. Le *Raifort sauvage* est encore appelé *Ravenelle des champs, Pied de Glène*, et aussi *Raveluche* et *Jatte ;* ces deux dernières expressions populaires indiquent qu'on fait souvent une confusion entre le Raifort sauvage et la Moutarde des champs. Ces deux plantes ont, en effet, plusieurs points de ressemblance : l'une et l'autre souillent les moissons et sont envahissantes au possible, leur tige, leur taille, leur port, leurs feuilles, quelquefois entières, permettent la confusion avant la floraison. Après que celle-ci est effectuée, on trouve sur les pétales du *R. Raphanistrum* des veines violettes qui n'existent pas sur ceux du *S. arven-*

sis. La silique du Raifort est moniliforme (Voy. fig. 27 *b*), avec un étranglement très net entre ses graines, chaque article est monosperme. La Moutarde infeste les terres calcaires, la Ravenelle préfère les régions siliceuses, argileuses et granitiques.

Pour tous les motifs indiqués à propos de la Moutarde, l'agriculteur doit détruire, par des sarclages très soignés, le Raifort sauvage. Quand cette plante est verte, elle est aussi peu appétée par les animaux que la précédente, elle peut comme elle occasionner de la sialorrhée et de la bronchorrhée. Ses graines sont très âcres et susceptibles de produire des dérangements intestinaux, quand, mêlées aux graines des céréales lors du triage, elles sont données aux animaux. Il y a des probabilités pour que le principe actif du Raifort soit identique à celui de la Moutarde, cependant il serait bon que des recherches chimiques fussent faites de ce côté.

III. — **Sisymbrium**, L. (**Sisymbre**). — On trouve dans le genre Sisymbre une espèce qui doit être mentionnée, c'est la suivante :

Sisymbrium alliaria. Scop. La *Sisymbre alliaire*, qui fut décrite sous les noms d'*Erysimum alliaria* (*Velar alliaire*) et d'*Alliaria officinalis* (*Alliaire officinale*), est une plante bisannuelle de 0,50 à 0,80 cent. à grandes feuilles réniformes cordées, largement crénelées, à fleurs blanches et à longues siliques étalées, très répandue dans les lieux frais et ombragés. Elle exhale de toutes ses parties, quand on la froisse entre les doigts, une odeur d'ail très prononcée et c'est à cette particularité qu'elle doit son nom.

Le cultivateur doit connaître et détruire cette plante; elle n'est pas vénéneuse et les vaches la mangent très

volontiers, mais sous l'influence de cette nourriture, leur lait contracte une odeur d'ail qui en rend la consommation pénible et le déprécie grandement. Les considérations développées à la page 119 à propos de l'Ail lui-même sont applicables ici, car dans un cas comme dans l'autre, il y a formation d'essence d'ail qui communique son odeur *sui generis* au produit des glandes mammaires.

BIBLIOGRAPHIE.

Coque du Levant. — PLANAT. *Recherches physiologiques et thérapeutiques sur la picrotoxine*, in *Bulletin général de thérapeutique*, 1875.

Mahonia. — RECORDON. Empoisonnement d'un paon par le fruit du *M. aquifolium*, in *Presse vétérinaire*, 1885.

Pavot somnifère. — L'Opium a été l'objet d'une telle quantité de travaux qu'il nous est absolument impossible ici d'en présenter même un aperçu. On les trouve d'ailleurs résumés dans tous les traités de Thérapeutique et de Toxicologie. Nous nous contenterons de renvoyer au mémoire de Cl. Bernard qui a étudié comparativement les propriétés physiologiques de chacun de ses alcaloïdes, in *Comptes rendus*, t. LIX, page 406 et suivantes.

Pavot Coquelicot. — BARBE. *Effets du P. rhœas sur les femelles de l'espèce bovine*, in *Recueil de médecine vétérinaire*, 1881. — HASSE. *Annal. d. Chem. a Ph.* t. CXL, Sur la Rhœadine.

Grande Chélidoine. — KUGELGEN. *Beitr. zur forens Chemie des Sanguinarins und Chelidonins.* Dorpat, 1884.

Moutarde des champs. — RODET et BAILLET. *Botanique agricole et médicale*, art. Moutarde des champs. — MÉGNIN. *Bronchorrhée produite par la Moutarde des champs*, in *L'Eleveur*, 1886. — PONCET. Exhalation broncho-pulmonaire considérable due au *Sinapis arvensis*, in *Recueil de méd. vet.* 1859.

Article III. — Violariées et Caryophyllées

Sous-Article I. — Violariées

La famille des Violariées, bien que peu étendue, est très intéressante par les particularités qu'elle présente dans sa fécondation et fort importante par ses espèces ; quelques-unes répandent de suaves parfums, d'autres ont un coloris des plus remarquables et ont fourni à la floriculture plusieurs belles variétés. Contrairement à toute attente, elle renferme des plantes vénéneuses.

Viola, L. (**Violette**). — Parmi les espèces de ce genre, trop multipliées par la plupart des auteurs, nous devons nous arrêter à la suivante :

A. Viola odorata, L. La *Violette odorante*, connue de tout le monde et universellement appréciée pour ses petites fleurs d'une beauté modeste mais d'un parfum exquis, est une herbe vivace, acaule, à rhizome horizontal, renflé et redressé à l'extrémité, stolonifère, à feuilles réniformes, crénelées, à fleurs violettes, très odorantes, à style terminé en bec courbé, à capsule subglobuleuse et velue. Elle croît spontanément et abondamment dans les haies et les buissons.

L'horticulture s'est emparée de cette espèce et en a tiré des variétés, aussi appréciées que la forme spontanée ; il se fait aujourd'hui, pendant l'hiver surtout, un commerce considérable de bouquets de Violette.

Ses fleurs sont aussi récoltées et séchées pour usage médicinal ; elles sont béchiques et pectorales.

Quant au rhizome et aux graines, ils sont vénéneux. Le rhizome a, d'ailleurs, à l'état frais une odeur et une saveur nauséabondes qui font pressentir sa toxicité.

Introduites dans l'organisme, ces parties provoquent presque immédiatement des nausées et des vomissements très douloureux, avec accompagnement de phénomènes nerveux du côté des appareils circulatoire et respiratoire qui peuvent prendre, si la dose est suffisante, un caractère alarmant et même amener la mort par arrêt de ces fonctions.

On en a extrait un alcaloïde auquel le nom de *Violine* a été attribué par Boullay. Il est doué de propriétés émétiques accusées. Peretti a trouvé aussi dans la violette de l'*acide violénique* qui cristallise en aiguilles incolores et qui est soluble dans l'eau, l'alcool et l'éther.

B. A côté de la Violette odorante, on place d'autres variétés que quelques botanistes élèvent au rang d'espèces, telles que V. *tolosana*, T. L. *Viola scotophylla*, Jord. *Viola suavissima*, *Violette de Parme*, *Violette des quatre saisons*. Toutes sont à fleurs odorantes, à graines et à racines vénéneuses.

Un botaniste, M. Timbal-Lagrave, qui a beaucoup étudié les Violettes, a fait la curieuse observation qu'il y a une corrélation entre la suavité des fleurs et la vénénosité des racines; les Violettes inodores, telles que *V. canina* et *V. sylvestris* ont des racines à peu près dépourvues de toxicité et sans odeur nauséabonde.

Sous-Article II. — Caryophyllées

Quoique très étendue, cette famille a peu d'espèces qui, à notre point de vue, présentent de l'intérêt. L'une d'entre elles fait exception et doit être examinée très attentivement, elle appartient au genre Agrostemme.

I. — **Agrostemma**, L. (**Agrostemme**). — Dans ce genre, fusionné avec le groupe des Lychnis par plusieurs auteurs, l'espèce suivante est à signaler :

Agrostemma githago, L. L'*Agrostemme githago*, décrite aussi sous le nom de *Lychnide githago*, (*Lychnis githago*, Lamk.), et communément appelée *Nielle des blés, Couronne des blés*, ou simplement *Nielle, Noyelle* (fig. 28), est une plante messicole, annuelle, à tige dressée, raide, de 60 à 80 centimètres, garnie de longs poils très doux. Les feuilles, également velues, sont allongées, linéaires-lancéolées. Les fleurs terminant de longs pédoncules, sont d'un rouge violet plus ou moins foncé. Le calice, couvert de poils fins, est rétréci à la gorge, avec des côtes saillantes et terminé par 5 divisions allongées et dépassant la corolle. Corolle à 5 pétales longuement onguiculés, 10 étamines, 5 styles. Le fruit est une capsule uniloculaire, s'ouvrant au sommet par cinq dents.

La Nielle croissant au milieu des moissons, ses capsules peuvent être ouvertes au moment du battage, ses graines mêlées à celles du froment ou du seigle et broyées avec elles sous la meule. Comme elles sont vénéneuses, elles communiquent au pain de détestables propriétés.

Des empoisonnements ayant été signalés tant par l'emploi de la farine que par celui des graines entières, une description de ces graines et de la farine qu'elles fournissent est indispensable.

Les graines, au nombre de 30 à 40 dans chaque capsule, sont petites, noirâtres, irrégulièrement sphériques par suite de la pression réciproque qu'elles exercent les unes sur les autres, leur surface est un peu chagrinée. Inodores, elles laissent à la langue une saveur amère quand on les broie dans la bouche. Leur poids moyen est de 8 milligrammes.

Fig. 28. — *Agrostemma Githago.* L. — Nielle des Blés.

Leur farine contient généralement de petites pellicules noirâtres provenant du spermoderme. L'examen de ces pellicules doit être fait avec soin, car elles fournissent un bon moyen de se prononcer sur la présence ou l'absence de Nielle dans une farine suspecte. Traitées par une solution bouillante de chlorure de calcium et montées dans la glycérine, elles se montrent sous le microscope et à un grossissement faible (oc. 1, obj. 1, de Nachet) avec un aspect caractéristique. On constate qu'elles sont formées de cellules brun-foncé, à contour irrégulier et dentelé, maculées de petits points noirs. Dans la partie médiane, chaque cellule présente une zone épaisse, foncée sur les bords et claire, transparente au centre.

Lorsque les farines ont été blutées avec soin, ces pellicules ne se trouvent pas. Il faut alors diriger toute son attention sur la farine proprement dite. Celle-ci, lors même qu'elle est dépourvue de pellicules, n'a point la blancheur de la farine de blé, elle a une nuance grisâtre et la pâte qu'elle forme après addition d'eau laisse échapper une odeur spéciale, désagréable, qu'on retrouve dans le pain après cuisson. Son amidon, examiné au microscope, a des caractères spéciaux qui empêcheront de le confondre avec celui de blé ou de seigle auquel il pourrait se trouver mêlé. Il est en grains punctiformes (Voyez fig. 29, A.), de petites dimensions, car leur diamètre est de 1 à 2 μ et ne dépasse pas 6 μ. Ces granulations présentent, en outre, deux caractères importants : 1° traitées par la potasse, elles résistent beaucoup plus longtemps à son action dissolvante que les amidons auxquels elles peuvent se trouver accidentellement associées ; 2° soumises à l'action de l'iode, elles sont longues à produire la réaction bleue caractéristique et il faut se servir de quantités relativement considérables de ce métalloïde pour y arriver, ce qui tient à la propriété qu'a le principe toxique de la Nielle d'absorber l'iode et d'empêcher la coloration bleue, caractéristique de son action sur

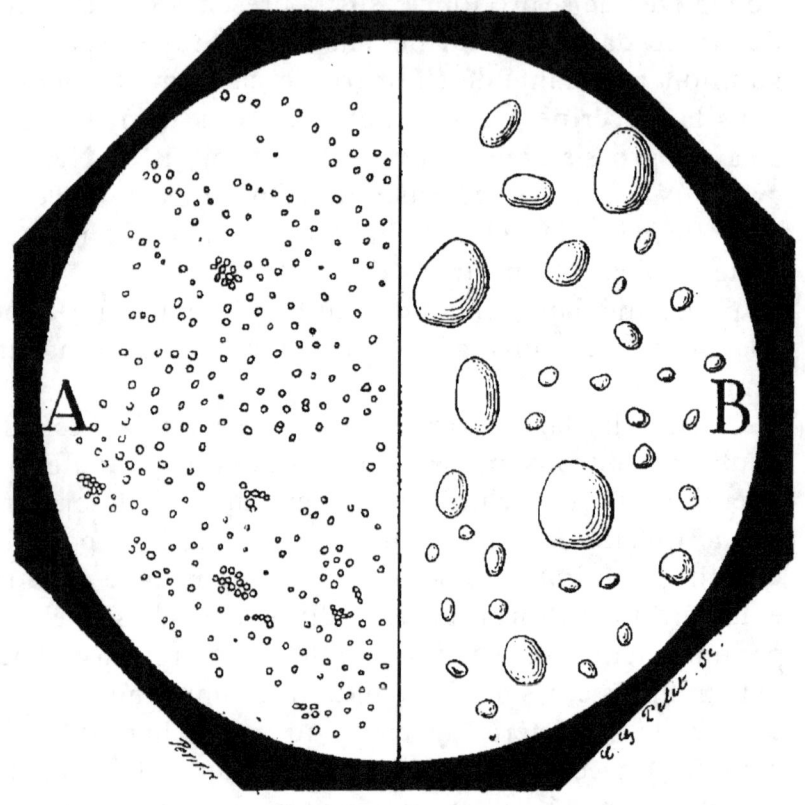

Fig. 29.
A. — Amidon de la nielle des blés. — *B*. — Amidon du blé.
1 à 2 μ. 15 à 35 μ.
(Grossissement = 260)

l'amidon, de se produire. Cette propriété a été heureusement utilisée, non seulement pour déceler la présence de la Nielle dans une farine suspecte, mais encore pour en doser la quantité.

On prépare une liqueur d'iode titrée à $0^{gr},01$ par

centimètre cube d'alcool, qu'on place dans un tube gradué et effilé à son extrémité inférieure, de façon que le liquide tombe goutte à goutte.

On fait une liqueur d'épreuve en prenant 1 gramme de farine de blé de bonne qualité qu'on dépose dans 100 grammes d'eau, on laisse digérer pendant 1 heure à 50 degrés et l'on ajoute, après filtration, quelques centimètres d'une dissolution d'empois. En laissant tomber dans ce liquide la liqueur titrée d'iode, la coloration bleue caractéristique apparaît à la troisième ou quatrième goutte.

Si l'on prend 1 gramme de farine de Nielle, qu'on la traite comme il vient d'être dit pour la farine de blé et qu'on y verse la dissolution d'empois, on constate qu'il faut verser environ 30 gouttes de la liqueur d'iode, soit de 7 à 10 fois plus, pour produire la coloration bleue spécifique (Tabourin).

A l'aide de cette base, rien de plus facile que de doser quantitativement la proportion de farine de Nielle mêlée à une farine comestible.

Traité par l'acide sulfurique concentré pur, l'amidon de Nielle se colore en brun verdâtre et devient partiellement bleu-violet ou rouge si on l'abandonne au contact de l'air, tandis que l'amidon du blé ou du seigle n'éprouve pas de coloration.

L'enveloppe du grain de Nielle ne contient pas le principe toxique.

Le pain fabriqué avec la farine de Nielle a une coloration bleuâtre et un goût amer.

Le bétail ne touche point à la Nielle sur pied ; tous les empoisonnements enregistrés jusqu'à présent sont dûs à la graine. Ces intoxications ont porté sur l'espèce humaine et sur toutes nos espèces animales domestiques. Pour l'homme, c'est l'utilisation à la fabrication du pain d'une farine contenant une certaine proportion de Nielle, qui a provoqué des accidents; la chaleur, tout au moins celle qui est nécessaire à la panification, est impuissante à détruire le principe toxique de cette plante. Quant aux animaux, c'est l'emploi de farines dites *troisièmes*, confectionnées avec les criblures et destinées à faire des barbottages, ou l'usage des criblures elles-mêmes qui amènent les accidents relativement nombreux qui ont été signalés dans ces dernières années. Il s'est trouvé des négociants assez peu scrupuleux pour faire entrer dans les farines destinées à l'alimentation des animaux jusqu'à 45 o/o de farine de Nielle, ainsi qu'un procès qui s'est déroulé devant le tribunal de Lyon en 1874 l'a mis en évidence. Inutile d'insister sur la vénénosité d'une pareille farine. Quelquefois les propriétaires empoisonnent eux-mêmes leurs animaux par ignorance des propriétés de la Nielle.

Pour le moment, il ne m'est possible de fournir de données relatives à la quantité de farine nécessaire pour amener la mort que pour les animaux suivants :

Veau. . . 2 gr. 50
Porc. . . 1 — »
Chien. . . 0 — 90
Poule. . . 2 — 50
} par kilog. de poids vif.

En raison du vomissement, il est exceptionnel qu'une forte dose amène d'emblée la mort du porc; on remarque plutôt sur les animaux de cette espèce l'empoisonnement chronique causé par la distribution journalière et plus ou moins répétée de graines ou de farine de Nielle.

Si l'on emploie les graines entières au lieu de la farine, il en faut un poids presque double, ce qui tient à ce que la pellicule noire qui enveloppe le grain ne contient pas le principe vénéneux et aussi à ce qu'un certain nombre de grains échappent toujours à l'action de la digestion ou ne cèdent qu'incomplètement leurs principes constituants.

Présentées seules, les semences d'Agrostemme githago ne seraient pas prises en quantité suffisante par les animaux pour qu'ils s'empoisonnassent, c'est du moins ce qui résulte de mes observations sur les oiseaux de basse-cour; mais mélangées à d'autres graines bien appétées, ou réduites en farine et également données en mélange, elles sont mangées à dose nuisible.

J'ai recherché si, après le battage, la tige et les capsules vides pouvaient présenter quelque danger au cas où, se trouvant en très forte proportion dans les pailles de céréales, elles seraient distribuées aux animaux avec celles-ci. A priori, on pouvait se demander si le toxique, répandu dans toute la plante au moment de la floraison, abandonne la tige, les feuilles et les capsules, pour se concentrer dans le grain et si sa migration est complète. Mes recherches ont fait voir qu'il en reste toujours dans ces parties après la maturation des graines et que la toxie est, dans ces cas, d'environ 25 à 30 grammes pour les herbivores.

Sans doute que, pour un animal de poids un peu fort, cette proportion exigerait qu'il reçût une quantité élevée de tiges et de capsules vides et l'empoisonnement aigu n'est pas à craindre, sauf peut-être pour les jeunes sujets. Mais une faible quantité ingérée quotidiennement pourrait à la longue amener une intoxication chronique.

Symptomatologie. — Les empoisonnements peuvent se présenter sous forme chronique et sous forme aiguë.

La première s'observe quand la Nielle est prise à petites doses répétées pendant longtemps. Elle est à peu près la seule qui se constate sur l'espèce humaine, tandis qu'elle est plus rare sur les animaux, sauf peut-être sur le porc. On pourrait l'appeler *Githagisme*. On devine qu'elle est, chez l'homme, le résultat de l'alimentation avec un pain fait de farine niellée, en proportion insuffisante pour amener l'empoisonnement aigu, mais qui néanmoins n'est pas inoffensive. On a observé à maintes reprises, en Europe, cette intoxication et assez récemment, en Amérique dans la région du Dacota, elle a été signalée (Grosjean, communication orale).

Le githagisme n'a rien de caractéristique et ce n'est que par l'expérimentation sur les animaux qu'on a pu le déceler. Les sujets qui sont sous son empire dépérissent peu à peu, s'essoufflent, perdent leurs forces, sont atteints de diarrhée chronique, de troubles sensitifs et finissent par succomber dans le marasme et l'étisie.

Avant de passer à l'étude de l'empoisonnement aigu, disons que le principe actif de la Nielle est extrêmement irritant pour les tissus qu'il touche; son action locale est inflammatoire au premier chef. S'il est introduit dans le tube digestif, il l'irrite et amène des coliques, de la diarrhée, il peut même produire l'entérorrhagie. Si on injecte l'extrait de Nielle par la voie sous-cutanée, on produit, au point d'injection et à son pourtour, une inflammation des plus intenses et des plus douloureuses. Mais on n'oubliera point que c'est là une action entièrement locale, résultant du contact du toxique et non produite par effet réflexe. L'injection hypodermique ou intraveineuse n'amène point de désordres intestinaux et inversement l'ingestion ne produit jamais d'épanchements sous-cutanés. Faute d'avoir fait cette remarque, on a attribué trop d'importance aux désordres intestinaux dans les empoisonnements par la Nielle, on les a regardés comme des phénomènes généraux, tandis que ce ne sont que des accidents *in situ*. Les symptômes généraux sont d'ordre nerveux.

Cette remarque faite, nous allons étudier l'empoisonnement aigu chez nos principaux animaux.

Le cheval, qui n'a reçu par la voie digestive qu'une faible quantité de Nielle, ne manifeste l'impression qu'il en éprouve que par des bâillements, des coliques sourdes, du piétinement et l'expulsion de matières fécales un peu ramollies.

Si la quantité a été élevée, environ une heure après le repas, l'animal se met à saliver, il bâille fréquemment et regarde son flanc, des borborygmes se font entendre, des coliques se déclarent, les muqueuses pâlissent notablement, le pouls devient précipité et petit, la température s'élève et la respiration s'accélère. Quelque temps après, il y a des tremblements musculaires auxquels succède une raideur prononcée; les matières fécales sont diarrhéiques et fétides. L'animal se couche et ne se relève qu'avec peine. Il tombe dans une sorte de coma, s'étend de son long et succombe sans convulsions si la quantité de graines a été suffisante.

Le bouvillon, environ une heure après le repas qui doit l'empoisonner, paraît inquiet, se met à saliver, puis à grincer des dents. Il y a successivement agitation, coliques, trouble des grandes fonctions, parfois un peu de toux. Cet état dure de cinq à huit heures, puis arrive une période de coma « caractérisée par un décubitus permanent, une diarrhée continuelle avec rejet de matières fétides, une respiration pressée et plaintive, un pouls accéléré de plus en plus effacé, la diminution graduelle de la sensibilité et de la motilité, l'abaissement progressif de la température » (Tabourin). La mort arrive vers la 24e heure.

Le porc qui se nourrit d'une pâtée dans laquelle entre

une forte proportion de farine de Nielle fait entendre des grognements plaintifs, reste constamment couché, le groin enfoncé dans la paille, vomit, manifeste des symptômes de coliques plus ou moins violentes ; une diarrhée se déclare consécutivement et il y a rejet de matières fécales spumeuses, d'odeur infecte ; parfois quelques contractions cloniques. Les porcelets sont très sensibles à l'action de la Nielle et la mortalité est toujours forte parmi ceux qui reçoivent des farines niellées.

Chez le chien, on remarque au début des vomissements répétés ; toutefois ils ne sont pas constants. Si la quantité, bien que forte, est pourtant insuffisante pour amener la mort, environ trois quarts d'heure après le repas il y a des tremblements musculaires, un peu d'agitation qui fait bientôt place à du coma. La sensibilité s'émousse, les paupières restent à demi closes, la marche est irrégulière, le sujet pose ses membres à terre avec hésitation, comme s'il marchait sur des épines, il y a quelques mouvements choréiques et de la diarrhée. Il reste dans cet état d'hébétude et d'obtusion des sens de 18 à 30 heures, puis petit à petit tout rentre dans l'ordre.

Lorsque la dose a été mortelle, l'animal se tient constamment en décubitus, les troubles de la motricité sont plus marqués. Il y a d'abord incoordination des mouvements avec quelques secousses choréiques, puis paraplégie. L'abaissement de la température, qui se produit parallèlement au ralentissement des fonctions circulatoire et respiratoire, est très remarquable. L'inflammation intestinale est des plus vives et les matières expulsées très fétides.

Le pigeon et le canard à qui l'on a ingurgité de force des graines de Nielle s'en débarrassent un quart d'heure après par des vomissements. Si on leur donne de la farine, qu'ils ne peuvent expulser complètement, ils sont pris d'une diarrhée qui les épuise et à laquelle ils succombent.

On a étudié récemment, avec l'attention minutieuse qu'on apporte maintenant dans l'analyse des problèmes de physiologie, non pas la Nielle elle-même, mais la *Saponine* qui est le principe qu'on en extrait et qui va être examiné dans un instant. De ces études, ressortent les principales conclusions suivantes :

Mise en contact avec les nerfs et les muscles striés, la saponine en abolit presque instantanément l'excitabilité; son action est beaucoup moins prononcée sur les muscles à fibres lisses et les fibres striées cardiaques. Introduite dans la circulation, elle agit sur la substance grise de la moelle, elle en diminue puis en détruit l'excitabilité, d'où paralysie des mouvements volontaires ou réflexes.

Les mouvements respiratoires sont ralentis puis arrêtés. Parallèlement, le cœur va s'affaiblissant de plus en plus jusqu'à l'arrêt par paralysie de son appareil d'innervation. Comme conséquence des troubles cardiaques, il y a ralentissement de la circulation et abaissement de la pression sanguine. La température diminue rapidement et peut s'abaisser de 8 à 9 degrés au-dessous de la normale. Les sécrétions sont considérablement déprimées.

La saponine est une substance irritante au premier chef; mise en contact avec la muqueuse intestinale, elle l'enflamme, mais introduite dans l'organisme par une autre voie, elle agit comme poison nerveux et amène la mort sans troubles intestinaux; c'est donc à tort qu'on en a fait un poison narcotico-âcre.

Lésions. — Nous rappellerons que si, dans un but expérimental, on a introduit l'extrait de Nielle sous la peau ou dans les vaisseaux, on ne trouve pas de lésions intestinales. Le tube digestif est à peu près complètement vide, sauf dans sa partie terminale, par suite du jeûne volontaire auquel se soumettent les animaux empoisonnés, mais il n'est pas irrité. C'est le point d'injection et sa périphérie qui présentent les lésions de l'inflammation.

Au contraire si la Nielle a été prise avec d'autres aliments, comme cela arrive toujours dans la pratique, son action irritante se produit sur l'appareil digestif, parfois de l'œsophage à l'extrémité de l'intestin grêle. Les matières qu'il renferme sont très fétides et mêlées de mucosités, sa muqueuse est toujours ecchymosée. Exceptionnellement un peu d'inflammation du larynx et de la partie supérieure de la trachée. Pas d'endocardite ; le cœur est en diastole et les gros vaisseaux sont pleins de sang. Injection des enveloppes cérébrales et médullaires ; engouement du poumon. Reins un peu enflammés. Foie normal. La rigidité cadavérique est longue à survenir.

En résumé, les lésions les plus graves sont celles qui siègent sur l'intestin, mais elles n'ont rien de spécifique. Le relâchement du cœur est un signe à noter mais qui, lui aussi, se présente dans d'autres circonstances, de sorte que les renseignements fournis par l'autopsie restent vagues et doivent être complétés par la recherche du principe toxique dans les tissus.

Serait-il prudent de consommer la chair d'animaux empoisonnés par l'A. githago ? La question se pose surtout pour le porc qui est, de tous nos animaux, celui qui est le plus exposé à être empoisonné par les graines ou les farines suspectes. Sans être en mesure de donner une solution définitive, je crois devoir répondre à la question par la négative en raison de notre ignorance actuelle sur la localisation du poison, de l'impuissance de la chaleur à le détruire et surtout de la durée de la maladie (24 à 30 heures). En supposant même que la viande ne fût pas toxique, elle appartiendrait toujours à la catégorie des chairs fiévreuses vis-à-vis desquelles les règlements de police sanitaire sont armés.

Principe actif. — Les premières recherches sur le principe actif de la Nielle sont dues à Malapert, pharmacien à Poitiers. Il a extrait de cette plante un corps qu'il a désigné sous le nom de *Saponine* à cause de sa propriété de rendre mousseuse l'eau dans laquelle on la dissout, et auquel il attribue les propriétés vénéneuses dont nous venons de faire l'histoire.

La saponine, $C^{32}H^{54}O^{18}$, est un glycoside assez répandu dans le règne végétal, qui se présente sous forme de poudre blanche, non cristalline, sans odeur, de saveur d'abord douceâtre puis âcre. Elle se dissout bien dans l'alcool faible, mal dans l'alcool absolu et point dans l'éther. L'eau la dissout en toute proportion et $1/1000^e$ suffit pour rendre l'eau mousseuse. Ses solutions aqueuses sont troublées à froid par l'infusion de noix de galle et par le ferricyanure de potassium, à chaud par le perchlorure de fer et l'acide arsénieux. Il est juste de dire que la découverte de la saponine est due à Schrœder qui l'a isolée, pour la première fois, de la saponaire d'Orient.

Depuis les travaux de Malapert, les propriétés de la saponine ont été étudiées par divers auteurs, notamment par MM. Rochleder, Köhler et plus récemment par M. Christophson. Des recherches de ce dernier, effectuées au laboratoire de Dragendorff, à Dorpat, il résulte que les propriétés toxiques peuvent ne pas être dues uniquement à la saponine. Plus elle est pure moins elle a d'action, tandis que les résidus provenant de son épuration sont toxiques ; mais le corps qui lui est uni reste encore à isoler. D'après Rochleder, il aurait la formule $C^{33}H^{36}O^{18}$, ce serait un homologue supérieur de la saponine.

De ce qui vient d'être dit, se dégage pour l'agriculteur la nécessité impérieuse de faire disparaître, par des sarclages minutieux, la Nielle qui croît dans ses moissons. Il la devra trier aussi, soit avant le battage, au fur et à mesure que les gerbes sont déliées, soit après. On devrait toujours en détruire les graines et ne point les laisser dans les criblures destinées aux animaux.

D'après des renseignements qui m'ont été fournis, il est des négociants en grains qui achètent les semences d'Agrostemme githago et les revendent à des industriels pour un emploi que je n'ai pu connaître. Je ne suis donc pas en mesure d'affirmer que ces graines sont broyées et mélangées à du son, à des recoupes, à des farines troisièmes pour l'alimentation du bétail, quoiqu'un nombre déjà élevé de cas d'empoisonnement recueillis par les vétérinaires le donne à penser. Mais comme il s'agit de l'utilisation d'une matière première toxique, ne serait-il pas du devoir de l'administration de se renseigner sur son emploi dans les usines dont nous parlons ? S'il était reconnu qu'on la mêle aux matières alimentaires indiquées plus haut, des mesures prohibitives devraient être prises.

II. — **Saponaria**, L. (**Saponaire**). — Une espèce de ce genre doit être mentionnée à cette place :

Saponaria officinalis, L. La *Saponaire officinale*, vulgairement appelée *Herbe à savon*, est une plante vivace, à souche traçante, à tige de 50 à 70 centimètres de hauteur, rameuse, à feuilles ovales, à belles fleurs roses disposées en cymes serrées dont le calice est renflé au milieu et la corolle à 5 pétales à onglet étroit. Étamines 10. Le fruit est une capsule s'ouvrant au sommet par 4 dents.

Les propriétés de la Saponaire sont bien connues : sa racine et ses fleurs, agitées dans l'eau, la rendent mousseuse à la façon du savon, d'où son nom. On l'a employée en médecine.

Des empoisonnements ont été signalés sur l'espèce humaine par l'ingestion d'une décoction de ses racines (Dragendorff). Les bestiaux refusent d'y toucher.

On en extrait aussi de la *saponine*. La matière qu'on a retirée étant identique à celle que nous venons d'étudier dans la Nielle, toute description symptomatologique serait une répétition et nous renvoyons à ce qui a été dit à propos du githagisme.

III. — **Arenaria**, L. (**Sabline**). — A citer dans ce genre l'espèce suivante :

Arenaria serpyllifolia, L. La *Sabline à feuilles de serpolet* est une petite Caryophyllée annuelle, de 10 à 15 cent., à feuilles vert-grisâtres, très finement ciliées, à fleurs très petites, dont la corolle est à 5 pétales plus courts que le calice et dont le fruit est une petite capsule. Elle croît dans les champs sablonneux, entre les pavés, sur les murs.

Elle est signalée ici, non point qu'elle soit vénéneuse et qu'elle ait occasionné des accidents de personnes ou d'animaux, mais parce qu'elle possède la propriété de faire saliver très abondamment les chevaux et les bœufs qui la broutent. Verte ou desséchée, elle produit les mêmes effets.

La quantité de salive émise dans ces circonstances est considérable et le ptyalisme dure quelque temps encore après le repas. Quelques propriétaires pourraient s'en effrayer outre mesure, ce serait à tort. Des observations faites sur la Sabline m'ont démontré qu'à part l'hypersalivation, aucun autre phénomène anormal n'est la conséquence de son ingestion. A la vérité, si cette sécrétion exagérée n'était pas arrêtée, il y aurait un dépérissement notable des animaux, mais il suffit de supprimer l'usage de la Sabline pour la voir cesser.

Si le lecteur veut bien se souvenir que le ptyalisme est aussi un des symptômes de l'empoisonnement par la Nielle, il se demandera sans doute avec moi si ce ne serait pas la saponine, à peu près inoffensive quand elle est pure, je le répète, qui existerait dans la Sabline à l'état de pureté et produirait ce phénomène. S'y trouvant seule et sans association avec un autre principe, il n'y aurait pas d'effets toxiques.

J'incline d'autant plus à le croire que cette plante, froissée dans l'eau, la rend mousseuse. Jusqu'à ce jour, l'étude chimique de la Sabline n'a pas été faite.

BIBLIOGRAPHIE.

Violette. — Timbal-Lagrave. *Mémoires sur les Violariées.* Toulouse.

Nielle des blés. — Malapert et Bonneau. *Mémoire sur l'empoisonnement par la Nielle des blés dû à la saponine*, inséré dans les *Bulletins de la Société de médecine* de Poitiers, 1842. — Tabourin. *Empoisonnement de veaux destinés à la boucherie par la Nielle des blés*, in *Mémoires de la Société d'agriculture et histoire naturelle* de Lyon, 1875. — Bianchi. *Empoisonnement d'animaux domestiques par la Nielle des blés* in *Journal de l'École vétérinaire de Lyon*, 1877. — Pelikan. *Gazette méd.* de Paris, 3ᵉ série, t. XXII, 1867. — Kohler. *Die locale anästesirung durch saponin*, Halle, 1873. — Christophson. *Unters über d. saponin*, Dissertation de Dorpat, 1874. — Contamine. *Intoxication par la Nielle des blés*, in

Annales de médecine vétérinaire de Bruxelles, 1885. — Petermann. *Sur la présence de graines de Lychnis githago dans les farines alimentaires*, in Annales de physique et de chimie, 1880. — Wehenkel. *Rapport sur l'état sanitaire des animaux domestiques en Belgique en 1881. Empoisonnement de porcelets.* — Lhomme. *Étude expérimentale sur l'action physiologique de la saponine*, Thèse de Paris, 1883. — Eloire. *Empoisonnement de porcs par le rebulet*, in Recueil de méd. vét. 1885. — Dechet. *Deux cas d'empoisonnement de chevaux par la Nielle*, in Rev. vet. 1886.

Saponaire. — Leque Marius. *De la Saponaire et de la saponine.* Thèse de l'École de pharmacie de Paris, 1882.

Sabline. — Paugoué. *Propriétés sialagogues de l'Arenaria serpyllifolia*, in Recueil de médecine vétérinaire, 1876, p. 1270.

Article IV. — Hypéricinées. — Rutacées. — Méliacées. — Ilicinées. — Célastrinées. — Rhamnées. — Thérébinthacées. — Coriariées.

Sous-Article Iᵉʳ. — Hypéricinées.

Dans la petite famille des Hypéricinées, nous n'avons à considérer qu'une espèce, elle est renfermée dans le genre **Hypericum**, L. (**Hypéric**) :

Hypericum perforatum. L. *L'Hypéric à feuilles perforées*, plus connu sous le nom de *Millepertuis commun* et appelé aussi *Herbe aux mille pertuis*, *Herbe de la Saint-Jean*, *Chasse-diable*, est une plante herbacée, vivace, de 0,50 centim. à tige rigide présentant deux lignes peu saillantes, à feuilles elliptiques, qui regardées à contre-jour se montrent parsemées de nombreux points transparents. Fleurs jaunes en panicules; anthères terminées par des glandes sécrétant une matière violet-foncé. Fruit capsulaire trivalve.

Commun dans les lieux ensoleillés, le long des chemins, le Millepertuis répand une odeur résineuse quand on le froisse entre les doigts ; sa saveur est amère et un peu salée. Il a été beaucoup plus employé en médecine autrefois qu'il ne l'est actuellement.

Aucun empoisonnement sur l'espèce humaine n'est à ma connaissance. Le bétail ne prend pas volontiers cette plante, on a pourtant signalé des accidents chez des juments poulinières nourries avec de la luzerne qui la renfermait en très forte proportion. Elle avait été fanée avec la légumineuse qu'elle infestait, ce qui prouve que la dessiccation ne la rend point inoffensive.

Voici l'analyse des symptômes relevés sur une jument, par le vétérinaire Paugoué, dans un cas de ce genre.

Le pouls est large, plein et lent, la respiration profonde et rare, l'appétit nul. Au repos, la bête a un air hébété, elle porte bas la tête, l'agite en différents sens ; elle est sans cesse en mouvement. Sa marche est chancelante, mal assurée. Les fonctions de l'audition et de la vision paraissent sinon anéanties, du moins diminuées ; les pupilles sont dilatées, les conjonctives fortement injectées et d'un rouge foncé. Dans la place qu'elle occupe à l'écurie, elle se porte constamment en arrière. Quelquefois les membres antérieurs sont étendus sur le sol, la tête appuyée dessus, pendant que les postérieurs restent infléchis ; c'est un demi-décubitus assez semblable à celui du chien couchant lorsqu'il est en arrêt. La peau du bout du nez étant dépourvue de pigment, elle se teinta en rouge lie de vin, comme dans le purpura.

Cet état comateux avec tendance au recul dura environ douze heures puis, progressivement, il y eut retour à l'état normal.

Les recherches chimiques ont dévoilé dans le Millepertuis un principe résineux, une huile volatile et deux matières colorantes. Un seul de ces principes suffit-il pour déterminer les accidents qu'on vient de décrire, ou faut-il qu'il soit associé à un ou plusieurs autres? Intéressante question qui reste à résoudre.

Sous-Article II. — Rutacées.

Dans la famille des Rutacées, nous avons à signaler les trois genres Rue, Péganum et Citronnier.

I. — **Ruta**, L. — Le genre **Rue** renferme plusieurs espèces dont les propriétés sont identiques, nous prendrons la suivante comme type :

Ruta graveolens L. *Rue odorante, Rue fétide, Rue des jardins, Rue puante, Rue commune, Herbe de grâce.* Plante sous-frutescente de 0,90 cent. de haut, à tige rameuse et dure, à feuilles alternes, décomposées, à lobes oblongs, le terminal obovale, parsemées de petits points glanduleux. Fleurs jaunes, corymbiformes, à calice persistant, corolle à 4 ou 5 pétales, 8-10 étamines avec fossettes nectarifères. Fruit capsulaire.

La Rue croit spontanément dans nos départements du Midi et on la cultive dans les jardins pour les usages médicinaux. Exhalant de toutes ses parties une odeur désagréable, d'une saveur âcre, elle n'est prise spontanément par aucun herbivore domestique et ne peut point occasionner d'empoisonnement à moins que l'homme n'intervienne.

Il n'en est pas de même pour l'espèce humaine. Comme on lui attribue des propriétés vermifuges et emménagogues, elle est prise parfois par les gens de la campagne à doses trop fortes ou par des femmes dans un but coupable et elle amène des accidents. Ce sont ses feuilles et ses fleurs qu'on emploie; la dessiccation ne leur fait point perdre leurs propriétés, mais elle les atténue quelque peu.

Fraîche et appliquée sur un tissu dénudé, la Rue est irritante. Elle provoque quelquefois de la rougeur, des démangeaisons chez les personnes qui, dans les officines, font des préparations dont elle forme la base. Introduite dans le tube digestif à dose un peu forte, elle l'irrite, l'enflamme et détermine une gastro-entérite en rapport avec la quantité ingérée; il y a d'abord excitation puis abattement profond, dépression du cœur, ralentissement considérable et petitesse du pouls, abaissement de la chaleur cutanée, salivation abondante, tuméfaction de la langue; enfin on note une hypersécrétion muqueuse de la matrice et une certaine irritation de cet organe.

A l'autopsie, on trouve les lésions de l'inflammation intestinale qui siègent particulièrement sur l'intestin grêle; les dernières portions du tube digestif sont habituellement saines. Les organes génitaux de la femelle sont congestionnés et de couleur violacée, s'il y a eu avortement. Ces lésions peuvent faire défaut, quand l'utérus n'était pas gravide.

La Rue doit son activité à une huile essentielle contenant diverses substances, parmi lesquelles on cite la *rutine* ou *acide rutinique*, *phytoméline*, *méline*, trouvée par Weiss et étudiée par Bornträger et par Zwenger et Dronke. Sa formule encore incertaine $C^{25}H^{26}O^{15}$, la rapproche du quercitrin. Elle est en fines aiguilles jaune clair, très peu solubles dans l'eau froide, plus solubles dans l'eau bouillante. Elle ne réduit pas la liqueur de Fehling, le chlorure ferrique la colore en vert foncé. Suivant Greville-Williams la partie principale de l'essence de Rue serait l'*aldéhyde évodique* $C^{11}H^{22}O$.

Les deux espèces *R. angustifolia*, Pers. (*Rue à feuilles étroites*), appelée aussi *R. chalepensis*, Villars et *R. mon-*

tana Clus. (*Rue des montagnes*), encore dénommée *R. legitima*, Jac. *R. sylvestris*, Mill. *R. tenuifolia*, Desf. possèdent les mêmes propriétés que la Rue odorante et provoquent les mêmes considérations.

II. — **Peganum**, L. (**Péganum**). — A signaler, dans ce genre, l'espèce qui suit :

Peganum harmala, L. Plante vivace, à feuilles entières avec deux dents sétiformes à la base. Feurs blanches à calice persistant et quinquepartite. Pétales 5. Étamines en nombre triple. Fruit capsulaire s'ouvrant en 3-4 valves loculicides.

Elle croît dans les sables de la région méditerranéenne, dans la péninsule hispanique; elle est particulièrement abondante dans le sud de la Tunisie. On peut en extraire une matière tinctoriale rouge et ses graines sont quelquefois employées en Orient, comme condiment.

Son odeur est repoussante et sa saveur âcre, aussi est-elle respectée par la dent des animaux. Elle agit comme la Rue, mais avec plus d'intensité, elle provoque les mêmes symptômes et les mêmes lésions. Il y a de fortes probabilités pour que sa toxicité soit due aux mêmes principes. Elle a, d'ailleurs, été quelquefois désignée, abusivement, sous le nom de Rue.

III. — **Citrus**, L. (**Citronnier**). — Dans ce genre, dont le dénombrement en espèces est encore fort incertain, nous devons nous arrêter à la suivante :

Citrus Bigaradia. N. D. Le *Bigaradier*, décrit par Risso sous le nom de *C. vulgaris* et qui ressemble beaucoup à l'Oranger proprement dit par son port et son feuillage, possède des fleurs extrêmement parfumées; il fournit un fruit connu sous le nom de *bigarade* ou d'*Orange amère*, dont le zeste est rugueux et la pulpe très amère, même à parfaite maturité.

On se sert du Bigaradier pour la préparation de divers produits, tels que l'essence de Néroli vraie, l'eau de fleurs d'oranger, l'écorce d'oranges amères qui concourt à la fabrication du curaçao; ses fruits, appelés orangettes ou petits grains, servent à préparer des chinois confits et certaines liqueurs dites Bitter. Les ouvrières occupées à peler les oranges ressentent des accidents locaux et généraux. Le jus qui s'écoule de l'incision se répand sur les mains et il est transporté accidentellement sur d'autres parties du corps. Il est irritant, occasionne des érythèmes, des éruptions vésiculeuses et pustuleuses, de la cuisson et des démangeaisons.

L'essence qui se dégage du fruit vicie l'atmosphère des pièces où se trouvent les ouvrières et devient la cause de phénomènes morbides généraux, tels que vertiges, crampes, névralgies, maux de tête et quelquefois convulsions.

Tous ces accidents ont peu de gravité et se dissipent promptement.

Sous-Article III. — Du Mélia azedarach.

Composée de végétaux exotiques, la famille des Méliacées renferme une espèce du genre **Mélia**, L. qui, acclimatée chez nous comme ornementale, est des plus vénéneuses, c'est la suivante :

Melia Azedarach, L. Le *Mélia azedarach*, qu'on appelle *Arbre à chapelets, Laurier grec, Faux Sycomore, Lotier blanc, Patenôtre, Margousier, Arbre saint, Cyrouenne, Lilas des Indes, Lilas de Chine*, est un arbre gracieux, originaire des parties chaudes de l'Asie et maintenant naturalisé en France, tout au moins dans le Midi. Grandes feuilles d'un beau vert, un peu luisantes, deux fois pennées, à folioles ovales; fleurs en panicules, à corolle lilas à 5 pétales. Etamines 10, soudées par leurs filets en un tube staminal pourpre. La fleur répand l'odeur du lilas. Le fruit est une drupe ovoïde, grosse comme une cerise verte, puis jaunissant en murissant. Les graines sont solitaires dans les cinq loges du noyau; elles sont fort riches en corps gras.

Toutes les parties du Mélia azédarach sont vénéneuses, mais les fruits et les racines sont les plus actives. On assure que les oiseaux ne touchent jamais aux drupes de l'Azédarach.

Il a été enregistré des accidents dans l'espèce humaine et sur les animaux domestiques.

Quelques fruits, qu'ils soient frais ou secs, suffisent pour indisposer fortement les enfants, et si le nombre en est tant soit peu considérable, la mort est la conséquence de leur ingestion.

Des vaches et des chiens ont été empoisonnés par la pulpe de ces fruits, mais le porc, poussé par sa voracité naturelle, est l'animal qui le plus souvent en a été la victime. De recherches déjà anciennes de Gohier, il résulte que 200 grammes de fruits suffisent pour produire un commencement d'intoxication sur un porc de six mois; à partir de cette quantité, les phénomènes vont en augmentant jusqu'à produire la mort.

L'empoisonnement par l'Azédarach se traduit par des nausées, des vomissements, des douleurs coliquatives violentes, de la tympanite, à laquelle succèdent de la diarrhée, des sueurs, des convulsions, une marche incertaine et difficile, une soif très vive.

La mort peut survenir de la 3e à la 25e heure après l'ingestion, suivant la quantité qui a été prise.

Les lésions sont celles de l'inflammation intestinale.

Il existe dans l'Azédarach une base amère, l'*azadirine* qu'on a présentée comme succédané du quinquina et qui ne paraît pas être productrice des intoxications. Celles-ci seraient plutôt sous la dépendance d'une huile spéciale abondante dans le fruit.

Dans l'ignorance où nous sommes des modifications que peut subir le toxique dans l'économie et des organes où il s'accumule, la prudence conseille de ne pas laisser consommer la chair d'animaux empoisonnés par cet arbrisseau.

Les habitants du Midi qui plantent volontiers l'Azédarach dans leurs jardins, devront avertir leurs enfants de ses propriétés vénéneuses et n'en jamais distribuer le fruit au bétail.

Sous-Article IV. — Du Fusain d'Europe.

Le genre **Evonymus** L., de la famille des Célastrinées, comprend une espèce indigène très répandue qui est à signaler :

Evonymus europœus, L. Le *Fusain d'Europe,* vulgairement appelé *Bois carré, Bonnet de prêtre*, est un arbrisseau de quelques mètres, commun dans nos haies et nos buissons, dont les jeunes rameaux sont tétragones et ont une écorce d'un beau vert. Feuilles opposées, ovales lancéolées. Petites fleurs hermaphrodites, vert-jaunâtre, à calice persistant, à corolle à 4 ou 5 pétales. Etamines 4-5 alternes avec les pétales. Fruit capsulaire, à 3-5 loges, d'abord vert, puis rose à la maturité, à graines très dures enveloppées par un arille charnu d'un jaune orangé.

L'écorce, les feuilles et les fruits sont vénéneux. Les enfants peuvent s'empoisonner avec les fruits qui agissent à la façon des purgatifs. Bien que le Fusain ait une odeur assez prononcée, les chèvres et les moutons en broutent volontiers les jeunes rameaux et les feuilles; on a signalé quelques empoisonnements de bêtes à laine par cette plante. A la fin de l'été et en automne, après la floraison et la formation du fruit, les feuilles sont très peu dangereuses.

Les symptômes et les lésions de l'empoisonnement par le Fusain sont ceux que produisent les purgatifs violents; exposés déjà à propos de plusieurs plantes, il ne nous semble pas utile de les relater à nouveau en ce moment.

On a retiré du Fusain un sucre désigné sous le nom d'*évonymite*, identique à la dulcite suivant Gilmer. Grundner en a isolé aussi une substance amère, cristalline, insoluble dans l'eau, soluble dans l'alcool et l'éther qu'il a appelée *evonymine;* nous la soupçonnons d'être toxique.

Il se pourrait qu'une espèce exotique du même genre l'*E. japonicus*, aujourd'hui acclimatée et assez répandue en France, comme plante ornementale, possédât les propriétés de la précédente; c'est un point à élucider.

Sous-Article V. — Des Nerpruns.

Dans la famille des Rhamnées, le genre Nerprun, qui en est le type, doit nous arrêter.

Rhamnus, L. **Nerprun**. Trois espèces de ce genre ont de l'intérêt pour nous, nous en parlerons successivement :

A. Rhamnus alaternus, L. Le *Nerprun alaterne* ou simplement l'*Alaterne* est un arbrisseau des coteaux de l'ouest et du midi de la France qu'on cultive dans les parcs à cause de ses feuilles persistantes, coriaces, luisantes et parfois panachées ; ses fleurs sont petites, dioïques, vert jaunâtres, disposées en courtes panicules axillaires. Corolle nulle. Etamines 4-5. Fruits charnus, à 2 noyaux, d'abord rouges et passant au noir à la maturité.

Ses baies sont purgatives, on le sait depuis longtemps, et il y aurait danger à en ingérer une certaine quantité, car des symptômes de superpurgation pourraient se déclarer. On les emploie pour colorer le vin, ce qui constitue une fraude répréhensible puisqu'elles pourraient nuire à la santé publique en rendant ce liquide indigeste.

Les feuilles sont astringentes et dans une communication récente, un médecin italien, M. Prota-Giurlœo, attira l'attention sur la propriété, très nette d'après lui, qu'auraient les feuilles du *Rhamnus alaternus* et du Troène ordinaire (*Ligustrum vulgare*), prises en infusion, de diminuer ou même d'arrêter complètement la sécrétion lactée chez les femmes qui allaitent. Il a cité quelques exemples à l'appui.

Les vétérinaires consultés pour faire tarir le lait chez des femelles, chiennes, chattes, truies, juments qui ont perdu leurs petits ou qui ne doivent plus les allaiter, le moment du sevrage étant arrivé, pourraient essayer la vérification des assertions de M. Prota-Giurlœo. Si le résultat se montre ce qu'il a été annoncé, la thérapeutique vétérinaire aura là un agent d'autant plus précieux qu'il est à bas prix. Les éleveurs, de leur côté, auront à surveiller les vaches et surtout les chèvres pour les empêcher de toucher aux haies de Troène et de Fusain, puisqu'il en résulterait une diminution dans la quantité de lait qu'elles fournissent.

B. *Rhamnus catharticus*, L. Le *Nerprun purgatif* est un arbrisseau de 2 à 3 mètres, à bois rosé, abondant dans les taillis, dont la tige est rameuse et dont les rameaux offrent une épine à leur bifurcation. Feuilles caduques, ovales brusquement acuminées, régulièrement dentées. Fleurs dioïques, jaune verdâtre, en fascicules axillaires. Fruits drupacés indéhiscents, noirs à la maturité, à 2-4 noyaux monospermes.

Les fruits de ce Nerprun fournissent un suc rouge violet passant au vert par le contact de l'air; on en retire une matière colorante, le *vert de vessie*, et la médecine vétérinaire les fait entrer dans la confection d'un sirop purgatif.

Mangés par l'homme ou les animaux, ces fruits amèneraient des désordres intestinaux comme ceux de l'espèce précédente.

C. *Rhamnus Frangula*, L. Le *Nerprun Bourdaine*, qu'on appelle parfois *Bourgène, Bois noir, Aulne noir*, est un arbrisseau de la taille du précédent, dont l'écorce est noirâtre, chargée de lenticelles et dont les rameaux ne sont point épineux. Fleurs hermaphrodites, d'un blanc verdâtre, en fascicules à l'aisselle des feuilles.

L'écorce et les fruits de la Bourdaine passent pour purgatifs comme ceux des Rhamnées précédentes. Mais, d'après une récente observation de M. Petersen, des symptômes différents de ceux de la superpurgation et plus graves peuvent résulter de l'ingestion des fruits.

« L'ingestion de quelques baies a suffi pour produire chez un jeune garçon, après quatre ou cinq heures, les signes suivants : céphalalgie, vertiges, perte de connaissance, convulsions cloniques des extrémités, de la face, des muscles, des mâchoires. Pupilles assez larges, égales, réagissant lentement à la lumière ; pouls très petit et fréquent, respiration irrégulière. »

On a tenté d'isoler le principe actif des Nerpruns ou

tout au moins du Nerprun purgatif. M. Fleury en a extrait une matière douée de propriétés colorantes, mais non purgative, qu'il a appelée *Rhamnine*, puis un acide qu'il a qualifié de *Rhamnique* et qui pour lui serait l'agent purgatif.

La relation de M. Petersen montre que l'acide rhamnique ne peut pas être mis seul en cause. Cet observateur pense qu'il y a aussi formation d'un peu d'acide prussique, quand les noyaux sont broyés et avalés. Si son opinion est fondée, il en résulte que l'ingestion des baies entières présente beaucoup plus de dangers que celle du suc. On devra veiller à ce que les enfants n'y touchent pas.

Sous-Article VI. — Térébinthacées.

Dans la famille des Térébinthacées ou Anacardiacées, les genres Sumac, Camélée et Ailanthe doivent nous arrêter.

I. — **Rhus**, L. (**Sumac**). — Tous les arbrisseaux de ce genre contiennent un suc très astringent ; dans l'espèce suivante, il est vénéneux :

Rhus Toxicodendron, L. Le *Sumac vénéneux, Arbre à poison, Lierre du Canada, Arbre à la gale* (fig. 30), originaire de l'Amérique du Nord, est acclimaté et cultivé dans nos parcs comme plante ornementale. C'est un arbrisseau dioïque, rampant quand il est jeune et plus tard sarmenteux quand il a trouvé un soutien pour se fixer. (Les deux prétendues espèces, *R. Toxicodendron* et *R. radicans*, ne sont que deux formes d'une seule espèce correspondant aux deux phases végétatives sus-indiquées.) Ses racines sont traçantes, ses feuilles trifoliolées, à folioles très amples, vert luisantes en dessus, plus pâles en dessous. Fleurs verdâtres, en panicules axillaires.

Les feuilles de cet arbre contiennent un suc résineux, blanchâtre, extrêmement âcre et vésicant. Appliqué sur la peau, ce suc l'irrite et y fait apparaître les vésicules de la révulsion externe. On prétend que les émanations elles-mêmes qui se dégagent de cette plante pendant la nuit, peuvent occasionner aux personnes qui se reposeraient ou s'endormiraient sous son feuillage, des éruptions érysipélateuses et pustuleuses, tandis que dans la journée, alors que le soleil est ardent, ces émanations ne seraient plus à craindre.

Le suc qui s'écoule d'incisions faites à l'arbre, la tige, l'écorce et les feuilles sont toxiques. Les fruits sont simplement astringents. La dessiccation enlève aux feuilles une partie, mais non la totalité de leur toxicité.

Les personnes qui recueillent le Sumac pour l'industrie, qui le taillent ou qui en manient les rameaux, sont bientôt atteintes de démangeaisons, de rougeur des téguments, d'érysipèle au visage, aux mains et aux parties génitales, de stomatite avec fièvre et sentiment d'oppression. Des phlyctènes se forment, puis la tuméfaction diminuant, l'épiderme se détache par lambeaux. Ces accidents peuvent durer jusqu'à un mois; le plus fréquemment la résolution arrive peu à peu, on a cependant constaté quelques cas de mort. Ils se sont présentés quand l'inflammation des parties génitales à été très prononcée.

En raison de leur odeur et de leur saveur, les feuilles et les jeunes rameaux ne sont point recherchés par le bétail et les empoisonnements ne se produisent pas spontanément.

Plusieurs expérimentateurs, notamment Orfila, ont étudié l'empoisonnement par le Sumac. Nous connaissons déjà l'action des émanations, du suc ou des fric-

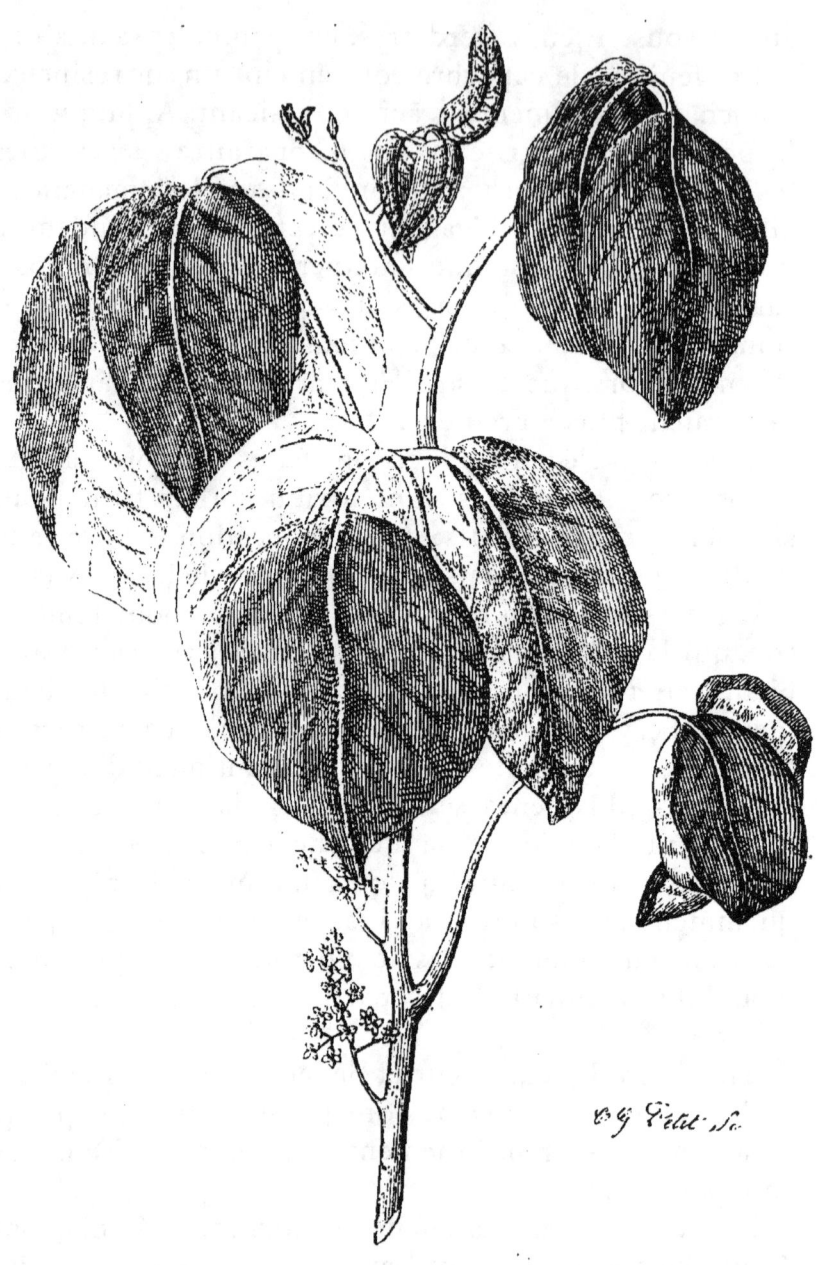

Fig. 30. — *Rhus Toxicodendron.* L. — Sumac vénéneux.

tions opérées sur la peau à l'aide des feuilles. A l'intérieur, ce végétal agit comme irritant et produit tout le cortège des désordres gastriques et intestinaux auxquels vient s'ajouter, quand l'absorption est faite, une action stupéfiante sur le système nerveux, avec vertige et sensation particulière de picotement et de tiraillement dans les membres qui, parfois, présentent des tuméfactions douloureuses.

Le pronostic est toujours grave. Quand la mort est la terminaison de l'intoxication, on trouve des lésions externes consistant surtout en érysipèles et en œdèmes sous-cutanés, et des lésions internes siégeant sur les muqueuses stomacale et intestinale. Ces parties sont violemment enflammées et parfois il y a desquamation ou ulcération selon la durée de l'indisposition. Celle-ci peut être de 1 à 5 ou 6 jours après l'apparition des premiers symptômes.

Une autre espèce de Sumac, le *R. Cotinus*, appelé *Fustet, Arbre à Perruque, Sumac des teinturiers*, laisse échapper de ses rameaux, quand on les incise, au printemps, un suc irritant comme celui du Sumac vénéneux et capable d'occasionner des accidents analogues, mais moins graves.

La très grande richesse en tannin des Sumacs, qui en fait des arbrisseaux précieux pour la corroyerie, contribue peut-être, pour une part, à les rendre nuisibles, une fois introduits dans l'économie, par suite des modifications du tannin, modifications dont nous avons parlé à propos des Quercinées. Mais ce corps n'est vraisemblablement ni le seul ni même le principal coupable. M. Chevreul a extrait du *R. cotinus* une matière colorante jaune, cristallisable, qu'il nomme *Fisétine* et que Bolley et Mylius ont démontré être identique à la *quercétine*. Maisch dit avoir découvert dans le suc des Sumacs un principe volatil, corrosif auquel il a donné le nom d'*acide toxicodendrique*. Ce serait ce corps qui, mélangé aux gaz qui s'échappent de la plante par suite des actes végétatifs, formerait avec eux une atmosphère malfaisante, pendant la nuit, autour du Sumac vénéneux, dans une périphérie de 5 à 6 mètres. La lumière solaire dissocierait ses éléments constituants, de là l'innocuité des émanations du *R. toxicodendron* pendant les belles journées de l'été.

II. — **Cneorum**, L. (**Camélée**). — A signaler dans ce genre l'espèce suivante :

Cneorum tricoccum, L. La *Camélée à trois coques* est un arbrisseau toujours vert des contrées arides du Midi, de 0,50 à 0,80 cent. de haut, à feuilles coriaces, d'un beau vert, étroites, entières, ovales, à petites fleurs jaunes hermaphrodites. Fruit sec à 3 coques monospermes, d'abord vert, puis rouge, enfin noir à la maturité.

Toutes les parties de la Camélée sont âcres et drastiques ; introduites dans l'organisme, elles purgent violemment et peuvent amener la mort, si la quantité ingérée est tant soit peu considérable.

III. — **Ailanthus**, Desf. (**Ailanthe**). — Nous signalerons dans ce genre l'espèce suivante :

Ailanthus glandulosa, Desf. L'*Ailanthe glanduleux*, plus connu sous le nom de *Vernis du Japon* ou *Vernis de la Chine* est un arbre d'importation asiatique, de taille élevée, cultivé d'abord dans les parcs, mais qui se répand de plus en plus le long des chemins, sur les talus des voies ferrées, dans les bosquets. Racines traçantes et drageonnantes ; tronc droit, à écorce grise, à rameaux cassants et bien pourvus de moelle. Feuilles à nombreuses folioles, oblongues, un peu dentées avec une petite glande au sommet de chaque dent. Fleurs verdâtres, à 5 pétales polygames, à 10 étamines dans les mâles. Carpelles 4-5, uniloculaires, monospermes, oblongs, entourés d'une aile membraneuse.

Le Vernis du Japon répand une odeur désagréable qui empêche les animaux de s'attaquer spontanément à ses feuilles et à ses rameaux. Cela arrive pourtant quelquefois quand ils sont sous l'empire de la faim ou lorsqu'il s'agit d'individus très gloutons.

Il peut occasionner des éruptions vésiculeuses et quelquefois, pustuleuses au visage et aux mains des jardiniers qui l'élaguent.

L'écorce et les feuilles sont irritantes et vénéneuses; la dessiccation ne les dépouille que d'une petite quantité du principe âcre qui lui communique ses propriétés, car, prises à l'intérieur, sous forme de poudre et à titre de vermifuge, elles déterminent de violentes coliques.

On fera remarquer en passant que si les feuilles d'Ailanthe sont vénéneuses pour les animaux supérieurs, elles sont inoffensives pour certains animaux inférieurs et particulièrement pour quelques insectes puisqu'un Lépidoptère, le *Bombix Cynthia*, s'en nourrit.

Un observateur, M. Caraven-Cachen a relaté l'empoisonnement de canards qui avaient brouté les surgeons de quelques pieds d'Ailanthe. Il a noté comme symptômes de la stupeur, des douleurs intestinales et, comme lésions, une très vive inflammation du tube digestif. Il a reproduit expérimentalement cet empoisonnement sur des volatiles de la même espèce.

L'observation de M. Caraven doit faire classer définitivement le Vernis du Japon parmi les végétaux suspects; peut-être contribuera-t-elle à arrêter un peu l'engouement que quelques personnes manifestent pour cet arbre.

Réveil en a tiré une matière résineuse très âcre qui, appliquée sur la peau, y détermine la vésication. Cette résine est-elle son seul principe actif ou s'en trouve-t-il d'autres à côté ?

Sous-Article VII. — Du Redoul ou Corroyère a feuilles de Myrte.

La petite famille des Coriariées est composée du seul genre **Coriaria**, lequel nous intéresse par l'espèce qui suit :

Coriaria myrtifolia, L. La *Corroyère à feuilles de Myrte* ou *Herbe aux tanneurs*, plus connue sous les noms de *Redoul* ou de *Redoux*, est un arbrisseau de 1 à 2 mètres qui croît spontanément sur les collines des départements méridionaux et qu'on cultive quelquefois dans les jardins. Ses rameaux sont grêles, grisâtres, tétragones, ses feuilles opposées, coriaces, ovales-aiguës. Fleurs petites, verdâtres, en grappes. Calice persistant. Pétales 5, étamines 10. Fruit bacciforme, noir et luisant à la maturité, à graines pendantes.

Toutes les parties du Redoul sont vénéneuses, mais les jeunes pousses et les baies sont les plus dangereuses. On a signalé des empoisonnements mortels dans l'espèce humaine et sur les animaux domestiques.

Sur l'espèce humaine, des accidents assez nombreux ont été occasionnés soit par l'ingestion des baies qui ont une saveur douceâtre dissimulant leur activité, soit par suite d'une fraude qui s'est faite dans le commerce de la droguerie et qui a consisté à substituer ses feuilles à celles du Séné. Cette fraude est facile à dévoiler, car les feuilles du Redoul sont absolument glabres et ont des nervures longitudinales qui courent parallèlement aux bords, tandis que les feuilles de Séné n'en présentent pas.

Parmi les animaux de la ferme, les chèvres, toujours occupées à brouter les haies et les arbrisseaux, se sont empoisonnées en mangeant des pousses de Redoul (Magne).

Symptomatologie. — Dans l'empoisonnement par la Corroyère, on observe d'abord des mouvements convulsifs des membres qui gagnent rapidement la tête ou qui, inversement, débutent par cette partie pour passer au tronc et aux jambes. Puis l'écume paraît à la bouche, des vomituritions successives ont lieu avec quelques évacuations alvines. Les convulsions augmentent progressivement de force et de durée, elles deviennent cloniques et tétaniques à la fois; les muscles thoraciques et abdominaux se contractent spasmodiquement et entravent la fonction respiratoire, il y a en même temps trismus, contraction de la pupille, puis abolition complète de la sensibilité. Les malades succombent à l'asphyxie.

Le pronostic est toujours fort grave et la mort survient de la 10e à la 120e minute après l'ingestion, suivant la quantité de toxique absorbée. La rigidité cadavérique apparaît très rapidement.

A l'autopsie on trouve le cœur et les gros vaisseaux remplis de sang, le poumon engoué et les méninges injectés.

Il n'y a pas de lésions intestinales, car il s'agit d'un poison essentiellement nerveux.

On a rapproché le principe vénéneux, renfermé dans le Redoul, de la strychnine; mais il est impossible de les identifier, car le premier abolit la sensibilité, tandis que la seconde l'exalte, puisqu'on sait que le moindre frôlement au voisinage d'un sujet sous le coup de cette substance amène une exacerbation des accès convulsifs.

Les animaux à sang chaud ne sont pas les seuls qui subissent les effets toxiques du Redoul; il a été démontré que les grenouilles, dans les vertébrés à sang froid, et les insectes parmi les invertébrés, y sont sensibles. Les mouches qui viennent butiner dans une solution aqueuse et sucrée de Redoul sont bientôt prises de convulsions, étendent brusquement pattes et ailes et succombent rapidement.

La vénénosité du Redoul est due à un principe non azoté découvert par M. Riban et appelé par lui *Coryamirtine*. Il a pour caractères de cristalliser dans le système rhomboïdal, d'être peu soluble dans l'eau et très soluble dans l'alcool bouillant et dans l'éther. Sa formule serait $C^{30} H^{36} O^{10}$.

Une réaction d'une grande sensibilité et par là précieuse dans les expertises est la suivante. En traitant un milligramme de coryamirtine par l'acide iodhydrique fumant à 100 degrés, il se dépose, en même temps que de l'iode réduit, un corps noir et mou qu'on lave à l'eau et qu'on dissout dans l'alcool. Si l'on ajoute à cette liqueur quelques gouttes de soude caustique, on obtient une couleur pourpre caractéristique.

M. Peschier dit avoir trouvé dans les feuilles du Redoul une substance cristalline, non azotée, qu'il a nommée *coriarine*. Elle n'est pas vénéneuse et ne peut, par conséquent, point être confondue avec la coryamirtine.

BIBLIOGRAPHIE.

Millepertuis. — PAUGOUÉ. *Du Millepertuis et de ses effets sur l'économie animale*, in *Recueil de médecine vétérinaire*, 1861.

Orange amère. — IMBERT-GOURBEYRE. *Recherches sur l'huile essentielle des Oranges amères*, in *Moniteur des hôpitaux*, 1854.

Mélia Azedarach. — De Gasparin. *Empoisonnement de porcs par l'Azedarach*, in *Mémoires de la Société d'agriculture et histoire naturelle de Lyon*, 1828.

Fusain d'Europe. — Rodet et Baillet. *Botanique agricole et médicale*, 2ᵉ édition. art. Fusain. — Roques. *Phytographie médicale*.

Nerprun Alaterne. — Prota-Giurlœo. *Sur l'action nuisible à la sécrétion lactée du R. alaternus et du Ligustrum vulgare*, in *Il Zootecnico*, 1885.

Nerprun Bourdaine. — Petersen. *Empoisonnement par les baies du R. frangula*, in *S. Pétersb. méd. Wochensc.* 1855.

Sumac vénéneux. — Maisch. *Sur l'acide toxicodendrique*, in *Zeitchrift fur Chemie*, 1886.

Vernis du Japon. — Caraven-Cachen. *Empoisonnement de canards par les feuilles de l'A. glandulosa*, in *Compt. R. de l'Ac. des S.*, 1885.

Redoul. — Riban. *Recherches expérimentales sur le principe toxique du Redoul*. Thèse de Montpellier, 1865.

Article V. — Légumineuses.

Cette famille, dont les caractères botaniques sont connus de tous et qui renferme tant de formes comestibles ou fourragères, mérite de retenir toute l'attention à cause des particularités présentées par quelques-unes de ces formes et de la vénénosité de quelques autres.

Parmi ces plantes, généralement fort nutritives comme le sont à peu près toutes les Légumineuses, il en est qui réussissent bien à quelques espèces animales et qui sont absolument refusées par d'autres à qui elles seraient nuisibles. On en trouve qui, acceptées sans répugnance ou même prises avec avidité, empoisonnent à la longue les sujets qui les consomment. Plusieurs ont une activité considérable et occasionnent, aussitôt leur introduction dans l'organisme, une intoxication à marche rapide dont la mort est souvent la terminaison.

Aussi la famille des Légumineuses doit-elle être comptée au premier rang par le nombre de ses plantes vénéneuses ou simplement suspectes. Les genres *Anagyris, Cytisus, Coronilla, Wisteria, Spartium, Trifolium, Lupinus, Lathyrus, Ervum, Phaseolus,* parmi les indigènes, *Erythrophlœum* et *Gymnocladus,* dans les exotiques, possèdent des espèces à examiner de près.

Nous allons commencer par l'étude de l'empoisonnement par les Cytises, parce que le principe vénéneux qu'ils renferment se retrouve dans d'autres genres et que, conséquemment, de cette intoxication une fois connue, on pourra y renvoyer le lecteur quand il s'agira de ces derniers.

Sous-Article I. — Des Cytises.

Le genre **Cytisus**, le plus redoutable de tous ceux de la famille des Légumineuses par le nombre de ses espèces toxiques et la violence du poison qu'elles produisent, renferme des arbres et des arbrisseaux à bois dur, un peu jaunâtre, à feuilles trifoliées, à fleurs disposées en grappes jaunâtres, très odorantes, à calice persistant et bilabié; étendard plus long que les ailes et la carène, étamines monadelphes. Légume linéaire, comprimé et polysperme.

Grisebach, s'appuyant sur les caractères de la graine qui est strophiolée dans quelques espèces et dépourvue de strophiole dans d'autres, a dédoublé le genre Cytisus et groupé dans son genre Laburnum les espèces strophiolées. Au point de vue où nous sommes placés, nous ne pouvons adopter cette division, car on trouve des formes vénéneuses dans l'un et l'autre groupe. D'ailleurs l'hybridation qui se fait sans difficultés entre le *Laburnum vulgare* de Grisebach (*Cytisus Laburnum*) et le *C. purpureus*, ne permet guère d'admettre sa classification.

Les espèces renfermées dans le genre Cytise sont assez nombreuses. Je me suis efforcé d'en recueillir le plus possible et d'en examiner les propriétés.

Mes recherches ont porté sur treize sortes. Sur ce nombre trois, le *C. argenteus*, le *C. sessilifolius* et le *C. capitatus*, se sont montrées dépourvues de propriétés vénéneuses. Trois, le *C. proliferus*, le *C. nigricans* et le *C. supinus*, n'ont accusé qu'une faible activité qui s'est traduite par quelques frissons et quelques contractions musculaires sur les sujets employés pour ces recherches. Deux autres, le *C. elongatus* et le *C. Alschingeri*, plus riches en principe toxique que les deux précédentes, le sont moins pourtant que les cinq espèces suivantes, qui, à poids égal, de feuilles ou de graines en renferment sensiblement la même quantité, qui est énorme, ce sont: *C. alpinus, C. laburnum, C. purpureus, C. Weldeni* et *C. biflora*.

Parmi ces espèces, la plus répandue dans notre pays est le *C. laburnum*, L. communément appelé *Aubour, Faux-Ebénier*. Par la vigueur de sa végétation, la rapidité de sa croissance et la beauté de ses fleurs en grappes, c'est une plante qui se répand de plus en plus et son expansion n'est pas sans danger. Nous la prendrons comme type de nos descriptions; ce qui en sera dit sera applicable aux autres espèces vénéneuses du genre.

Mais avant d'aborder ce sujet, il est utile de rappeler que les Cytises orientaux, à de rares exceptions près, sont inoffensifs. Il existe même une espèce dans l'Inde, le *C. cajan*, appelé dans le langage du pays *Dal, Urbur, Toar*, qui est comestible pour l'homme. Aussi les auteurs anciens, botanistes, agronomes ou médecins, ne font nulle mention des propriétés vénéneuses des Cytises. Les premiers les recommandent même comme d'excellentes plantes fourragères. Il est bien évident que ce n'est point de nos formes occidentales, dangereuses pour la plupart, qu'il s'agissait.

Quelle est l'espèce fourragère que possédaient les agriculteurs grecs et dont ils faisaient de si pompeux éloges? Serait-ce la plante qu'actuellement encore, on cultive dans la terre d'Otrante et la Pouille, sous le nom de Cytise de Virgile, pour la nourriture des bestiaux et spécialement des chèvres? On l'ignore au juste. Plusieurs commentateurs se sont efforcés de faire la lumière sur ce point, mais ils n'ont pu trancher la question, parce qu'ils se sont appuyés uniquement sur les textes anciens.

Nous pouvons affirmer aujourd'hui qu'il ne peut s'agir du *C. laburnum*, ni de quelques autres espèces qui, comme lui, sont extrêmement vénéneuses, car les empoisonnements qui en seraient résultés n'auraient point passé inaperçus. D'autre part, les Grecs ne connaissaient pas notre Aubour qui actuellement *n'existe pas encore dans la péninsule Hellénique*, au témoignage de plusieurs botanistes et notamment de Boissier, si autorisé en pareille matière. Les Latins n'étaient guère plus avancés; pourtant Pline le signale comme un « arbre des Alpes peu connu, ayant le bois dur et blanc, une fleur longue d'une coudée à laquelle les abeilles ne touchent pas ».

Si le *C. laburnum* doit être mis hors de cause, nous rappellerons, avant d'aller plus loin, qu'il existait au moins une espèce vénéneuse en Grèce, celle que Galien a signalée dans une localité de la Mysie, et qu'il compare au Myrte.

Il faudra déterminer par l'expérimentation et en agissant sur des espèces orientales, de quel type il s'agit.

En restant dans les espèces méditerranéennes, nous voyons Honorius Belli Vicentini, médecin de Candie, émettre le premier l'idée que le Cytise fourrage des anciens est le *Medicago arborea* ou *Cytisus Marantœ*; après lui Martyn et Amoreux acceptent son idée qui est également défendue par Sprengel et par Fée.

Si l'on ne veut pas sortir du groupe des Cytises orientaux et en laissant par conséquent de côté la luzerne arborescente, on peut s'arrêter soit au *C. sessilifolius*, soit au *C. capitatus*. Ni l'une ni l'autre de ces espèces ne sont vénéneuses, ainsi que je m'en suis assuré expérimentalement; elles constituent des arbrisseaux à feuilles trifoliées que les animaux broutent sans danger. Seulement, tandis que Sibthorp et Bory considèrent le *C. sessilifolius* comme autochtone de l'Eubée et des Cyclades, Boissier émet quelques doutes sur son indigénat, tout en l'indiquant comme faisant partie de la flore actuelle de la Grèce. Quant au *C. capitatus*, il est accepté sans réticence comme autochtone.

Le *C. laburnum*, L. (*Laburnum vulgare*, Griseb.) *Cytise aubour, Cytise commun, Cytise à grappes, Faux-Ébénier* (fig. 31), est un arbrisseau pouvant atteindre jusqu'à 5 mètres de haut, dont les fleurs réunies en longues et belles grappes jaunes ont été comparées à une pluie d'or. Le bois en est dur et servait jadis à la fabrication des arquebuses et des crosses de fusil. Aujourd'hui il est employé par les tourneurs en raison du poli qu'il prend facilement.

Feuilles longuement pétiolées, à 3 folioles, vertes en dessus, blanchâtres et plus ou moins pubescentes en dessous. Calice pubescent soyeux. Légume d'abord pubescent mais presque glabre à la maturité.

Le Cytise aubour végète spontanément, de préférence dans les terrains calcaires.

On ne pourrait soutenir que la connaissance des propriétés malfaisantes du Cytise soit sortie du domaine

Fig. 31. — *Cytisus laburnum*. — Cytise aubour.

(Grappe de fleurs.)

médical et vulgarisée. Ici, comme en bien d'autres matières, le passé pèse toujours sur le présent. Des botanistes répètent encore aujourd'hui que les bestiaux broutent « avec plaisir » les pousses de Cytise, sans faire une distinction spécifique indispensable; les chasseurs parlent d'une prédilection du lièvre et du lapin pour le

Faux-Ébénier et nos littérateurs, reprenant les images des anciens, nous montrent la chèvre s'attachant à cet arbrisseau.

Il y a là des erreurs qu'il faut faire disparaître.

De nombreuses recherches expérimentales m'ont fait voir que toutes les parties du végétal sont vénéneuses, le bois, l'écorce, les feuilles, les bourgeons floraux, les fleurs, les gousses, les graines ainsi que les parties souterraines. Le bois, l'écorce et les racines possèdent à peu près constamment la même toxicité. Les feuilles et les gousses présentent des variations saisonnières très remarquables, conséquence de la migration du poison vers la graine. Le détail de ces variations a été exposé précédemment. (Voyez 1re partie, page 12.)

A propos de la graine, j'ai recherché si le principe nuisible réside dans le spermoderme ou dans l'amande. En broyant les graines et en séparant par tamisage la farine et l'enveloppe, j'ai vu la première douée d'une grande activité, je n'ai trouvé que des traces dans la seconde et encore je ne suis point sûr que quelques parcelles de l'amande ne lui soient restées attachées.

La dessiccation n'a aucune influence sur la toxicité du végétal. En prenant une quantité déterminée de fleurs. feuilles ou écorces, en la soumettant à la dessiccation, la pesant ensuite et établissant la proportionnalité entre le poids à l'état vert et le poids à l'état sec, on voit qu'il n'y a pas de différence d'activité. La cuisson, l'ébullition, même prolongées, n'ont pas davantage d'influence sur le poison qui n'est pas volatil.

Je me suis demandé si les parties traitées par l'ébullition prolongée abandonnaient au liquide la totalité de leurs principes nuisibles. C'est particulièrement sur les graines que mes recherches ont porté, car je voulais savoir s'il ne serait pas possible d'utiliser ces mêmes graines après cuisson et pression, de façon à en faire des sortes de tourteaux. L'expérience m'a fait voir que l'ébullition, prolongée pendant deux heures, n'enlève pas *complètement* le principe toxique, car ces graines cuites et soumises à la presse pour l'extraction du principe nuisible, données à des animaux d'expérience, ont amené de la tristesse, du coma, de la difficulté de la marche, de la diarrhée. Dans de telles conditions, il ne serait pas prudent de les utiliser pour la nourriture des animaux.

Il ressort aussi de mes recherches que le toxique n'est point détruit par la germination, mais se retrouve dans la tigelle et la radicelle.

Symptomatologie. — Chaque année, on signale des empoisonnements par l'Aubour tant sur l'espèce humaine que sur les animaux domestiques. Dans l'espèce humaine, ce sont surtout les fleurs qui occasionnent des accidents, soit parce que les enfants en portent les grappes à la bouche et les mâchonnent, soit parce qu'on s'en sert pour quelques usages culinaires, par exemple, pour aromatiser des aliments, à la place de fleurs d'acacia.

Voici les symptômes relatés chez l'homme par les médecins.

Il y a d'abord des nausées et des vomissements, puis du vertige, de la céphalalgie, de la diarrhée, ensuite une sorte d'ivresse accompagnée d'une grande prostration des forces, de titubation, de coliques, de cyanose de la face faisant place bientôt à de la pâleur, de sueurs abondantes, spécialement à la tête, et d'émission d'urine.

Si la quantité ingérée a été telle qu'un dénouement fatal doive arriver, des convulsions apparaissent, la respiration s'embarrasse, devient bruyante et la mort survient de la quatorzième à la quarantième heure après le commencement des accidents.

De tous les animaux, les solipèdes sont les plus sensibles à l'action du poison du Cytise. Après eux, il faut citer les carnivores; les symptômes qu'ils présentent sont d'une netteté parfaite. Nous allons nous en servir comme de type.

Lorsque l'on introduit l'extrait de Cytise dans l'économie d'un chien soit par la voie digestive, soit par injection hypodermique, soit par injection intra-veineuse, on provoque sûrement les symptômes de l'empoisonnement. Mais ils diffèrent suivant que la dose administrée est faible, moyenne ou forte.

Quand elle est faible, qu'on injecte par exemple l'extrait de 30 centigrammes de graines par kilogramme de poids vif sous la peau, trois à quatre minutes après l'injection, on voit apparaître de la surexcitation : l'animal s'agite, se déplace, a quelques nausées, surtout s'il a mangé depuis peu (il arrive qu'il n'en présente pas s'il est à jeun), puis apparaissent des frémissements musculaires aux muscles de l'épaule et de la cuisse principalement, il y a salivation, élévation de la température et respiration plus ample. Le sujet cherche à se coucher, s'étend de son long, a un peu de somnolence qui se dissipe bientôt. Cet état d'excitabilité musculaire avec un peu de coma dure environ une heure et demie à deux heures, puis tout rentre dans l'ordre généralement après une émission abondante d'urine.

Si la dose a été plus forte, mais néanmoins encore éloignée du point d'intoxication mortelle, les phénomènes de coma, d'hébétude, de résolution musculaire sont dominants; ils suivent de très près la surexcitation initiale et les vomissements, souvent ils masquent la première aux yeux de l'observateur. Si l'on augmente encore la dose, aux manifestations symptomatiques précédentes viennent s'ajouter des convulsions.

Lorsque la dose est toxique, le sujet est pris immédiatement d'un malaise considérable, la respiration s'accélère énormément, les côtes sont comme tordues, elles s'abaissent et se relèvent alternativement avec violence. La pupille se dilate, le souffle labial se produit et l'animal urine abondamment en général. Survient un peu d'apaisement, l'animal tourne à droite et à gauche, se couche et se relève pendant huit à dix minutes, puis des contractions cloniques se manifestent, il chancelle et se laisse tomber. La membrane nyctitante apparaît sur l'œil grand ouvert, la sensibilité périphérique devient de plus en plus obtuse, le sujet réagit mal quand on le pince et le pique. Les contractions sont très intenses et rythmées, elles se montrent même fréquemment à la mâchoire inférieure qui se relève et s'abaisse alternativement. La respiration se ralentit de plus en plus, bientôt elle ne s'exécute plus qu'à de longs intervalles, puis elle s'arrête complètement après deux ou trois hoquets. Les mouvements rythmés de la mâchoire inférieure persistent longtemps. La sensibilité n'est complètement abolie que tout à fait dans les derniers moments de la vie.

Le chat est d'une sensibilité plus grande encore que le chien et présente des symptômes qui s'éloignent peu de ceux que nous venons de décrire.

L'empoisonnement du cheval, de l'âne et du mulet, se traduit par des caractères spéciaux. Lorsque la quantité de graines ou de feuilles de Cytise ingérée est faible, on constate seulement des bâillements, une démarche mal assurée, le train de derrière vacille et s'harmonise mal avec le train antérieur. Un tel état dure environ deux heures, puis après émission d'urine tout rentre dans l'ordre.

Si, sans être mortelle, la dose est très considérable, on remarque, en outre, des efforts infructueux de vomissement, quelquefois de l'opisthotonos sur l'âne, des sueurs, des tremblements musculaires, puis l'animal entre dans un coma profond qui dure jusqu'à quinze heures; ensuite et peu à peu, il y a retour à l'état primitif.

Lorsque la dose est suffisante pour amener la mort, le cheval commence par avoir des bâillements, il relève la lèvre supérieure à la façon de l'étalon qui flaire la jument; campements incessants et émission de quelques gouttes d'urine; un peu d'érection. Bientôt la respiration s'accélère, devient bruyante, il y a un peu de cornage, des tremblements musculaires se produisent, suivis de contractions qui débutent par le train de derrière et gagnent peu après la partie antérieure, le facies se grippe, l'animal chancelle, des sueurs se montrent et bientôt ruissellent sous le malade qui est dans une véritable buée.

La température baisse rapidement pour se relever un peu pendant la période convulsive. Le pouls est d'abord plus vite et plus fort, mais le nombre des battements revient rapidement à la moyenne pour remonter faiblement quelques minutes avant la mort. Le rythme en est d'abord très irrégulier et les pulsations s'associent par deux, trois et quatre, mais près du dénouement, il redevient régulier.

Enfin l'animal tombe, il essaie en vain de se relever, les narines sont dilatées, la bouche grande ouverte, la respiration se fait de plus en plus rare et la mort arrive au milieu d'atroces souffrances.

Les Ruminants sont beaucoup moins sensibles que les Équidés à l'action du Cytise et je ne suis pas parvenu à les empoisonner par la voie digestive, parce que (et malgré qu'on ait représenté la chèvre comme très avide de cette plante) ils s'arrêtent après avoir mangé quelque peu et se refusent obstinément à continuer. Mais ils ne sont point réfractaires, car si l'on emploie les voies hypodermique ou intra-veineuse, on produit l'intoxication.

Sur les ruminants, ce ne sont pas les contractions musculaires et tétaniques qui forment le tableau symptomatologique, mais, c'est, au contraire, la résolution musculaire et l'hébétude. Il y a incoordination des mouvements, titubation, marche sur les boulets, chute sur le nez, branlements intermittents de la tête, embarras de la respiration.

Parmi les Rongeurs, le cobaye est plus sensible à l'action du Cytise que le lapin; ce dernier animal jouit, comme les ruminants, du privilège de ne pouvoir être empoisonné par la voie digestive, mais pas plus qu'eux, il n'est réfractaire quand on choisit les veines ou le tissu cellulaire sous-cutané pour faire pénétrer le toxique dans l'organisme.

En raison de l'abondance des graines de Cytise à la fin de l'été et des chances d'empoisonnement qui en résultent pour les oiseaux de basse-cour, les symptômes de l'intoxication ont été suivis avec soin sur ces animaux.

La poule recherche peu ces graines et, chez elle, l'empoisonnement est lent, parce qu'elles franchissent difficilement le jabot qu'elles paralysent en quelque sorte, de telle façon que ce n'est que peu à peu que la cytisine se dissout et se dégage pour intoxiquer tout l'organisme. Même en recevant par la bouche de très fortes quantités de graines, elle met en moyenne vingt heures à mourir. Quand la dose est faible, — et elle peut l'être beaucoup, car en faisant avaler 7 grammes de graines à une poule bressane de 1 kilogramme, je l'ai empoisonnée mortellement,—le dénouement se fait attendre soixante-dix à soixante-quinze heures. Je n'ai noté comme symptômes chez la poule empoisonnée que du coma, l'immobilité dans un coin et le refus absolu des aliments, quelquefois de la diarrhée.

Par injection hypodermique le symptôme dominant est le coma. Cinq minutes après l'injection, l'oiseau s'affaisse sur ses jambes, porte la tête en arrière, tombe, se relève, retombe sur son bec, bâille, raidit ses membres, il y a opisthotonos, la mandibule inférieure s'agite convulsivement, les ailes battent et l'animal meurt de trente-cinq à cinquante minutes après l'injection.

Les expériences faites sur les pigeons présentaient un intérêt tout spécial en raison de l'avidité des colombins pour les graines rondes, en général, et aussi à cause de leur facilité à vomir. Si l'on mélange des graines de Cytise à d'autres semences, les pigeons en prennent d'abord quelques-unes, mais bientôt, avertis sans doute par quelque malaise, ils n'y touchent plus.

Lorsque la quantité de graines que l'on fait ingérer à un pigeon bizet du poids de 350 grammes environ, qui est la moyenne de la race, ne dépasse pas 4 grammes, on ne remarque rien d'anormal dans la santé de l'animal. Si l'on dépasse cette dose, il vomit, chancelle sur son perchoir et manifeste des crampes dans les jambes, puis tout rentre dans l'ordre.

Si on lui fait ingurgiter une très forte dose de graines, 20 à 25 grammes par exemple, les symptômes sont plus marqués ; mais le vomissement est si facile chez le pigeon qu'il se débarrasse rapidement de ce qui est entassé dans son jabot. En me servant de graines arrivées à maturité et crues, je ne suis pas parvenu à **l'empoisonner par les voies digestives, quelle qu'ait été la dose que j'aie fait prendre.**

Si l'on a la précaution de faire cuire les graines puis de les faire ingurgiter avec l'eau de cuisson, de façon que l'absorption ait lieu plus rapidement et que l'organisme ait moins de facilité à se débarrasser du poison, on amène la mort assez rapidement, vers la 24º heure.

L'injection hypodermique de l'extrait de Cytise produit la mort avec les mêmes symptômes que ci-dessus, mais avec beaucoup plus de rapidité, cela va de soi.

Le canard est non moins sensible que la poule et le pigeon au poison du Faux-Ébénier; comme le pigeon, il s'en débarrasse rapidement par le vomissement.

Quand un canard a été gavé de graines de Cytise, une demi-heure après le gavage, il bat des ailes d'une façon saccadée, fait entendre une série de sifflements sourds et comme étouffés. Une heure à une heure et quart après, il vomit tout ce qu'il a dans le jabot et revient peu à peu à l'état normal en présentant un peu de coma.

Mais l'administration du toxique par injection hypodermique en a raison, et la mort arrive promptement par tétanisation et arrêt de la respiration et de la circulation. Cet animal, qui résiste si longtemps à l'asphyxie, est rapidement tué ici, ce qui prouve que la respiration seule n'est pas en jeu dans le mécanisme de la mort par le végétal qui nous occupe en ce moment.

J'ai recherché également si les animaux à sang froid pouvaient être empoisonnés par le Cytise et j'ai vu que quelques gouttes d'extrait injectées sous la peau de la grenouille et de la limace grise suffisent pour amener leur mort. Il en fut de même des poissons, tout au moins de la tanche et du cyprin doré qui ont servi à mes recherches. Une injection de quelques gouttes dans les muscles de la partie postérieure du corps cause la mort en six heures environ.

Je tiens à consigner qu'en ajoutant des quantités relativement énormes de ce toxique dans l'eau des aquariums où se trouvaient mes poissons d'expérience (60 grammes d'extrait par litre d'eau) je ne suis point parvenu à les tuer, une observation attentive n'a même pas permis de constater aucun signe de malaise chez eux. L'épithélium branchial oppose probablement une barrière infranchissable au poison ou ne le laisse passer qu'en quantité si minime et si lentement qu'il est éliminé avant d'avoir eu le temps de s'accumuler et de devenir nuisible.

Lésions. — Les lésions sont peu marquées chez les individus qui ont succombé à l'action du Cytise, parce que la mort arrive très rapidement et parce qu'il s'agit d'un poison agissant surtout sur la cellule nerveuse. Il faut faire une exception pour les oiseaux, chez qui le dénouement, plus lent à se produire, détermine des lésions plus accentuées.

Même dans le cas où la substance vénéneuse a été introduite dans l'estomac et n'a pu être rejetée parce que le vomissement n'existe point dans l'espèce, les désordres anatomiques ne sont pas très marqués. Voici, à titre d'exemple, les lésions observées sur un âne empoisonné de cette façon :

Œsophage contenant une certaine quantité d'aliments, ou qui n'avaient pu franchir le cardia pour descendre dans l'estomac, ou qui étaient ressortis de ce viscère sous l'influence des efforts de vomissement, mais n'avaient pu aller plus loin. Estomac moyennement distendu, très légèrement enflammé dans le sac droit, renfermant la plus grande partie des grains de Cytise concassés, mais très reconnaissables. Pylore extrêmement resserré et comme tétanisé. Peu de graines vénéneuses l'ont franchi et se trouvent dans l'intestin grêle qui est enflammé, assez légèrement d'ailleurs, dans les deux premiers tiers de sa longueur, le reste étant sain. Les glandes annexes du tube digestif paraissent normales ; la vessie renferme une assez forte proportion d'urine. Les poumons sont rouges, engoués comme dans l'asphyxie au début ; le cœur est en diastole et gonflé de caillots ; les gros vaisseaux sont également pleins de sang qui se coagule promptement. Au microscope, les globules sanguins ne montrent point d'altération. Les plexus cérébraux sont injectés comme les autres vaisseaux en général, mais la masse encéphalique paraît anémiée ; la moelle épinière a gardé sa coloration à peu près normale. Les muqueuses sont pâles.

Chez le coq, nous avons retrouvé dans le jabot la presque totalité des graines ingérées ; quelques-unes seulement avaient passé dans le ventricule succenturié et dans le gésier. Il semble qu'il y a eu paralysie des parois du jabot qui a empêché les graines de franchir cet organe. Très légère inflammation du ventricule et de la première portion de l'intestin. Tout le reste est sain, sauf les poumons qui sont congestionnés.

Sur le chien, nous avons vu quelquefois les cordes vocales serrées l'une contre l'autre ; la congestion des vaisseaux encéphaliques est toujours prononcée sur cet animal.

Ces lésions ne sont ni bien étendues ni bien nombreuses ; à plus forte raison, quand l'empoisonnement est le résultat d'une injection hypodermique massive, sont-elles encore moins marquées, en raison surtout de la rapidité du dénouement.

Lorsqu'on a laissé l'empoisonnement suivre son cours, la rigidité cadavérique arrive assez rapidement, mais si l'on a retardé la mort par la respiration artificielle, ou si l'on s'est adressé à des animaux chez qui la respiration cutanée supplée à la respiration pulmonaire comme la grenouille, on est frappé de la flaccidité que conservent les membres, et du temps que la rigidité cadavérique met à se montrer. Avec cette flaccidité, signalons la conservation de l'excitabilité neuro-musculaire assez longtemps après la mort.

Quantité de graines nécessaire pour amener la mort dans les diverses espèces étudiées. — Il est d'un grand intérêt, tant au point de vue purement expérimental qu'à celui de la pratique, de connaître exactement la quantité de Cytise nécessaire pour tuer les divers animaux domestiques. Nous savons peu de chose sur ce point; les chimistes nous ont seulement appris qu'il faut injecter de 30 à 40 milligrammes de cytisine sous la peau du chat et « quelques décigrammes » sous celle du chien pour les tuer, et que si l'injection est poussée directement dans le torrent circulatoire, ces doses peuvent être diminuées des deux tiers pour amener le même résultat. Dans la pratique, ce n'est pas avec la cytisine préparée par les chimistes qu'arrivent les empoisonnements. Je ne sache pas que jusqu'à présent une affaire d'empoisonnement par ce corps se soit déroulée devant les cours d'assises. C'est toujours une partie quelconque de l'arbrisseau qui a été employée, d'où la nécessité de déterminer, en poids, ce qu'il en faut ingérer pour produire la mort. J'ai pris les graines pour type et j'en ai déterminé la quantité nécessaire pour tuer 1 kilogramme de poids vivant de l'espèce examinée. Si l'on veut bien se rappeler que les fleurs et l'écorce desséchées ont, à poids égal, la même activité que les graines, on pourra arriver par un calcul des plus simples à déterminer le poids nécessaire pour amener la mort quand ces parties sont à l'état frais.

L'empoisonnement spontané se fait par les voies digestives; en regard de la quantité qu'il faut ingérer pour amener la mort, j'ai placé celle qui conduit au même résultat par la voie sous-cutanée.

SORTES D'ANIMAUX.	LE POISON est ingéré; DOSE PAR KIL. DE POIDS VIF.	LE POISON est INJECTÉ SOUS LA PEAU; dose par kil. de poids vif.
Chien........	En raison du vomissement, on ne peut tuer par cette voie qu'en liant l'œsophage.	2 grammes.
Chat.........		1 gr. 25.
Mouton et chèvre.	N'ai pu tuer par cette voie.	6 grammes.
Cheval.......	80 centigrammes.	60 centigrammes.
Ane..........	60 centigrammes.	60 centigrammes.
Lapin........	Je n'ai pu tuer le sujet adulte par cette voie.	6 grammes.
Cobaye.......		3 gr. 50.
Rat blanc.....	A refusé d'ingérer le Cytise.	2 gr. 75.
Poule........	6 grammes.	3 grammes.
Canard.......	Vomissent avec une facilité extrême.	3 grammes.
Pigeon.......		3 à 4 grammes.
Grenouille....		
Poissons......		Quelques gouttes.

Localisation et élimination du poison. — Des recherches, dont on ne peut faire ici l'exposé, m'ont démontré que chez les animaux peu sensibles à l'action du Cytise, tels que le lapin et la chèvre, le poison est éliminé par l'urine. Il est à peine besoin de faire remarquer que ce toxique accumulé dans la vessie ne les incommode point, parce que la muqueuse vésicale ne l'absorbe pas et que l'épithélium vésical lui présente une barrière infranchissable tant qu'il est intact. L'extraction du poison contenu dans la gangue alimentaire se fait lentement et cette lenteur permet son élimination par le travail digestif. On sait déjà que lorsqu'il pénètre brusquement et en quantité considérable dans l'économie, ainsi que le cas se présente lors d'injections hypodermiques, l'élimination n'a pas le temps de se faire assez rapidement et assez complètement pour que l'empoisonnement n'ait pas lieu.

Quant aux animaux qui, à l'inverse des Ruminants et des Rongeurs, sont très sensibles à l'action du Cytise, parce qu'ils n'éliminent point la matière vénéneuse avec une rapidité suffisante, il faut s'enquérir si celle-ci imprègne tout l'organisme ou si elle se localise en un système ou en un tissu. Cette recherche est très importante pour la médecine légale et pour la police sanitaire. En supposant qu'il y ait accumulation du poison dans un seul système ou même sur un seul tissu, le toxicologiste courrait le risque de s'égarer en le cherchant ailleurs et la justice, s'il s'agit de l'espèce humaine, pourrait ne pas poursuivre un coupable parce que le *corpus delicti* n'aurait point été rencontré dans les organes de la victime habituellement étudiés par les experts, tels que le foie, les reins et le cœur. D'autre part, s'il s'agit d'un animal comestible empoisonné, peut-on en utiliser la chair et les débris?

J'ai multiplié et varié les recherches sur ce point; elles ont prouvé que ni le sang, ni les muscles, ni les poumons, ni les glandes annexes du tube digestif, ne sont les lieux d'élection du poison.

Je me tiendrai sur la réserve pour le lait et, sans être très affirmatif, j'estime qu'il sera prudent de ne point boire celui d'une femelle qui a mangé une certaine quantité de feuilles d'Aubour.

Mais je puis résolument affirmer la nocivité du tissu nerveux dans sa partie encéphalique ; c'est dans le bulbe et le liquide céphalo-rachidien que les toxicologistes devront chercher le poison des Cytises et qu'ils l'y trouveront sans aucune peine. Il se localise sur le tissu nerveux par une sorte d'affinité, de sorte que la chair peut être utilisée sans danger pour la santé publique ; on prendra seulement la précaution de jeter la tête. Ce sont les cellules nerveuses qui sont attaquées, mais non les globules sanguins, sur lesquels on ne remarque aucune altération, ni les leucocytes, ni la fibre musculaire. Il y a une action élective sur la substance bulbaire ; il ne semble pas que celle-ci réagisse sur le poison en le désorganisant et en le faisant entrer dans d'autres combinaisons, puisque nous l'avons retrouvé dans cette partie avec son activité.

Mécanisme de l'empoisonnement. — Une analyse un peu minutieuse des symptômes et des phénomènes biologiques qui viennent d'être exposés, permet de reconnaître trois phases dans l'empoisonnement par la cytisine : 1° phase d'excitation ; 2° phase de coma et d'incoordination de mouvements ; 3° phase de convulsions. L'ordre d'apparition, la durée et l'association de ces phases sont subordonnés à la dose reçue et à la sensibilité du sujet. La première peut exister seule lorsque la dose administrée a été très minime ; sa durée dans ce cas n'est jamais bien considérable et peu à peu tout revient à l'état normal. Il en est de même de la troisième lorsque la quantité administrée a été massive et donnée à un animal très sensible comme le chat. Mais le plus souvent elles s'associent deux à deux. Lorsque la dose est moyenne, il y a excitation puis coma seulement, la troisième phase fait défaut. La même chose se remarque toujours sur les Ruminants, alors cependant qu'ils ont ingéré des quantités très fortes de poison. Quand la dose a été élevée, la première phase est ou supprimée ou si courte qu'elle passe la plupart du temps inaperçue, on ne voit que les deux dernières, coma et convulsions qui d'ailleurs, un peu après la pénétration du poison dans l'organisme, existent simultanément.

Dans la première phase, il y a élévation de la température; dans la seconde, il y a abaissement et ce n'est qu'à la troisième période et près de la mort que la température centrale se relève. Dans la deuxième et la troisième, la respiration est ralentie, tandis que la tension artérielle s'élève, que le nombre des pulsations augmente et que leur rythme est modifié. A la fin de la troisième, la tension artérielle baisse, les pulsations deviennent de moins en moins perceptibles, mais sont d'un rythme uniforme. Les mouvements respiratoires se ralentissent et finalement le cœur n'a plus que des battements imperceptibles quand toute trace de respiration s'efface.

En commentant la symptomatologie et les lésions, on est amené à conclure que la cytisine est un poison nerveux. Si l'on se rappelle que le bulbe régit le centre respiratoire, les innervations cardiaque, gastrique et vaso-motrice, on voit que la cytisine commence par stimuler les cellules bulbaires, stimulation qui se fait sentir sur les glandes salivaires pour en activer la sécrétion, sur l'estomac pour amener des nausées et des vomissements et qui provoque des bâillements se liant au mécanisme respiratoire.

Le bulbe est ensuite attaqué plus vivement, probablement dans sa partie grise : de là les modifications de la respiration, de la circulation et de la calorification.

La sensibilité ne devient obtuse qu'à la dernière phase de l'empoisonnement, quand le dénouement approche.

La motricité est manifestement exaltée à toutes les

périodes de l'empoisonnement. Si la dose a été faible, il n'y a que de l'agitation et de l'excitation; si elle a été plus forte, un symptôme considérable apparaît, l'incoordination des mouvements, l'agitation désordonnée, l'ataxie locomotrice. Enfin lorsque la dose a été massive et mortelle, des convulsions se montrent (le plus souvent cloniques, quelquefois toniques), des troubles choréiques, des crampes, des contractures spéciales comme l'opisthotonos. La contractilité des muscles est encore très nettement perceptible au moins un quart d'heure après la mort.

On se trouve donc en présence d'une perturbation fonctionnelle de la motricité qui, partant de la simple excitation, aboutit au convulsisme.

Des observations précédentes, il se dégage de la façon la plus nette que la cytisine n'est point un narcotico-âcre comme on l'a avancé, mais bien un poison nerveux et spécialement bulbaire.

Principe actif. — Malgré d'importants travaux, la connaissance du principe toxique des Cytises n'est point complète.

Chevalier et Lassaigne furent les premiers chimistes qui se livrèrent à l'étude de ce corps et tentèrent de l'isoler. Ils obtinrent de l'Aubour un produit auquel ils donnèrent le nom de *cytisine*. Peschier et Jacquemin isolèrent le même produit du *C. alpinus* et considérèrent la cytisine comme identique à la cathartine du Séné. Après eux, Gray reprit la question et il conclut de ses études qu'il existe dans le *C. laburnum*, non seulement un alcaloïde, comme le croyaient Chevalier et Lassaigne, mais deux principes amers neutres, la *laburnine* et le *cystinea*, ainsi qu'un acide, l'*acide laburnique*. Husemann et Marmié, qui à leur tour s'occupèrent de ce sujet, obtinrent un alcaloïde qu'ils appelèrent *laburnine*;

mais Husemann, dans un travail ultérieur, nia l'existence de la laburnine. Il affirma qu'il n'existe qu'un produit, la cytisine, tandis que la laburnine n'est que de la cytisine impure.

La cytisine a $C^{20}H^{27}Az^2O$ pour formule. elle forme une masse blanche de cristaux rayonnés, sans odeur, de saveur amère, inaltérables à l'air. Elle se dissout dans l'eau en toute proportion ; elle est également très soluble dans l'alcool, mais à peine soluble dans l'éther pur, le chloroforme, le sulfure de carbone et la benzine. Elle fond vers 154 degrés en un liquide huileux qui se prend en cristaux par le refroidissement. A une température plus élevée, elle se volatilise. Elle est soluble dans l'acide azotique et sa solution jaunit sous l'influence de la chaleur. La solution incolore de cytisine dans l'acide sulfurique concentré, additionnée d'acide nitrique ou d'acide chromique, jaunit, puis brunit et finalement passe au vert.

« La cytisine est énergiquement alcaline ; sa saveur est légèrement caustique. Elle s'unit, soit à deux, soit à quatre atomes des acides monoatomiques, pour former des sels neutres dans le premier cas, acides dans le second. Les sels de cytisine ont une saveur amère plus prononcée que la base elle-même ; ils sont très solubles et un grand nombre, notamment les sulfates, sont déliquescents. »

Sans me départir d'une très prudente réserve, je voudrais pourtant dire qu'à côté de la cytisine dont l'existence n'est pas contestable, il pourrait fort bien exister, comme le pensait Gray, un ou plusieurs autres principes. En effet, pendant l'exécution des centaines d'expériences qu'a nécessitées le présent travail, j'ai remarqué **que les symptômes de l'empoisonnement n'étaient pas toujours rigoureusement les mêmes dans des conditions** en apparence identiques, comme cela devrait être la règle si l'on agissait sur un principe unique et toujours le même. C'est particulièrement quand je me suis servi de l'écorce, surtout de l'écorce de la racine, que j'ai noté ces différences symptomatologiques. Ne tiendraient-elles point à l'existence d'un autre principe dont la formation est peut-être liée à des conditions saisonnières restant à déterminer, apparaissant à côté de la cytisine puis s'épuisant et disparaissant? Je rappellerai que dans les tiges étiolées du *C. laburnum* on trouve de l'asparagine et j'émets le vœu que l'étude de l'écorce de la racine soit reprise par des chimistes autorisés.

Sous-Article II. — De l'Anagyre, des Coronilles, de la Glycine, du Spartier et du Trèfle hybride.

Si nous réunissons ces espèces sous un même article, c'est que, pour quelques-unes, le principe toxique qu'elles renferment a déjà été étudié et que, pour les autres, l'empoisonnement qu'elles occasionnent a été mal examiné jusqu'à présent.

I. — **Anagyris**. — Ce genre est constitué par des arbrisseaux à feuilles alternes, pétiolées, trifoliées, à stipules soudées oppositifoliées; fleurs jaunes, en grappes terminales, étendard plus court que les ailes; 10 étamines libres.

Une espèce doit être mentionnée à cette place, parce qu'elle croît dans le Midi de la France, dans toute la région méditerranéenne et dans nos possessions du Nord de l'Afrique, c'est l'*A. fœtida*, L. Elle est quelquefois cultivée comme plante ornementale.

L'*Anagyre fétide* est un arbrisseau vénéneux par toutes ses parties, comme le Cytise, mais il offre peu de danger d'empoisonnement spontané en raison de l'odeur détestable qu'il exhale. Il mérite pleinement le qualificatif de fétide que lui ont imposé les botanistes, et les bestiaux n'y touchent point. Dès 1553, P. Belon, relatant les observations qu'il avait faites en Orient, disait en parlant de l'Anagyre fétide qu'il est « de si mauvais goust que les chèvres affamées ne le veulent brouter ». M. Vesque rapporte que ses graines, qui sont très toxiques, ont donné lieu à des méprises funestes à cause de leur ressemblance avec des haricots. Des soldats, en Algérie, se sont empoisonnés en les mangeant.

On pense que l'activité de l'Anagyre est due à un principe identique à celui des Cytises. Tout ce qui a été dit dans le précédent article à propos de l'empoisonnement par la cytisine est donc de tous points applicable ici.

II. — **Coronilla**. — Genre composé de plantes frutescentes ou herbacées, à feuilles imparipennées, 1-3 folioles, très petites stipules. Fleurs en ombelles, calice à 5 dents courtes, inégales, pétales onguiculés, carène incurvée, étamines diadelphes, ovaire sessile. Légume allongé, à articles oblongs.

Parmi les espèces de ce genre, deux, *C. emerus*, L. et *C. scorpioides*, K. passent pour purgatives par leurs feuilles qui, d'ailleurs, sont assez peu recherchées du bétail. Deux autres, *C. varia* et *C. fœtida* ont fourni à l'analyse chimique une petite quantité de cytisine. Nous signalons ce fait parce que la culture de la Coronille à fleurs bigarrées (*C. varia*) a été préconisée à titre de plante fourragère. Avant d'entrer dans cette voie, il serait utile de s'assurer si l'alimentation prolongée avec cette plante serait sans aucun danger pour les animaux.

III. — **Wisteria**. — Genre constitué par des lianes à feuilles imparipennées, à folioles ovales-acuminées, à calice bilabié, à étendard redressé et portant deux petits appendices à la base. Carène très recourbée. Etamines diadelphes. Légume allongé, à valves convexes. Graines réniformes.

Ce genre comprend deux espèces : L'une, *Wisteria sinensis*, D. C. encore décrite sous les appellations d'*Apios sinensis*, Sp. et de *Glycine sinensis*, Curt. est désignée communément sous le nom de *Glycine de Chine*, nom qui rappelle son origine. C'est une fort belle plante sarmenteuse et ornementale, bien acclimatée et très répandue chez nous à cause de la beauté de ses fleurs en grappes bleues qui répandent une odeur agréable.

On a accusé, à plusieurs reprises, la Glycine d'avoir occasionné des accidents de personnes, d'avoir provoqué des migraines, des nausées, du vertige et des désordres nerveux analogues, sinon identiques, à ceux que nous avons décrits à propos des Cytises. Il aurait suffi à des enfants de mâcher quelques brindilles de Glycine pour présenter les symptômes les plus graves (Dr Leouffre).

S'il n'y a pas eu erreur dans la détermination spécifique de la plante incriminée, on est obligé d'admettre que la toxicité de la Glycine n'est que passagère et se manifeste seulement au commencement de l'année, avant la floraison. Car il a été fait par plusieurs personnes et par nous-même des recherches sur la vénénosité de cette Légumineuse en employant les racines, les feuilles, les tiges vertes ou desséchées, récoltées en été et en automne ; les animaux d'expérience qui ont reçu les extraits aqueux ou alcooliques n'ont jamais présenté de symptômes morbides d'aucune sorte.

IV. — **Spartium** (Spartier). — Genre renfermant des arbrisseaux à calice persistant, fendu en dessus, à carène incurvée à 2 pétales distincts, à étamines monadelphes, à style très long, à ovaire sessile et multiovulé. Légume linéaire, glabre, polysperme.

La principale espèce de ce genre est le *Spartium junceum*. L. *Spartier à rameaux jonciformes*, connu vulgairement sous le nom de *Genêt d'Espagne*. Elle constitue un arbrisseau de 1 à 2 mètres de haut, à rameaux grêles, peu feuillus, riches en moelle, dont les fleurs d'un beau jaune doré répandent une odeur des plus suaves. Il croît spontanément dans la région méditerranéenne et on le cultive parfois comme plante fourragère dans le Languedoc. Les bestiaux le mangent très volontiers.

Mais l'observation a appris que ses jeunes pousses, broutées au printemps amènent sur les animaux des accidents du côté des voies urinaires et du tube digestif. On désigne sous le nom de *Genestade*, dans le midi de la France, l'affection qui résulte de cette alimentation. En médecine vétérinaire, on considère jusqu'à présent comme identiques les manifestations causées par le Genêt d'Espagne et celles qu'occasionne l'ingestion des jeunes pousses et des bourgeons de Chêne. Nous renvoyons, en raison de cette circonstance, pour la pathogénie de la genestade à ce que nous avons dit, page 140, de l'hématurie par ingestion de pousses de Cupulifères.

Une autre espèce, *Spartium scoparium*, *Spartier à balai*, qui a été placée par Lamark dans le genre Genêt (**G. scoparia**) et dont Wimmer a fait le type de son genre Sarothamne (*S. vulgaris*), est communément désignée sous le nom de *Genêt à balai;* elle comprend des végétaux fort répandus dans les lieux incultes et que les bestiaux broutent volontiers. Sa culture comme plante fourragère a été préconisée dans les terrains pauvres mais, ainsi que nous l'avons fait pour la Coronille, il est nécessaire de placer quelques réserves, car Stenhouse a découvert en 1850, dans cet arbrisseau, un alcaloïde auquel le nom de *spartéine* a été attribué et qu'on rapporte à la formule $C^{13} H^{26} Az^2$. Son point d'ébullition est à 287 degrés, son odeur est pénétrante et sa saveur très amère. Incolore, plus dense que l'eau, la spartéine est soluble dans l'alcool, l'éther, le chloroforme, insoluble dans l'eau, la benzine et les huiles de pétrole. Sa réaction est très énergiquement alcaline. Elle se combine avec les acides et forme avec l'acide sulfurique en excès, un sel soluble dans l'eau et cristallisable en gros rhomboèdres.

L'étude de cette substance faite par Mils, par Fick, par Mitchels, a été reprise dernièrement par M. Germain Sée au point de vue médical. De ses recherches, il résulte qu'à l'état de sulfate de spartéine et à doses thérapeutiques, c'est un médicament précieux dans les affections du cœur. Il relève et tonifie cet organe, en régularise le rythme troublé et en accélère les battements. Mais il est toxique en quantité un peu forte.

La dose thérapeutique étant, d'après M. Sée, de 0 gr. 10 de sulfate de spartéine et 1 k. de la plante fournissant environ 3 gr. de principe actif, les restrictions que nous venons de faire au sujet de sa culture étaient nécessaires.

V. — **Trifolium**. Tourn. (**Trèfle**). — Dans ce genre, l'un des plus vastes et des plus riches en formes, nous avons une seule espèce à signaler et nous le faisons avec réserve, il s'agit du *Tr. hybridum*. L. (*Trèfle hybride*).

La réserve dont nous parlons nous est dictée par la confusion qui règne dans les indications des auteurs qui ont parlé d'intoxications dues au Trèfle. Rappelons d'abord que deux espèces sont qualifiées de *T. hybridum*; l'une est une plante méridionale, à tiges étalées, à fleurs blanches et à légume crénelé, qui a été désignée abusivement de cette sorte par Savi et qu'on a dénommée aussi *T. nigrescens*. L'autre, appelée antérieurement *T. hybridum* par Linnée, est une plante septentrionale, assez rare en France, mais commune dans les pays du Nord où on la cultive comme fourrage. Nous croyons que c'est elle qui a été indiquée comme nuisible pour le bétail, sans en avoir toutefois une certitude complète. En effet, ce sont les vétérinaires belges qui l'ont signalée comme malfaisante, mais quelques-uns font suivre son nom scientifique de la mention « coucou des Français ». Or, dans notre pays, cette appellation populaire s'applique plutôt au *T. repens* qu'au trèfle hybride, de telle sorte qu'un doute subsiste sur l'identité de l'espèce incriminée. D'autre part, il a été avancé que le Trèfle hybride est inoffensif mais que les accidents en question sont dus au *T. elegans* qui mêle fréquemment ses tiges aux siennes.

Pour arriver à fixer la science sur ce point, rappelons sommairement la description du *T. hybridum*. L.

Herbe vivace, à tige dressée dès la base, de 0,40 cent. de hauteur environ, fistuleuse et glabre. Feuilles à larges folioles, finement dentées avec des stipules très développés, ovales avec une pointe aiguë. Gros capitules en boules, à pédoncules souvent pubescents, plus longs que les feuilles en vieillissant. Fleurs blanchâtres en s'épanouissant, passant au rose ensuite et brunissant à la fin. Calice glabre, à dents droites les deux supérieures plus longues; 2 à 4 graines dans le légume.

Bien qu'on ait conseillé de cultiver le Trèfle hybride comme plante fourragère, il est consommé avec hésitation par les animaux domestiques, particulièrement par le cheval.

Si l'on alimente exclusivement et pendant quelque temps cet animal avec ce Trèfle, on voit d'abord se déclarer du ptyalisme qui s'accompagne promptement de stomatite; la quantité de salive rejetée est souvent considérable. Si la cause n'est pas supprimée, des symptômes généraux apparaissent, ils consistent en sueurs très abondantes, en mouvements convulsifs des mâchoires et parfois en une tuméfaction œdémateuse de la face et de la lèvre supérieure. On observe parallèlement les signes de l'irritation intestinale chronique et notamment des coliques sourdes. Dans les cas les plus graves, les membres pelviens s'engorgent, le pouls devient petit et irrégulier, l'appétit est absolument supprimé; la marche est chancelante, les battements du cœur tumultueux, la conjonctive infiltrée et offrant, ainsi que la muqueuse buccale, une teinte jaunâtre prononcée. L'attitude générale du malade dénote une prostration profonde.

Si l'alimentation avec le Trèfle hybride remonte à quelque temps déjà, le pronostic est grave, les sujets peuvent succomber. Ce qui le rend plus fâcheux, c'est que la cessation du régime ne fait pas toujours disparaître le mal. Lorsque des lésions intestinales étendues et profondes se sont produites, il peut arriver que les animaux restent souffreteux, sans appétit pendant 20, 30 et même 40 jours, puis succombent. On n'a constaté que des lésions du tube digestif; les autres organes étaient sains.

L'étude chimique du toxique du Trèfle hybride n'a pas été faite.

Sous-Article III. — Du Lupin jaune.

Le genre **Lupinus** Tour. renferme des plantes herbacées, à feuilles digitées, multifoliolées et stipulées, dont les fleurs en grappe terminale ont un calice bilabié, une carène en bec et des étamines monadelphes. La gousse est coriace, polysperme, à graines séparées par des épaississements.

Les espèces de ce genre sont nombreuses et plusieurs sont l'objet d'une culture étendue ; on les utilise comme engrais verts, comme fourrages, comme plantes alimentaires pour l'homme et même à titre de plantes ornementales.

Depuis un temps immémorial, une espèce, *Lupinus albus*, L. le *Lupin à fleurs blanches*, nommé aussi *Pois de loup*, *Fève de loup* (fig. 32), est cultivée dans les pays méridionaux et orientaux pour ses graines. Dépouillées de leur amertume par la macération, celles-ci étaient vendues cuites dans les rues de l'ancienne Rome, elles entraient pour une part dans l'alimentation des Grecs, des Égyptiens et elles sont encore employées aujourd'hui au même titre par les habitants de l'Andalousie, de la Corse et du Piémont.

Les anciens ne nous ont transmis aucun récit d'empoisonnement par cette plante et il y a lieu de supposer que si elle renferme une matière toxique, ce n'est qu'en fort petite quantité, puisqu'on ne l'incrimine pas dans les pays où l'homme la consomme encore.

Le *Lupinus angustifolius*, L. *Lupin à fleurs bleues*, dont les graines rondes, maculées de blanc et de gris sont caractéristiques, est cultivé dans notre pays particulièrement pour la nourriture des moutons. Il a été laissé à peu près hors de cause jusqu'à présent dans

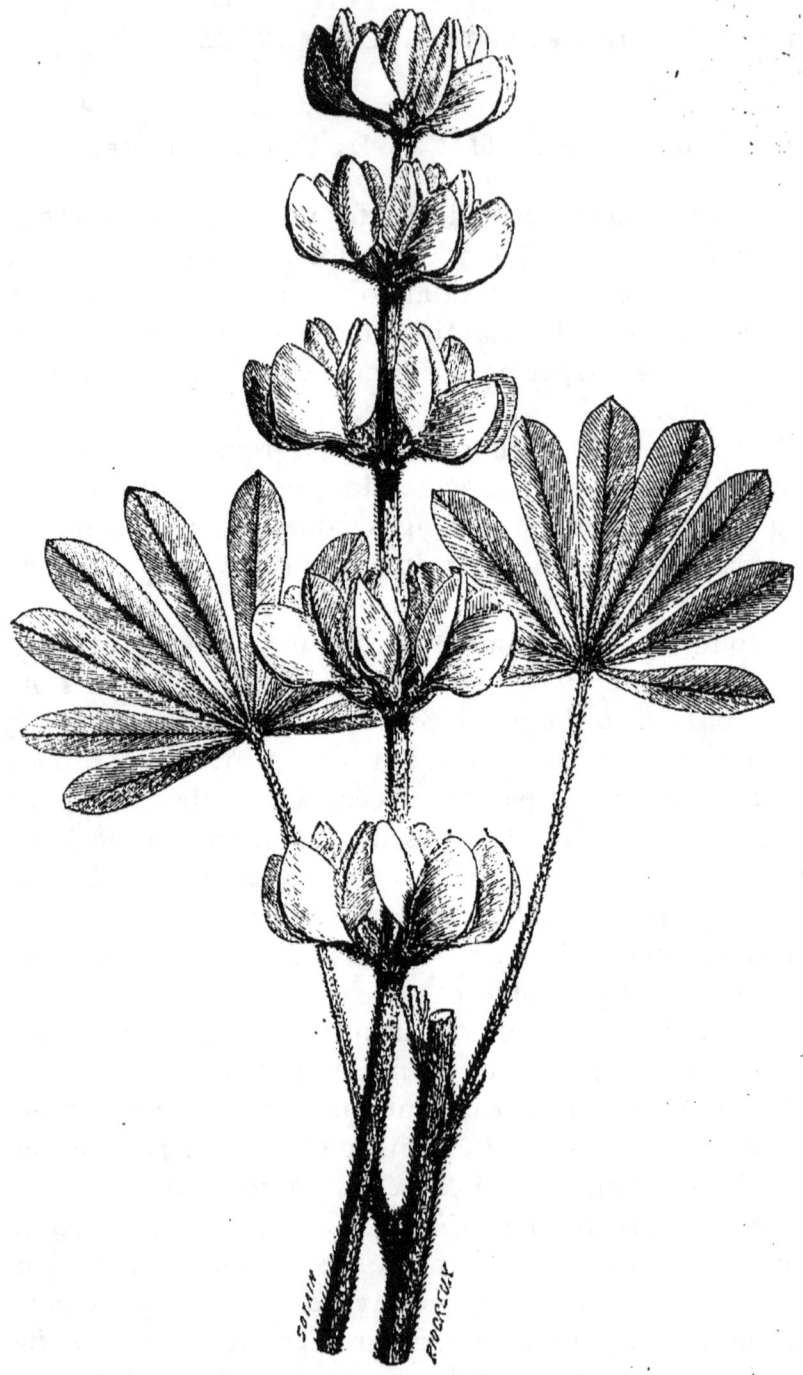

Fig. 32. — Lupin.

les relations des méfaits attribués à quelques Lupins.

Une autre espèce, également autochtone de la région méditerranéenne, mais répandue aujourd'hui dans toute l'Europe centrale, *Lupinus luteus* L. *Lupin jaune, Lupin odorant*, mérite d'arrêter notre attention à titre de plante dangereuse.

Ce Lupin est à tiges dressées de 0,80 centimètres de haut, à feuilles à 7-9 folioles, à fleurs jaune pâle, odorantes, pourvues de bractées (les fleurs du Lupin blanc en sont dépourvues). Entretenu d'abord comme plante ornementale, il a passé dans la grande culture, car il est moins amer que le Lupin blanc et il est accepté plus volontiers par les animaux. Il a pris une grande extension surtout en Allemagne, aussi ne devra-t-on point s'étonner d'apprendre que dans ce pays, les ravages dus au principe nuisible qu'il contient sont considérables, et que l'empoisonnement qu'il occasionne y a été particulièrement étudié. On a donné le nom de *lupinose*, qu'il n'y a nul inconvénient à accepter, à cette intoxication.

Vers 1860, on a commencé, en Allemagne, à observer la lupinose sur les moutons et peu à peu l'attention s'est portée sur cette maladie en raison des ravages énormes qu'elle a causés dans les troupeaux. On en jugera par les seuls chiffres suivants : en 1880, dans la Poméranie, sur un effectif de 240 000 moutons, 14 138 sont morts de lupinose, soit 5,89 p. 100. Un empoisonnement constaté sur l'homme en 1875, par R. Bellini, vint donner une nouvelle impulsion aux recherches relatives à cette intoxication. Des chimistes, des médecins, des vétérinaires s'en occupèrent activement et des expériences furent instituées aux Ecoles **vétérinaires de Berlin et de Hanovre par MM. Roloff, Schütz et Munk et par MM. Dammann, Arnold,** Lemcke et Schneidemühl. (Voyez l'index bibliographique.)

La lupinose sévit spécialement sur le mouton, parce que cet animal, plus que tout autre, est soumis au régime de cette légumineuse, mais la chèvre, le bœuf, le cheval, le chien, le lapin et le cobaye n'y échappent point lorsqu'ils sont soumis aux mêmes conditions causales, et nous avons vu plus haut que l'homme ne peut faire impunément sa nourriture de graines de Lupin jaune.

Plusieurs vétérinaires allemands prétendent que ce végétal, à partir du moment de sa floraison jusqu'à sa maturité, n'offre que fort peu de dangers s'il est pâturé sur place, mais qu'il devient dangereux lorsqu'il est remisé en grange après la coupe. Sa toxicité présenterait aussi de grandes variations et parfois elle serait si élevée qu'un seul kilog. de la plante suffirait à déterminer un ictère mortel chez le mouton. La *dessiccation* n'a pas d'influence sur le poison.

Lorsque les animaux sont soumis au régime à peu près exclusif du Lupin et de la paille, la maladie est particulièrement intense, tandis qu'elle est bénigne s'il entre du foin, des tourteaux, des betteraves pour une certaine proportion dans la ration. Elle ne se montre pas si le Lupin ne forme qu'un appoint dans la ration et si l'on en interrompt de temps en temps la distribution. On estime, en Allemagne, qu'elle peut se déclarer sur le mouton, si chaque bête reçoit quotidiennement et sans interruption, au minimum 500 grammes de la plante avec gousses et graines bien formées, ou 300 grammes de gousses vides ou enfin seulement 100 grammes de graines.

La race, le sexe et l'âge des animaux attaqués n'ont paru avoir aucune influence sur son apparition; mais elle se déclare plus rapidement sur les individus chétifs et surtout cachectiques que sur les sujets vigoureux.

Chercher dans le Lupin un moyen d'enrayer la pourriture du mouton est une chimère.

Symptômes. — La lupinose peut se présenter à l'état aigu ou à l'état chronique.

Dans le premier cas, les moutons sont frappés subitement. Il y a inappétence, dyspnée, fièvre intense. Le thermomètre accuse une augmentation de 1 degré au début, et de 1°5 les jours suivants ; on constate de l'hématurie, des troubles circulatoires et digestifs, des grincements de dents, des tremblements pouvant se transformer en contractions spasmodiques. Quelquefois il y a des phénomènes vertigineux, avec mouvement en cercle et poussée au mur. Puis l'ictère apparaît et traduit son existence par la coloration jaunâtre des muqueuses. Il est assez commun, mais non constant, de voir ensuite les paupières, les lèvres et les oreilles se tuméfier. La miction est fréquente, mais peu abondante, l'urine renferme de l'albumine ; les excréments sont rares et secs. L'animal est plongé dans un collapsus profond, l'amaigrissement progresse rapidement et la mort survient du 4e au 6e jour après le début du mal.

Dans le second cas, les symptômes sont moins accusés, particulièrement les phénomènes nerveux ; ce sont les signes de l'hépatite chronique interstitielle qui dominent. La tuméfaction de la tête apparaît comme dans le premier cas, mais elle se délimite bien. Il y a des troubles digestifs qui indiquent une gastro-entérite chronique. Cet état dure 15 à 20 jours pendant lesquels les œdèmes céphaliques s'éliminent par gangrène et où les animaux restent languissants et sans appétit.

La gravité de la lupinose est considérable sur le mouton, comme nous l'avons déjà dit, et lorsque la mort n'en est pas la terminaison, les animaux restent ectiques par suite de l'atrophie du foie ; il est rare qu'ils se guérissent tout à fait. Dans les autres espèces, la mortalité n'est pas moindre, car sur un effectif de 44 chevaux atteints de lupinose et suivis par Roloff et Schütz, 11 moururent.

Lésions. — Dans la lupinose aiguë, le foie est ramolli, exsangue, d'une couleur jaune safranée, partielle ou totale, qui toutefois n'est pas constante. Les reins sont enflammés, l'urine renferme de la matière colorante de la bile, à peu près toujours de l'albumine et souvent aussi des cylindres hyalins ou granuleux. La rate est molle et tuméfiée, les premières voies digestives sont enflammées, il y a épanchement de sang dans le canal intestinal, le péritoine, l'endocarde, le médiastin, sous formes de taches de dimensions variables ; on peut en voir sur la peau. Les muscles ont une coloration gris jaunâtre. L'œdème du poumon, du larynx et de la pie-mère est constant.

Dans la lupinose chronique il y a ou dégénérescence graisseuse du foie ou atrophie avec coloration jaune ou rouge, dégénérescence graisseuse des reins et lésions de la gastro-entérite chronique. Sur le cheval, les lésions intestinales dominent à peu près exclusivement. On a assimilé les lésions hépatiques de la lupinose à celles de l'intoxication aiguë par le phosphore.

Les conséquences de ce qui vient d'être dit s'imposent d'elles-mêmes. L'agriculteur devra être réservé dans l'emploi du Lupin jaune pour ses animaux, surtout des graines. (N'était son amertume, le Lupin blanc conviendrait mieux.) Jamais on n'en devra constituer la ration *exclusive* du troupeau, mais on l'associera à d'autres aliments, on en interrompra de temps en temps l'usage et si des cas de lupinose se déclarent, son exclusion du régime doit être complète.

Abstraction faite des principes suspects qu'il renferme, le Lupin tient l'un des premiers rangs parmi les aliments, en raison de sa richesse en matières protéiques. Il serait tout indiqué pour la ration des jeunes bêtes, agneaux et veaux, en période d'accroissement ainsi que pour relever la relation nutritive de plusieurs aliments, particulièrement des résidus industriels, riches en matières hydrocarbonées mais pauvres en protéine.

Aussi s'est-on beaucoup préoccupé des moyens de rendre les Lupins inoffensifs. Celui qui se présente le premier à l'esprit est la macération, soit dans l'eau acidulée, soit de préférence dans l'eau alcalinisée qui dissout passablement le principe nuisible.

M. Glaser, de Berlin, avance qu'en stratifiant des graines de Lupin avec les aliments qu'on ensile d'ordinaire, maïs-fourrages, drêches, pulpes, etc., et qui subissent en silo la fermentation acétique, la légumineuse devient inoffensive sous l'influence de l'acidification. D'après cet observateur, il se dégagerait, pendant la fermentation, des principes toxiques, spécialement de la conicine et de la conhydrine qui viendraient s'accumuler dans les couches superficielles des silos. D'où la nécessité d'avoir la précaution, lorsque le moment est venu d'utiliser les aliments ensilés, d'enlever ces couches qui sont d'ailleurs, pour d'autres raisons, souvent inutilisables.

M. Glaser affirme que la consommation du mélange s'effectue très bien par les animaux et que la lupinose n'apparaît pas.

Après ce qui a été exposé plus haut, il est superflu d'indiquer que les graines de Lupin jaune doivent être proscrites de l'alimentation humaine.

On ne connaît pas jusqu'ici d'antidote du poison élaboré par cette légumineuse. En raison du nombre et de l'étendue des lésions ainsi que de notre ignorance actuelle sur les lieux d'élection du toxique, il ne semble guère possible d'autoriser la consommation de la viande d'animaux atteints de lupinose.

Principes actifs. — Depuis que l'étude des accidents dus au Lupin jaune est à l'ordre du jour, les chimistes se sont efforcés d'en isoler le ou les principes nuisibles, mais ces recherches ne sont pas parachevées. Il semble pourtant s'en dégager dès à présent que cette légumineuse ne contient pas une seule, mais plusieurs substances nocives.

Stener crut que le Lupin renfermait de la *méthylconicine* qui le rendait toxique. Les travaux de M. Krocker lui firent apercevoir plusieurs alcaloïdes dans cette même plante. M. Baumert, qui s'occupa aussi de ce sujet, prétendit que le véritable principe actif du Lupin est un alcaloïde qu'il appela *lupinin* et dont la formule est $C^{21}H^{40}Az^2O^2$. Il jouerait le rôle d'une base biatomique et serait capable de déplacer l'ammoniaque dans les sels ammoniacaux. M. Baumert en aurait préparé plusieurs composés salins tels que sulfate, nitrate, chlorure.

Schulze et Barbieri appelèrent *lupinidine* un glycoside non azoté qu'ils réussirent à extraire du Lupin.

Arnold, qui vint à son tour, appela *lupinotoxine* le corps qu'il crut capable de produire la lupinose, corps que Kuhne avait désigné précédemment sous le nom d'*ictérogène*, pour bien indiquer sa principale fonction pathogénique.

Assez récemment, on a extrait des cotylédons du Lupin jaune de l'*arginine*, substance fortement alcaline, facilement soluble dans l'eau et dont la formule est $C^6H^{14}Az^4O^2$.

Et comme si ce n'était pas assez de confusion, les observateurs allemands se divisent à leur tour sur la question de savoir si ce sont les corps extraits de la plante incriminée qui occasionnent véritablement la lupinose. Plusieurs ne leur attribuent qu'une faible importance dans sa production; dans leur opinion, elle serait due à la fermentation du Lupin, pauvre en amidon et en matière grasse, fort riche en protéine végétale. Ils ne nient point les propriétés toxiques des principes extraits, mais ils soutiennent que ces principes introduits expérimentalement dans l'organisme des animaux, après leur préparation à l'état de pureté chimique, agissent à la façon des poisons nerveux en déprimant l'encéphale, les nerfs vaso-moteurs, la fibre musculaire et le centre respiratoire, mais ne produisent pas l'ensemble des lésions de la lupinose.

Leurs adversaires leur ont opposé une série d'expériences où ils s'étaient efforcés d'éviter toute fermentation et où ils prétendent avoir obtenu la lupinose.

Sans intervenir dans le débat, faisons pourtant remarquer qu'autre chose est d'administrer expérimentalement une dose plus ou moins forte d'un principe isolé chimiquement et autre chose de donner pendant longtemps la plante productrice de ce principe. Dans ce dernier cas, l'introduction s'en fait journellement mais en très minime quantité, ses effets se combinent parfois avec ceux d'autres principes coexistants, d'où production de symptômes différents et plus complexes.

Quoi qu'il en soit de toutes ces divergences, on admet que le principal toxique du Lupin est insoluble dans l'éther, l'alcool et la glycérine, qu'il est peu soluble dans l'eau acidulée, mais très soluble dans les liquides alcalins; les solutions de carbonate de potasse conviennent bien pour son extraction.

L'ébullition sous pression, à une température de 140 degrés C. prolongée pendant 4 heures, a affaibli la toxicité du Lupin, mais ne l'a pas fait disparaître totalement; le liquide qui passe à la distillation est vénéneux.

Une température de 70 degrés, pendant 24 heures, ne détruit pas non plus la vénénosité. Des gousses soumises pendant 6 heures à une température de 120 degrés étaient encore vénéneuses et des graines laissées à macérer pendant 4 semaines dans de l'alcool à 90 degrés, n'avaient point perdu leur activité.

Si l'on soumet l'extrait à une pression de 2 atmosphères 1/2, il perd sa toxicité. (Roloff, Schutz et Munk.)

On n'est pas encore en mesure, actuellement, de dire si les principes nocifs, introduits dans l'économie, y subissent des décompositions ou entrent dans de nouvelles combinaisons, surtout quand l'empoisonnement est le résultat de l'alimentation prolongée avec le *L. luteus*. Il y a de nouvelles recherches à faire auxquelles la médecine légale est spécialement intéressée.

Sous-Article IV. — Des Gesses.

Le genre **Lathyrus**, L. (Gesse), est constitué par des plantes herbacées, pourvues de stipules et de vrilles. La corolle présente bien le type des Papilionacées, avec 10 étamines didelphes; gousse uniloculaire, graines lisses, anguleuses, grises, tachetées de noir.

Les espèces que contient ce genre sont assez nombreuses : les unes sont cultivées et fournissent des graines qui entrent dans l'alimentation de l'homme et un fourrage pour les bestiaux; les autres croissent spontanément dans nos moissons, le long des chemins, dans les haies, etc. Comme la condition déterminante des effets nuisibles des Gesses est leur administration à peu près exclusive et en tous cas prolongée, il en résulte que ce sont les espèces cultivées qui ont été particulièrement accusées.

Les Gesses spontanées indigènes, administrées dans les mêmes conditions, seraient-elles toutes vénéneuses ou quelques-unes seulement possèderaient-elles cette propriété? Actuellement, nous ne sommes pas en mesure de répondre à ces interrogations.

Nous savons seulement que dans leur nombre, quatre ont été incriminées : *L. purpureus*, *L. aphaca*, *L. amœnus* et *L. Clymenum*, cette dernière propre à l'Algérie.

Le *L. amœnus*. Fenzl. croît en Asie Mineure, en Syrie, en Palestine, en Perse et dans l'Inde ; ce n'est peut-être qu'une variété du *L. cicera*. Si on veut l'élever au rang d'espèce, elle reste très voisine de celle-ci, dont elle ne diffère guère que par des feuilles plus larges, des pédoncules allongés, une plus grande diversité de couleurs et par une gousse polysperme plus longue, marginée, portant 3 carènes sur les bords et pas d'ailes. Grain irrégulier, gris lilas.

Dans l'Inde, cette Gesse est désignée sous les noms de *Kaisari Kaisar*, *Tiura*, *Tiuri* et *Latri*. Elle commence à arriver en Europe avec les céréales des possessions anglaises de l'Extrême-Orient et elle a déjà causé des pertes d'animaux. Nous avons été consulté, il y a trois ans, pour une affaire où les accidents arrivés à des chevaux étaient dus à cette Légumineuse.

Le groupe des Gesses est si naturel qu'il y a des probabilités pour que d'autres espèces spontanées produisent aussi à la longue de fâcheux effets.

Parmi les espèces cultivées, trois sont citées comme vénéneuses, ce sont : *L. odoratus*, *L. cicera* et *L. sativus*. On admet que les deux dernières espèces s'hybrident ou mieux se croisent et produisent une forme intermédiaire à graines également toxiques.

L'espèce *L. odoratus*, *L. Gesse odorante*, *Pois de senteur*, *Pois musqué*, n'est cultivée qu'à titre ornemental ;

ses graines n'entrent point dans la consommation de l'homme ou des animaux. Il suffit de signaler sa vénénosité, sans y insister davantage.

Quant aux espèces *L. cicera* et *L. sativus*, leurs propriétés ont donné lieu à des discussions nombreuses et stériles. Actuellement, quelques personnes persistent encore à leur dénier toute toxicité ou à attribuer, dans les cas d'empoisonnement, la cause du mal aux altérations qu'elles auraient subies.

Le motif d'une semblable diversité d'opinions touchant des faits qu'il suffit pourtant de constater, tient à ce que l'on ne s'entend point sur les choses dont on parle. Effectivement, dans les discussions on se sert couramment de l'expression *Jarosse* ou *Jarousse*; or ce mot, suivant les contrées, désigne le *L. cicera*, le *L. sativus*, l'*Ervum ervilia* et l'*Ervum monanthos*. A cette première cause de confusion s'en ajoutent deux autres : des personnes, peu rigoureuses sur la précision du langage, emploient indifféremment les expressions de Gesse chiche et de Pois chiche, confondant ainsi le *L. cicera* avec le *Cicer arietinum*. D'autres commettent une confusion semblable en se servant des mots *Pois cornu* qu'on a appliqués et qu'on applique journellement à ces deux mêmes espèces.

D'une pareille logomachie, ne pouvait rien sortir de précis quand il s'est agi de discuter les propriétés des Gesses que nous cultivons. Comment s'entendre si, quand l'un parle du Pois cornu, il envisage la Gesse chiche, espèce incontestablement vénéneuse, tandis que son interlocuteur applique ce nom au Pois chiche, espèce non moins incontestablement inoffensive, alimentaire et fort estimée?

N'insistons pas davantage et affirmons qu'aujourd'hui la toxicité du *L. sativus* et du *L. cicera* ne peut laisser place au moindre doute. D'ailleurs la première fut longtemps regardée avec Lamark comme une variété de la seconde.

Leur vénénosité est-elle égale? Il semble que, dans notre pays, la supériorité sous ce rapport appartienne à la Gesse chiche et que la Gesse cultivée, qu'on appelle encore *Lentille d'Espagne, Gesse à larges gousses* et *Pois carré*, soit moins dangereuse. Mais sous d'autres climats, celle-ci acquiert une activité égale à la Gesse chiche; elle a occasionné dans les Indes anglaises une grande mortalité sur les indigènes qui s'en nourrissaient. Importée depuis quelques années en Angleterre, où ses graines sont désignées couramment sous le nom de *pois indiens*, elle a causé de nombreux accidents sur le bétail auquel on l'a distribuée.

Les effets du *L. cicera* ayant été très bien étudiés en Europe, dans l'une et l'autre médecine, nous allons prendre cette Gesse pour type de nos descriptions; ce que nous en dirons au point de vue toxicologique pourra s'appliquer aux autres espèces cultivées.

Lathyrus cicera, L. La *Gesse ciche, Gesse chiche, Jarosse, Jarousse, Garousse, Pois breton, Pois cornu, Pois chabot, Garande, Jarande,* est une plante qui croît spontanément en divers endroits de la France méridionale et notamment en Corse. On la trouve aussi, à la fois spontanée et cultivée, en Kabylie où elle reçoit le nom de *djilben bouguern*, en Espagne et en Italie où elle est exploitée comme plante potagère et comme plante fourragère. En France, elle est cultivée exclusivement pour le bétail, sauf dans quelques localités du Midi, où on la fait entrer dans l'alimentation humaine.

La Gesse chiche est une plante herbacée, annuelle, de 20 à 80 centimètres, à tige grimpante, à feuilles alternes,

Fig. 33. — Gesse.

stipulées à la base, à pétiole ailé, terminé par une vrille à 2-4 divisions. Folioles lancéolées. Fleurs solitaires à pédoncules portant deux bractéoles. Calice gamosépale à cinq dents. Corolle papilionacée, rougeâtre. Gousse comprimée, glabre, oblongue. Graines anguleuses, lisses et tachetées de noir.

Pendant la première partie de sa végétation et jusqu'après la floraison, la Jarosse n'a point été accusée d'être vénéneuse et de produire des accidents. On la distribue à titre de fourrage vert, particulièrement aux bêtes ovines et bovines qui en sont très friandes et il n'a pas été enregistré d'accidents de son fait. Mais à partir de la formation de la graine dans la gousse, elle est dangereuse; le processus formatif du poison semble avoir lieu parallèlement à celui du grain. L'agriculteur devra toujours s'arranger pour que la coupe de la Gesse chiche soit faite avant qu'elle porte semence.

A dater de ce moment le grain, soit entier, soit réduit en farine, est la partie la plus vénéneuse, mais la tige, les feuilles et les gousses, dépourvues de graines, sont également nuisibles à la santé. La dessiccation n'a pas d'influence sur la toxicité. Il a été avancé que la cuisson et l'ébullition détruisaient le principe vénéneux. Il est possible que l'action *très prolongée* de la chaleur amène ce résultat, mais dans les conditions ordinaires, la cuisson d'un pain fait à la farine de Gesse ne lui enlève pas sa vénénosité, les exemples en sont nombreux; il en est de même de la cuisson de la bouillie.

Quant à l'ébullition, des expériences répétées m'ont fait voir que le poison est abandonné, en partie tout au moins, à l'eau d'ébullition et non volatilisé complètement, car l'introduction d'un pareil résidu dans l'organisme a constamment causé la mort des sujets employés pour les recherches. En revanche, les graines cuites ou bouillies ont perdu la plus grande partie de leur toxicité et ne produisent pas d'accidents, si l'eau de cuisson a été jetée.

Lorsque les Gesses sont données aux animaux concassées ou réduites en farine, les phénomènes morbides apparaissent plus rapidement que si elles sont distribuées entières et sans avoir subi ces opérations.

De tout temps, la Légumineuse qui nous occupe en ce moment a été considérée comme vénéneuse. Hippocrate, Columelle et Pline parmi les anciens la signalaient déjà; parmi les modernes Olivier de Serres, Ramazzini (1691), Duvernoy (1770), Targioni Tozzetti (1784), plus récemment Vilmorin, Yvart, plusieurs médecins français et étrangers, ont rapporté des accidents survenus dans l'espèce humaine. De leur côté, les vétérinaires ont été à même de constater de nombreux accidents de ce genre dont ils ont recueilli les observations. On trouvera au bulletin bibliographique l'indication des principaux travaux des médecins et des vétérinaires sur ce sujet.

J'ajouterai que dès 1671, un édit de Georges, duc de Wurtemberg, interdit de faire entrer la farine de *L. cicera* dans le pain (Leroy de Méricourt).

De l'ensemble des observations recueillies dans les deux médecines, il résulte que l'intoxication par la Jarosse est une des mieux connues aujourd'hui; pour en tracer le tableau, nous n'aurons qu'à les résumer.

Avant d'aller plus loin, disons que le professeur Cantani (de Naples) a eu l'heureuse idée de désigner cette intoxication sous le nom significatif de *lathyrisme*, qui a été adopté sans opposition par le monde médical. M. Proust a proposé plus récemment de la nommer *lathyrisme médullaire spasmodique*. On l'appelle couramment en Italie *mal de Cicerchie* et en Kabylie *meurd djilben* (maladie du djilben).

Le lathyrisme a été observé sur l'homme, le cheval, l'âne, le mulet, le mouton, le porc, les oiseaux de basse-cour, le chien, le lapin et le cobaye. Je ne connais d'autre relation concernant le bœuf que celle faite par le Dr Kirch; cet observateur rapporte que dans l'Inde, les habitants de Sangor sont persuadés que les bœufs nourris de Gesse chiche perdent l'usage de leurs membres.

Quelle que soit la partie du végétal employée, la condition de nocivité est qu'elle entre pour une forte proportion dans l'alimentation et que son usage soit prolongé. L'âge des sujets ne paraît pas avoir d'action sur la facilité d'intoxication.

Les observations recueillies en Kabylie par MM. Bourlier et Astier, lors d'une épidémie de lathyrisme, ont fait voir que c'était généralement vers le quatrième mois de l'alimentation avec des galettes ou du kous-koussou de Gesses chiches que les accidents se déclaraient sur l'homme.

Celles prises sur les chevaux par plusieurs vétérinaires de notre pays et de l'étranger, ont appris que l'affection s'est montrée à partir du 10e jour après le début de l'alimentation avec la Gesse, quand celle-ci constitue exclusivement la ration, et seulement vers le 87e jour quand elle n'entre que pour un à deux litres de graines associées à une quantité suffisante d'avoine, de foin et de paille.

Il faut noter aussi que la maladie est susceptible de se déclarer après la cessation de l'alimentation incriminée. On l'a vue apparaître sur des chevaux, quarante-trois et même cinquante-quatre jours après qu'on eût cessé l'usage de la plante.

Chez l'homme, les médecins considèrent l'action du froid humide comme adjuvante, car c'est habituellement après qu'il y a été soumis que la maladie apparaît sur lui.

La Gesse produisant une intoxication chronique, il est difficile de dire quelle quantité de cette plante est nécessaire pour amener la mort; car s'il y a accumulation du principe toxique dans l'économie, ce qui paraît incontestable, il est peu probable que la totalité du poison s'emmagasine. Quoi qu'il en soit, les observations faites en vétérinaire ont établi que lorsqu'un cheval a ingéré de 100 à 120 litres de Jarosse en grains ou 350 à 400 k. de Jarosse en fourrage sec, les accidents se déclarent.

En expérimentant sur un chien de taille et de poids moyens, j'ai vu qu'en faisant bouillir 5 litres de graines dans quantité suffisante d'eau, en concentrant le résidu et l'injectant hypodermiquement, on amenait la mort en 24 heures. En agissant de même sur le cobaye, 300 gr. de graines ont suffi.

Symptomatologie. — Dans l'espèce humaine, le plus souvent c'est à la suite d'un refroidissement que la maladie débute. Parfois elle surgit brusquement et atteint d'emblée son maximum. D'autres fois la marche est progressive ; le malade constate à son réveil que ses membres inférieurs refusent d'obéir à sa volonté ; s'il essaie de se lever, ses jambes sont affectées d'un tremblement qui se propage au reste du corps. Il y a, mais non constamment, de l'incontinence d'urine, des douleurs en ceinture, de la pesanteur du ventre, des irradiations douloureuses dans les membres. Ces derniers symptômes ne dépassent pas l'ombilic et ils sont toujours plus accusés à gauche qu'à droite.

« Une fois la maladie confirmée, elle est caractérisée par des signes constants et des signes inconstants. Les signes constants sont la paresse, l'exaltation des réflexes tendineux, les contractures d'abord passagères, plus tard permanentes. Tous ces accidents sont localisés aux membres inférieurs et accompagnés de tremblement. Les signes inconstants sont surtout des troubles de la sensibilité.

« Rien n'est plus caractéristique que la démarche. Quand une jambe doit se mettre en mouvement, il y a une forte projection du corps en avant et latéralement, du côté opposé au membre qui va se mouvoir, suivie brusquement d'une contraction dans les muscles des gouttières vertébrales amenant un mouvement de redressement de la partie supérieure du corps ; il semble que les hanches qui oscillent et surtout font osciller tout le corps aient à soulever un poids considérable ; la jambe reste raide, le genou fléchit peu ou pas du tout ; le pied qui ne peut se redresser est allongé outre mesure la pointe tournée en dedans, les orteils relevés vers la face dorsale. Les genoux pressent fortement l'un contre l'autre et toute la jambe est animée d'un mouvement de trémulation rapide. Si le malade rencontre un fossé même peu profond ou un obstacle, les mouvements deviennent désordonnés et la chute est imminente si personne ne vient lui offrir un point d'appui solide » (L. Astier).

On a fait remarquer que le lathyrisme réalise les symptômes du tabès dorsal spasmodique. Il est à noter que les membres supérieurs sont vigoureux, la parole facile, l'intelligence conservée. Pas de troubles trophiques ; rien du côté de la vision, ni du côté de l'appareil digestif. Les fonctions génitales, excitées au début, tombent peu à peu à néant pendant le cours de la maladie.

On a rapproché aussi le lathyrisme d'une maladie exotique, le *béribéri*, qui est encore incomplètement connue en France.

En regard des symptômes observés sur l'espèce humaine, nous allons présenter le tableau de ceux fournis par les animaux domestiques et en particulier par le cheval. Pour cet animal, nous l'empruntons à MM. Baillet et Reynal.

« Au repos, à l'écurie, les chevaux ont toutes les apparences de la santé, à part l'injection et la rougeur des muqueuses apparentes, de celle de l'œil notamment, rien dans l'état extérieur ne dénote que ces animaux sont malades. Si on les fait sortir de leur stalle, on constate un affaiblissement marqué dans le train postérieur, une gêne dans les mouvements et une sorte de balancement qui peuvent tout d'abord en imposer et faire croire à un effort des reins. Après un exercice de dix minutes au pas chez les uns, au trot chez les autres, on entend à distance un sifflement aigu qui se produit dans la partie supérieure des voies respiratoires, et qui, chez certains animaux, prend bientôt les caractères d'un cornage affreux, accompagné de beuglements et d'une dyspnée suffoquante. Cela se produit surtout si l'on exige que l'animal prenne une allure plus rapide, ou simplement si l'on prolonge la durée de l'exercice. Les naseaux se dilatent alors outre mesure, les battements du flanc et du cœur s'accélèrent, le corps se couvre de sueur, les muqueuses apparentes rougissent, les veines superficielles se gonflent, l'asphyxie devient imminente, et les chevaux succomberaient infailliblement si la marche n'était ralentie ou brusquement arrêtée.

« La locomotion est à peine suspendue que peu à peu les symptômes s'apaisent et diminuent d'intensité. Dix minutes, un quart d'heure ou une demi-heure après que l'animal a été laissé au repos, la respiration si gravement troublée revient à son état normal, le cornage cesse, et si l'on rentre l'animal à l'écurie, il piaffe, il s'ébroue, cherche à manger et ne présente plus aucun des symptômes précités.

« Le tableau que nous venons de tracer est l'expression fidèle de ce qui se passe chez les animaux qui sont le plus gravement atteints ; mais nous devons nous hâter de faire observer que les symptômes ne sont pas toujours aussi fortement accentués, et que chez quelques chevaux, le cornage paraît compatible jusqu'à un certain point avec la santé ; il ne se fait entendre que pendant le travail et alors seulement que le tirage exige, de la part du sujet, de violents efforts de traction.

« Mais si le cornage se présente parfois avec ce caractère moins alarmant et moins préjudiciable aux intérêts du propriétaire, il est des circonstances où il apparaît, au contraire, même lorsque les animaux sont laissés au repos le plus absolu. M. Verrier rapporte, en effet, qu'un cheval, déjà atteint sous l'influence de la Jarosse d'une paralysie incomplète, fut pris à l'écurie et sans cause connue, d'un premier accès de cornage qui ne dura pas moins de trois heures, et qu'il eut trois jours après, au milieu de la nuit, un nouvel accès semblable au premier pendant lequel il mourut asphyxié.

« L'état morbide déterminé par l'usage de la Gesse chiche se complique quelquefois d'une congestion sur la portion lombaire de la moelle épinière, bientôt suivie de paralysie. Il n'est même pas rare de trouver, dans l'écurie, un des chevaux alimentés avec la Jarosse, couché sur la litière. C'est en vain que l'on cherche alors à le faire relever, car déjà il y a une perte complète du mouvement et de la sensibilité.

« Le plus ordinairement cette paralysie est précédée par une gêne évidente dans les mouvements de progression, par des tremblements, par une faiblesse du train de derrière et par une boiterie particulière de l'un des membres postérieurs. M. Verrier qui a observé d'assez nombreux exemples de cette paralysie l'a vue, dans quelques cas, déterminer la mort, avant même que le cornage ait apparu. Dans d'autres circonstances, elle a été accompagnée de ce dernier symptôme et, pour plusieurs animaux, on a vu le cornage déterminer la mort par asphyxie, alors qu'on avait obtenu une amélioration évidente du côté de la paralysie générale ou de la paraplégie; tandis que, pour d'autres, la paralysie suivant sa marche a mis les sujets hors de service, après qu'on eût pratiqué la trachéotomie.

« Chez quelques animaux, on observe une surexcitation extrême. Ils manifestent au moindre attouchement, au moindre bruit, une très grande sensibilité : l'œil est vif, hagard, très impressionnable à la lumière; la colonne vertébrale est raide, immobile; des tremblements et des piétinements intermittents agitent les membres postérieurs; on croirait les animaux sous le coup du tétanos.

« Enfin certains chevaux, pendant la durée de l'alimentation avec la Jarosse, sont exposés à des congestions sanguines sur les intestins, à des indigestions graves, souvent vertigineuses, qui s'accusent par des coliques très violentes, des mouvements désordonnés et par cet ensemble de symptômes nerveux caractéristiques du vertige symptomatique. »

A ce tableau, nous ajouterons quelques documents recueillis en Angleterre dans ces dernières années.

A côté des troubles respiratoires qui aboutissent à l'apnée, il y a des désordres circulatoires importants; le cœur bat irrégulièrement avec des temps d'arrêts très manifestes, le pouls devient petit, accéléré et également irrégulier, au repos il oscille autour de 80 pulsations à la minute pour monter jusqu'à 150 et 160 pendant un exercice même modéré. On sent manifestement le pouls veineux à la jugulaire. Sur les chevaux très malades, on peut percevoir distinctement, même au repos, des vibrations dans la région du larynx.

Malgré l'état du pouls, la température ne s'élève pas, elle s'abaisse plutôt, assez peu d'ailleurs.

On a signalé aussi l'apparition d'éruptions cutanées qui débutent souvent dans la région du garrot et s'étendent peu à peu de tous côtés. Un examen minutieux de la cavité buccale décèle également parfois une éruption semblable sur les gencives et les joues.

Lorsque le mal est très avancé, les poils et les crins se détachent avec une grande facilité, l'amaigrissement apparaît et une fois le travail de dénutrition commencé, il marche rapidement. De larges plaques de peau sont dépourvues de leurs phanères, le sujet se déplace avec difficulté et se couvre de sueurs au moindre exercice. La mort arrive brusquement par apnée.

Pour donner une idée de la symptomatologie dans l'empoisonnement du mouton, nous allons emprunter une relation publiée par M. Dus, vétérinaire à Mehun (Cher), qui eut à traiter un lot d'agneaux nourris exclusivement depuis deux mois et demi avec de la Jarosse récoltée à maturité et donnée non battue.

« En mai 1871, M. B. me fit appeler pour me consulter au sujet d'un lot d'agneaux âgés de 5 mois environ, moitié mâles, moitié femelles, en tout 125 têtes, atteints d'une affection commune qui se caractérise par l'impossibilité où sont ces animaux de se tenir debout sur leurs membres antérieurs, ce qui les oblige à se traîner sur les genoux, le train de derrière restant complètement libre de ses actions.

« Examinés à la bergerie, ces animaux se tiennent couchés beaucoup plus longtemps que de coutume. Malgré tout, ils ont l'œil vif, la physionomie très attentive à ce qui se passe autour d'eux, sont faciles à effaroucher et fuient volontiers lorsqu'on les approche. L'appétit est parfaitement conservé et ces agneaux prennent leur repas au ratelier dans l'attitude de l'agneau qui tette sa mère.

« Si l'on oblige ces animaux à se déplacer, ce que l'on obtient facilement, le train de derrière seul se redresse, les membres antérieurs restent fléchis et ces agneaux cheminent en exécutant une espèce de reptation sur le moignon représenté par l'avant-bras doublé de l'extrémité métacarpo-phalangienne, mais cela avec beaucoup d'énergie et de vivacité. On serait tenté de croire qu'ils affectent volontairement ce genre de locomotion anormale.

« Si l'on cherche à remettre ces animaux en position quadrupédale, ils s'y maintiennent, mais à la condition de rester immobiles ou de ne se déplacer qu'avec une extrême lenteur, en exécutant des pas excessivement raccourcis; car si le train postérieur imprime au tronc une impulsion trop considérable, les membres de devant se dérobent sous le poids du corps et l'animal retombe dans son attitude primitive... La sensibilité de cette partie du membre était singulièrement émoussée, les animaux restaient indifférents à la piqûre d'épingle. »

On fit cesser le régime et trois semaines après, les agneaux avaient récupéré leur liberté d'allures.

Des porcs atteints de lathyrisme furent observés par le Dr Ferrares, dans les Abruzzes; ils devinrent paralysés des extrémités postérieures.

Des oies et des paons ont été empoisonnés par une pâtée de farine de Jarosse.

Lorsqu'à l'aide d'une dose massive donnée dans un but expérimental, on se propose de tuer très rapidement un chien, dans 24 à 30 heures par exemple, on observe, un quart d'heure après l'introduction du poison dans l'organisme, des tremblements puis des secousses spasmodiques, commençant en général aux membres postérieurs pour se propager à l'ilio-spinal, aux muscles du cou et enfin aux membres antérieurs. Plaintes et cris. L'animal s'étend comme s'il était sous le coup d'une fatigue extrême. Environ dix heures après l'injection, il y a nausées et vomissements. Profonde tristesse. L'animal peut à peine se servir de ses membres postérieurs. A partir de la 15ᵉ heure, il vacille et ne peut avancer sans culbuter. Il finit par s'étendre de tout son long et n'obéit plus aux incitations faites pour le forcer à se lever. Respiration très ample, mais non accélérée.

A la 20ᵉ heure, la motilité est abolie, l'animal laisse ses membres dans la position où on les place. Mort sans convulsions de la 24ᵉ à la 30ᵉ heure.

Lésions. — Sous l'influence de l'alimentation par la Jarosse, le liquide sanguin éprouve des modifications qui font dire aux agriculteurs que cette plante *pousse au sang*. En effet, il se coagule plus rapidement qu'à l'état normal, la quantité de fibrine et d'albumine augmente ainsi que le nombre des globules proportionnellement au sérum; mais ces modifications se font remarquer après l'emploi de toutes les Légumineuses, vénéneuses ou non, et particulièrement des Vesces, de la Luzerne et des Pois. De ce côté, il n'y a donc point d'action spéciale aux Gesses.

La symptomatologie de l'empoisonnement par la Jarosse employée à haute dose indique qu'il s'agit d'un poison nerveux, c'est donc du côté du système nerveux qu'il faut chercher des lésions. Malheureusement, quand l'expérimentateur amène de cette façon la mort d'un animal, elle arrive si rapidement que les lésions ne peuvent pas même esquisser celles qui se produiraient si l'intoxication était chronique. C'est ainsi que chez le chien empoisonné dans les conditions indiquées plus haut, j'ai trouvé les ventricules absolument vides, mais les oreillettes distendues, les vaisseaux des enveloppes du cerveau et de la moelle épinière très congestionnés. Des coupes du cerveau montraient un pointillé remarquable et au bout de quelques instants il y avait de véritables gouttelettes sur la surface de coupe ; la substance grise de la moelle allongée et de la moelle épinière était également congestionnée.

L'étude des altérations nerveuses, à la suite de l'intoxication lente, mériterait d'être faite à fond ; jusqu'à présent elle n'a été qu'ébauchée. On a signalé seulement l'atrophie des cellules de la moelle et la dégénérescence pigmentaire de la névroglie. Le pneumogastrique devra être examiné d'une façon toute particulière, en raison des phénomènes asphyxiques.

Dans le lathyrisme chronique, il y a sur les muqueuses stomacale et intestinale des îlots congestifs et des plaques irrégulières, de dimensions variables, présentant un très notable épaississement. Le foie se montre plus foncé et plus friable ; accidentellement, un peu de liquide dans l'abdomen.

Les poumons sont engoués et les bronches présentent des traces de catarrhe et de congestion.

Le larynx est le siège de lésions très curieuses et caractéristiques, on voit sur sa muqueuse des plaques congestives, irrégulières, particulièrement autour de la glotte ; ses muscles intrinsèques sont plus pâles et plus petits à gauche qu'à droite. L'examen microscopique fait constater la dégénérescence graisseuse de ce même côté, le crico-arythénoïdien postérieur est particulièrement affecté. De pareilles lésions rendent compte du cornage.

Le muscle cardiaque a également subi la dégénérescence graisseuse, mais ses valvules ne sont point altérées ; le liquide péricardique est toujours plus abondant qu'à l'état normal.

L'ensemble des symptômes et des lésions démontre que les Gesses renferment un poison qui a une action spécifique sur le tissu nerveux et que ce poison s'accumule dans l'économie. Sous son influence prolongée, il y a des modifications telles dans l'irrigation sanguine du système nerveux central que, petit à petit, il en résulte des troubles de nutrition aboutissant à la dégénérescence des éléments nerveux et à la production de lésions médullaires qui, pour l'espèce humaine, ont une grande analogie avec celles du tabès spasmodique ou de l'ataxie locomotrice. Ces lésions médullaires peuvent sans doute siéger sur toute l'étendue du rachis, mais avec préférence pour les régions bulbaire et lombaire.

Dans l'espèce chevaline, il y a une action spéciale sur le pneumogastrique et plus particulièrement sur les branches laryngiennes du récurrent.

Les taches hémorrhagiques et les plaques d'épaississement sont d'ordre réflexe et non le résultat d'une irritation directe du tube digestif.

Le pronostic du lathyrisme est toujours grave, il n'en peut être autrement quand on sait combien les lésions médullaires ou encéphaliques sont difficiles à guérir. Il n'est pas rare dans l'espèce humaine de voir des individus incapables de se servir correctement de leurs membres inférieurs deux ans après la cessation de l'aliment incriminé.

Sur les animaux domestiques, la mortalité est assez considérable soit par asphyxie soudaine, soit par paraplégie et congestion pulmonaire à marche plus lente; quelquefois, on est obligé d'abattre les chevaux qui sont devenus corneurs outrés. Parmi les porcs, la mort par asphyxie est la terminaison la plus commune.

Si la maladie est longue, grave, si les suites en sont difficiles à pallier, elle n'est pourtant point toujours incurable, ce qui prouve que les altérations médullaires, si elles ne sont pas trop anciennes et trop profondes, peuvent disparaître. Suspendre l'usage de l'aliment incriminé est la première indication à remplir et à peu près la seule, quand il s'agit de l'espèce humaine. Pour les animaux, il faut agir de même; pourtant s'il se trouvait qu'on fût en possession d'une certaine quantité de graines, on pourrait les utiliser à la condition de ne les faire entrer dans la ration que pour une petite proportion et de les mélanger à d'autres aliments. On aurait aussi au préalable la précaution de les faire macérer ou cuire dans l'eau pour les débarrasser, en partie tout au moins, de leur principe nuisible. A l'aide de ces précautions, des fermiers, en Angleterre, ont pu utiliser, sans accidents, des quantités de Gesses relativement fortes. Lorsque le cornage s'est déclaré sur des chevaux, le propriétaire doit réclamer l'intervention de l'homme de l'art pour y remédier par l'opération de la trachéotomie qui a procuré d'heureux résultats et permis l'utilisation d'animaux dont il était impossible de se servir auparavant.

Une étude chimique approfondie du poison renfermé dans la Gesse reste à faire. Cette Légumineuse contient-elle un ou plusieurs principes? Quelle en est la formule? Quelles en sont les propriétés? Quelle quantité en renferment les graines? Autant de questions à résoudre.

De quelques essais, M. Astier a conclu que les graines

du *L. cicera* renferment au moins un alcaloïde qu'il a proposé de nommer *lathyrine* et qu'il considère comme très volatil.

Pourrait-on livrer à la consommation des moutons, des bœufs et des porcs, abattus lors de l'apparition des premiers symptômes du lathyrisme ? Il me semble qu'on peut le faire sans inconvénient. D'après ce qui a été dit antérieurement de la lenteur d'apparition des symptômes d'intoxication chez l'homme, où ce n'est qu'après 4 mois d'alimentation à peu près exclusive par la Gesse qu'on les constate, il est peu supposable qu'un ou quelques repas faits avec la viande d'un sujet lathyrisé soient suivis d'accidents, d'autant plus qu'il y a de fortes probabilités pour que le poison de la légumineuse incriminée se localise sur le tissu nerveux.

Sous-Article V. — De l'Ers ervilier, du Haricot, de l'Erythrophleum guineense et du Gymnocladus dioica.

I. — Le genre **Ervum**, L. (**Ers**) a été récemment démembré et une partie de ses espèces incorporée au genre Vicia. Nous l'envisagerons ici tel que Linné l'avait créé. Il renferme des plantes herbacées fort recherchées du bétail, à calice tubuleux à 5 divisions égalant presque la corolle. Étamines diadelphes. Gousse allongée contenant 1-4 graines. L'espèce suivante seule nous intéresse :

Ervum Ervilia, L. *Ers ervilier*. Syn : *Vicia Ervilia*, Wildd, *Vesce ervilière*; *Ervilia sativa*, Lenk. *Ervilier cultivé*. Désignée vulgairement sous les noms de *Lentille bâtarde*, *Lentille ervilière*, c'est une plante annuelle, de 0,30 cent. de haut, à feuilles paripennées, dépourvues de vrilles mais terminées par une petite arête.

Folioles nombreuses. Stipules semi-sagittées. Fleurs petites, blanchâtres veinées de violet et pendantes. Gousse glabre, oblongue, renfermant généralement trois graines irrégulièrement globuleuses et de couleur gris jaunâtre.

L'Ers croit spontanément dans les régions méridionales de la France, on le cultive dans ces mêmes pays et en Algérie; depuis quelques années sa culture prend de l'extension, particulièrement dans le causse albigeois où elle est fort productive. On le distribue aux animaux qui l'appètent beaucoup et qu'il nourrit fort bien, comme toutes les Légumineuses d'ailleurs; l'homme en a consommé quelquefois en mêlant sa farine à celle du blé dans la fabrication du pain.

Mais la consommation de cette plante ne peut être ni exclusive, ni prolongée. Elle renferme un principe malfaisant qui ne tarde pas à manifester ses effets.

On a avancé qu'elle ne devenait vénéneuse qu'au moment de la formation des graines; cette assertion est inexacte, car si des oisons viennent à la consommer avant que cette phase végétative soit accomplie, ils meurent. Les grands herbivores qui la prennent comme fourrage vert en sont incommodés et peuvent même succomber, si on n'a pas le soin d'en suspendre de temps en temps l'administration. La dessiccation ne lui enlève pas ses propriétés toxiques.

Ce sont surtout ses graines qui sont dangereuses. D'après les quelques renseignements que nous possédons, l'organisme humain est peu sensible à l'action toxique de l'Ers. Les paysans albigeois ont fait entrer autrefois — et peut-être quelques-uns le font-ils encore — un peu de farine de cette Légumineuse dans leur pain et les médecins n'ont signalé aucun accident à la suite d'une pareille alimentation. Il est vrai qu'il y a eu ici intervention de la cuisson et nous ne sommes pas en mesure de dire si la chaleur détruit ou non le principe toxique. On raconte aussi qu'un malheureux privé de sa raison et sans ressources, mangea pendant tout un hiver une certaine quantité de graines d'Ers crues, sans dommage pour sa santé (Pagès). Mais ici encore nous ne possédons pas de données sur la quantité exacte de graines ingérées et il est fort probable qu'il s'y joignait d'autres aliments, du pain, de la viande, etc., que cet insensé devait à la commisération publique.

Il serait assez étrange que l'homme échappât totalement à l'action de l'Ers, alors que tous les animaux de la ferme y sont sensibles. Il est vrai qu'ils le sont d'une façon très inégale, on les classe dans l'ordre suivant : le porc, les oiseaux de basse-cour, le cheval, le mulet, le mouton et le bœuf. La tolérance de ces deux derniers est remarquable; ce n'est que lorsqu'ils reçoivent sans interruption des quantités relativement considérables de graines qu'ils présentent les accidents qu'on va décrire. Si elles leur sont données avec modération et surtout mélangées avec d'autres aliments, suivant une pratique très en usage dans le sud-ouest, ils en retirent d'excellents effets, qu'il s'agisse d'animaux d'engrais ou d'animaux de travail.

C'est habituellement sous forme de farine qu'on donne l'Ers au porc et au cheval, on l'associe à d'autres résidus, à des recoupes, à du son. Lorsqu'on le leur distribue en graines, il faut le déposer dans l'eau au préalable pour le faire gonfler, sinon, une fois introduit dans l'estomac, il absorberait les sucs digestifs et, par le volume acquis, il amènerait la distension et parfois la rupture de la poche stomacale.

Des observations faites, il résulte que l'organisme finit par acquérir une certaine tolérance pour cette Légu-

mineuse. On peut en élever progressivement la dose et arriver à donner des quantités bien supérieures à celles par lesquelles on aurait pu débuter. On estime que le porc ne peut recevoir sans dangers un litre de graines d'Ers pour commencer, tandis qu'après quelque temps, on peut le lui distribuer impunément. Il serait également imprudent d'en distribuer d'emblée deux litres au cheval, quantité qu'il peut prendre plus tard.

Symptomatologie. — Le porc étant l'animal le plus fréquemment empoisonné par la Lentille ervilière, les symptômes qu'il offre en cette occasion sont les mieux connus et vont nous servir de type :

Somnolence qui passe au coma, interrompue de temps en temps par des tremblements musculaires, parfois par des nausées et des vomissements. Quoique dans un état de stupeur prononcé, le porc se relève, change de place et va se coucher ailleurs. Si on lui fait faire quelques pas, sa démarche est chancelante, le train de derrière suit mal le train antérieur, il trébuche, tombe lourdement et souvent n'essaie pas de se relever. Le centre respiratoire est atteint, l'hématose se fait mal et c'est même la cause prépondérante de la mort, qui arrive au milieu d'une torpeur et d'une insensibilité profondes. Quand par le vomissement, le porc a pu se débarrasser à temps, il revient à la santé.

Chez le cheval et le mulet, indépendamment des phénomènes de coma, d'affaiblissement des membres postérieurs, de paraplégie et de dyspnée, on peut constater du cornage et souvent des coliques sourdes.

Lésions. — On ne trouve guère d'autres lésions que celles causées par l'asphyxie, le poison de l'Ers devant, selon toute probabilité, être rangé dans la catégorie de ceux qu'on qualifie de nerveux. Les quelques lésions intestinales ou stomacales, qui existent (la rupture de l'estomac déterminée par une action mécanique de la graine laissée de côté), sont peu étendues et peu importantes.

Aucune recherche chimique pour isoler et déterminer le principe toxique de l'*Ervum ervilia* n'est à notre connaissance.

La similitude des symptômes de l'empoisonnement par l'Ers et par les Gesses, permet de supposer que si le poison n'est pas identique dans ces deux genres de végétaux, il est tout au moins du même groupe chimique. En raison de ce rapprochement ainsi que de la tolérance très grande de l'organisme humain pour l'Ers, nous pensons qu'on pourrait consommer sans dangers la chair d'un animal victime de cette Légumineuse.

II. — **Phaseolus**, L. (**Haricot**). — Genre constitué par des plantes annuelles, à tige grimpante ou non, à feuilles trifoliées dont les fleurs ont un calice campanulé bilabié pourvu d'un calicule, une carène contournée en spirale avec les organes sexuels, des étamines didelphes. Légume allongé, polysperme, chaque graine séparée de la voisine par un épaississement celluleux.

Phaseolus vulgaris, L. Le *Haricot* est une légumineuse tellement connue qu'elle ne sera pas décrite ici. Ses gousses et surtout ses graines entrent dans l'alimentation des peuples modernes. Les anciens ne la connaissaient pas et de Candolle incline à la croire d'origine américaine; malgré son introduction relativement récente dans la culture, une foule de variétés et de sous-variétés se sont formées entre les mains d'horticulteurs habiles.

Si l'homme consomme volontiers le Haricot, il est bien remarquable qu'aucun de nos animaux ne recherche spontanément cette plante, soit en vert, soit en graines. Quand on la leur distribue, les moutons sont les seuls qui en broutent les fanes ou qui en mangent les graines, après qu'on a eu la précaution de les faire tremper dans l'eau.

J'ai fait de nombreuses observations qui m'ont appris que ni les équidés, ni le porc, ni le chien et le chat, ni le lapin et le cobaye, ni les oiseaux de basse-cour, y compris le canard le plus vorace et le plus indifférent des animaux quant à la nourriture, n'acceptent volontiers les gousses et les graines de Haricots, crues ou cuites.

Ces remarques engageaient tout naturellement à se demander si le Haricot ne renfermerait pas, en minime proportion, un principe toxique vis à vis duquel l'organisme humain serait peu sensible, mais qui agirait avec plus d'activité sur quelques-unes de nos espèces domestiques.

Les expériences que j'ai entreprises sur ce sujet et dont quelques-unes sont encore en cours d'exécution me permettent de conclure par l'affirmative. Cette conclusion, je m'empresse de le dire, n'a qu'un intérêt exclusivement scientifique et ne peut influencer la culture de la Légumineuse dont il s'agit. Pour que celle-ci devînt dangereuse, il faudrait qu'elle constituât à elle seule toute l'alimentation et qu'on la distribuât pendant fort longtemps, ce qui n'arrive jamais.

III. — **Erythrophleum**. — Ce genre, qui n'appartient pas à notre flore, renferme deux espèces, l'*Erythrophleum guineense* et l'*Erythrophleum Couminga* dont je veux dire un mot.

L'*E guineense* a encore été appelé *Fillæa suaveolens, Erythrophleum judiciale, Sassybaum, Rothwasserbaum, Red Water tree.*

L'*E. Couminga* a été désigné sous le nom de *Koumengo de Menabé*.

Il paraîtrait qu'en Afrique les chevaux s'empoisonnent spontanément en rongeant l'écorce de ces arbres, et les physiologistes ont démontré que le chien, le chat, le cobaye et d'autres animaux sont fort sensibles à l'action du poison qu'ils produisent, poison que la dessiccation et la cuisson ne détruisent pas.

Ces espèces contiennent un alcaloïde, l'*érithrophléine*, découvert en 1876 par MM. Gallois et Hardy dans l'*E. guineense*. Ils en ont étudié les effets physiologiques et toxiques; après eux, MM. G. Sée et Bochefontaine ont repris cet examen.

L'Érythrophléine se rencontre dans l'écorce, les feuilles et les fruits. Au dire des Sakalaves des îles Seychelles où l'*E. couminga* est commun, lorsque cet arbre est en fleurs, il est tellement dangereux, que les oiseaux qui se perchent sur ses branches et les animaux qui se reposent à son ombre sont frappés de mort (?).

L'E. de Guinée, commun sur la côte occidentale d'Afrique, fournit aux Guinéens le *téli*, qui n'est autre qu'une décoction d'écorce de Mançone (nom sous lequel ils désignent l'*E. guineense*) et qui leur sert à empoisonner leurs armes. On a proposé d'introduire l'érythrophléine en thérapeutique.

Localement, le Mançone a une action irritante, car les personnes qui préparent les écorces sont prises de coryza et d'éternuement.

Après l'introduction du toxique dans l'organisme, il y a de l'inquiétude, de l'agitation, puis de l'affaissement, des nausées et des vomissements. Le pouls, d'abord irrégulier et lent, s'affaiblit et s'accélère. Une action paralysante se produit sur le cœur, les battements sont de plus en plus faibles, avec des intermittences, la pression sanguine devient nulle et enfin il y a un arrêt définitif.

Au début les mouvements respiratoires sont un peu ralentis et amples; dans la période terminale ils deviennent plus fréquents.

Du côté du système nerveux, l'excito-motricité des nerfs phréniques est diminuée et parfois abolie.

A l'autopsie, on trouve le cœur en diastole et flasque. MM. Gallois et Hardy ont retrouvé, dans le sang de sujets empoisonnés expérimentalement par la Légumineuse qui nous occupe, le principe toxique qu'elle renferme. Il y aurait donc lieu, le cas échéant, de proscrire de l'alimentation la viande d'un animal qui aurait succombé à son action.

L'érythrophléine est soluble dans l'eau et l'alcool, peu soluble dans le chloroforme et la benzine. Elle se combine avec les acides pour former des sels. La solution mise en contact avec l'acide sulfurique produit, si l'on chauffe, une couleur brun sale qui passe au violet par le refroidissement. Pas de coloration avec les acides nitrique et chlorhydrique. Précipité jaunâtre avec le bichromate de potasse et blanc avec le bichlorure de mercure.

IV. — **Gymnocladus**. — Ce genre, exotique comme le précédent, nous intéresse par l'espèce suivante :

Gymnocladus dioïca, Michx. (*G. canadensis*, L. *Guilandina dioïca*, L.). Il s'agit d'un arbre de l'Amérique du Nord qu'on désigne sous le nom de *Chicot du Canada* ou encore de *Coffee-tree*. Comme il a été introduit dans les jardins européens, nous le signalerons ici.

Ses graines sont appelées *coffee-bean* en Amérique, et, torréfiées, servent à remplacer celles du café.

Mais il ne faut pas ignorer qu'elles sont toxiques,

ainsi que l'ont prouvé les recherches du docteur Bartholow. Les premiers effets sur le système nerveux moteur consistent à mettre les muscles volontaires dans l'état spasmodique. Diminution du nombre des pulsations cardiaques, abaissement de la tension artérielle. Du côté du système nerveux sensitif, stupeur cérébrale, puis anesthésie.

On a extrait la *Saponine* du Gymnocladus; il est probable, eu égard aux symptômes qu'on vient d'exposer, que ce glucoside ou le principe qui lui est intimement uni, est le facteur des troubles enregistrés.

BIBLIOGRAPHIE.

Cytises. — TOLLARD et VILMORIN, *Bulletin de Pharmacie*, t. I, p. 48. — CHEVALIER et LASSAIGNE, *Journal de Pharmacie*, t. IV, p. 254. — HAHN, *Dictionnaire encyclopédique des S. médicales*, art. *Cytise*. — GRAY, *An Inquiry in to the Chemistry and Properties of the Cytisus Laburn*, in *Edimb. med. Journal*, t. VII, pl. 2. — CORNEVIN, *Mémoire sur l'empoisonnement par quelques espèces de Cytises*, in *Annales de la société d'Agriculture et histoire naturelle de Lyon*, année 1886.

Anagyris. — P. BELON, *Observations de plusieurs singularités et choses mémorables trouvées en Grèce, Asie, Judée, Égypte, Arabie et aultres pays estranges.*

Glycine. — RONDEAU et VIGIER, *Note sur l'action physiologique de la Glycine*, in *Journal de pharmacie et de chimie*, 1881.

Genêt à balai. — STENHOUSE, *Annal. d. Ch. u. Ph.* t. LXXVIII, 1851. — FICK, *Archiv. f. exp. Pathol. ub. Pharmacol.*, t. I, 1874. — G. SÉE, *Compt. Rend. de l'Ac. des Sciences*, séance du 23 novembre 1885.

Trèfle hybride. — DESSART, *Troubles morbides dus probablement au Trèfle élégant*, in *Annales de médecine vétérin.*

de Belgique, 1870. — *Rapports annuels de* M. WEHENKEL *sur l'état sanitaire des animaux en Belgique* et spécial. l'année 1882.

Lupin jaune. — BELLINI, *Empoisonnement chez l'homme et les animaux par la décoction de semence de Lupin*, in *Giorn, ven. d. sc. med.* 1875. — KUHNE, *Ber. d. landwir Instit. der. Univ* Halle 1880. — STÖHR, *Mittheilungen aus d. thierärzlich. Praxis in preuss staate Berichtjahr*, 1879-1880. — SCHMALZ, *Idem*. — SCHAFER, *Idem*. — CRESPO, *Nouveau mélange alimentaire; exposé de la méthode Glaser*, in *Journal d'Agriculture pratique*, 1880. — ZUNDEL, *Chronique d'Allemagne*, in *Recueil de médecine vét*., 1883. — ARNOLD et LEMKE, *Beitrag zur Klarstellung der Ursache der Lupinose*, in *Deutsche Zeitschrift für Thiermedicin*, 1881. — LIEBSCHER, *Idem*. — ROLOFF, SCHUTZ et MUNK, *Ueber die Lupinose*, in *Archives Berl.* IX. — G. BAUMERT, *Untersuchungen über die Alcaloïden der Lupinen. Sitzungsbericht der naturf. Gesellschaft zu Halle*, 1881. — ARNOLD, *Ber. d. Chem. Ges.* t. XVI, 1883. — *Dritter Beitrag zur Klarstellung der Ursache der Lupinose Hann. Jahressb.* 1880.

Jarosse. — HIPPOCRATE, COLUMELLE, PLINE, DIOSCORIDE. OLIVIER DE SERRES. DOW cité par Mildew, *Dict. des jardiniers*, 1785. — LAURENCE, an IV, in *Annales d'Agriculture*. — REMBAUT DE BRINVILLERS, in *C. R. d'Alfort*, 1822. — DESPARANCHES, *Rapport à l'Académie de médecine*, 1820. — DUPUY, *Journal pratique*, 1830. — RENAULT et DELAFOND, in *Recueil de médecine vétérinaire*, années 1833 et 1834. — LEFOUR, in *Journal d'Agricult. pratique*, 1840. — BARTHÉLEMY, YVART, BOURGEOIS, in *Bulletin de la S. d'Agr.* 1846. — CHEVALIER, *Le pain fait avec de la farine de Lathyrus Cicera est-il nuisible?* in *Annales d'Hygiène publique*, 1re série, t. 26. 1841. — VILMORIN, *Bon jardinier* et Comm. à la *Soc. d'Agriculture* en 1846. — YVART, *Dict. d'Agriculture*. — DESLONGCHAMPS, *Dict. des sciences naturelles*. — James IRVING, Plusieurs rapports de 1859 à 1868, in *Indian Annals of medical science*. — HAMELIN, Art. Gesse du *Dictionnaire, encycl. des S. médic*. — ASTIER, *Contribution à l'étude du Lathyrisme*. Thèse de Lyon, 1883. — PROUST, *Le Lathy-*

risme médullaire spasmodique. Communication insérée au *Bulletin de l'Académie de médecine*, année 1885. (Cette communication a donné lieu à des discussions importantes pendant trois séances de l'Académie.) — Lenglen, in *Recueil de méd. vét.* 1860. — Verrier, *Bulletin de la Société centrale de méd. vét.* 1869. — Baillet et Reynal, Art. *Jarosse* du *Nouveau Dictionnaire vétérinaire*. — Dus, *Empoisonnement d'agneaux*, in *Recueil de médecine vétérinaire*, 1875. — Call, *Lectures on Poisoning of horses by Lathyrus sativus*, in *The veterinarian*, 1886.

Ers ervilier. — Rodet et Baillet, *Botanique*. — Pagès, *De l'Ers ervilier*, thèse vétérinaire, 1878.

Erythrophleum. — G. Sée et Bochefontaine, *Sur les effets physiologiques de l'érythrophléine*, in *C. R. de l'Acad. des sciences*, 1880. — Gallois et Hardy, *Recherches chimiques et physiologiques sur l'écorce de Mançone*, in *Archives de physiologie*, 1876.

Article VI. — Rosacées, Cucurbitacées, Ombellifères, Araliacées.

Sous-Article Iᵉʳ. — Rosacées.

La famille des Rosacées renferme une tribu, celle des Amygdalées dont presque toutes les espèces contiennent une proportion généralement minime, parfois plus forte, d'acide cyanhydrique. Cet acide se forme par la décomposition des glucosides renfermés dans ces plantes, l'*amygdaline* et la *lauro-cérasine* qui, sous l'influence d'un ferment également contenu dans la plante, l'*émulsine*, ou d'un acide étendu et en présence d'eau, sont décomposés en acide prussique, essence d'amandes amères et sucre.

Trois espèces doivent être signalées comme capables d'occasionner des accidents par quelques-unes de leurs parties, l'une appartient au genre Amandier, l'autre au genre Cerisier, et la troisième au genre Quillaja.

I. — **Amygdalus**. Tournef. (**Amandier**). — Ce genre ne renferme que la seule espèce suivante :

Amygdalus communis, L. *Amandier commun*. Sous l'influence de la culture, il s'est formé plusieurs variétés ; il en est une qui nous intéresse, elle est dite à *Amandes amères*.

L'Amandier à amandes amères est un arbre de 6 à 8 mètres, plus vigoureux que celui à amandes douces. Il est cultivé non seulement pour ses fruits, mais encore pour servir de sujet de greffe aux Amandiers, aux Pêchers et aux Abricotiers.

Dans les amandes amères on trouve, indépendamment d'une huile grasse, de l'*amygdaline* et de l'*émulsine*, de telle sorte qu'il y a production d'essence d'amandes et d'acide cyanhydrique. L'*amygdaline*, $C^{20}H^{27}O^{11}$, est un glycoside cristallisable, amer, soluble dans l'eau et l'alcool, insoluble dans l'éther et contenu dans la proportion d'environ 2 p. 100 ; elle paraît se trouver surtout dans les tissus parenchymateux de l'embryon.

L'*émulsine* ou *synaptase* est amorphe, quaternaire, soluble dans l'eau et insoluble dans l'alcool ; elle est renfermée surtout dans les tissus libériens des jeunes faisceaux (Vesque).

Cette séparation indique que l'acide cyanhydrique ne préexiste pas dans l'amande qui n'a point, d'ailleurs, d'odeur caractéristique tant qu'elle est intacte, mais lorsqu'on l'écrase de façon à mettre le glycoside et le ferment en présence, l'odeur apparaît.

On a observé quelques empoisonnements par le fruit de l'Amande amère, surtout sur les enfants ; on en a signalé davantage par les **préparations dérivées**, telles que l'eau distillée d'amandes amères, l'eau d'amandes amères diluée, les aliments (particulièrement les confitures et les bonbons) et les liqueurs aromatisées par l'amande elle-même ou par l'eau qu'on en retire. On ajoute quelquefois à des eaux-de-vie de mauvaise qualité de l'essence ou de l'eau distillée d'amandes amères pour en masquer le mauvais goût et leur donner une fausse apparence de kirsch, opération des plus condamnables, puisqu'elle a non seulement pour but de tromper sur la nature de la chose vendue, mais qu'elle est nuisible à la santé publique.

On a signalé l'empoisonnement d'animaux auxquels il avait été distribué des tourteaux d'amandes amères, résidus de la fabrication d'huile de ce fruit. Il est bon de noter que l'huile est inoffensive; on a cité, il est vrai, quelques cas d'intoxication par cette substance; ils s'expliquent par la présence d'une petite quantité d'essence qui se forme au moment où l'on divise les amandes fraîches et se mêle à l'huile, mais celle-ci, lorsqu'elle est pure, n'est nullement dangereuse. La vénénosité est développée au plus haut point dans les tourteaux; on doit les détruire pour éviter tout accident.

En résumé, deux principes, l'un et l'autre non préexistants, se forment et donnent à l'amande amère sa toxicité, ce sont l'essence d'amandes amères et l'acide prussique. Tous deux sont extrêmement vénéneux.

Symptomatologie. — Les symptômes de l'empoisonnement par les amandes amères ou par les préparations dans lesquelles elles entrent, sont une combinaison de ceux que produit l'essence et de ceux qui sont dus à l'acide prussique.

Après l'ingestion d'amandes amères, il y a salivation, pesanteur d'estomac, nausées, vomissements, dyspnée, accélération des battements du cœur, céphalalgie, vertiges, tremblements, titubation, diminution de la sensibilité.

Si la dose ingérée n'est pas suffisante pour amener la mort, tous ces symptômes se dissipent assez rapidement, en laissant seulement le malade comme étourdi pendant plusieurs heures.

Si elle est suffisante, la dyspnée augmente, l'haleine sent l'acide prussique et la respiration finit par s'arrêter; le cœur, d'abord accéléré, se ralentit à son tour jusqu'à extinction. Il y a, concomitamment, des spasmes, des contractions tétaniques, de l'exophthalmie.

La mort est occasionnée par une action spéciale sur le système nerveux central et par un effet toxique sur les hématies, qui entrave l'hématose; cet effet est dû à l'acide cyanhydrique.

Lésions. — Elles sont peu nombreuses et causées particulièrement par l'acide prussique. Toutes les parties du cadavre, mais spécialement les viscères, dégagent, à l'autopsie, l'odeur d'amandes amères et se conservent plus longtemps que d'habitude avant d'être envahies par la putréfaction. Les yeux restent longtemps brillants avec la pupille dilatée, la peau est cyanosée, les doigts et les mâchoires contractés. Il y a congestion des centres nerveux et du poumon, un peu d'hyperémie du tube digestif et l'on trouve assez fréquemment quelques bulles gazeuses dans les cavités cardiaques. Le sang est noirâtre d'après la plupart des observateurs, rouge clair d'après Dragendorff, non coagulé, visqueux et comme huileux. Les globules sanguins ont perdu toute affinité pour l'oxygène et les raies de l'hémoglobine, observées au spectroscope, sont élargies et mal délimitées. On a signalé aussi, en la donnant comme caractéristique de l'empoisonnement par l'acide cyanhydrique, la coloration bleuâtre de la bile.

La recherche de l'acide prussique, lors de l'empoisonnement par les amandes amères, ne présente nulle difficulté pour les toxicologistes.

L'action élective de l'acide cyanhydrique sur le sang et la diffusion de ce toxique puissant dans tout l'organisme interdisent de laisser consommer la viande d'un animal mort à la suite de l'ingestion de tourteaux d'amandes amères. Bien que le point d'ébullition de l'acide cyanhydrique soit très bas et qu'il y ait lieu de penser que, par la cuisson, la plus grande partie serait volatilisée, on se trouve en présence d'un poison si redoutable qu'un excès de prudence est indiqué.

II. — **Cerasus**, Juss. (**Cerisier**). — L'espèce dont nous allons parler est classée par quelques auteurs dans le genre Prunier et Tournefort lui avait consacré spécialement le genre Lauro-cerasus :

Cerasus Lauro-Cerasus, Lois (fig. 34). Le *Cerisier Laurier-Cerisier*, encore appelé *Prunier Laurier-Cerisier* et plus communément *Laurier-Cerise, Laurier-Amande* ou encore *Laurelle à lait*, est un arbrisseau toujours vert de 4 à 5 mètres de haut, à feuilles persistantes, coriaces, vert luisantes en dessus, ternes en dessous. Petites fleurs blanches en grappes axillaires, pédonculées. Drupes noires et ovoïdes. Le Laurier-Cerise est cultivé comme plante ornementale dans les pays méridionaux.

Ses feuilles sont les parties dangereuses; quoique persistantes, celles qu'on récolte en juillet et août sont plus vénéneuses que celles recueillies au printemps. La dessiccation leur enlève les principes toxiques formés, mais les éléments de ces principes restent dans les particules désséchées et le poison se reforme, lorsqu'on

Fig. 34. — *Cerasus Lauro-Cerasus*. — Cerisier Laurier-Cerisier.

place les feuilles ou la poudre qui en provient dans certaines conditions.

Les toxicologistes assurent que la toxicité du Laurier-Cerise est liée à son habitat dans le Midi. Cet arbrisseau doit son activité à l'essence qu'il renferme et dont la formule serait $C^{20}H^{16}$ (Soubeiran) et à l'acide prussique.

De nombreux accidents se sont produits sur l'homme et les animaux domestiques.

Pour l'espèce humaine, quelques-uns sont dus à l'habitude où l'on est d'aromatiser le lait avec les feuilles de ce végétal qui a même reçu, à cause de cela, le nom de Laurelle à lait; les victimes ont été surtout des enfants, plus impressionnables et plus exposés que les adultes à recevoir du lait comme boisson ou comme nourriture.

Les plus fréquents sont dus à l'eau distillée de Laurier-Cerise, l'un des médicaments antispasmodiques les plus usités et les plus actifs, soit qu'il y ait eu erreur dans sa délivrance à l'officine, soit qu'elle ait été employée dans une intention criminelle.

Les annales agricoles et vétérinaires de leur côté, contiennent la relation d'empoisonnements de bestiaux. Gerlach a cité l'intoxication d'un troupeau de vingt-cinq moutons et, parmi les cas relatifs aux bêtes bovines, l'un des plus curieux et qui fait un peu sourire est celui d'un taureau, lauréat du comice agricole de Rovereto (Italie) que son propriétaire, fier d'un tel animal, avait enguirlandé d'un collier de feuilles de Laurier-Cerise. Le lauréat mangea la guirlande et tomba foudroyé peu après sur l'emplacement du concours.

L'essence de Laurier-Cerise est vénéneuse par elle-même comme celle d'amandes amères. Parallèlement, l'acide cyanhydrique fait son œuvre.

On ne décrira point les symptômes et les lésions de l'empoisonnement par les feuilles de Laurier-Cerise, ce serait se répéter, puisqu'ils sont identiques à ceux de l'intoxication par les amandes amères.

La conduite à adopter vis-à-vis des viandes des victimes ne peut être différente et ce qui a été dit des unes s'applique aux autres.

III. — **Quillaja**. Molini. — Si ce genre est exotique, néanmoins mention doit en être faite, car l'espèce suivante fournit un produit dangereux importé en quantité considérable en Europe.

Quillaja Saponaria, Molini. Le *Quillaja*, originaire du Chili, est une Rosacée qui fournit au commerce son écorce très riche en saponine ; on l'emploie sous le nom d'*Écorce de Panama* pour le nettoyage des étoffes. Elle nous est expédiée sous forme de plaques de $0^m,005$ millim. d'épaisseur environ, foncées en dehors et blanc-jaunâtres en dedans ; elle est très riche en cristaux d'oxalate de chaux, c'est même là un bon caractère pour la reconnaître.

La *saponine* qu'elle contient rend cette écorce très dangereuse ; elle provoque des éternuements chez les personnes qui la pilent.

La médecine s'est emparée de ce produit ; on en ordonne parfois des infusions, mais elles ne sont point sans dangers, s'il y a des ulcérations sur la voie digestive. On a déjà signalé des suicides par de telles infusions.

Les symptômes et les lésions sont identiques à ce que nous avons décrit pages 254 et 261 à propos des intoxications par la Saponaire et la Nielle des blés, puisque le Quillaja contient de la saponine en abondance. Nous rappelons ici qu'il n'est point définitivement prouvé que la saponine est véritablement l'agent toxique de ces diverses plantes.

On introduit depuis quelques années dans le commerce un extrait provenant du Quillaja et désigné sous le nom de *Panamine*, auquel toutes les observations précédentes s'appliquent.

Sous-Article II. — Cucurbitacées.

La famille des Cucurbitacées, si naturelle et si importante pour l'économie domestique, renferme des espèces vénéneuses dans trois de ses genres.

I. — **Bryonia**, L. (**Bryone**). — Comprend des végétaux grimpants, pourvus de vrilles, à racine vivace, à petites fleurs et à petites baies, vertes, noires ou rouges. A signaler d'abord l'espèce suivante, fort commune dans les haies :

A. Bryonia dioïca, Jacq. La *Bryone dioïque, Couleuvrée, Navet du diable, Rave de serpent, Bryone blanche, Vigne blanche* (fig. 35) est une plante vivace par la racine. Celle-ci, grosse comme le bras, est pivotante et charnue ; la tige est grêle, longue, assez rude au toucher, se soutenant par des vrilles filiformes. Feuilles cordiformes, à poils raides sur les deux faces. Fleurs dioïques jaune-verdâtres, les mâles longuement pédonculées, les femelles subsessiles. Fruits globuleux, rouges à la maturité et pleins d'un suc visqueux.

La souche, les jeunes pousses et les baies sont vénéneuses, la première à un degré très supérieur aux secondes. La dessiccation ne fait pas disparaître les propriétés fâcheuses de la Bryone. Le suc qui s'échappe de la racine est également très toxique.

La racine a causé des accidents dans l'espèce humaine. Par sa ressemblance avec les raves et quelques variétés de navets, elle a été employée quelquefois pour remplacer ces légumes dans la préparation de soupes, soit par ignorance de ses propriétés, soit par erreur; des

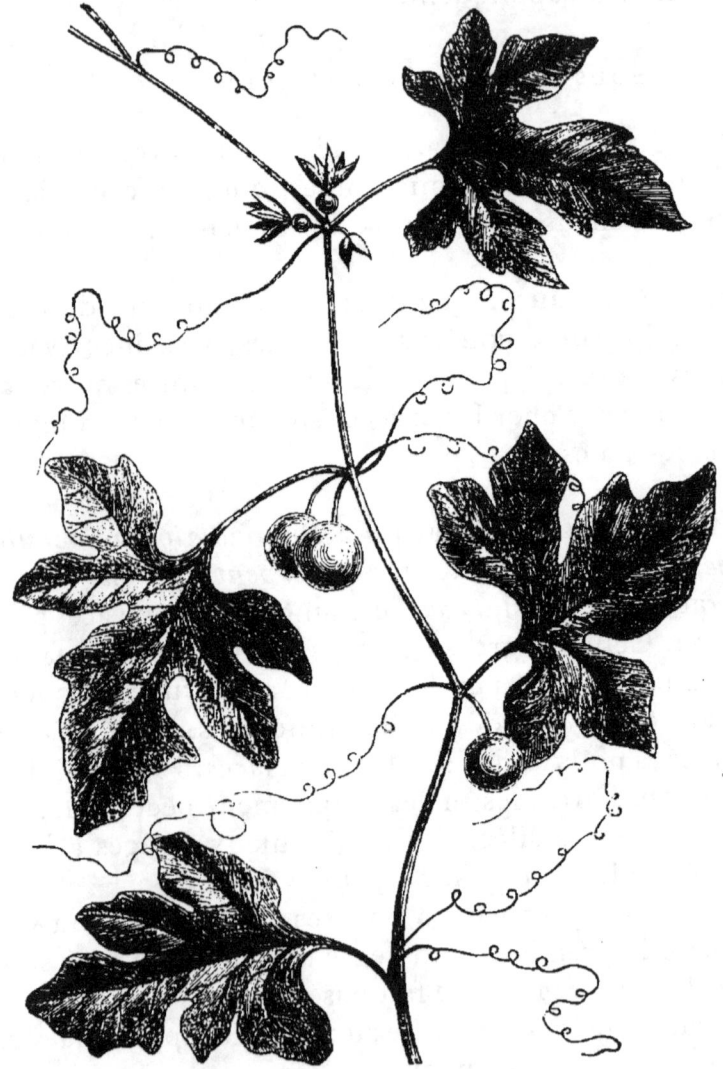

Fig. 35. — *Bryonia dioïca*. — Bryone dioïque.

familles entières qui s'en étaient nourries, ont été empoisonnées. Une autre cause d'accidents tient à la croyance populaire qui attribue au Navet du Diable la propriété de faire dissiper le lait des nourrices au moment du sevrage des enfants. Galtier rapporte l'histoire d'une femme qui, ayant pris un lavement préparé avec 30 grammes de Bryone pour faire passer son lait, succomba au bout de 4 heures.

Les empoisonnements d'animaux domestiques sont fort rares ; le porc et les oiseaux de basse-cour sont les seuls exposés à ingérer une quantité suffisante de cette Cucurbitacée pour en mourir, le porc en s'adressant aux racines et les volailles aux baies.

On estime qu'une quarantaine de baies amènent la mort d'un homme adulte et qu'une quinzaine suffisent pour les enfants.

A l'état frais, 25 grammes de racines ou 15 grammes de suc déterminent une issue funeste.

Symptomatologie. — Appliquée sur la peau, fraîche et réduite en pulpe, ou sèche et pulvérulente, la racine de Bryone produit un effet irritant bien marqué ; il y a erythème et même production de phlyctènes. A l'intérieur et à doses modérées, la Bryone provoque des sueurs, la lividité de la face, des nausées, puis de deux à quatre heures après l'ingestion, des selles abondantes, très aqueuses, sans ténesme et peu douloureuses. Elle a aussi une action diurétique.

En quantité élevée, des phénomènes nerveux viennent compliquer les symptômes précédents : stupeur, convulsions tétaniformes, priapisme, opisthotonos, exophthalmie, rétraction des parois abdominales ; le pouls devient petit, irrégulier, la température s'abaisse et le refroidissement se produit rapidement. Il y a parfois superpurgation, tandis que, sur quelques individus, les évacuations sont supprimées et le sujet meurt dans un état semblable à celui que produit la forme sèche du choléra.

Lésions. — Elles sont peu nombreuses et peu significatives. On trouve de l'engouement des poumons, le cœur en diastole avec les ventricules remplis de caillots et quelques plaques ecchymotiques sur la muqueuse intestinale.

Si l'on rapproche ces quelques lésions des symptômes, on est conduit à conclure que l'action purgative de la Bryone, longtemps regardée comme primitive et prépondérante, est secondaire et d'origine réflexe.

Lorsque le principe vénéneux de cette plante a été introduit dans l'économie par injections hypodermiques ou intra-veineuses, on admet que l'élimination se fait surtout par la surface intestinale, mais il en arrive aussi dans l'urine, la bile et il en reste dans le sang.

Principe actif. — On a isolé deux principes de la racine de Bryone, la *bryonine* et la *bryonitine*.

La bryonine, $C^{40}H^{80}O^{19}$, appelée autrefois *bryonin*, est un glucoside amorphe, jaunâtre, amer après avoir paru d'abord sucré à la langue, qui se dissout avec une couleur rouge-cerise sale dans l'acide sulfurique concentré et avec une couleur violet-bleuâtre dans l'acide sulfovanadique. Elle est également soluble dans l'eau, l'alcool, mais peu dans l'éther. C'est à elle qu'on attribue les effets toxiques de la plante. L'acide sulfurique la dédouble en glucose et en deux corps amorphes, la *bryorétine* et l'*hydrobryorétine*. Quant à la bryonitine, elle est cristallisible, blanche et soluble dans l'eau.

A côté de ces deux principes, la racine de Bryone renferme une grande quantité de fécule, séparable par l'eau froide et qu'on pourrait utiliser en cas de besoin. La masse peut en être élevée, car il arrive que la racine atteint la grosseur de la cuisse et la bryonine n'entre dans sa constitution que pour 4 p. 100 environ, nouvelle preuve, d'ailleurs, de l'activité de ce glucoside.

B. Bryonia nigra. Nous ne ferons que mentionner une autre espèce européenne, la *Bryone noire*, longtemps confondue avec la précédente mais qui s'en distingue parce qu'elle est monoïque et que ses fruits sont noirs; on l'appelle communément *Vigne noire*. Comme la précédente, elle contient de la bryonine et jouit de sa regrettable activité.

II. — **Ecballium**, C. Rich. (**Ecballion**). — Ce genre comprend des végétaux à fleurs monoïques dont le fruit, arrivé à maturité, s'ouvre à la base et lance au dehors les graines et le liquide un peu pulpeux qu'il contient. A signaler :

Ecballium Elaterium, C. Rich. L'*Ecballion élastique* que Linné appelait *Monordique élastique* (*Monordica elaterium*) et qu'on désigne fréquemment par l'expression de *Concombre sauvage*, est une plante méridionale, annuelle, dont les tiges étalées et rameuses, assez longues, ont des poils rudes. Feuilles épaisses, poilues, blanchâtres en dessous, cordiformes. Fleurs jaune pâle, pédonculées, isolées ou groupées en petit nombre. Fruit oblong, verdâtre et hirsute.

L'Ecballion est vénéneux par toutes ses parties, mais la pulpe du fruit est la plus active.

La symptomatologie de l'intoxication par cette Cucurbitacée est sinon complètement identique, du moins très semblable à celle de la Bryone; les symptômes de purgation sont prédominants à doses moyennes, tandis que les désordres nerveux dominent la scène quand la quantité est mortelle. On se reportera à l'histoire de l'empoisonnement par la *B. dioïca*.

L'Ecballion doit son activité à un glucoside découvert par Morries et Hennelle et appelé *élatérine*. Sa formule serait $C^{20}H^{28}O^3$; il cristallise en prismes hexagonaux, n'est pas soluble dans l'eau, les alcalis et les acides étendus, mais se dissout dans l'alcool à chaud et dans le chloroforme.

Traitée par l'acide sulfurique pur, l'élatérine prend une coloration jaune passant peu à peu au rouge. En traitant sa solution alcoolique bouillante par la potasse, Buchheim a modifié l'élatérine de telle façon qu'elle a perdu ses propriétés drastiques.

III. — **Citrullus**, Neck. (**Citrulle**). — Ce genre, constitué par des plantes exotiques, acclimatées en Europe, à tiges étalées ou grimpantes munies de vrilles, nous intéresse par l'espèce qui suit :

Citrullus colocynthis, Schrad. La *Citrulle coloquinte* ou plus simplement la *Coloquinte* est une plante annuelle, à feuilles cordiformes, à fleurs jaunes, à fruits globuleux, gros comme des oranges, verts puis jaunes à maturité, qui contiennent sous une écorce mince, dure et coriace, une pulpe blanche, spongieuse, sèche, renfermant des graines nombreuses. La pulpe est d'une amertume typique, que les graines ne partagent point.

Le fruit de la Coloquinte est doté de propriétés vénéneuses dont l'espèce humaine a été plutôt victime que les animaux. En effet, depuis les temps les plus reculés, il a été employé dans la médecine populaire pour les indications les plus nombreuses et les plus diverses ; on a dépassé de temps en temps les doses thérapeutiques pour arriver aux quantités toxiques avec terminaison mortelle. La dessiccation ne lui enlève point sa toxicité et c'est même toujours à l'état sec qu'on le trouve dans le commerce.

La symptomatologie de l'empoisonnement par la Coloquinte se rapproche des deux précédentes. Elle a beaucoup de symptômes communs : sueurs froides, nausées et vomissements, pouls petit, respiration anxieuse, abaissement de la température, hoquets, constriction abdominale, priapisme, évacuations abondantes; en un mot, état cholériforme. Mais elle se distingue par des douleurs aiguës à l'épigastre, des coliques violentes qui déterminent de la dysenterie, du ténesme rectal et de la cuisson à l'anus. La Coloquinte est un évacuant puissant, mais très douloureux; son action se propage aux reins et à l'utérus qui se congestionne et se contracte.

On pressent que les lésions doivent être plus accentuées que dans les cas précédents. Elles siègent particulièrement sur l'estomac et le rectum; on trouve les manifestations d'une violente inflammation, taches rouges ou noires, suffusions sanguines, parfois ulcérations. Les reins et la vessie présentent aussi des lésions inflammatoires.

La Coloquinte doit son activité à un corps étudié d'abord par Braconnot qui lui a donné le nom de *colocynthine*. Il est amorphe, non azoté, amer, jaunâtre, soluble dans l'eau, l'alcool, l'éther, la soude et l'acide oxalique. L'acide sulfurique concentré le colore en jaune puis en rouge clair.

Dans l'intérieur de l'organisme ainsi qu'au contact des matières en putréfaction, la colocynthine se transforme en partie en *colocynthéine*. Celle-ci est cristalline, peu soluble dans l'eau, fort résistante à la décomposition et plus active que la colocynthine.

Dans les cas d'empoisonnements non mortels, l'élimination de ces deux corps est longue à s'effectuer, elle se fait par la portion rectale de la muqueuse intestinale et par l'urine; on la retrouve dans ce dernier liquide plusieurs jours après. Une telle lenteur d'élimination explique pourquoi les convalescences sont si longues, consécutivement à l'intoxication par la Coloquinte.

En cas de mort, on retrouve les principes actifs dans les fèces, l'urine, le sang, la bile, le foie et la muqueuse intestinale.

La dissémination de ces principes et la résistance toute spéciale de la colocynthéine à la décomposition, rendent dangereuses les chairs des animaux victimes d'un pareil empoisonnement.

Sous-Article III. — Ombellifères.

Cette famille, très étendue et très naturelle, comprend plusieurs espèces dangereuses. On les trouve dans les genres *Conium*, *Cicuta*, *Anthriscus*, *Œthusa*, *Œnanthe*, et *Ferula*; d'autres ne sont que suspectes, elles appellent néanmoins quelques réflexions.

§ I. — *De la Ciguë tachetée.*

Le genre **Conium**, L. (**Ciguë**), ne renferme qu'une espèce indigène :

Conium maculatum, L. *Ciguë tachée* ou *tachetée*, plus généralement désignée sous le nom de *Grande Ciguë* et parfois sous celui de *Ciguë officinale*. De Candolle l'avait rattachée au genre Cicuta et il en avait fait l'espèce *Cicuta major*.

La Grande Ciguë (fig. 36) est une plante fort commune, qui croît dans les décombres, sur le bord des chemins, dans les terrains ombragés. Sa tige dressée, fistuleuse, striée et parsemée, surtout à sa partie inférieure, de taches rouges violacées, dépasse 1 mètre. Ses feuilles sont un peu luisantes, 2, 3 ou 4 fois pinnatiséquées, à segments pinnatifides et dégagent, lorsqu'on les froisse, une odeur désagréable qu'on compare à celle de la souris. Ombelles terminales à rayons nombreux. Involucre à folioles réfléchies, blanchâtres sur le bord; involucelles à folioles déjetées du côté extérieur de l'ombelle. Fleurs blanches. Calice à limbe à peine marqué, 5 pétales obcordés, à pointe fléchie en dedans. 5 étamines alternes avec les pétales. Fruit ovoïde, comprimé par les côtés, à 5 côtes proéminentes, ondulées, crénelées. Entre ces côtes, se trouvent des vallécules striées qui ne contiennent pas de canaux oléo-résineux, mais un plan de cellules spéciales, à parois épaisses, colorées en brun et qu'on croit contenir tout au moins l'un des principes actifs de la Ciguë. Les graines sont creusées d'un sillon profond et étroit du côté de la commissure.

Depuis les temps les plus reculés, la Grande Ciguë a été reconnue comme une plante toxique; on admet que les Athéniens s'en servaient pour faire mourir leurs condamnés et qu'elle fut imposée à Socrate.

Verte, toutes ses parties aériennes sont vénéneuses, mais l'expérience a fait admettre que les Ciguës qui croissent dans les pays méridionaux sont plus actives que celles qui végètent au Nord. Avant la floraison, les feuilles sont plus dangereuses qu'après, attendu que le toxique émigre en grande partie dans le fruit. Celui-ci est plus actif avant sa maturité qu'après.

La racine ne contient que des quantités très minimes des alcaloïdes de la partie aérienne.

Coupée et séchée à l'air libre, à la façon des fourrages, la Ciguë perd une forte partie du principal de ses alcaloïdes vénéneux, qui se volatilise facilement. Les pharmaciens qui veulent préparer et conserver de la poudre de feuilles de Ciguë, doivent les dessécher rapidement à une température modérée et les conserver, après pulvérisation, dans des flacons bien bouchés et tenus à l'abri de la lumière. L'agriculteur, dans les foins duquel

Fig. 36. — *Conium maculatum*. — Ciguë tachetée.

se trouvent des Ciguës desséchées, a donc peu à redouter pour la santé de son bétail.

La cuisson enlève les mauvaises propriétés de cette ombellifère ; Pline dit même qu'on peut en manger la tige, quand elle est cuite.

Les empoisonnements qui se produisent dans l'espèce humaine sont le résultat d'erreurs dans la délivrance de médicaments à base d'extrait de Ciguë, ou la suite d'une activité exagérée de ces médicaments mal dosés. Les annales judiciaires renferment aussi des relations où l'on voit cette plante administrée dans un but criminel. En raison de l'odeur de ses feuilles, des taches rouges de sa tige et de la volatilité de son principal alcaloïde, il est rare qu'elle occasionne des accidents par méprise, par confusion, ainsi que nous le verrons pour d'autres Ombellifères.

Elle est vénéneuse pour le bétail quand elle est mangée en vert, mais les accidents sont très peu communs, car elle n'est pas prise spontanément à cause de son odeur vireuse ; ce n'est que lorsqu'elle est mêlée à d'autres plantes qui en masquent la présence ou au début du printemps, alors que les bestiaux se jettent sur la nourriture verte avec gloutonnerie, qu'elle est ingérée par eux en quantité suffisante pour être nuisible.

Parmi les animaux de la ferme, les petits ruminants passent pour être à peu près réfractaires à ses effets, tandis que les autres en sont impressionnés. On prétend, en Allemagne, que les alouettes et les cailles sont insensibles à l'action toxique de la Ciguë et qu'on peut sans inconvénients les nourrir avec cette plante. On ajoute que, dans ce cas, leur chair se sature d'une quantité de toxique suffisante pour empoisonner les carnivores qui la mangeraient. Si cette immunité est réelle, elle ne s'étend pas à toute la classe des oiseaux, car un empoisonnement de canards par la graine de Ciguë a été signalé.

Pour produire un empoisonnement mortel, il faut que :

Le cheval ingère environ 2 k. à 2 k. 1/2 de Ciguë fraîche.
Le bœuf   —   —   4 k. à 5 k.   —   —

S'il est exact, comme le prétendent les Allemands, que les principes vénéneux s'accumulent dans l'organisme de quelques oiseaux, cette accumulation ne paraît pas se faire dans celui des Mammifères domestiques. Les anciens vétérinaires, notamment Gohier, qui employaient la Ciguë dans le traitement du farcin, ont pu continuer pendant plusieurs mois l'administration de 60, 150 et même 200 grammes de cette plante verte, coupée et mêlée à l'avoine tous les matins, sans autre modification dans la santé des chevaux qui la mangeaient, qu'un ralentissement de la nutrition et un mouvement de résorption.

Symptomatologie. — Tardieu a tracé un excellent tableau de l'empoisonnement de l'homme par la Ciguë, nous allons le lui emprunter : « Une heure environ après l'ingestion de la Ciguë, surviennent des éblouissements, des vertiges, de l'obnubilation, une céphalalgie très aiguë. La personne empoisonnée titube comme si elle était ivre ; ses jambes se dérobent. Quelquefois, mais non toujours, une anxiété précordiale, une violente cardialgie se font sentir. La gorge se sèche, la soif est très vive, et cependant la déglutition est parfois impossible. Il y a quelques vomituritions sans résultat (les vomissements presque constants dans l'empoisonnement par la Ciguë vireuse, manquent souvent dans ceux par la Grande et la Petite Ciguë). La face est pâle et la physionomie profondément altérée, mais l'intelligence reste nette. Les malades entendent, quoique ne pouvant parler; le regard est fixe, les pupilles dilatées, la vue trouble et parfois abolie. Des mouvements spasmodiques, des contractions tétaniques agitent les membres et alternent avec des lipothymies, des défaillances qui se répètent par intervalles; puis une sorte de stupeur s'empare du malade, chez lequel la respiration stertoreuse annonce seule la persistance de la vie. Le corps se refroidit, la tête se gonfle et l'enflure s'étend quelquefois à d'autres parties; les yeux sont saillants, la peau livide. Dans quelques cas, on voit éclater un délire furieux et des convulsions épileptiformes. La mort est toujours très rapide et il ne faut pas plus de trois, quatre ou six heures pour que l'empoisonnement par la Ciguë se termine d'une manière funeste. »

Le cheval qui reçoit une faible dose de Ciguë éprouve un peu d'abattement, laisse entendre quelques borborygmes; il bâille; son pouls s'accélère, sa pupille se dilate; il a quelques convulsions des lèvres et parfois du spasme des muscles de l'encolure. Le tout se dissipe quatre ou cinq heures après.

Si la quantité a été forte, il y a nausées et efforts infructueux pour vomir, grincements de dents, accélération de la respiration et dyspnée, tremblements musculaires commençant aux membres postérieurs et se transmettant successivement aux membres antérieurs, puis au rachis; ensuite difficulté de la locomotion, sueurs, mais non constantes, chute, paraplégie, puis paralysie; la sensibilité s'oblitère, la température s'abaisse, le pouls très vite est filant, la respiration devient de plus en plus difficile et la mort arrive par arrêt de cette fonction qui précède un peu celui du cœur.

Chez les bêtes bovines, il y a ptyalisme, arrêt des fonctions digestives, météorisation, constipation, abattement et stupeur; on a vu des vaches en état de gestation avorter à la suite de cette intoxication.

Quoique les moutons et les chèvres soient peu sensibles à l'action de la Ciguë, ils ne sont point complètement réfractaires, des observations recueillies en France et en Angleterre mettent ce fait hors de contestation.

Dans l'état actuel de la science, on admet que le poison contenu dans la Ciguë tachée agit sur les extrémités terminales des nerfs moteurs qu'il paralyse, la dyspnée n'étant que le résultat de la paralysie des nerfs incitateurs de la région pectorale, et l'accélération du cœur celui de la paralysie des fibres modératrices du pneumogastrique.

Lésions. — Elles sont peu nombreuses comme dans tous les cas où il s'agit d'un poison essentiellement nerveux. On trouve une congestion intestinale marquée, de l'engouement du foie, des centres nerveux, du poumon. Quelques taches ecchymotiques sur les plèvres et sur la peau.

Le poison de la Ciguë s'élimine par les urines et aussi par les bronches, l'odeur spéciale de l'air expiré par les animaux empoisonnés l'indique. On ne lui connaît pas d'antidote spécial.

Principes actifs. — La Ciguë tachetée contient plusieurs principes actifs : *la conicine, la conhydrine, l'éthylconicine* et la *méthylconicine*.

La conicine, encore appelée *cicutine*, est la principale et la plus puissante de ces substances; vient ensuite la méthylconicine; les deux autres sont beaucoup moins actives. Elle a été découverte en 1827 par Giescke et isolée à l'état de pureté en 1831 par Geiger. On estime que la tige et les feuilles en renferment, à l'état vert, de 0,02 à 0,05 p. 100 et les fruits 0,70 p. 100 et même davantage s'ils sont peu mûrs.

C'est un alcaloïde de la catégorie de ceux qu'on qualifie de volatils, existant sous la forme d'un liquide huileux, jaunâtre, de saveur très âcre, d'une odeur nauséabonde, facilement altérable à la lumière et par la chaleur. Il se volatilise sous le vide de la machine pneumatique et bout entre 187 et 189 degrés, se dissout facilement dans l'alcool, l'éther, la benzine, le chloroforme et l'éther de pétrole ; il a la propriété de coaguler l'albumine.

La conicine ne possède pas de réactifs bien caractéristiques ; aussi, dans les cas d'empoisonnements, doit-on s'attacher à chercher avec grand soin dans le tube digestif les débris de Ciguë comme corps du délit, et se familiariser avec la forme des feuilles et des fruits qui est assez caractéristique. Les poumons sont la partie où l'on pourrait plus facilement retrouver la conicine, puisque c'est par là spécialement que se fait l'élimination, si la chimie possédait des moyens de la bien distinguer de la nicotine, dont les réactions se rapprochent beaucoup des siennes.

§ II. — *De la Cicutaire ou Ciguë vireuse, de l'Anthrisque sauvage et de la petite Ciguë.*

Les phénomènes morbides occasionnés par ces trois espèces n'ont point, jusqu'à présent, été différenciés de ceux que produit l'empoisonnement par la Grande Ciguë. Nous renverrons donc, pour le tableau symptomatologique, à ce que nous venons de dire à propos de cette dernière plante.

A. *Cicuta virosa*, L. La *Cicutaire*, qu'on appelle encore *Ciguë vireuse, Cicutaire aquatique* (*Cicutaria aquatica*, Lans, (fig. 37), est une ombellifère vivace, glabre, d'un

Fig. 37. — *Cicuta virosa*. — Ciguë vireuse.

mètre environ de hauteur, qui végète dans les marais et dans les fossés. Sa racine est volumineuse, blanchâtre, charnue, creusée à l'intérieur de lacunes pleines d'un suc jaunâtre. Sa tige est fistuleuse, rameuse et un peu rougeâtre à la base, ses feuilles sont bi-tripinnatiséquées, à folioles lancéolés linéaires, aigus dentés sur les bords. Ombelles à 10-15 rayons égaux, pédonculées sans involucre. Ombellicules munies d'involucelles à bractées linéaires. Fleurs petites et blanches présentant un calice à 5 dents, une corolle à 5 pétales échancrés, à languette interne, 5 étamines alternes avec les pétales. Fruit contracté par côtés et dydyme. Carpelles à 5 côtés aplaties, égales. Vallécules à un vaisseau oléorésinifère.

La Ciguë vireuse passe pour la plus délétère des Ciguës; sa racine napiforme a occasionné dans l'espèce humaine des méprises fatales; on l'a confondue avec quelques racines comestibles et notamment avec le Céleri, erreur que le suc jaunâtre qui s'en écoule et sa saveur amère auraient dû faire éviter. Les bestiaux y touchent peu et ne s'empoisonnent que tout à fait exceptionnellement. Comme pour la Grande Ciguë, il a été dit que les moutons et les chèvres peuvent la manger sans en être sérieusement incommodés.

On a cru jusque dans ces derniers temps que le principe vénéneux de cette ombellifère était la conicine. Dragendorff avance qu'il s'agit d'une substance spéciale, non encore suffisamment étudiée, de telle sorte que, pour le moment, le toxicologiste est dans l'impossibilité de constater scientifiquement un pareil empoisonnement. La symptomatologie et l'anatomie pathologique en sont à reprendre.

B. *Anthriscus sylvestris,* Hoffm. L'*Anthrisque sauvage,* que Linné avait appelé *Cerfeuil sauvage* (*Chœro-*

phyllum sylvestre) et que le vulgaire désigne sous le nom pittoresque de *Persil d'âne*, est une herbe vivace de 0,60 à 1 mètre de hauteur et fort commune. Sa tige est fistuleuse, striée et rameuse, ses feuilles bi-tripinnatifides; les ombelles sont longuement pédonculées. Les fleurs sont blanches, le fruit à côtes non apparentes et à bandelettes à peine distinctes. Involucelles à 4-6 folioles lancéolées.

L'Anthrisque sauvage a une odeur forte et une saveur âcre qui n'empêchent pas, dit-on, les ânes de la rechercher. D'après Rodet et Baillet, les autres animaux pourraient aussi la manger sans inconvénients. Cependant un vétérinaire hanovrien, Kohli, a publié le récit de l'empoisonnement d'un troupeau de porcs qui venaient de fourrager en vert l'Anthrisque sauvage. Ils étaient frappés de paraplégie, avaient la pupille dilatée, refusaient toute espèce de nourriture et montraient des signes d'entérite. Quatre porcs succombèrent et, à leur autopsie, on constata une vive inflammation gastro-intestinale.

C. *Ethusa cynapium*, L. L'*Éthuse ache des chiens*, plus connue sous les noms de *Petite Ciguë*, *Faux Persil*, est une ombellifère annuelle, de 0,60 cent. de hauteur environ, dont la tige rameuse est finement striée et un peu couleur lie-de-vin à la partie inférieure. Les feuilles sont bi-tripinnatifides, à segments pinnatipartits, à partitions découpées elles-mêmes. Pétioles engainants. Ombelles longuement pédonculées, à 5-10 rayons inégaux. Fleurs blanches, à pétales tachés de vert sur l'onglet. Involucre nul. Involucelles à 3 folioles, réfléchies et déjetées en dehors. Fruit ovoïde à côtes proéminentes et carénées.

La Petite Ciguë (fig. 38) est assez commune dans les

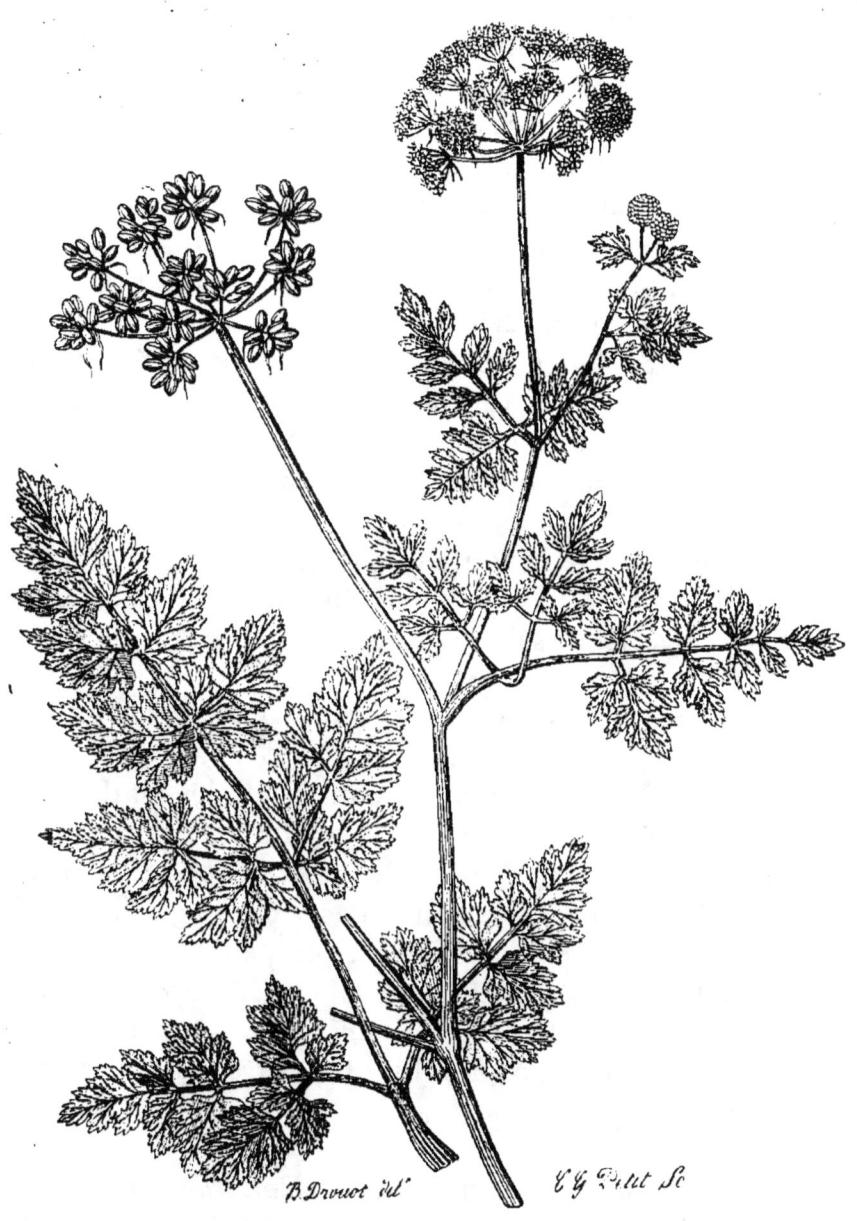

Fig. 38. — *Æthusa cynapium*. — Ethuse Ache des chiens.

champs et dans les jardins. Elle est regardée comme la moins active de toutes les Ciguës et pourtant c'est elle qui a occasionné le plus d'accidents de personnes. Cela tient à ce que, croissant dans les jardins, elle est prise par mégarde pour le Persil et consommée à sa place.

Les bestiaux ne recherchent pas spontanément la Petite Ciguë et les oisons qui la broutent en meurent.

Elle se distingue du Persil par la coloration lie-de-vin de la partie inférieure de sa tige, par l'odeur désagréable qu'exhalent ses feuilles lorsqu'on les écrase entre les doigts, par la coloration de ses fleurs qui sont blanches au lieu d'être jaunes comme celles du Persil et par ses involucelles unilatéraux et pendants. On ne peut la confondre avec le Cerfeuil qui exhale une odeur bien connue empêchant toute méprise.

Elle doit ses propriétés vénéneuses à la *cynapine*, alcaloïde cristallisable étudié par Ficinus.

§ III. — *Des Œnanthes.*

Le genre **Œnanthe**, L. comprend les ombellifères les plus vénéneuses de nos pays. Il est constitué par des herbes vivaces, à tige fistuleuse dont les fleurs ont un calice à 5 dents accrescentes, des pétales à pointe fléchie en dedans, un fruit allongé, des carpelles à côtes.

Quatre espèces sont vénéneuses : *Œ. crocata*, *Œ. phellandrium*, *Œ. fistulosa*, *Œ. apiifolia*, — mais l'*Œ. crocata* l'est beaucoup plus que les autres, aussi la prendrons-nous pour type.

A. *Œnanthe crocata*. L. L'*Œnanthe safranée* ou *Œnanthe à suc jaune,* encore désignée sous les noms de *Ciguë aquatique, Navet du diable, Persacre, Pantacre, Pimpin, Bêne,* croît dans les lieux marécageux, les fossés, sur les talus ; elle est particulièrement abondante dans l'Ouest, mais elle est loin d'être inconnue dans les autres régions de notre pays et partout où elle existe, elle a causé des accidents.

La tige est droite, d'une hauteur variant de 0^m,60 à 1^m,20 ; cannelée, fistuleuse et présentant plusieurs rameaux à la partie supérieure. Les feuilles assez grandes et vertes sont pétiolées, engainantes à la base, bipinnatiséquées : les inférieures à segments ovales, incisés dentés, les supérieures à segments plus étroits, lancéolés ou linéaires. Très belles ombelles, à rayons nombreux et grêles. Fleurs blanches, petites, très rapprochées, les extérieures de chaque ombellule, longuement pédicellées, les centrales subsessiles et seules fertiles. Fruits ovoïdes, à côtes longitudinales, couronnés par les cinq dents du calice et les deux styles qui sont longs et persistants. La souche est pourvue de cinq à six tubercules épais, napiformes, charnus, de grosseur variable, entremêlés de quelques fibres grêles, le tout enfoncé assez profondément ; l'odeur en est désagréable.

L'Œnanthe safranée contient dans toutes ses parties, et plus particulièrement dans sa racine, un suc laiteux, blanchâtre, extrêmement vénéneux qui, en se desséchant, prend une couleur jaune safranée.

Cette plante occasionne chaque année des empoisonnements dans l'espèce humaine et sur nos bestiaux. Ses feuilles sont parfois prises pour celles du Céleri et mangées comme telles, mais ce sont spécialement ses racines qui ont causé les accidents les plus nombreux. On les a confondues avec celles du Panais ; elles ont d'ailleurs une saveur douceâtre assez agréable qui contribue aux méprises.

Cette racine a été également confondue avec celle de l'*Œ. pimpinelloïdes* qui est comestible. Dans l'Ouest,

Fig. 39. — ŒNANTHE CROCATA.
(D'après Naudin.)

après la fenaison, les enfants vont dans les prairies récolter les tubercules de cette Œnanthe; ils sont comestibles et ont un agréable goût de noisette. Bien qu'ils aient une forme plus allongée, que leur suc soit blanc et qu'ils ne soient point enfoncés aussi profondément dans le sol que ceux de l'Œ. crocata, il y a eu des méprises dont on devine les conséquences.

Les bestiaux s'empoisonnent spontanément, surtout lors du curage des fossés, alors que les racines d'Œnanthe sont rejetées sur les talus ; ils les prennent et les mangent sans répugnance, montrant ainsi de la manière la plus évidente combien la domesticité a affaibli leur instinct.

Toutes les parties de la plante sont dangereuses, mais la racine l'est beaucoup plus que la tige et les feuilles. Ces dernières le sont à des degrés inégaux suivant les saisons, mais l'étude des variations qu'elles éprouvent dans leur toxicité est encore à faire. La *dessiccation* ne détruit qu'en partie celle-ci, la *cuisson* l'affaiblit davantage sans l'annihiler entièrement.

L'homme et tous les animaux domestiques sont susceptibles d'être empoisonnés par l'Œnanthe; parmi ceux-ci, et contrairement à ce qui se remarque souvent, les carnivores sont moins sensibles à son action que les herbivores.

En employant la racine fraîche, il faut pour empoisonner :

Le cheval.	1 gr.	
Le bœuf.	1 gr. 25	
Le mouton.	2 gr.	par kilog.
Le porc.	1 gr. 50	de poids vif.
Le chien	4 gr.	
Le lapin	20 gr.	

Pour l'homme, la quantité n'est pas déterminée exactement, mais elle est peu considérable, car on lit dans les relations médicales que telle personne mourut après avoir mangé « un morceau de racine d'Œnanthe ».

Si, au lieu d'employer la racine entière, on se sert du suc qu'on en exprime, la quantité nécessaire pour amener la mort est basée sur le poids en racine donné plus haut, car c'est le suc qui est la partie active.

Symptomatologie. — Placé sur la peau de l'homme, le suc qui s'écoule de l'Œnanthe l'irrite fortement et l'on ne peut râper cette plante, sans s'exposer à des accidents extérieurs.

La personne qui a ingéré de l'Œnanthe éprouve une sensation de brûlure à l'arrière-gorge, qui s'étend à l'œsophage, à l'estomac et à l'intestin; puis surviennent des nausées suivies ou non de vomissements. Quand les matières vomies renferment des fragments de la plante, ceux-ci ont une odeur de céleri grillé. Frissons, sueurs froides, pouls petit, filiforme, respiration saccadée, anxieuse, secousses convulsives des muscles de la face, des mâchoires, trismus intense, délire, stupeur ou convulsions violentes avec insensibilité générale, cardialgie, défaillance, mort. Celle-ci peut survenir de la 4e à la 20e heure après l'ingestion.

Lorsque l'empoisonnement n'est pas mortel, on voit parfois apparaître sur les mains, à la face, des taches roses, puis rouges comme dans l'urticaire. Ces taches peuvent même gagner tout le corps; leur apparition n'est pas constante. Quand les sujets se rétablissent, ils restent longtemps avec des symptômes nerveux.

Environ une heure après avoir mangé de l'Œnanthe safranée, le bœuf devient triste et sa respiration s'accélère. Puis les conjonctives s'injectent, l'œil pirouette dans l'orbite, le pouls est faible mais vite, la bouche écumeuse. A mesure que le temps s'écoule, l'accélération de la respiration fait des progrès et bientôt apparaissent des coliques, des contractions spasmodiques des membres. Fréquemment les mâchoires participent à ces mouvements et la bête semble mâcher continuellement.

Si la quantité ingérée est suffisante pour amener la mort, l'animal se laisse tomber à terre et agite sans arrêter ses membres, comme s'il voulait galoper; il pousse des beuglements, sa pupille se rétrécit, la sensibilité devient de plus en plus obtuse et la mort arrive au milieu des convulsions, plus ou moins rapidement selon la quantité ingérée.

Lorsque celle-ci, tout en ayant été importante, n'amène pas la mort, les bœufs peuvent rester paralysés (Bellamy).

Chez le cheval, l'intervalle entre l'apparition des symptômes morbifiques et la prise de l'ombellifère vénéneuse est moins long, les symptômes nerveux plus accentués, et le dénouement généralement plus rapide.

Le porc qui n'a mangé qu'une faible quantité d'Œnanthe, vomit peu après et se débarrasse du poison, mais si la dose a été considérable, les vomissements ne se produisent pas et la mort arrive avec une rapidité qui rappelle l'empoisonnement par l'acide cyanhydrique.

Le lapin commence par uriner abondamment, puis sa respiration s'accélère, des convulsions violentes des membres simulant les mouvements d'une course accélérée apparaissent; il y a paralysie de l'arrière-train.

Le chien qui a reçu une dose mortelle d'extrait d'Œnanthe reste une heure, une heure et demie et même deux heures, sans rien présenter d'anormal en apparence, puis tout-à-coup des convulsions d'une extrême violence apparaissent et le dénouement fatal arrive dans l'espace d'un quart d'heure.

Le pronostic de l'empoisonnement par l'*Œ. crocata* est toujours très grave; les statistiques faites en médecine humaine sur ce sujet montrent qu'un individu sur quatre a succombé. Pour les animaux domestiques la proportion n'est pas moins élevée.

Lésions. — Elles sont peu nombreuses, nullement caractéristiques et le médecin légiste ne doit pas s'attendre à recueillir par l'autopsie des renseignements bien circonstanciés.

Lorsqu'on ouvre l'estomac d'un sujet qui a succombé à l'empoisonnement que nous étudions, on est frappé par l'odeur spéciale qui se répand et qu'on assimile à celle du céleri grillé; on retrouve habituellement dans cet organe des morceaux de racine d'Œnanthe, à moins qu'il ne s'agisse d'une intoxication par le suc seul.

Quand le dénouement a été très rapide, l'examen des viscères thoraciques et abdominaux ne montre rien d'anormal, pas plus que celui du sang. On ne trouve qu'un peu de congestion des centres nerveux, avec pointillé rouge de la substance cérébrale. Les veines de la pie-mère sont distendues, il y a parfois des foyers apoplectiques. Le plexus choroïde et les enveloppes sont injectés, quelquefois les ventricules contiennent une plus grande quantité de liquide qu'à l'état normal. Substance médullaire congestionnée.

Lorsque la mort a été plus lente à arriver et que la maladie a duré 6, 8, 10, 15 et même 24 heures, on trouve des lésions viscérales consistant particulièrement en taches ecchymotiques; elles existent de préférence aux ouvertures pylorique et cardiaque mais peuvent se trouver aussi sur les intestins. La couche corticale des reins est injectée.

Nous ne savons pas exactement par quelle voie s'élimine le poison de l'Œnanthe, mais il y a quelques probabilités pour que ce soit surtout par le poumon. En effet, on a recherché si le lait d'une vache empoisonnée par cette plante avait des propriétés nocives et l'on n'a rien constaté d'anormal dans ce liquide (Bellamy). On a fait boire à des porcs le sang de bœufs intoxiqués, on leur a fait consommer le cœur, le foie, le cerveau sans qu'il en soit résulté aucun dérangement dans leur santé.

On peut consommer sans aucun inconvénient la chair des animaux intoxiqués par cette ombellifère. L'expérience en est faite depuis longtemps en Bretagne où les cas d'empoisonnement sont plus fréquents qu'ailleurs. Sous l'influence de la cuisson, le poison non éliminé pendant la vie se volatilise, disparaît en grande partie et la viande n'est nullement malfaisante. D'autre part, la courte durée des souffrances et la rapidité du dénouement rapprochent ces viandes de celles qui proviennent d'animaux foudroyés qu'on mange sans danger. Je ne conseillerai qu'une exception, ce sera pour les poumons qu'il sera prudent de jeter.

Le poison renfermé dans le suc d'Œnanthe est mal connu chimiquement; on croit le trouver dans une résine, d'odeur vireuse en même temps qu'aromatique et de saveur âcre, qu'on en a extrait; mais les toxicologistes ne possèdent point encore, à ma connaissance du moins, de réactifs spéciaux pour le déceler. Quand ce desideratum sera comblé, ce sera spécialement dans les poumons qu'ils devront le rechercher lors d'expertises médico-légales.

B. *Œnanthe phellandrium*, Lamk. (fig. 40). L'*Œnanthe phellandre* qui fut placée dans le genre Phellandrium par Linné et appelée *Ph. aquaticum*, L. *Phellandre aquatique*, a été désignée aussi, abusivement, sous le nom de *Ciguë aquatique*. C'est une herbe vivace, de 0,60 cent. à 1 ᵐ,20 de haut, dont la base est une souche à fibres grêles et filiformes d'où partent plusieurs tiges fistuleuses, rameuses, à feuilles pétiolées bi ou tripinnatiséquées, à segments pinnatifides, à ombelles courtement pédonculées. Fleurs blanches, fruits ovoïdes. Habitat : les lieux marécageux, les fossés, etc.

L'Œnanthe phellandre passe pour être très vénéneuse, mais sa toxicité est moindre au printemps, alors que ses pousses sont jeunes, que plus tard. A ce moment, les bêtes bovines peuvent la brouter sans en être incommodées, mais les chevaux ne le peuvent pas sans dangers.

C. *Œnanthe fistulosa*, L. L'*Œnanthe fistuleuse* ou *Persil des Marais* a le même habitat que la précédente. Comme elle, elle est vivace, mais sa taille n'atteint guère que 0,50 à 0,60 cent.; sa souche est à fibres dont quelques-unes sont grêles, les autres charnues et fusiformes. Sa tige, peu rameuse et peu feuillée, a des feuilles longuement pétiolées et un peu différentes suivant leur situation. Ombelles longuement pédonculées, la terminale fructifère, les latérales stériles. Fleurs blanches, les extérieures pédicellées, les intérieures sessiles. Fruits anguleux.

L'Œnanthe fistuleuse est vénéneuse, mais ce n'est que fort exceptionnellement que les animaux y touchent spontanément. Il est probable que le principe toxique de cette plante est identique à celui de la précédente.

D. *Œnanthe apiifolia*, Brot. Elle se rapproche de l'*Œ. crocata* par ses propriétés vénéneuses; son suc est incolore, ses feuilles plus divisées, ses folioles plus aiguës.

FIG. 40. — *Œnanthe phellandrium*. — ŒNANTHE PHELLANDRE

On ne saurait trop recommander aux agriculteurs de détruire les Œnanthes dont il vient d'être question, mais particulièrement l'Œ. safranée. Elles végètent vigoureusement et ont de la tendance à étouffer les plantes fourragères qui les avoisinent; non seulement la prudence, mais encore l'intérêt bien entendu des propriétaires doivent les pousser à faire disparaître ces mauvaises plantes.

§ IV. — *De la Férule commune.*

Le genre **Ferula**, Tournef. comprend une soixantaine d'espèces de l'Ancien Continent, dont quelques-unes sont utiles à l'industrie et à la médecine, par les gommes-résines qu'on en retire. A notre point de vue spécial, la suivante seule nous intéresse :

Ferula communis, L. La *Férule commune* a été décrite sous les noms de *F. lobeliana*, Visiani, et de *F. nodiflora*, Sibthorp et Smith; la *F. glauca* de Decandolle n'en serait qu'une variété. C'est une plante très commune dans le bassin méditerranéen; on la trouve dans les lieux montueux de la France méridionale, elle abonde en Algérie où les indigènes l'appellent *Elkelakh* et les colons *Fenouil*. Cette dernière appellation est regrettable, puisqu'elle indique une confusion avec une plante qui, loin d'être vénéneuse comme la Férule, est recommandée pour le bétail dans des circonstances particulières.

Dans notre colonie africaine, sa taille est notablement supérieure à celle qu'elle possède dans notre pays où elle ne dépasse guère $1^m,50$, tandis qu'elle peut atteindre $2^m,50$ en Afrique. Sa tige dressée est forte, cylindrique et rameuse. Ses feuilles sont plusieurs fois pinnatiséquées, à lanières étroites et allongées. Ombelles à rayons nombreux, ordinairement disposés 3 à 3. Fleurs jaunes, à calice à 5 dents ; pétales entiers et ovales. Fruit ovoïde, entouré d'une bordure mince, aplati d'un côté à l'autre avec des côtes assez saillantes et des vallé-

Fig. 41. — *Ferula communis*. — Férule commune.

cules à une, deux ou trois bandelettes. Racines assez fortes, charnues.

Après dessiccation, la Férule commune conserve pendant plusieurs années une odeur aromatique agréable, odeur qui est peut-être l'une des causes pour lesquelles le surnom de Fenouil lui a été donné, mais elle n'est plus nuisible.

Au moment où elle sort de terre et pendant les premiers temps de sa végétation elle est inoffensive, puis sa tige et ses feuilles deviennent vénéneuses jusqu'au moment de sa floraison; après cette époque, elle n'est plus à craindre et les Arabes prétendent qu'alors on peut la manger et qu'elle constitue même un bon aliment.

Elle a occasionné quelques empoisonnements dans l'espèce humaine et elle en a causé de nombreux sur les bestiaux d'Algérie.

Lors des disettes, on a vu les Arabes employer les côtes des feuilles de Férule comme aliments, au grand détriment de leur santé : plusieurs en sont morts.

En Algérie, les animaux, particulièrement les moutons et les bœufs, s'adressent à cette Ombellifère dont les tiges vigoureuses font souvent contraste avec l'herbe rare et desséchée du voisinage.

Symptomatologie. — Dans l'espèce humaine, à la suite d'une alimentation dans laquelle entrait la *F. communis*, on a vu survenir une grande faiblesse, de l'essoufflement, une diarrhée abondante et des plaques ecchymotiques, particulièrement sur les membres. Nous empruntons le tableau symptomatologique de cette intoxication à M. Fabries qui a pu, en Algérie et dans des circonstances lamentables, l'étudier de près : « Les indigènes qui avaient eu recours à ce moyen d'alimentation, au milieu de la santé apparente, étaient pris de faiblesse générale, telle que la marche leur devenait impossible. La face intérieure des jambes et des pieds, moins souvent celle des avant-bras, se couvrait d'une sérosité sanguinolente qui paraissait sourdre à travers la peau. Le lavage des parties montrait que la peau sous cet enduit était complètement intacte, sans ulcération, même sans érosion. Le liquide sanguinolent avait traversé la peau à la manière dont certains liquides traversent les membranes endosmométiques. Les malades accusaient des douleurs dans les parties des membres atteints de ces suffusions. La peau, dans le reste de son étendue, était saine, exempte de taches ecchymotiques. Le pouls était petit, un peu fréquent; la chaleur du corps normale, les muqueuses pâles mais saines, surtout celles de la bouche.

« Chez ces malades, après sept ou huit jours, la faiblesse devenait excessive; ils avaient de la peine à se mouvoir; la diarrhée se déclarait et la mort survenait inévitablement si le malade n'était pas de constitution très robuste ou manquait de soins. »

M. Fabries dit qu'il ne s'agissait point d'hémorrhagies vraies, que le liquide qui transsudait était, non du sang en nature, mais du sérum coloré par l'hémoglobine dissoute.

L'empoisonnement des animaux domestiques par la Férule a été bien observé et bien décrit par un vétérinaire algérien, M. Brémond. Nous allons lui laisser la parole :

« Tous les animaux s'empoisonnent spontanément par cette plante, mais ce n'est que quand ils ont pacagé dans des endroits où elle est abondante que des cas d'empoisonnement s'observent. Il faut qu'il y ait, en quelque sorte, accumulation dans l'économie de l'agent toxique pour qu'il produise ses effets. Si, dès les premiers cas, on déplace le troupeau, la mortalité s'arrête promptement, mais si on néglige cette précaution on ne tarde pas à voir succomber jusqu'à 40 moutons par jour sur un troupeau de 350 à 400 têtes. Voici comment on pourrait classer les espèces par rapport à leur susceptibilité à l'égard de l'intoxication par la Férule : mouton, chèvre, bœuf, solipèdes et porc.

« Nous prendrons le mouton comme type de notre

description symptomatologique, car il est l'animal le plus sujet à être empoisonné.

« Le début est brusque; tout à coup l'animal perd l'appétit et laisse échapper par les narines quelques gouttes de sang rutilant d'abord, mais qui ne tarde pas à avoir l'aspect du sang veineux. Ce saignement de nez est un signe constant, on pourrait dire caractéristique. Quelques heures après le début (4 à 8 heures) l'écoulement nasal s'arrête, mais si l'animal urine on dirait qu'il pisse du sang pur. Il y a aussi rejet de caillots sanguins, noirs, par l'anus. Ces caillots sont d'abord mélangés aux excréments, puis ils sont expulsés seuls. L'entérorrhagie est plus ou moins accusée, mais elle s'observe dans tous les cas. Il en est de même de l'hématurie. Dès l'apparition du premier symptôme, l'animal est triste, comme accablé, mais ne paraît éprouver aucune douleur. Bientôt la torpeur augmente au point que le sujet ne suit plus le troupeau et reste planté sur ses quatre pattes sans avoir conscience du monde extérieur. La respiration s'accélère, le pouls dès le début est très difficilement perceptible, la température est au-dessous de la normale, les muqueuses apparentes sont pâles; 12, 15, rarement 24 heures après le début, la dyspnée augmente, l'asphyxie est imminente, l'animal tombe sur le sol, se débat pendant quelques minutes et meurt sans pousser la moindre plainte. Cette symptomatologie est constante, typique en quelque sorte, et s'observe d'une manière uniforme sur les différentes espèces domestiques.

« Le pronostic est des plus graves; 98 p. 100 des sujets atteints succombent. La durée de la maladie varie de 12 heures à 48 heures. Plus les animaux sont pléthoriques, plus est rapide la marche de la maladie et plus élevée la proportion des sujets atteints. Quelquefois après l'expulsion d'un ou de plusieurs caillots sanguins volumineux par l'anus, le sujet paraît éprouver un soulagement marqué. Il se couche dans un coin du parc et, au grand étonnement du berger, il se lève péniblement le lendemain matin pour suivre le troupeau. La guérison, toujours très rare, ne peut survenir que lorsque les épanchements sanguins ont lieu dans l'intérieur du tube intestinal et se sont bornés là. J'ai observé un cas de guérison chez un gros bœuf de race marocaine qui a expulsé plusieurs caillots pesant ensemble 6 k. 500. »

Lésions. — A l'autopsie on trouve, indépendamment de l'inflammation intestinale, des suffusions sanguines sous-cutanées plus ou moins nombreuses et étendues, depuis la simple tache jusqu'à l'extravasation productrice de tumeurs. Des épanchements se font sur les séreuses ; on peut trouver, chez les bœufs et les moutons, une vaste plaque sanguine entre les deux lames de l'épiploon ou rencontrer une quantité parfois considérable de sang épanché dans la cavité abdominale. Fréquemment, chez le mouton, on trouve un immense caillot sanguin sous la région lombaire. Dans ce cas, le caillot est soutenu par le tissu conjonctif de la région et le feuillet du péritoine.

Lorsque l'hémorrhagie a eu lieu au sein d'une masse musculaire, on se croirait volontiers en présence du charbon symptomatique. Les muscles sont colorés en noir, mais la région n'a pas augmenté de volume. En incisant les muscles, il ne se dégage aucun gaz. Il n'y a jamais infiltration gazeuse. Pas d'œdème aux environs des masses musculaires infiltrées de sang.

Le poumon est habituellement très légèrement congestionné. La muqueuse trachéale porte de nombreuses taches ecchymotiques atteignant parfois l'étendue de la paume de la main.

De petits caillots sanguins, gros quelquefois comme

un pois, se trouvent à la surface de ces taches. Ce sont elles qui laissent sourdre à la surface le sang qui s'écoule par les naseaux à la période d'invasion de la maladie. On trouve les mêmes taches sur la muqueuse de tout l'intestin, notamment sur l'intestin grêle, également sur la muqueuse vésicale. Les reins et la rate ne présentent rien de particulier, c'est là un signe constant. (Brémond.)

Deux hypothèses peuvent être invoquées pour expliquer la production de la lésion dominante dont nous parlons : dans la première, le toxique renfermé dans la Férule commune agirait sur les vaso-moteurs pour déterminer d'abord la stagnation du sang dans les capillaires puis son extravasation, probablement par rupture de ces petits vaisseaux à la suite d'une distension exagérée.

Dans la seconde, son action s'exercerait directement sur le liquide sanguin, il en provoquerait la décomposition, la séparation des éléments et causerait la transsudation du sérum coloré par l'hémoglobine.

Quel qu'il soit, ce mécanisme est intéressant et il serait désirable que le produit toxique de la Férule fût étudié avec soin par la chimie; la thérapeutique en retirerait peut-être des avantages tout particuliers. En attendant que ce travail ait été effectué, on peut supposer qu'il est semblable, sinon identique à la *peucédanine* qu'on a extrait du *P. officinale*, car les Férules appartiennent botaniquement au groupe des Peucédanées et elles ne se différencient des Peucédans que par des caractères très secondaires. D'autre part nous rappellerons que l'*acide férulique*, extrait de la résine de la *Ferula assafœtida* se rapproche également de la peucédanine, puisque sa formule est $C^{10}H^{10}O^4$, et celle de cette substance $C^{12}H^{12}O^3$.

Du moment que la dessiccation détruit la toxicité de

la Férule commune, c'est que son principe vénéneux est volatil ; la cuisson l'annihilerait également et la consommation de la viande ne présenterait aucun danger. D'ailleurs de temps immémorial en Algérie, les Arabes mangent les moutons empoisonnés sans qu'il en soit jamais résulté le moindre inconvénient pour eux.

§ V. — *Observations sur quelques autres Ombellifères.*

Il ne sera point inutile, avant de terminer l'article consacré aux Ombellifères vénéneuses, de présenter quelques brèves considérations sur d'autres espèces.

A. *Daucus carotta*, L. Tout le monde sait que sous l'influence de la culture, la *Carotte* s'est considérablement modifiée, particulièrement dans sa racine, et qu'elle entre aujourd'hui largement dans l'alimentation de l'homme et des animaux.

A l'état spontané, sa racine est grêle, d'odeur forte et de saveur âcre. Cette âcreté serait-elle due à quelque principe malfaisant qui n'existerait plus qu'en très minime quantité dans la Carotte cultivée, mais néanmoins s'y trouverait encore à l'état de traces ? On serait tenté de le penser en présence d'une expérience de Bohm. Cet expérimentateur ayant donné des racines de Carottes à des souris blanches, les vit mourir assez promptement à la suite de cette alimentation.

De nouvelles recherches seraient à faire sur ce point.

B. *Heracleum sphondylium*, L. La *Berce Branc-Ursine* ou *Héraclée commune*, très abondante dans beaucoup de prairies et habituellement inoffensive, a été accusée d'avoir produit, **dans des circonstances spéciales**, des accidents sur des personnes ou des animaux.

Ces accidents ont été observés en Belgique et on les a désignés sous le nom de *Panaisie* ou mal de Panais, parce que, dans ce pays, la Berce est vulgairement appelée *Panais des vaches*. Un des cas les plus typiques fut observé sur une escouade d'ouvriers, qui au mois d'août 1856, par un temps très brumeux et très chaud, l'herbe étant chargée de rosée, fut employée à arracher des pieds de Berce, dans un parc, à Hambraine, province de Namur. Presque tous les ouvriers éprouvèrent dans la journée ou le lendemain un sentiment de cuisson intense sur le bras gauche et autour des poignets. Une inflammation érysipélateuse se développa, avec complication de nombreuses phlyctènes qui s'ouvrirent pour faire place à de petites plaies. Il y eut ainsi une sorte de vésication qui mit fort longtemps à se cicatriser et qui occasionna un arrêt de travail de 10 et même 20 jours. Quelques bêtes bovines auxquelles on avait donné les plantes qu'on arrachait, ressentirent de l'irritation gastro-intestinale, une soif très vive et de la diarrhée. Il faut dire que les ouvriers occupés au sarclage avaient relevé leurs manches, et qu'arrachant la plante de la main droite, ils la déposaient sur le bras gauche, jusqu'à ce qu'ils en eussent une botte qu'ils allaient jeter. On nota que les ouvriers arrivés les premiers et qui avaient commencé leur travail à la pointe du jour eurent des accidents beaucoup plus graves que les retardataires arrivés seulement alors que le soleil dissipait le brouillard et la rosée.

On a multiplié les hypothèses pour expliquer les accidents de Hambraine, et ceux qui se produisirent à diverses reprises dans d'autres localités de la Belgique. H. Rodet, que ces faits avaient beaucoup intrigué, pensait que dans des conditions qui restent à déterminer, mais où l'humidité et l'absence de soleil tiennent la première place, la Berce devient pauvre en huile essentielle et qu'elle élabore un principe âcre et vénéneux, semblable à celui que produisent beaucoup d'Ombellifères. La commission belge, chargée de l'étude de la Panaisie, faisait jouer le rôle principal à l'huile volatile que la Berce renferme normalement. Pendant le jour, cette huile s'évapore au fur et à mesure de sa formation, mais par une matinée brumeuse, sans soleil, dans une prairie chargée de rosée, elle se condenserait au lieu de se volatiliser, puis se dissoudrait dans la rosée qui couvre la plante; de là les propriétés irritantes de celle-ci.

Ces interprétations, ainsi que toutes celles qu'on a proposées et que nous nous abstiendrons de reproduire, n'ont que la valeur toute relative qu'on veut bien accorder aux hypothèses. Nous regrettons une fois de plus que le déterminisme de la formation des poisons d'origine végétale soit si peu avancé.

C. *Sium latifolium*, L. La *Berle à larges feuilles* est une herbe des lieux marécageux et des fossés. Elle passe pour être vénéneuse, tout au moins par ses racines. On voit pourtant les bêtes à cornes et les porcs manger sa tige sans en paraître incommodés. Mais il importe néanmoins de ne pas laisser les vaches laitières s'en nourrir, parce qu'elle communique au lait une saveur désagréable.

Les mêmes observations s'appliquent à la *Berle à feuilles étroites* (*Sium angustifolium*), L. encore décrite par Koch sous le nom de *Bérule* (*Berula angustifolia*) et à la *Berle nodiflore* (*Sium nodiflorum*), L. que Koch a rattaché au genre Hélosciadie et dont il a fait l'Hélosciadie nodiflore.

D. *Petroselinum sativum*. Hoffm. Le *Persil cultivé*, dont les usages culinaires sont connus et qui est pris sans hésitation par tous les animaux domestiques, est regardé comme toxique pour les oiseaux, notamment pour les perroquets. Il serait bon de n'accepter cette opinion que sous bénéfice de vérification, car dans de récentes expériences, M. Gadau de Kerville a fait ingérer des feuilles vertes, des racines, des graines, et boire une infusion de cette plante à des Psittacidés, sans qu'il en soit résulté aucun dérangement appréciable de leur santé.

Le Persil contient, d'après les recherches de Homolle et Joret, une huile essentielle et un principe doué de propriétés fébrifuges et emménagogues nommé *Apiol* par ces observateurs.

E. Bien que le *Panais* (*Pastinaca sativa*) L. constitue un bon légume pour l'homme et un excellent fourrage pour les animaux, l'agriculteur s'abstiendra d'en donner à ses vaches laitières dont le lait prendrait bientôt son odeur *sui generis*.

F. La *Caucalide fausse Carotte* (*Caucalis daucoïdes*) L. n'est point une Ombellifère vénéneuse, mais son fruit est hérissé de petits tubercules épineux et il se mêle, parfois très abondamment, à l'avoine qu'il déprécie. Il est difficile à enlever au trieur. Il faut néanmoins s'efforcer de le démêler, car les chevaux qui reçoivent des avoines ainsi souillées, les mangent plus lentement et semblent éprouver de la douleur à l'arrière-bouche lors de la déglutition, douleur causée par ses petites tubérosités.

G. *Eryngium campestre*, L. Le *Panicaut des champs*, plus connu sous le nom de *Chardon roland* et qui a, en effet, l'aspect et les feuilles coriaces des Chardons, est fort commun dans les lieux incultes et sur le bord des chemins. Les bestiaux n'y touchent point ; la difficulté de le mâcher en est probablement la cause principale, mais peut-être aussi renferme-t-il quelque principe qui leur serait nuisible. En effet, l'ancienne médecine attribuait des propriétés diurétiques énergiques à sa racine et cette partie est encore parfois employée comme telle dans les campagnes. On peut donc émettre une pareille supposition, en désirant quelle soit vérifiée par de prochaines recherches chimiques.

Sous-Article IV. — Crassulacées et Araliacées.

Peu étendues et assez peu importantes, les deux familles que nous rapprochons possèdent chacune une espèce vénéneuse.

1. — Dans la famille des Crassulacées, le genre **Sedum**, L. (**Orpin**), constitué par des plantes à feuilles épaisses, succulentes, de formes très diverses, souvent pourvues de deux sortes de tiges, les unes florifères, les autres stériles, offre à notre examen l'espèce suivante :

Sedum acre, L. L'*Orpin âcre*, encore appelé *Vermiculaire âcre*, *Orpin brûlant*, *Poivre de muraille*, très abondant sur les vieux murs et les coteaux exposés au grand soleil, est une plante vivace, glabre, charnue, à souche rameuse, à tiges en touffes de 0,05 à 0,10 centim. de longueur, à feuilles courtes, ovoïdes, à fleurs jaune doré, en cymes 2-3 pares.

Il possède une saveur âcre, caustique dans toutes ses parties ; placé sur la peau, il a une action locale marquée qu'on utilise dans la médecine populaire pour faire disparaître les cors et les durillons.

A l'intérieur, on lui attribue des effets émétiques et

purgatifs. Les premiers sont le résultat de son action irritante sur la muqueuse gastrique, car si l'on a recours à la voie hypodermique pour introduire le suc de ses feuilles, on ne les produit qu'exceptionnellement.

En introduisant, sous la peau d'un chien, du suc exprimé des feuilles à la dose de 7 grammes de feuilles par kilog. de poids vif, nous avons obtenu les symptômes suivants, dont l'apparition a commencé une heure 1/4 après l'injection hypodermique : salivation, tremblements musculaires qui, d'abord faibles, augmentent de violence et se transforment en mouvements choréiques ; ceux-ci plus marqués aux membres postérieurs qu'aux antérieurs. Respiration très modifiée, ample, accélérée, torsion des côtes à chaque respiration. La marche s'exécute sans hésitation, les sens ne paraissent point affectés et l'animal répond aux caresses. A cette période d'excitation qui dura environ trois quarts d'heure, a succédé une phase de somnolence et de coma d'une durée de douze heures, phase pendant laquelle la respiration a continué à se faire en deux temps, avec soubresaut, puis tout est rentré dans l'état normal après une abondante émission d'urine. Il y a eu diarrhée consécutive.

Cette expérience est confirmative de l'existence d'un principe toxique dans le Sedum, mais ce principe, tout au moins dans les feuilles récoltées en hiver, ce qui fut le cas dans notre recherche, ne paraît pas avoir la violence que lui attribue Orfila disant qu'il tue rapidement les chiens. Quoi qu'il en soit, on notera qu'à côté de l'irritation intestinale se place une action spéciale sur la respiration qui a probablement la prépondérance dans le mécanisme de la mort.

Dans les conditions ordinaires, l'Orpin âcre n'est guère susceptible d'occasionner des accidents que sur les oies ou les canards qui le mangeraient ; il est trop peu abondant et trop peu recherché pour que d'autres animaux en prennent suffisamment pour s'empoisonner.

II. — Dans la famille des Araliacées, le genre **Hedera**, Tournef. (**Lierre**), formé de plantes grimpantes, ligneuses, à feuilles persistantes et coriaces, nous intéresse par l'espèce *Hedera Helix*, L. *Lierre rampant*.

Le Lierre, une des plantes les plus communes et les plus connues, se garnit en automne de petites fleurs d'un vert jaunâtre, réunies en ombelles terminales auxquelles succèdent des baies globuleuses, surmontées du style qui est persistant, vertes d'abord et d'une odeur mi-résineuse mi-aromatique quand on les écrase, puis noires à la maturité.

Ces baies tentent d'autant plus les enfants qu'elles apparaissent en hiver, alors que les autres fruits sont rares. Elles sont toxiques, les anciens le savaient et Pline en parle. De temps à autre, la presse médicale enregistre l'empoisonnement d'enfants par l'ingestion de ces fruits.

Les symptômes de cet empoisonnement sont complexes ; à côté d'effets émétiques et purgatifs assez intenses, se placent des phénomènes nerveux rappelant ceux de l'ivresse : excitation, puis coma, secousses convulsives, démarche mal ordonnée, respiration stertoreuse, etc.

Les lésions sont peu nombreuses et peu étendues. L'inflammation plus ou moins vive des voies digestives et l'engouement des méninges et des poumons, sont à peu près les seules traces de l'action du poison.

La complexité des symptômes porte le pathologiste à soupçonner plusieurs principes vénéneux dans le Lierre et les recherches chimiques confirment cette opinion. Vandamme et Chevalier ont retiré des graines un alcaloïde, l'*Hédérine*, regardé, il est vrai, comme problématique par quelques chimistes. On a extrait des feuilles un glycoside, $C^{32}H^{34}O^{11}$, cristallisable, insoluble dans l'eau et le chloroforme, soluble dans l'alcool et les alcalis chauds et donnant par l'acide sulfurique étendu un sucre cristallisable, non fermentescible. On a retiré l'*acide hédérique*, $C^{16}H^{26}O^4$, des graines en les épuisant par l'éther et l'alcool.

BIBLIOGRAPHIE.

Amandes amères.—DRAGENDORFF, *Manuel de Toxicologie.*
Laurier-Cerise. — FONSSAGRIVES, *Dictionnaire encyclopédique des sciences médicales.* — HERTWIG. *Matière médicale. Empoisonnement d'un taureau et d'une génisse par les feuilles du P. lauro-cerasus et du Taxus baccata,* in *Giornale di medicina veterinaria pratica,* 1877.
Écorce de Panama. — VESQUE, *Traité de botanique industrielle et agricole.* — DRAGENDORFF, Ouvrage cité.
Bryone. — GALTIER, *Traité de Toxicologie,* t. II. — FONSSAGRIVES, *Dictionnaire encyclopédique des sciences médicales.*
Ecballion. — JOHANSON, *Forens chem. Untersuch uber der Colocynthin und Elaterin,* Dissert. de Dorpat, 1884.
Coloquinte. — ORFILA, *Toxicologie.* — BRACONNOT, *Sur la colocynthine,* in *Journal de phys.* t. LXXXIV. — TIDY, *Empoisonnement par la colocynthine,* in *The Lancet,* 1868. — DRAGENDORFF, *Pharm. Zeitsch. f. Russland,* 1884.
Grande Ciguë. — Tous les traités de Botanique médicale, de Pharmacologie et de Toxicologie. — LECOQ, *Empoisonn. de vaches,* in *Recueil de Méd. vét.* 1841. — PH. HEU, *Idem,* 1859. — LEBLANC, *Mémoires de la société. d'Agr. de Paris,* 1821. — READ, *Recueil de méd. vét.* 1847. — JOUANAUD, *Empoisonnement de neuf canards,* in *Journal des vétérin. du Midi,* 1840. — Voyez aussi spécialement : CHRISTISON, *Mé-*

moire sur les propriétés vénéneuses de la Ciguë et sur l'alcaloïde qu'on y a découvert, in Journal de chimie médicale, 2ᵉ série, t. II, 1836. — Steiner, Empoisonnement par la Ciguë, in Archiv. gén. de méd. 1858. — Damourette et Pelvet, Étude de Physiologie expérimentale et de thérapeutique sur la Ciguë et son alcaloïde, in Bulletin et mémoire de la Société de thérapeutique, 1ʳᵉ série, t. III, 1870. — Wehenkel, Empoisonnement d'une vache par la grande Ciguë, in Rapport sur l'état sanitaire du bétail en Belgique, 1881. — Lepage, Contribution à l'étude pharmacologique de la Ciguë, in Bulletin de l'Académie de médecine, 1884.

Ciguë vireuse. — Dragendorff, Manuel de toxicologie, 2ᵉ édition française, 1886.

Anthrisque sauvage. — Kohli, Empoisonnement de porcs, in Thierarzt, 1882, 7ᵉ cahier.

Œnanthe safranée. — Roques, Loco citato. — Tous les traités de Botanique médicale et de Toxicologie. Comme mémoires spéciaux, consultez. : Cormerais et Pihan-Dufeillay, Examen chimique et toxicologique des racines de l'Œ. crocata, in Journal de chimie médicale, t. VI, 1830. — P. Bloc, Étude sur l'Œnanthe crocata, in Montpellier-médical, 1872 et 1873. — Bellamy, Expériences sur l'Œnanthe crocata, in Recueil de méd. vétér. année 1856. — Jouquan, Empoisonnement par l'Œnanthe crocata, Idem, 1885.

Férule commune. — Perrier, Effets de la misère et du typhus dans la province d'Alger en 1858, in Recueil des Mémoires de chirurgie et de pharmacie militaires, 3ᵉ série, XXIV. — Brémond, Note sur l'empoisonnement d'animaux domestiques par la Férule commune, in Journal vétérinaire de l'École de Lyon, 1887.

Daucus carotta. — Bohm, Vergiftung mit Daucus carota in Wochensch. n° 8, 1883.

Berce Branc-ursine. — Dohet et Duvieusart. — Rapports sur le Mal de Panais, in Annales de médec. vétérin. de Belgique, 1857 et 1858. — Dʳ Martens, Idem. — H. Rodet, Réflexions sur la Panaisie ou mal de Panais, in Journal vétérinaire de l'École de Lyon, 1858.

Persil. — Gadau de Kerville, *Expériences sur l'influence du Persil vis-à-vis des Psittacidés*, in *Bulletin de la Société de Biologie*, 1883.

Lierre. — Jandonis, *Empoisonnement par les fruits du Lierre*, in *Deutsch med. woch.* 1881. — Vandamme et Chevalier, *Sur l'hédérine*, in *Journal de chimie méd.* 2ᵉ série, t. VI.

TROISIÈME DIVISION

DICOTYLÉDONES GAMOPÉTALES

Caractérisé par une corolle à pétales soudés et un ovule généralement monochlamydé, le groupe des Gamopétales renferme des végétaux vénéneux dans les familles suivantes : Caprifoliacées, Valérianées, Composées, Ericacées, Primulacées, Apocynées, Asclépiadées, Convolvulacées, Solanées, Scrofulariées et Orobanchées.

Article Iᵉʳ. — Caprifoliacées, Valérianées, Composées et Ericacées.

Les quatre familles que nous réunissons dans cet article n'ont qu'une importance secondaire pour l'hygiéniste, aussi parlerons-nous brièvement de chacune d'elles.

Sous-Article Iᵉʳ. — Caprifoliacées.

Cette famille, dont le type est le Chèvre-feuille et qui comprend quelques plantes herbacées passablement dures et des arbrisseaux, offre le genre suivant à notre examen :

Sambucus, L. (**Sureau**). — Végétaux herbacés ou ligneux à feuilles pétiolées, stipulées ou non, pinnatiséquées, à fleurs en corymbes ou en panicules ; les fruits sont des baies. A signaler deux espèces :

A. *Sambucus Ebulus*, L. Le *Sureau Hyèble*, encore dit simplement *Hyèble* ou *Yèble*, *Yèle*, *Petit Sureau*, est une herbe vivace, d'un mètre de haut en moyenne, à tige rigide, cannelée, à feuilles opposées, stipulées, à 5-11 segments, finement dentées, à fleurs blanches, parfois un peu rosées, à baies noires, luisantes, qui croît avec vigueur dans les lieux incultes, un peu argileux, et sur le bord des chemins.

L'Hyèble exhale de toutes ses parties, sauf des fleurs, une odeur forte et repoussante qui empêche les animaux d'y toucher. Aussi, malgré que sa racine, son écorce et ses feuilles soient douées de propriétés purgatives prononcées, n'enregistre-t-on point d'accidents de son fait. Ses baies, également purgatives, tentent rarement les enfants à cause de l'odeur de la plante. Mais elles sont employées par des viticulteurs ou des marchands peu scrupuleux, pour colorer le vin auquel elles communiquent des propriétés évacuantes.

On a observé l'empoisonnement de dindons par ces fruits. Les graines qu'elles contiennent ont des propriétés supérieures à celles des fruits eux-mêmes ; les racines sont dans le même cas. La dessiccation affaiblit l'activité de l'Hyèble, mais ne l'annihile pas complètement.

A doses modérées, les symptômes de l'empoisonnement sont ceux de la purgation ; en quantités plus élevées, on remarque une dépression considérable des forces et des effets éméto-cathartiques si violents qu'ils sont comparables à ceux de la cholérine. En même temps que les vomissements et la diarrhée apparaissent, on note une diurèse abondante et de l'accélération du pouls. Il n'y a pas d'élévation de température et les avis sont partagés au sujet de la diaphorèse.

Les lésions dans les cas, très rares, où la mort survient, sont celles de la superpurgation.

On extrait des diverses parties de l'Hyèble, qui les renferment en proportions très variables, une *huile* douée de propriétés vomitives et purgatives, une *résine* et un peu d'*acide valérianique*. Il est possible que les effets spéciaux de la plante soient dus à ces trois sortes de principes.

B. *Sambucus nigra*, L. Le *Sureau à fruits noirs* ou *Sureau commun*, appelé par les gens de la campagne *Seuillet, Seuillon*, est un arbuste commun dans les haies, dont les rameaux ont leur centre garni d'une forte quantité de moelle blanchâtre. Les feuilles ont de 5 à 7 segments ovales lancéolés; les fleurs en corymbes sont blanches et passent au jaunâtre par la dessiccation; elles ont une odeur aromatique prononcée. — Baies globuleuses noires.

Les fleurs de Sureau sont d'un emploi quotidien en médecine comme sudorifiques et pectorales. On attribue aux feuilles, à l'écorce et aux baies, les mêmes propriétés qu'à celles de l'Hyèble. La seconde écorce ou couche libérienne est considérée comme la partie la plus active.

Ce qui a été dit de l'intoxication produite par l'Hyèble s'applique au Sureau commun. Il y a des probabilités pour qu'on puisse aussi en faire l'application aux autres espèces et aux variétés créées par l'horticulture pour la décoration des jardins. On citera particulièrement, le *S. racemosa*, L. *Sureau à grappes*, *Sureau des montagnes*, des graines duquel on extrait, en Allemagne, une huile à graisser les voitures; le *S. peruviana*,

H.B.K. dont les baies sont employées au Pérou comme purgatives et peut-être aussi le *S.canadensis* ou *Sureau du Canada*.

Sous-Article II. — Valérianées.

Nous n'avons qu'une mention à accorder au genre **Valeriana**, L. qui est le type de ceux que renferme la petite famille des Valérianées.

Dans ce genre se trouve l'espèce *Valeriana officinalis*, L. La *Valériane officinale* qu'on appelle encore *Herbe aux chats* à cause de la prédilection singulière qu'ont les chats pour elle, est une herbe vivace, de 0,60 à 0,80 cent. de hauteur, à souche tronquée, à tige fistuleuse, un peu pubescente, à feuilles pinnatiséquées et pubescentes, à fleurs blanches légèrement rosées, petites et d'une odeur agréable. On la trouve au bord des ruisseaux, dans les lieux ombragés et humides.

Le bétail en mange la tige et les feuilles; sa racine, douée d'une odeur nauséeuse et d'une saveur âcre, ne pourrait probablement point être ingérée sans danger, car la médecine l'emploie comme l'un de ses antispasmodiques les plus fidèles. Mais la quantité en devrait être élevée, car dans les expériences de laboratoire, il a fallu donner des doses relativement massives pour provoquer une émotion des grandes fonctions.

On attribue les effets spéciaux de la Valériane à l'*essence de Valériane* qui se décompose elle-même : 1° en un hydrocarbure appelé *Valérène* $C^{20}H^{16}$; 2° en un *camphre* $C^{20}H^{18}O^2$; 3° en *Valéral* ou *aldéhyde valérique* $C^{10}H^{10}O^2$; 4° en *acide valérianique* $C^{10}H^{10}O^4$.

On gratifie des mêmes propriétés la *Valériane dioïque* et la *Grande Valériane* ou *Valériane Phu*.

Sous-Article III. — Composées.

Si la famille des Composées est la plus vaste de toutes et si, dans la période géologique actuelle, elle se montre la plus envahissante, elle est, heureusement, l'une des moins riches en végétaux dangereux. Nous n'avons à signaler que deux genres véritablement vénéneux ; un très petit nombre d'espèces appelleront, en outre, quelques réflexions spéciales.

I. — **Atractylis**, L. — Ce genre, réuni par plusieurs auteurs aux Carlinées, se distingue « par son involucre à bractées extérieures, grandes et foliacées, les intérieures dressées et non rayonnantes, par son style à peine bilobé au sommet et par ses achaines oblongs, couverts de poils longs et serrés, simulant une aigrette extérieure et surmontés d'une aigrette véritable, à soie 1-3 sériées plus ou moins connées à la base et plumeuses à la partie supérieure » (Baillon). Il comprend une douzaine d'espèces méditerranéennes, parmi lesquelles il faut parler de la suivante :

Atractylis gummifera, L. Cette espèce que l'on appelle depuis l'antiquité *Chamœléon blanc*, pour laquelle Cassini avait créé le genre **Chamœleon** et que Decandolle a fusionné avec le genre **Carlina** sous le nom de *C. gummifera*, est une plante à courte tige avec une rosette de feuilles pinnatifides, portant à son centre des fleurs réunies en capitules. Les écailles extérieures de l'involucre ont les bords épineux et tricuspides au sommet. La racine est grosse comme le bras, avec des sillons longitudinaux ; son odeur est agréable et rappelle celle de la violette.

La tige, les feuilles et les capitules ne sont pas vénéneux; les derniers sécrètent une sorte de glu qui est inoffensive. On mange même, en Algérie, les feuilles et les réceptacles de cette plante, après les avoir fait cuire.

Fig. 42. — *Atractylis gummifera*. — Atractyle a gomme.
(D'après M. Lefranc.)

La racine est nocive; les anciens le savaient et des expériences récentes l'ont confirmé. D'ailleurs, de temps à autre, des empoisonnements, suites de méprise ou de délibération criminelle, viennent prouver la réalité des propriétés toxiques de la racine d'Atractyle.

Elle sert, dans les pays africains, à commettre des crimes, remplissant le rôle que, précédemment, nous avons dit être dévolu à l'Aconit dans l'Asie centrale.

On accuse les femmes arabes d'en faire prendre des décoctions dans du lait aux maris dont elles veulent se débarrasser.

Les vétérinaires algériens ont publié des relations d'empoisonnement de bestiaux qui, en temps de pénurie alimentaire, ont mangé des racines de cette plante, jetées à la surface de terrains récemment défrichés, et ont succombé très rapidement.

Les symptômes, d'après M. Lefranc, pharmacien militaire, qui a fait surtout l'étude chimique du principe actif, sont ceux des poisons narcotico-âcres avec association d'effets cardiaco-vasculaires rappelant ceux du Colchique. On voit les signes habituels d'une irritation intestinale plus ou moins vive en même temps qu'une grande dépression dans les phénomènes circulatoires ; le pouls est petit, intermittent ; la respiration est difficile et s'éteint avant le cœur. Les phénomènes nerveux précipitent le dénouement qui se fait peu attendre.

Principes actifs. — On trouve dans la racine d'Atractyle gummifère, de l'inuline, de l'asparagine, des sucres lévogyres et de l'*acide atractylique*. Cet acide, $C^{30} H^{54} S^2 O^{18}$, de saveur styptique, étant très hygroscopique, n'est obtenu qu'à l'état de sirop ; sous diverses influences, il se décompose en acide valérianique, en résine et en *atractyline*.

L'atractyline est un glycoside, dont la formule est $C^{20} H^{30} O^6$, de saveur sucrée, très soluble dans l'eau et l'alcool, insoluble dans l'éther. L'hydrate de potassium étendu la dédouble en une matière cristallisable, l'*atractylligénine*, et en glucose.

II. — **Lactuca,** L. (**Laitue**). — Genre composé de plantes herbacées bisannuelles ou vivaces, dont quelques-unes ont été introduites dans la culture maraîchère, contenant, surtout à la fin de leur végétation, un suc lactescent, anodin ou âcre et vénéneux. Nous prendrons comme type des Laitues vénéneuses l'espèce qui suit :

A. *Lactuca virosa*, L. La *Laitue vireuse*, quelquefois appelée *Laitue papaveracée* (fig. 43), est une plante annuelle, croissant dans les décombres et les endroits pierreux, à tige rigide, rameuse, d'une hauteur de 1 mètre à 1^m,50; elle porte des aiguillons dans sa partie inférieure colorée en violet. Feuilles glabres, tachées de violet, amplexicaules, avec de petits aiguillons sur la partie inférieure de la nervure médiane. Les capitules sont nombreux, en grappe le long des rameaux. Involucre à folioles violettes. Fleurs jaunâtres; akènes noirâtres, non hispides au sommet.

Cette plante renferme en abondance, dans toutes ses parties, un latex blanchâtre et elle exhale une odeur désagréable. Aussi les animaux n'y touchent guère et évitent ainsi de s'empoisonner, car elle est nuisible. Mais il y aurait exagération si on la considérait comme douée de propriétés très actives. Il faudrait que les grands animaux consentissent à en prendre des quantités très fortes pour en être sérieusement incommodés, ce qui n'est jamais le cas.

Si, par hasard, semblable éventualité se produisait, la symptomatologie aurait la plus grande ressemblance avec l'intoxication par les têtes de pavot, et les phénomènes de narcotisme seraient dominants. Cette similitude, qui n'est pas de l'identité, nous dispensera d'en tracer le tableau.

Ce n'est pourtant, comme on l'a cru pendant longtemps, ni à la morphine, ni à la narcotine que la Laitue doit ses propriétés. Plusieurs chimistes ont analysé le latex qui s'écoule de cette plante et qui, en se desséchant, brunit, se coagule et exhale une odeur opiacée; on lui a donné le nom de *lactucarium*. D'après Ludwig, il renfermerait, indépendamment de principes non spécifiques tels que l'albumine et la mannite, de la *lactucone*, de la *lactucine* et de l'*acide lactucique*.

La lactucine, $C^{22}H^{26}O^{7}$, serait la substance à laquelle la Laitue devrait ses propriétés narcotiques. Elle est jaune, très amère, cristallisée en tables rhombiques et soluble dans 80 parties d'eau froide.

B. *Lactuca scariola*. La *Laitue scariole*, plus abondante que la précédente, et si voisine botaniquement, que des auteurs ne la regardent que comme une de ses variétés, produit le même latex suspect et jouit des mêmes propriétés.

C. *Lactuca sativa*. La *Laitue cultivée*, sous l'influence d'une culture qui remonte à une époque bien reculée, a produit plusieurs variétés intéressantes pour l'agriculture maraîchère et qui entrent, pendant l'été, dans notre alimentation. On discute si la Scariole ne serait pas sa forme ancestrale; il y a des probabilités pour qu'il en soit ainsi. Elle renferme, comme les autres Laitues, un latex qui est moins actif mais qui ne peut être regardé comme complètement inoffensif, car les chimistes en ont extrait de la lactucine.

En soumettant pendant quelque temps des lapins à une alimentation à base de Laitue cultivée, qu'ils prennent volontiers d'ailleurs, il est rare que, dans le nombre, plusieurs ne succombent pas, nouveau témoi-

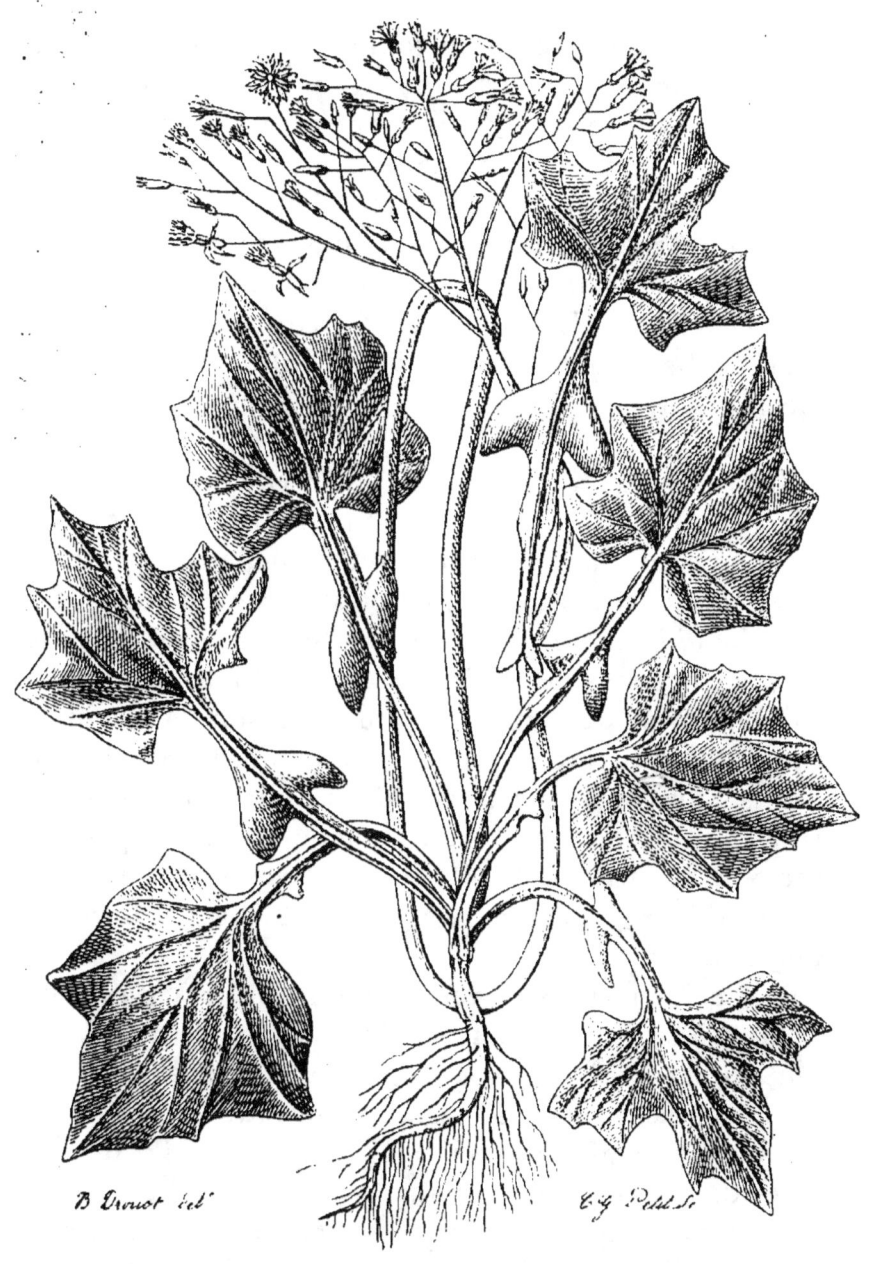

Fig. 43. — *Lactuca virosa*. — Laitue vireuse.
(D'après Gourdon et Naudin.)

gnage de la présence d'un toxique pour lequel les animaux de l'espèce cuniculine auraient une sensibilité prononcée. Cette réceptivité, opposée à l'insensibilité de ces mêmes animaux aux effets du Pavot, est une preuve clinique qui vient appuyer la différence signalée par la chimie entre l'Opium et le Lactucarium.

De cette constatation expérimentale découle l'indication d'exclure la Laitue de la nourriture du lapin ou de ne la lui distribuer qu'en petite quantité et d'une façon intermittente.

III. — Nous allons passer en revue, dans ce paragraphe, quelques Composées auxquelles ne s'applique pas strictement la qualification de vénéneuses, mais qui appellent cependant quelques courtes réflexions.

Le *Topinambour* est une plante précieuse pour les contrées ingrates de la France et on la fait entrer dans l'alimentation du bétail avec juste raison. Tant qu'on l'emploie avec modération et surtout mélangée avec d'autres fourrages, rien n'est à craindre; distribuée en trop grande abondance, elle amène des dérangements intestinaux, de la fourbure, de la météorisation et parfois une sorte d'ivresse, toutes choses qui se dissipent rapidement.

Des accidents plus graves, véritables intoxications, ont été signalés à la suite d'usage de Topinambours *récoltés trop tôt et mal conservés*. On considère l'apparition de ces accidents comme certaine, lorsque de tels tubercules ont été placés quelques heures dans l'eau avant de les distribuer aux animaux.

Les travaux de plusieurs chimistes, entre autres ceux de MM. Ville et Joulie, Pope, Müntz et Girard, ont démontré l'existence dans les tubercules du Topinambour d'un sucre particulier, désigné sous le nom de *synanthrose*. C'est probablement à des fermentations de cette matière sucrée que doivent être attribués les accidents en question.

La famille des Composées renferme plusieurs plantes qui sont complètement refusées du bétail ou consommées seulement quand elles sont jeunes, mais dédaignées plus tard, ou bien encore qui communiquent au lait ou à la chair un goût particulier.

Nous citerons l'*Armoise absinthe (Artemisia absinthium,* L.), amère dans toutes ses parties, d'une odeur forte et pénétrante, qui a l'inconvénient de communiquer à la chair et au lait des animaux qui la prennent sa saveur spéciale.

On en retire, par distillation, une liqueur dont l'abus amène, dans l'espèce humaine, une intoxication de nature spéciale et des plus graves. Les effets en sont dus à l'*essence d'absinthe*. Cet empoisonnement, avec plusieurs traits de l'intoxication alcoolique, possède des caractères propres et ses ravages doivent être une des préoccupations des économistes et des hommes d'État.

On ne pourrait, sans s'exposer à de graves dérangements intestinaux, capables d'aller jusqu'à l'entérorrhagie et de produire la mort, prendre pendant plusieurs jours de suite une quantité un peu élevée de vin ou d'alcoolature d'Absinthe. On connaît plusieurs accidents de ce genre dus à l'emploi de ces boissons à titre d'utérins.

La *Pyrèthre matricaire (Pyrethrum parthenium,* Smith) appelée aussi *Matricaire officinale (Matricaria parthenium)* et *Chrysanthème matricaire (Chrysanthemum parthenium)* est douée d'une odeur pénétrante. Son action est excitante et tonique ; elle est refusée par le bétail.

Il en est de même de la *Camomille pyrèthre (Anthemis*

pyrethrum). Sa racine a une saveur âcre, brûlante et elle produit une action sialagogue des plus marquées.

L'*Achillée sternutatoire* (*Achillea ptarnica*, L.) que les animaux ne veulent non plus accepter, produit par ses feuilles et sa racine des effets sternutatoires.

Sous-Article IV. — Ericacées.

Cette famille, composée d'arbrisseaux la plupart toujours verts, renferme un groupe de plantes dangereuses, les Rhododendrées, divisé actuellement en trois genres : Rhododendron, Azalée et Ledon.

I. — **Rhododendron**, L. — Ce genre est constitué par des arbustes à feuilles persistantes, croissant de préférence dans les régions élevées ou les pays septentrionaux ; on leur donne vulgairement le nom de *Rosages*. Leurs fleurs sont brillantes et à ce titre ils ont été introduits dans nos jardins comme plantes ornementales. La corolle est caduque, infundibuliforme, irrégulière, à 3-5 divisions ; étamines 10 ; capsule généralement à 5 loges, quelquefois à 8-10, s'ouvrant en autant de valves qu'il y a de loges.

Parmi les espèces, toutes suspectes, nous signalerons en première ligne la suivante qui servira de type :

A. *Rhododendrum ferrugineum*, L. Le *Rhododendron ferrugineux*, plus connu sous le nom de *Rose des Alpes* et appelé aussi *Rosage, Laurier-Rose des Alpes* (fig. 44), est un arbrisseau de 0,50 centimètres, à feuilles ovales entières, dont la face inférieure est couleur de rouille, qu'on trouve sur les hauts plateaux et les régions élevées des Alpes et des Pyrénées. Ses belles fleurs rouges s'ouvrent en juillet et août.

On prépare dans la Haute-Italie un éléœlé, qu'on désigne sous l'appellation pittoresque d'*huile de marmotte* et qui est le résultat de l'infusion des bourgeons du Rhododendron dans l'huile; on s'en sert pour applications locales sur les articulations et les membres des rhumatisants.

En Russie et en Allemagne, on emploie à l'intérieur la décoction des feuilles d'un Rhododendron dans le traitement de la goutte et du rhumatisme; on a signalé dans ces pays quelques cas d'intoxication sur l'homme, lorsque la quantité ingérée était trop forte.

Le Rhododendron produit d'assez fréquents empoisonnements parmi les bestiaux qui alpent sur les plateaux où il croît, notamment parmi les moutons et les chèvres. Ces derniers animaux fournissent le contingent le plus élevé de victimes, car ils broutent sans défiance ni répugnance les jeunes tiges et les feuilles de Rosage.

Après un pareil repas, ils font entendre des plaintes répétées, véritables gémissements qui témoignent de leurs vives souffrances; ils grincent des dents, une bave filante s'échappe en abondance des commissures labiales, la sécrétion lactée baisse considérablement ou même se tarit chez les bêtes laitières, des nausées suivies parfois de vomituritions apparaissent. Pas de météorisation; diarrhée intense.

Lorsque la quantité ingérée n'est pas considérable, ces symptômes s'amendent et s'apaisent petit à petit, toujours assez lentement, car les animaux restent 24, 30 et même 48 heures sans vouloir accepter d'aliments. Si elle a été suffisante pour produire un fâcheux dénouement, on voit survenir une toux forte et particulière, des tremblements généraux, puis de véritables secousses tétaniques, des vertiges, de la difficulté de se déplacer et de se tenir debout. Le pouls devient très fréquent, petit, et la mort arrive assez rapidement.

A l'autopsie, on trouve des taches ecchymotiques sur

Fig. 44. — Rhododendron.

la muqueuse digestive, une congestion des vaisseaux

encéphaliques, du pharynx, du larynx et de l'œsophage. On rencontre aussi du pointillé et de petites plaques hémorrhagiques à la surface du cerveau.

B. *Rhododendrum hirsutum*, L. Ce Rhododendron, voisin du précédent, se trouve dans les mêmes régions et produit de pareilles intoxications.

C. *Rhododendrum ponticum*, L. Rapportée des bords de la mer Noire par Tournefort, cette espèce s'est largement répandue dans les jardins à cause de la beauté de ses feuilles et surtout de ses fleurs. On a prétendu que les abeilles qui butinent celles-ci donnent un miel vénéneux; quelques érudits pensent que le miel qui indisposa les compagnons de Xénophon et dont il est question dans la *Retraite des dix mille* avait cette provenance, tandis que d'autres penchent vers les Azalées.

Quoi qu'il en soit, ce Rhododendron est vénéneux; les vétérinaires anglais et belges ont publié des relations d'empoisonnement de moutons et de chèvres, qui avaient cette origine. L'agriculteur fera sagement de veiller à ce que cette plante, si ornementale, soit toujours à l'abri des dents des petits ruminants.

D. Nous mentionnerons aussi à cette place le *Rhododendrum Chrysanthum*, L. dont les fleurs, en ombelles d'un beau jaune d'or, égaient les régions froides de la Sibérie et du Kamtschatka, d'où les noms de *Rose de Sibérie*, *Rose des neiges de Sibérie*, qui lui ont été donnés. Ses feuilles, employées en Russie et en Allemagne dans le traitement des rhumatismes, ont occasionné les empoisonnements signalés plus haut pour l'espèce humaine.

Non moins vénéneuses sont les deux espèces *R. maximum* L. et *R. punctatum* And., communes dans l'Amérique du Nord et introduites dans nos jardins, la première surtout, à cause de la beauté originale de ses fleurs bleues.

On retire des feuilles du Rhododendron ferrugineux un tannin qui colore les sels de fer en vert et qu'on a appelé *acide rhodotomique*. Chauffé avec les acides minéraux étendus, il donne une substance jaune-rougeâtre insoluble, la *rhodoxanthine*.

On y trouve en outre l'*éricoline* $C^{34}H^{53}O^{21}$, substance résineuse, jaune brun, de saveur amère et fusible vers 100°. Chauffée avec l'acide sulfurique étendu, elle se dédouble en *éricinol* et glucose.

II. — **Azalea**, L. (**Azalée**). — Quelquefois confondues avec les Rhododendrons auxquels elles ressemblent beaucoup, les Azalées en ont été distraites et réunies en un genre spécial, à cause de leurs étamines qui sont au nombre de cinq seulement et non de 10 comme dans les Rhododendrons. Elles s'hybrident d'ailleurs avec eux.

Les Azalées sont des arbustes de la région méditerranéenne et particulièrement de l'Orient; elles sont communes aussi dans l'Amérique du Nord. Depuis quelques années, elles ont pris une très grande extension dans la floriculture française et nos serres sont garnies d'une profusion de variétés qui luttent par la beauté de leurs fleurs. L'espèce la plus commune est la suivante :

Azalea pontica. L'*Azalée pontique* est un arbuste originaire de l'Asie Mineure, à feuilles caduques, à belles fleurs jaunes odorantes.

C'est une plante très vénéneuse. On s'accorde à reconnaître que le miel provenant de ses fleurs est toxique. Très redoutée en Orient, elle empoisonne tous les animaux qui la broutent.

On a rapproché les symptômes de l'empoisonnement produit par les Azalées de ceux qu'occasionne l'Ivraie enivrante. Une expérimentation rigoureuse, qui reste à faire, nous dirait si ce rapprochement est justifié.

Nous ne croyons point hors de propos de citer ici le passage où Xénophon décrit l'état de ses compagnons qui, arrivés aux montagnes de la Colchide, mangèrent du miel qu'ils récoltaient en abondance dans ce point. « Tous les soldats qui mangèrent des gâteaux de miel eurent des transports au cerveau, vomirent, furent purgés et aucun d'eux ne pouvait se tenir sur ses jambes. Ceux qui en avaient mangé davantage ressemblaient, les uns à des furieux, les autres à des mourants. On voyait ces malheureux étendus sur la terre comme après une défaite; la même consternation régnait au milieu d'eux. Personne néanmoins n'en mourut et le transport cessa le lendemain, à peu près à l'heure où il avait pris la veille; mais pendant trois ou quatre jours, ils se levèrent fatigués comme des malades qui ont usé d'un remède violent. »

Sans entrer dans l'énumération des nombreuses variétés d'Azalées créées par les horticulteurs, nous citerons les *A. arborescens* et *A. nudiflora*, espèces américaines, l'*A. sinensis*, l'*A. punicea*, l'*A. liliiflora* et l'*A. indica*, toutes plantes dont les débris, provenant de la taille ou du rempotement, ne doivent jamais être mis à portée des petits ruminants. Elles sont vénéneuses au même titre que celle que nous avons prise comme type.

III. — **Ledum**, L. (**Ledon**). — Genre renfermant des arbrisseaux de petite taille croissant dans les contrées marécageuses du Nord. A signaler :

Ledum palustre, L. Le *Lédon des marais*, *Romarin*

sauvage, *Romarin de Bohème*, est un arbrisseau à feuilles étroites et épaisses, dont la face inférieure est couverte d'un duvet jaunâtre. Fleurs supportées par de grêles pédicelles. Étamines 10.

Le Lédon, surtout au moment de sa floraison, répand une odeur pénétrante qui écarte les bestiaux; ses feuilles d'ailleurs sont amères. Cependant on a vu des chèvres s'empoisonner en mangeant cette plante.

Des accidents se sont produits dans l'espèce humaine, à la suite de l'administration de l'infusion des feuilles de Lédon qu'on prescrit parfois, à l'étranger, contre la toux convulsive et contre les maladies cutanées. On en a observé aussi sur des personnes qui avaient bu de la bière dans laquelle on avait fait entrer cette plante.

Les symptômes sont semblables, sinon identiques, à ceux de l'empoisonnement par le Rhododendron.

On a trouvé dans le Ledum palustre un tannin donnant une coloration verte avec les sels de fer, on l'a appelé *acide léditannique* $C^{28}H^{30}O^{13}$; chauffé avec l'acide chlorhydrique, il donne un corps rougeâtre appelé *lédixantine* $C^{14}H^{12}O^6$ (?). On trouve, en outre, une huile essentielle dite éricinol $C^{10}H^{16}O$ et de l'éricoline, corps déjà signalés à propos des Rhododendrons.

BIBLIOGRAPHIE

Atractyle gummifère. — LEFRANC, *Sur les plantes connues des Grecs sous les noms de Chamæléon et Chamæléon blanc*, Bulletin de la Société botanique de France, VIX, 48. — *De l'acide atractylique et des atractylates*, in Journal de Pharmacie et de Chimie, 4ᵉ série, t. IX. — SANTROT, *Empoisonnement de bœufs par l'Atractylis gummifera*, in Bulletin de la Société d'Agriculture de la province de Constantine.

Topinambour. — MAGNE ET BAILLET, *Traité d'Agriculture pratique et d'Hygiène vétérinaire générale*, 4ᵉ édition,

t. II. — Müntz et Girard, *Etudes sur le Topinambour*, 1886.

Absinthe. — Marcé, *Sur l'action toxique de l'essence d'Absinthe*, in *C. R. de l'Académie des Sciences*, 1864.

Rhododendron. — Cagnat, *Action des feuilles et des pousses de Rhododendron*, in *Recueil de médecine vétérinaire*, 1859. — W.-C. Spœrrer, *Empoisonnement de moutons par le Rhododendron*, in *The Veterinarian*, 1865. — Wehenkel, *Rapports sur l'état sanitaire du bétail en Belgique*. Voyez notamment *Rapports de 1879 et de 1886*.

Azalée. — Baillon, Article *Azalée* du *Dictionnaire encyclopédique des sciences médicales*.

Article II. — Primulacées, Apocynées et Asclépiadées.

L'importance de ces trois familles est inégale ; la plus intéressante est celles des Apocynées qui renferme plusieurs plantes très répandues et fort vénéneuses.

Sous-Article I. — Primulacées.

La famille des Primulacées, très naturelle, est formée de plantes herbacées, frutescentes à la base, généralement à rhizome vivace, à feuilles radicales ou caulinaires et à fleurs axillaires ou solitaires, souvent sur une hampe florale ou en ombelle. Nous avons à nous arrêter au genre Cyclame.

I. — **Cyclamen**, L. (**Cyclame**). — Groupe de plantes à rhizomes tubéreux, à feuilles radicales longuement pétiolées, ovales ou réniformes, à fleurs très élégantes, sur une hampe grêle. Calice campanulé, corolle hypogyne. Étamines 5. Fruit capsulaire.

Les Cyclames sont des plantes de l'Europe centrale et de la région méditerranéenne. En raison de l'élégance de leurs fleurs, on les cultive comme végétaux d'ornement. Nous signalerons :

Cyclamen Europœum, L. Le *Cyclame d'Europe* ou *Pain de pourceau* (Arthanita des officines) croît dans les forêts et les parties rocailleuses de la France et de l'Europe centrale. Ses feuilles sont réniformes, marbrées en dessus, rougeâtres en dessous. Fleurs purpurines; rhizome à radicules noirâtres, aplati, brun en dehors, blanc à l'intérieur, inodore, mais de saveur âcre.

Le rhizome est la partie dangereuse du Cyclame, la seule dont nous nous occuperons ici. La dessiccation lui enlève une partie de sa toxicité et la torréfaction le rend si complètement inoffensif qu'il peut être mangé sans inconvénient. Ce qui va en être dit ne s'appliquera donc qu'au rhizome frais.

Les propriétés toxiques et partant médicales du Cyclame se sont révélées dès la plus haute antiquité. On s'en servait, paraît-il, pour empoisonner les flèches, et Pline nous apprend qu'on l'employait déjà de son temps, en Italie, pour tuer les poissons dans les rivières, pratique qui subsiste encore dans ce pays.

Le poison du Cyclame est l'un des rares toxiques qui agissent diversement suivant les espèces en présence desquelles on les place. A peu près inoffensif pour quelques-unes, il est dangereux pour le plus grand nombre. Par exemple, il impressionne vivement l'organisme humain tandis que le porc ressent à peine ses effets; jeté dans l'eau, il fait périr les poissons et plusieurs petits animaux aquatiques, tandis que d'autres habitants des eaux, à tissus délicats, tels que les cyclopes, les argules et quelques larves jouissent d'une immunité très remarquable.

La racine fraîche de Cyclame, usitée dans l'ancienne

pharmacopée et restée dans la médecine populaire, a occasionné des empoisonnements dans l'espèce humaine. Parmi les animaux domestiques, il n'y aurait que le porc qui, en fouillant la terre, pourrait découvrir et manger cette racine ; or il vient d'être dit que cet animal possède une immunité pour le poison dont il s'agit. Mais son emploi pour la pêche présente de sérieux inconvénients, car, à l'aide de cette substance, on capture non seulement de fortes quantités de poissons, mais on détruit encore l'alevin et on amène rapidement le dépeuplement des cours d'eau. Jusqu'à présent, en France, les braconniers s'adressent plus volontiers à la Coque du Levant, mais les communications avec l'Italie, où l'on se sert du jus de Cyclame, sont si nombreuses qu'il est bon de prévoir l'emploi qui en pourrait être fait chez nous dans un avenir plus ou moins proche.

De nombreuses expériences, faites dans plusieurs pays de l'Europe par des savants très autorisés, ont élucidé plusieurs points de l'histoire toxicologique du Cyclame, néanmoins il reste encore des lacunes à combler ; il faut surtout chercher la clef des contradictions qui se remarquent dans les résultats obtenus.

Localement, le suc de racine de Cyclame est irritant et même vésicant. Appliqué sur la peau, il la désorganise ; introduit par la voie hypodermique, il produit des effets du même ordre et plus intenses. Dans le tube digestif son action est moins violente ; on l'a même comparé au Curare qui n'est pas absorbé par la muqueuse stomacale, mais la comparaison est inexacte, car il y a irritation avec le Cyclame, seulement elle est moins prononcée que par une autre voie. Sur les oiseaux, les effets sont beaucoup plus nets que chez les mammifères.

Déposé dans l'eau, même en petites proportions (un centimètre cube de suc de Cyclame pour 2 litres d'eau), il fait périr promptement les jeunes poissons et plus lentement les adultes en désorganisant leur peau. Les grenouilles et surtout les têtards sont aussi rapidement atteints que les petits poissons.

Pris à l'intérieur et à doses modérées par l'homme, le suc de Cyclame détermine de la stupeur, des vomissements, de la purgation, du vertige, des tintements d'oreilles et des sueurs froides. A doses mortelles, aux phénomènes précédents succèdent des mouvements convulsifs, une superpurgation avec selles sanguinolentes, parfois des vomissements de sang. La température s'abaisse graduellement jusqu'à la mort; la respiration est tantôt accélérée et irrégulière, tantôt ralentie et difficile. La circulation n'est modifiée qu'à la dernière phase de l'empoisonnement, les contractions cardiaques augmentent alors de fréquence, diminuent de force et deviennent irrégulières. On constate une hyperesthésie plus ou moins intense; des auteurs affirment qu'il y a paralysie, d'autres soutiennent que les nerfs moteurs sont intacts.

Les lésions sont d'abord celles produites par l'irritation locale résultant du contact du suc avec les tissus : peau, tissu conjonctif sous-cutané, muqueuse intestinale. L'empoisonnement spontané ayant lieu par la voie digestive, on trouve les lésions habituelles de la gastro-entérite. Indépendamment de ces lésions locales et primitives, on peut trouver des extravasations séro-sanguinolentes dans diverses parties du corps, particulièrement dans les grandes séreuses, et une quantité variable de liquide teinté en rose. L'examen microscopique des hématies montre qu'elles ont été attaquées, elles sont décolorées et leur noyau est devenu plus apparent. Le cœur est arrêté en diastole.

On est unanime à admettre que pour les animaux,

inférieurs, la mort est le résultat de l'action destructive des tissus par contact direct du suc. Pour les êtres supérieurs et particulièrement pour l'homme, cette action primitive est insuffisante, il vient s'y ajouter un ébranlement des centres nerveux. Seulement des observateurs soutiennent qu'il est déterminé par une action élective du toxique sur la matière nerveuse, et d'autres, se refusant à accepter cette sélection, avancent qu'il y a d'abord modification du sang dans les vaisseaux et secondairement action sur les centres nerveux, par l'intermédiaire du liquide sanguin ainsi modifié.

A priori, se rappelant que la torréfaction enlève au rhizome du Cyclame ses propriétés vénéneuses, on pouvait admettre que la consommation de la viande d'un animal empoisonné de cette façon est possible après une bonne cuisson. La question se posait surtout pour le poisson ; elle a été étudiée de près en Italie et une commission de la Faculté de médecine de Naples, qui a eu mission de s'en occuper, a conclu, après expériences, à l'innocuité des poissons pêchés à l'aide de cette substance.

Principe actif. — Sans affirmer que l'ensemble des symptômes morbides dont on vient de faire l'exposé soit dû *exclusivement* au principe qui va être décrit, l'expérimentation a mis hors de doute qu'il joue le rôle principal. Ce principe est la *cyclamine*.

Découverte par Saladin en 1830, la cyclamine a été étudiée ultérieurement par plusieurs chimistes qui lui ont donné la formule $C^{20}H^{34}O^{10}$; elle est blanche, amorphe, légère, inodore, assez hygroscopique, soluble dans 500 parties d'eau. Elle est insoluble dans l'éther, le sulfure de carbone et les huiles essentielles, mais soluble à chaud dans l'alcool, les alcalis et la glycérine.

C'est un glycoside formé par l'association de deux sucres, la glycose et la mannite. Elle mousse par agitation de sa solution aqueuse, ce qui la rapproche de la saponine.

II. — **Anagallis**, L. (**Mouron**). — Genre formé d'herbes dressées ou rampantes, à feuilles opposées ou verticillées, à fleurs axillaires, pédicellées, rouges ou bleues. Mentionnons :

Anagallis arvensis, L. Le *Mouron des champs* est une herbe des plus communes, annuelle, rameuse, à tiges étalées, à feuilles opposées et sessiles, à fleurs rouges ou bleues suivant les variétés.

Cette plante a joui, jusque dans le premier quart de ce siècle, d'une réputation extraordinaire en matière médicale ; on lui attribuait de merveilleuses propriétés, entre autres celles de guérir l'épilepsie et la rage. L'oubli profond dans lequel elle est tombée aujourd'hui, après le grand engouement dont elle fut l'objet, provoque dans l'esprit des réflexions de diverses sortes qu'il est inutile de consigner à cette place.

Mais si la crédulité publique a cessé d'admirer ses vertus imaginaires, on ne devra pas oublier que c'est une plante vénéneuse. Elle irrite l'intestin et stupéfie le système nerveux.

En raison de son peu de développement, le Mouron n'est jamais pris par les grands animaux en quantité suffisante pour les empoisonner. Mais les expériences de Grognier et celles d'Orfila ont mis hors de doute ses propriétés toxiques que ni la dessiccation ni la coction ne détruisent. A l'école vétérinaire de Lyon, on a tué intentionnellement des chevaux par la seule administration de sa décoction.

L'Anagallis a fait périr des oiseaux de cage et de volière auxquels on l'avait distribué par confusion avec le *Mouron des Oiseaux*. Il importera d'éviter cette méprise; ce dernier croît aussi dans les champs, mais ce n'est point une Primulacée, c'est la *Morgeline* (*Alsine media*), L. dont les fleurs sont blanches et à cinq pétales bifides, tandis que le Mouron des champs est gamopétale et à fleurs rouges ou bleues.

L'agriculteur doit détruire l'*A. Arvensis* lors du sarclage et l'épithète de mauvaise herbe lui est justement applicable.

Sous-Article II. — Apocynées.

La famille des Apocynées, assez peu étendue, possède le triste privilège de compter la plupart de ses espèces, qu'elles soient indigènes ou exotiques, au nombre des plus dangereuses. Dans le groupe des Apocynées indigènes, les deux genres Nerium et Apocynum sont à étudier; dans celui des exotiques, on doit citer les genres Tanghina, Cerbera et Gelseminium. On notera aussi qu'à côté de ces plantes très vénéneuses, s'en placent d'autres simplement drastiques. Dans cette famille, comme dans plusieurs de celles qui renferment beaucoup de plantes toxiques, on trouve aussi des végétaux très alimentaires.

I. — **Nerium**, L. (**Nérion**). — Groupe d'arbrisseaux toujours verts, à feuilles verticillées, coriaces, à corolle infundibuliforme, à étamines dont les anthères présentent deux prolongements à la base et un appendice velu et spiralé au sommet. Graines à aigrettes.

Nerium oleander, L. Le *Nérion laurier-rose*, ou plus habituellement le *Laurier-Rose*, la *Laurelle Rose* (fig. 45), est un arbrisseau de taille variable suivant son habitat, pouvant s'élever à 4 mètres et plus dans le Midi. Ses rameaux ont un canal médullaire presque triangulaire, ses feuilles sont étroites, lancéolées ; ses fleurs généralement roses, quelquefois blanches, sont grandes et fort belles,

Fig. 45. — *Nerium oleander.* — Laurier-Rose.

inodores à l'état frais, un peu odorantes à l'état sec. Elles sont abondantes et se disposent en corymbes d'un bel effet.

Le Laurier-Rose est entretenu en caisses dans toute

l'Europe centrale, il embellit les avenues, les cours et les jardins; on le plante en pleine terre sur le littoral méditerranéen et il croît spontanément en Algérie, sur le bord ou dans le lit des torrents de préférence.

Ce magnifique végétal est un des plus dangereux; il a occasionné nombre d'empoisonnements sur l'homme et les espèces animales.

On a avancé que, lorsqu'il est en fleurs, ses émanations seules suffisent pour déterminer des accidents; c'est peu probable, car le principe auquel il doit sa toxicité n'est pas volatil. Les indispositions constatées par suite de sa présence dans un appartement sont plutôt la résultante de la viciation de l'air, par l'acide carbonique ainsi que cela arrive avec toutes les fleurs, puisqu'elles exhalent ce gaz par l'accomplissement normal de leurs fonctions.

Toutes les parties du Laurier-Rose sont vénéneuses, bois, écorce, feuilles et fleurs. Je me suis assuré que ni la dessiccation, ni l'ébullition n'altèrent le principe toxique; dans des recherches récentes, j'ai utilisé des fleurs recueillies depuis 7 ans et je leur ai trouvé toute leur nocivité première.

L'écorce passe pour la partie la plus active. On aurait tort toutefois de ne pas attribuer au bois une grande énergie, car en le rapant ou le réduisant en sciure et en l'incorporant à des corps gras, on en constitue « une mort aux rats » très fidèle, preuve sans répliques de son activité.

L'homme a fourni aux propriétés délétères du Laurier-Rose un plus fort contingent de victimes que les animaux. Ceux-ci, à part quelques exceptions, refusent d'en brouter les feuilles et les rameaux. On a cité, en Algérie, des cas d'empoisonnements de personnes qui avaient bu de l'eau dans laquelle étaient tombées des feuilles et des fleurs de Laurier-Rose; d'autres avaient consommé des boissons contenues dans un vase à large goulot qui avait été fermé avec un morceau de bois de ce même arbre. Mais la relation la plus curieuse concerne des soldats campés en Corse; pour faire rôtir des volailles, ils les traversèrent de broches en bois de Laurier et l'ingestion de la chair de ces oiseaux les empoisonna.

Si avec l'homme, la plupart des animaux sont très sensibles à l'action du Laurier-Rose, il en est pourtant qui semblent réfractaires ou à peu près. On cite la chenille du sphinx nérion comme se nourrissant de ses feuilles et M. Mayet, de Montpellier, a observé que la tortue mange spontanément les fleurs demi-desséchées qui tombent du Laurier-Rose sans en paraître incommodée.

Les renseignements sur les quantités nécessaires pour déterminer des accidents sont peu nombreux et ne visent que l'homme. Ces renseignements, d'ailleurs, manqueront toujours de précision quand on parlera de la plante elle-même et non du principe actif extrait à l'état de pureté, s'il est vrai, comme le disent quelques auteurs, que l'activité du Laurier-Rose décroît à mesure qu'il monte vers le Nord.

Pour l'homme, une expérience que fit Loiseleur-Deslongchamps sur lui-même, en se servant d'une teinture composée de 30 grammes d'extrait de feuilles dans 120 grammes de vin, a appris que 50 gouttes de ce breuvage font apparaître des symptômes d'empoisonnement assez légers, d'ailleurs; c'est la dose minimum.

Des recherches effectuées avec des fleurs desséchées dont l'extrait aqueux était injecté hypodermiquement m'ont appris qu'il faut, par kilogramme de poids vif:

3 gr. de fleurs sèches pour amener la mort chez le chien.
2 gr. 50 — — — — chat.
3 gr. — — — — pigeon.
5 gr. — — — — cobaye.

Les herbivores auxquels j'ai présenté des feuilles ou des fleurs desséchées ont toujours absolument refusé de les manger, malgré la précaution qu'on avait prise de les laisser à la diète; il m'a donc été impossible de rassembler des chiffres relatifs aux doses toxiques par la voie digestive.

Symptomatologie. — L'homme qui absorbe une faible dose d'extrait de Laurier-Rose ressent de l'inappétence, du malaise, une sorte de courbature et de lassitude générales. En quantité plus forte, on observe des vomissements, du vertige, des sueurs froides, des défaillances, et si cette quantité a été telle qu'un dénouement funeste en doive être la conséquence, des convulsions tétaniques se montrent, la respiration prend une grande ampleur et la mort arrive.

Chez les animaux que j'ai empoisonnés expérimentalement, 20 à 30 minutes après l'introduction du toxique sous la peau, apparurent des nausées et des vomissements incoercibles, car l'estomac était vidé depuis longtemps que les efforts expulsifs continuaient. Quand le toxique fut pris par le tube digestif, les vomissements arrivèrent plus tardivement, 1 heure et demie, 2 heures et même 2 heures et demie seulement après le repas. Ils furent précédés d'agitation puis de stupeur, de somnolence. Les sujets se couchaient, puis se relevaient brusquement pour marcher à reculons, ils faisaient entendre des plaintes et des cris. Il y avait quelques contractions musculaires, expulsion de déjections solides et liquides; quand le rectum fut nettoyé, les efforts expulsifs continuèrent.

La respiration devint très ample, un peu soubresautante, mais sans mouvements désordonnés, la sensibilité assez obtuse. La température s'éleva légèrement au début pour redescendre jusqu'au moment de la mort.

Enfin les contractions tétaniques recommencèrent, les malades se couchèrent et se roulèrent en boule, puis se raidirent et moururent de la 20ᵉ minute à la 4ᵉ ou 5ᵉ heure après le début des symptômes. Généralement, la mort fut annoncée par quelques cris, puis il y eut arrêt brusque du cœur. On perçut encore quelques inspirations après que le cœur eût cessé de battre.

Dans l'intoxication à marche très rapide, il est impossible d'établir des phases et de dissocier les symptômes qui s'enchevêtrent. Lorsque les doses, tout en restant mortelles, sont moins élevées, il est plus facile d'établir de l'ordre dans la symptomatologie ; on constate alors une première phase de stupeur à laquelle succède un stade de convulsisme et la scène se termine par une période d'insensibilité, puis de paralysie.

Le Laurier Rose a été présenté par M. Pélikan comme un poison du cœur ; M. de Girard a contesté ces conclusions, en s'appuyant sur des expériences faites sur la grenouille. Celles que j'ai exécutées sur les carnivores me portent à me ranger à l'opinion du premier de ces observateurs.

Lésions. — Elles sont très peu étendues. Le cœur est en systole, le ventricule gauche vide, le droit renfermant quelquefois un caillot noir ; les oreillettes et les gros vaisseaux sont engoués ; pas de congestion pulmonaire ; pas ou peu de phlogose de la muqueuse intestinale ; un peu d'inflammation des reins.

Ces lésions prouvent que la mort n'a pas été produite par l'asphyxie, car on trouve du sang très rouge dans l'oreillette gauche et on ne constate pas d'engouement du poumon.

Principes actifs. — On a isolé trois substances du Laurier-Rose : *l'acide oléandrique*, *l'oléandrine* et la *pseudo-curarine*. La dernière est inactive et n'a point de part dans la production de l'empoisonnement, les deux premières déterminent l'intoxication et leur énergie différerait peu.

L'oléandrine est un corps résinoïde, jaunâtre, inodore et fort amer, peu soluble dans l'eau, passablement dans l'éther et l'alcool ; c'est une substance azotée qui se rapproche des alcaloïdes. Injectée en solution aqueuse dans les veines, elle détermine la mort presque instantanément.

La pseudo-curarine est d'aspect semblable, également inodore, mais insipide. Comme l'oléandrine, elle est soluble dans l'eau et l'alcool, mais elle est insoluble dans l'éther. C'est aussi une substance azotée qui, chauffée avec de la potasse, donne de l'ammoniaque.

La dissolution d'oléandrine traitée par l'acide nitrique pur, donne un précipité floconneux, jaune, qui est l'acide oléandrique. Peu soluble dans l'eau, davantage dans l'alcool absolu, point dans l'éther, l'acide oléandrique est très amer.

III. — **Apocynum**, L. (**Apocyn**). — Genre composé de plantes sous-frutescentes, rameuses, végétant dans le Midi de l'Europe, dans les régions plus septentrionales de l'Asie et de l'Amérique. Les espèces à signaler sont :

Apocynum androsæmifolium, L. *L'Apocyn à feuilles d'Androsème*, qu'on appelle encore *Gobe-mouches, Tue-chien, Ipécacuanha d'Amérique*, est une plante cultivée comme ornementale en Europe ; elle est fort abondante dans l'Amérique du Nord. Rameaux souvent rougeâtres au moins sur une face, feuilles ovales, à face inférieure couverte de duvet blanchâtre. Fleurs en cymes au sommet des branches, blanches avec des stries roses.

Toutes les parties de l'Apocyn sont gorgées d'un latex amer, vénéneux ; on en retire aussi du caoutchouc, une matière colorante et une huile volatile. La souche est la partie la plus riche. Si la dessiccation affaiblit l'action de l'Apocyn, elle ne la détruit point complètement et la poudre de ce végétal détermine des effets énergiques.

Le suc agit localement comme irritant; placé au contact de la peau, il la rubéfie et l'enflamme. A l'intérieur, il provoque des vomissements, des évacuations diarrhéiques et, pour peu que la quantité ingérée ait été élevée, une superpurgation dont les suites peuvent être fatales.

Apocynum cannabinum. L'*Apocyn à feuilles de chanvre*, qu'on désigne plus souvent sous le nom de *Chanvre indien*, agit de la même façon que l'espèce précédente. En Amérique, on le jette dans les rivières pour tuer les poissons qu'il ne reste plus qu'à recueillir à la surface de l'eau.

Il existe aux Antilles deux espèces d'Apocyns vénéneux, ce sont l'*A. citrifolium* et l'*A. maculatum*.

Tous les Apocyns devraient leur toxicité à l'*apocynine*, substance assez mal définie que M. Griscom aurait extraite de l'Ap. à feuilles de chanvre.

III. — Nous ne ferons, dans ce paragraphe, qu'accorder une courte mention à des genres d'Apocynées assurément fort vénéneux, mais exotiques, rarement introduits en Europe et qui produisent fort peu de cas d'empoisonnement dans nos pays.

Dans le genre **Tanghinia**, on ne trouve qu'une espèce, *T. venenifera*, Pois. ou *Tanguin de Madagascar*. Le Tanguin est un bel arbre d'une dizaine de mètres de haut, à feuilles lancéolées et coriaces, qu'on trouve à Madagascar, ainsi que l'indique son nom. Le suc blanc-verdâtre qui s'en écoule quand on l'incise, est fort vénéneux et l'on s'en sert comme poison d'épreuve dans cette grande île.

Le Tanguin est regardé comme un toxique du cœur qu'il paralyserait dans ses éléments nerveux avant d'impressionner les autres tissus. Quel que soit d'ailleurs son mode d'action, son principe est d'une grande puissance, puisqu'on aurait vu 6000 personnes succomber dans une journée, en 1830, à l'action du jus de Tanguin que le roi Baker avait ordonné à ses sujets de boire pour « purger la terre des sorciers ».

Le genre **Cerbera** renferme l'espèce *C. manghas* L. ou *Manghas lactescens*, Burmann. Le *Manghas* est un végétal de la région de Singapore, à suc laiteux et vénéneux comme le Tanguin.

Le genre **Echites** comprend une espèce, désignée sous les noms d'*Inée* ou d'*Onage*, qu'on trouve en abondance au Gabon. Cette espèce fournit une petite graine noire et allongée que les Gabonais écrasent pour en retirer un suc qui sert à empoisonner leurs flèches. Nous ferons remarquer qu'on ne s'entend pas sur la signification à donner au mot Inée. Pour les uns, il s'appliquerait à la plante fournissant le poison; pour d'autres, ce serait au poison lui-même qu'on retirerait du *Strophantus hispidus*. En tous cas, l'activité de cette substance vénéneuse est telle qu'on la compare à celle du Curare.

Son mode d'action est identique à celui des espèces précédentes, d'après M. Pélikan qui en a fait l'étude.

Citons encore le genre **Plumeria**, dont l'espèce *P. rubra* renfermerait un suc tellement caustique qu'il attaquerait le linge, et les genres **Stapelia**, **Thévetia** et **Wrightia**, tous suspects.

Il est un groupe de plantes dont la place dans les

classifications est encore discutée par les botanistes, il s'agit des GELSEMIÉES. Plusieurs classificateurs s'accordent à les rattacher aux Apocynées, c'est la raison pour laquelle nous les signalons ici.

Le genre **Gelsemium** comprend une espèce fort commune aux États-Unis, *Gelsemium sempervirens*, Ait. C'est un arbuste grimpant, à feuilles luisantes, à grandes fleurs en cyme.

Le rhizome du *Gelsémium* ou *Faux-Jasmin* est vénéneux; on commence à l'importer d'Amérique, la médecine se sert aujourd'hui de son principe actif et il a déjà causé quelques empoisonnements.

Son action, sur les animaux à sang chaud, est paralysante de la motricité puis de la sensibilité, tandis que chez les animaux à sang froid et particulièrement chez la grenouille, elle suit une marche inverse.

On a extrait de la racine du Faux-Jasmin, un alcaloïde appelé *gelsémine*. Il est difficilement soluble dans l'eau, plus soluble dans l'alcool, l'éther et le chloroforme, on ne l'a pas encore obtenu à l'état cristallisé. Dans les recherches de chimie légale, on doit se rappeler que les réactions de la gelsémine ressemblent beaucoup à celles de la strychnine.

A côté de la gelsémine, qui est fort toxique, se trouve l'*acide gelsémique* qui se rapproche de l'esculine et qui n'est pas considéré comme vénéneux.

Sous-Article III. — Asclépiadées.

Autrefois réunies aux Apocynées, les Asclépiadées en ont été séparées surtout à cause de la disposition des étamines et du pollen qui est agglutiné en 2-4 masses par anthères. La plupart sont vénéneuses par l'action d'un suc lactescent dont elles sont gorgées comme les Apocynées. Nous signalerons trois genres à l'attention.

I. — **Asclepias**, L. (**Asclépiade**). — Ce genre, souvent remanié et pour cela difficile à caractériser, offre à notre étude l'*Asclepias Cornuti*, Decaisne.

L'*Asclépiade de Cornuti* a été décrite aussi sous le nom d'*Asclépiade de Syrie* par Linné (*Asclepias syriaca*, L.), appellation impropre, car elle est d'origine américaine. C'est une herbe vivace d'un mètre de haut, à tige dressée, à feuilles opposées, oblongues, un peu cotonneuses en dessous. Fleurs très odorantes, en ombelles, à corolle à 5 divisions. Les filets staminaux ont des appendices en forme de cornet d'où émerge un prolongement qui se recourbe en corne sur le stigmate. Follicules volumineux, fusiformes, à tubercules ou épines molles. Graines munies de poils soyeux dont on se sert pour faire de la ouate, d'où le nom vulgaire d'*Herbe à la ouate* qui lui a été donné. Souche rameuse.

L'Asclépiade est cultivée chez nous comme plante ornementale; toutes ses parties contiennent un suc abondant, âcre et vénéneux, qui doit la faire tenir en suspicion, malgré la beauté et le parfum de ses fleurs.

On sait, par quelques expériences sur les animaux, que le suc de l'Asclépiade agit comme un puissant drastique et qu'il tue rapidement; les carnivores notamment sont fort sensibles à son action. Mais celle-ci aurait besoin d'être étudiée à nouveau.

Lorsqu'on chauffe ce suc, son albumine se coagule en entraînant une matière particulière qu'on a appelée *Asclépion* et dont la formule, encore douteuse, serait $C^{20}H^{32}O^3$. Isolé, l'asclépion est en masses blanches, mamelonnées, inodores, insipides, insolubles dans l'eau et l'alcool, mais très solubles dans l'éther et un peu moins dans l'essence de térébenthine.

On trouve aux États-Unis l'*A. tuberosa*, qu'on appelle communément dans ce pays *Pleurisy-Root* et qu'on emploie dans le traitement de plusieurs maladies, particulièrement de la pleurésie. Si elle vient à se répandre en Europe, on devra la tenir pour suspecte au même titre que la précédente.

II. — **Vincetoxicum**, Mœnch. (**Dompte-venin**). — Compris autrefois dans le genre Asclépiade, il en a été distrait assez récemment ; son espèce la plus intéressante est la suivante :

Vincetoxicum officinale, Mœnch. Le *Dompte-venin officinal*, qui fut décrit sous les expressions d'*Asclépias vincetoxicum*, L., de *Cynanchum vincetoxicum*, R. Br., est une herbe vivace, de 0,60 à 0,80 de hauteur, dont les feuilles un peu coriaces, opposées, sont ovales-lancéolées. Fleurs blanchâtres portées par des pédoncules assez longs. Follicules fusiformes ; graines à aigrettes soyeuses.

Le Dompte-venin est commun dans toute l'Europe et nos bois en abritent beaucoup ; il répand une odeur désagréable et toutes ses parties sont amères. Son rhizome frais est spécialement âcre, mais la dessiccation lui fait perdre partiellement son odeur et sa saveur. Il est vénéneux et les bestiaux n'y touchent point.

Feneulle a extrait de cette plante une substance amorphe, jaunâtre, insoluble dans l'eau et l'alcool, qu'on appela *Asclépiadine* ou *Cynanchine*. Elle est amère et vomitive ; on lui attribue les propriétés de la plante entière d'où elle provient.

L'appellation emphatique de Dompte-venin donnée à ce végétal rappelle qu'on lui prêtait autrefois des propriétés anti-venimeuses. Loin qu'il en soit ainsi, nous venons de voir qu'il est lui-même dangereux.

On pense que l'espèce *Vincetoxicum nigrum*, Mœnch. (*Asclepias nigra*, L.) possède les mêmes propriétés que le Dompte-venin officinal.

III. — **Cynanchum**, L. (**Cynanque**). — A signaler dans ce genre :

Cynanchum acutum, Gr. et God. Le *Cynanque aigu*, dont la synonymie est *Cyn. Monspeliacum*, L. *Cynanque de Montpellier* et qui fut appelé autrefois abusivement *Scammonea Monspeliaca*, est une herbe volubile, pubescente, de 0,60 centimètres à 1 mètre. Ses feuilles sont opposées, ses fleurs verdâtres, en petites ombelles. Leurs filets staminaux ont des appendices en forme de couronne. Follicules oblongs, lisses et laissant échapper à la maturité des graines à aigrette soyeuse.

Commune dans le midi de la France, cette plante laisse écouler un suc laiteux abondant quand on la blesse; sa racine en est particulièrement riche et on la désigne sous le nom de *Scammonée de Montpellier*, mais en réalité cette dernière substance est tout autre.

Le suc du Cynanque se concrète à l'air, il est très âcre et possède des propriétés violemment purgatives. A doses un peu élevées, il produit des vomissements incoercibles, des convulsions violentes et la mort.

On a extrait de ce suc un corps cristallisé en petites aiguilles brillantes, presque insoluble dans l'alcool froid et assez soluble dans l'alcool chaud. Sa formule serait $C^{15}H^{24}O$ et le nom de *Cynanchol* lui a été donné.

A côté de lui, se trouve un alcaloïde volatil non vénéneux.

Sous-Article IV. — Convolvulacées.

Nous ne ferons qu'accorder une citation à cette petite famille dont les représentants, la plupart volubiles et à grandes corolles infundibuliformes, sont aussi connus que répandus. En effet les espèces franchement vénéneuses sont exotiques; les propriétés des indigènes sont beaucoup moins développées et elles ne peuvent être regardées comme vraiment dangereuses.

I. — **Convolvulus**, L. (**Liseron**). — Dans ce genre qui fournit le Liseron des champs à nos campagnes et le Liseron tricolore ou Belle-de-jour à nos jardins, on trouve :

Convolvulus Scammonia, L. La *Scammonée* est un Liseron volubile qui présente assez de ressemblance avec notre *C. arvensis*, mais dont la racine vivace, pivotante, devient volumineuse. Elle renferme un suc laiteux, doué de propriétés drastiques qui constitue la *Scammonée* des pharmacies. Comme tous les drastiques pris à doses trop élevées et placés dans les conditions qui favorisent leur activité, la Scammonée peut produire des conséquences fâcheuses.

Les thérapeutistes en ont étudié l'action avec soin et ils ont fait de très intéressantes constatations. Son principe actif introduit directement dans le torrent circulatoire ne produit point d'effets purgatifs. Il ne les manifeste qu'à la condition de rencontrer dans l'intestin des liquides alcalins, la bile notamment; à ce contact son action se manifeste et, une fois commencée, elle s'accroît par action réflexe sur le pancréas et le foie. Mais quand la dose est trop considérable et la quantité de liquide alcalin nécessaire à l'activité de la Scammonée épuisée, il y a non plus purgation, mais action desséchante sur l'intestin.

Le principe actif de la Scammonée est un glycoside, la *Convolvuline*, substance blanche, ressemblant à la gomme arabique, inodore et insipide, très soluble dans l'alcool mais insoluble dans l'eau et l'éther. Sa formule est $C^{31}H^{54}O^{16}$.

Traitée par l'acide sulfurique concentré, elle se dissout et au bout de 15 à 20 minutes la solution prend une belle teinte rouge amaranthe. En étendant cette solution d'eau, on en sépare une huile qui constitue l'acide *convolvulinique* ou *rhodéorétinolique*.

Dans les recherches de médecine légale, il n'est pas possible de retrouver la convolvuline dans l'urine et les fèces (Dragendorff). En tuant un animal peu de temps après lui avoir fait prendre de la Scammonée, on peut rencontrer encore le principe actif dans l'estomac et le sang, mais lorsque ce corps est parvenu dans l'intestin grêle, il se décompose au contact de la bile, et dans le gros intestin ses transformations sont si profondes qu'il est impossible de le reconstituer.

Les espèces *C. Jalappa*, qu'on a intercalée récemment dans le Genre **Ipomœa** (*I. purga*, Hayne) et *C. Turpethum* ont, comme la Scammonée, des racines à propriétés purgatives qu'elles doivent à la *Jalapine*, corps homologue de la convolvuline, dont la formule serait $C^{32}H^{66}O^{16}$. Cette homologie nous dispense d'entrer dans aucun détail sur les effets qui pourraient résulter de l'ingestion de ces racines.

II. — **Calystegia**, R. Br. (**Calystégie**). — Nous citerons, comme espèce indigène, la *Calystegia sepium*, R. Br. décrite aussi sous le nom de *Convolvulus sepium* L. La Calystégie des haies est une herbe grimpante qui enserre, par places, les buissons de ses tiges volubiles, qui les recouvre de ses feuilles amples, cordées sagittées à oreillettes tronquées, et les orne de ses grandes fleurs blanches.

Les bœufs n'y touchent point, mais les porcs ne dédaignent pas ses racines qui sont traçantes et assez fortes. On leur attribue des effets purgatifs dus vraisemblablement à une petite proportion de convolvuline.

BIBLIOGRAPHIE

Cyclame. — CL. BERNARD, *Leçons sur les substances toxiques*, 1857. — DE LUCA, *Comptes rendus de l'Académie des Sciences*, 1857 et 1858. — DE RENZI, *Della ciclamina e del sugo di ciclamina, esperienze tossicologiste*, Gazette hebdomadaire, 1860. — CHIRONE, *Studii sperimentali sull'azione fisiologica della ciclamina*, in *La Clinica*, 1875. — VULPIAN, Communications à la Société de biologie, voyez les *Comptes rendus* de cette Société pour 1858 et 1860. — Voyez aussi par le même : *Développement de vibrions pendant la vie dans le sang des grenouilles empoisonnées par la cyclamine*, in *Archives de physiologie normale et pathologique*, 1868.

Mouron des Champs. — GROGNIER, *Compte rendu des travaux de la Société de médecine de Lyon* pour l'année 1810. — ORFILA, *Toxicologie*.

Laurier-Rose. — PÉLIKAN, *Nouvelles recherches toxicologiques sur le Nerium oleander*, in *Comptes rendus de l'Académie des Sciences*, 1866. — LAKOWSKI, *Sur les Alcaloïdes du Laurier-Rose*, in *Répertoire de chimie appliquée*, t. III. — LOISELEUR-DESLONGCHAMPS et MARQUIS, Article *Laurier-Rose* du *Dictionnaire des Sciences médicales*. — DE GIRARD, Notes communiquées à Fonssagrives pour l'article *Laurier-Rose* du *Dictionnaire encyclopédique des Sciences médicales*.

Inée du Gabon. — PÉLIKAN, *Sur un nouveau poison du cœur provenant de l'Inée ou Onage*, in *Comptes rendus de l'Académie des Sciences*, 1865.

Scammonée. — DRAGENDORFF, *Toxicologie*, Article *Convolvuline*.

Article III. — Solanées

La famille des Solanées, bien homogène et constituée par des végétaux que leur aspect général fait reconnaître immédiatement a, en toxicologie, un intérêt qui surpasse, si c'est possible, celui qu'elle offre à l'agriculture et à la médecine. Aussi va-t-on examiner tour-à-tour chacun des genres qu'elle comprend.

Sous-Article I. — Du genre Morelle.

Le genre **Solanum** ou **Morelle** renferme des herbes et des arbrisseaux de port assez varié, à feuilles entières lobées, à grandes fleurs blanches, jaunâtres ou violettes, à corolle rotacée ou campanulée. Étamines 5, à filets courts et à anthères dressées. Style simple, ovaire biloculaire. Le fruit est une baie.

Dans ce genre se trouve une des plantes les plus importantes, la Pomme de terre; nous allons débuter par son examen.

§ I. — *Solanum tuberosum*, L. (*Pomme de terre*).

Il serait sans utilité de faire à cette place la description botanique de la Pomme de terre, d'écrire l'histoire de son importation et de sa propagation en Europe et particulièrement en France, de tracer la nomenclature des nombreuses variétés créées par la culture et de dire ses usages alimentaires et industriels, car ces particularités sont classiques et connues de tous.

On connaît moins les propriétés vénéneuses de cette plante et surtout on est mal renseigné sur les conditions de formation du toxique, sur sa distribution dans les divers organes et sur ses variations quantitatives.

La Pomme de terre renferme un principe toxique appelé *Solanine,* dont la production semble liée à la présence de la chlorophylle. On le trouve assez abondamment dans les germes que donnent au printemps ou en hiver les Pommes de terre enfermées en caves, dans les épluchures des vieux et des très jeunes tubercules, dans la tige encore peu développée en mai ou en juin. Quand un tubercule, insuffisamment enfoui en terre, a reçu les rayons solaires et que son enveloppe a verdi, celle-ci est dangereuse. Le tubercule proprement dit est la partie qui en renferme le moins, mais elle n'en est pas complètement dépourvue. Les chiffres suivants, empruntés à M. Haaf, montrent les proportions de solanine calculées sur un demi-kilogramme :

	Tubercules germés.	Tubercules jeunes.
Le tubercule entier en contient...	0,21	0,16
La partie charnue seule..........	0,16	0,12
Les épluchures................	0,24	0,18

Lorsqu'on soumet la Pomme de terre à la cuisson, la solanine n'est point détruite, elle passe dans l'eau de cuisson.

Bien qu'il ne soit ni extrêmement actif, ni très abondant, le principe vénéneux de la Pomme de terre occasionne néanmoins des accidents, car il s'accumule dans l'organisme ou, plus exactement, il s'élimine lentement.

Pourtant, il n'est point à ma connaissance que des intoxications se soient produites dans l'espèce humaine. Cette immunité tient à plusieurs causes : l'homme ne consomme que le tubercule, c'est-à-dire la partie la plus pauvre en solanine, il l'épluche et jette l'écorce qui en contient le plus, il le fait toujours cuire et enfin il est rare qu'il en fasse sa nourriture *exclusive* pendant un laps de temps bien considérable, il l'associe à d'autres aliments, ne fussent que des galettes ou du pain. On s'explique donc sans difficultés que les accidents qu'on prédisait à Parmentier comme devant résulter de la consommation de la Pomme de terre, ne se soient point réalisés sur notre espèce.

Mais ils ne sont pas très rares sur les animaux domestiques. En éliminant tous ceux qui résultent d'altérations de la Pomme de terre par la gelée, l'envahissement par des cryptogames et quelques fermentations, on en enregistre chaque année qui sont incontestablement dus à la solanine. En compulsant les relations d'empoisonnement par cette Solanée, j'ai constaté que l'espèce bovine est celle qui a fourni le plus de victimes, mais les autres espèces n'ont point été complètement épargnées; on en a même signalé sur des chiens qu'on alimentait exclusivement par la Pomme de terre.

Il est possible que les vaches soient relativement sensibles à son action, mais il est probable aussi que la proportion plus élevée d'intoxications relatées pour leur espèce tient, en grande partie, à ce qu'on leur distribue ordinairement les tubercules crus et non pelés en grande quantité. Elles les acceptent très bien et l'on pense que leur sécrétion lactée en est grandement activée. Pour les autres animaux, les moutons exceptés, on les fait habituellement cuire.

En temps de pénurie fourragère, on distribue quelquefois comme nourriture verte les tiges ou *fanes* aux vaches qui les mangent sans trop de difficultés, mais au détriment de leur santé, si cette alimentation se prolonge.

Symptômes. — Nous allons d'abord présenter le tableau symptomatologique de l'empoisonnement des bêtes bovines par les fanes de Pomme de terre, d'après

M. Heiss, qui eut à le constater dans l'automne de 1885.

Le premier symptôme est la constipation, auquel succèdent rapidement des signes plus graves : Inappétence, augmentation de la température, accélération de la circulation, 60 à 70 pulsations à la minute; la respiration reste normale. De la bouche s'écoule une salive visqueuse, sans mauvaise odeur. Les paupières sont légèrement tuméfiées, les yeux larmoyants, la conjonctive injectée. Au bord supérieur du cou, le poil se dresse à la façon d'une brosse, tandis que le derme est couvert de croûtes ne se laissant que très difficilement détacher. Ces croûtes sont formées par la dessiccation du contenu de nombreuses petites vésicules crevées. L'exsudation continue encore après que les vésicules se sont ouvertes, et les croûtes acquièrent petit à petit une épaisseur assez considérable, surtout aux parties inférieures des extrémités, c'est-à-dire à la moitié inférieure du canon et au boulet. Aux points où les croûtes sont le plus apparentes, la peau montre des fentes et même des crevasses d'une largeur de 3 millimètres. Dans bien des cas, la formation des croûtes s'étend jusqu'au-dessus du jarret, notamment à la face interne des cuisses. Chez les vaches, la mamelle et les trayons, chez les bœufs et les taureaux, le scrotum se trouvent de même couverts de croûtes. Le derme du scrotum montre surtout des fentes. Des croûtes existent aussi à la région de l'origine caudale, ainsi qu'au pourtour de l'anus.

En examinant la cavité buccale, on remarque au bord édenté de la mâchoire supérieure des places, de la grosseur d'une pièce de 50 centimes, dépourvues de muqueuse. Ces excoriations sont purulentes dans leur centre, tandis que leur bord est formé par la muqueuse boursouflée et que toute la périphérie est fortement injectée. Ces pertes de substance ont une grande ressemblance avec les aphtes en voie de guérison. Heiss pense que ces lésions sont probablement de nature traumatique, provenant de ce que les bêtes, à cause des démangeaisons qu'elles éprouvent, frottent avec la bouche les membres postérieurs couverts de croûtes âpres. Les membres postérieurs se trouvent pareillement, mais plus légèrement affectés. Leurs mouvements s'exécutent avec beaucoup de raideur et semblent causer de grandes douleurs à l'animal.

Dans cette période, la défécation se fait fréquemment ; les fèces sont liquides et d'une teinte foncée. L'état général paraît fortement troublé ; les bêtes sont abattues et se couchent la plus grande partie du temps, les membres postérieurs complètement étendus. Les plus malades montrent un amaigrissement assez prononcé.

Cet empoisonnement est le plus rare, car on s'abstient de couper les tiges de la Pomme de terre, sachant que cette opération nuit au rendement en tubercules. Son pronostic n'est pas grave ; il suffit d'écarter la cause pour faire cesser le mal.

Celui qui résulte de la distribution des tubercules est le plus fréquent ; on le constate de préférence au printemps, alors que, sous l'influence de l'élévation de la température, les Pommes de terre conservées en cave poussent de longues tigelles très riches en solanine. Mais il est loin d'être inconnu à l'automne et pendant l'hiver, si l'on donne *exclusivement*, comme nourriture aux bestiaux, des Pommes de terre *crues avec leur enveloppe*.

Dans l'un et l'autre cas, le fond du tableau symptomatologique est le même, mais dans le premier, la quantité de solanine étant plus élevée, la marche est plus rapide et le dénouement plus prompt.

On constate de la tristesse, de l'inappétence, la suppression du lait, des grincements de dents, puis une prostration profonde ; les animaux restent couchés de tout leur long sur la litière, sans supporter la tête, refusent de se lever, ont les yeux fermés et sont dans un état d'assoupissement et de somnolence remarquables, la respiration est presque normale, plutôt ralentie, le pouls petit et accéléré. A aucun moment de l'empoisonnement, il n'y a dilatation de la pupille.

La digestion est troublée, il y a un peu de météorisation et une diarrhée opiniâtre succède à une période de constipation. Chez les animaux appartenant à des espèces capables de vomir, telles que le porc et le chien, il y a des vomissements violents.

Le pronostic est toujours grave et la mort la terminaison habituelle de cette sorte d'empoisonnement. Mais elle arrive d'une façon différente suivant les circonstances.

Quand l'intoxication est le résultat d'une forte dose, comme celle qui résulte de l'ingestion des pousses et des épluchures, la prostration se transforme en une véritable paraplégie avec perte de la sensibilité et la mort se produit à bref délai sur un animal profondément stupéfié.

Lorsqu'elle est la conséquence de l'ingestion prolongée et en forte quantité de tubercules crus, mais non germés, le dénouement se fait attendre beaucoup plus longtemps, d'une à trois semaines ; à la prostration, qui reste le caractère dominant, s'ajoutent l'irritation intestinale et un amaigrissement qui fait de rapides progrès. Les animaux meurent dans le marasme.

Le principe toxique de la Pomme de terre est un stupéfiant du bulbe, de la moelle et des cordons nerveux, il paralyse les terminaisons des nerfs sensitifs et moteurs ; c'est un analgésique puissant.

Lésions. — A l'autopsie, on trouve sur l'intestin des

lésions qui sont celles de l'entérite aiguë ou de l'entérite chronique, suivant le mode d'intoxication ; l'intestin grêle est la partie la plus altérée. Les glandes annexes et les autres organes ne présentent rien d'anormal. Il y a congestion du cerveau et de ses enveloppes.

Quelques personnes ont avancé que la chair des animaux empoisonnés par la Pomme de terre dégage à la cuisson une odeur vireuse spéciale. Cette assertion n'est pas acceptée par d'autres qui soutiennent que cette odeur n'apparaît que quand on a distribué des Pommes de terre gâtées. Pour ces dernières, la viande provenant de bestiaux uniquement empoisonnés par la solanine et non par des produits contingents issus des diverses cryptogames que renferment les Pommes de terre malades, n'a ni odeur, ni saveur, ni aucun autre caractère qui la distingue de celles provenant d'animaux abattus en pleine santé.

S'il en est réellement ainsi, c'est une preuve que la solanine éprouve des décompositions dans l'organisme, car elle possède par elle-même une odeur vireuse et une saveur âcre. On pourrait, en raison de la dissociation du toxique, utiliser les animaux abattus au début de l'empoisonnement, bien que dans l'état d'indécision où l'on se trouve encore vis-à-vis de l'activité des produits formés par cette dissociation, il soit plus sage de s'abstenir. Mais si on a laissé prendre un caractère chronique à l'intoxication, la viande rentre dans la catégorie des chairs fiévreuses ou ectiques et doit être traitée comme telle.

La conduite de l'agriculteur se dégage des faits exposés : ne jamais affourager son bétail avec les fanes de Pommes de terre, ne faire entrer les tubercules crus que pour une partie dans le régime, en suspendre de temps en temps l'usage et les faire cuire de préférence ;

toujours rejeter les longues pousses formées en caves; au printemps, faire cuire les tubercules qui commencent à germer et jeter l'eau de cuisson. A l'aide de ces précautions fort simples, il se mettra à l'abri de tout accident; il se rappellera, d'ailleurs, que la cuisson augmente la digestibilité de la Pomme de terre et que le bénéfice qu'on en retire paye largement les frais de combustible.

Principe actif. — Il est possible qu'il y ait dans la Pomme de terre plusieurs principes vénéneux, mais un seul a été isolé et étudié convenablement. Il a été découvert en 1821 par Desfosses, et le nom de *Solanine* lui a été imposé.

La solanine $C^{43}H^{71}AzO^{16}$ (Hilger) est un alcaloïde qui dépose en aiguilles très fines dans sa solution alcoolique, à peu près insoluble dans l'eau, peu soluble dans l'éther, inodore à l'état sec, d'une odeur sui generis en s'hydratant, d'une saveur très âcre et nauséeuse. L'acide sulfurique concentré la colore en orangé et cette teinte passe peu à peu au violet foncé. Traitée à chaud par les acides sulfurique et chlorhydrique étendus, elle se dédouble en *solanidine* et en glucose. Elle fond à 235°.

Nous avons indiqué antérieurement les parties les plus riches en solanine dans la Pomme de terre et les variations de toxicité qu'elles éprouvent. On fera bien de se rappeler que cette substance s'élimine lentement de l'organisme et que le foie la retient assez longtemps. Elle se transforme dans le sang et les intestins en solanidine qu'on retrouve dans l'urine; celle-ci devient même albumineuse, si la quantité de solanidine est un peu considérable.

Sans avoir une activité de premier ordre, la solanine est vénéneuse incontestablement; un nombre déjà élevé d'expériences a mis sa toxicité hors de toute contestation. Si elle n'est pas l'unique cause des accidents décrits plus haut, elle paraît en être la principale.

§ II. — *De l'Aubergine, de la Douce-amère, de la Morelle noire et de la Tomate.*

Nous réunissons ces diverses espèces, parce qu'elles possèdent toutes la solanine comme principe commun, auquel elles doivent leurs propriétés malfaisantes ; les développements dans lesquels nous venons d'entrer à propos de la Pomme de terre, nous permettront de nous borner à de simples citations, puisqu'il y a communauté d'effets ou à peu près.

A. Solanum melongena, L. La *Morelle mélongène*, plus connue sous le nom d'*Aubergine* et décrite aussi par Duval sous l'appellation de *Morelle comestible* (*Solanum esculentum*), est une herbe annuelle, originaire de l'Inde, de 50 centimètres de hauteur, à tige un peu ligneuse, à feuilles amples, pubescentes en dessous, à fleurs rappelant celles de la Pomme de terre, mais d'un violet plus foncé. Calice accrescent. Fruit charnu, volumineux, ovoïde, luisant, noir, vineux, jaune ou blanc suivant les variétés.

L'Aubergine est cultivée dans le Midi pour son fruit qu'on mange après cuisson. A la maturité, la proportion de solanine qu'elle renferme n'est pas suffisante, pour qu'il y ait danger à la consommer, mais incomplètement mûre elle est malfaisante, sa teneur en toxique est élevée et des empoisonnements ont été signalés dans l'espèce humaine. On devra donc s'abstenir de manger ou de distribuer aux animaux, et notamment au porc, des Aubergines récoltées dans ces conditions.

B. *Solanum dulcamara*, L. La *Morelle douce-amère*, dite encore *Vigne de Judée* ou simplement *Douce-amère*, est une plante sarmenteuse de 1 à 2 mètres, dont la tige grêle supporte des rameaux flexibles et faciles à casser. Les feuilles sont hétéromorphes, les supérieures découpées en trois segments, les inférieures entières. Fleurs violettes en cymes pédonculées. Baies petites, ovoïdes, rouges à la maturité.

Le nom de Douce-amère donné à cette plante vient de la saveur de l'écorce qui est d'abord amère puis douceâtre.

M. Legrip a extrait la solanine de la tige et des feuilles de la Douce-amère, ces parties doivent donc être regardées comme suspectes. Mais cet alcaloïde n'y existe point seul, car M. Vulpian a observé que l'extrait de Douce-amère produit de la mydriase, tandis que la solanine pure n'en détermine point. Est-ce à un glycoside que ce végétal renferme aussi et que Pfaff appelle *dulcamarine* ou *picroglycion*, que la dilatation pupillaire est attribuable ou à d'autres principes qui lui sont associés ?

Quant aux baies, MM. Rodet et Baillet les déclarent sans propriétés malfaisantes ; cependant une personne m'affirma dernièrement avoir perdu quelques volailles qui avaient becqueté les fruits d'un buisson de Douce-amère. Floyer dit que trente baies ont suffi pour amener la mort d'un chien, mais Dunal affirme en avoir fait prendre davantage à cet animal sans qu'il en soit résulté aucun dérangement de sa santé.

Comme des faits négatifs ne peuvent infirmer les positifs, de nouvelles recherches sont à exécuter pour voir si la solanine n'éprouverait pas, dans les baies de Douce-amère, des variations quantitatives ; ce n'est point improbable quand on connaît les rapports de la chlorophylle et de ce corps. Incomplètement mûres et encore vertes, elles sont vraisemblablement dangereuses ; mûres et rouges, elles ne le seraient plus. Nous venons de voir le même fait dans les Aubergines.

Les ouvriers employés à la préparation de l'*extrait de Douce-amère* présenteraient, d'après M. Proust, des plaques érythémateuses à la face, aux membres et aux parties génitales et même de véritables éruptions.

C. *Solanum nigrum*, L. La *Morelle noire* est une plante annuelle, abondante autour des habitations et qui exhale une odeur assez désagréable. Sa taille moyenne est de 0,30 cent., ses feuilles sont sinuées, vert-sombre, ses fleurs petites, blanches, en cymes ombelliformes. Baies globuleuses, d'abord vertes, puis noires, quelquefois jaunâtres ou rouges.

C'est dans les fruits de cette plante que la solanine a été constatée pour la première fois en 1821. On doit donc les tenir pour suspects malgré les affirmations contraires de Dunal. Du reste, il a été publié des relations d'empoisonnements d'enfants par les baies de la Morelle noire. Mais en se rappelant la susceptibilité particulière des jeunes organismes, on évitera de tomber dans des craintes exagérées.

La solanine n'est pas très abondante dans la tige et les feuilles, et il a été dit que ce n'est pas un alcaloïde bien actif. Gohier a pu faire prendre 3 kilogr. de Morelle, à l'état vert, à un cheval et n'a déterminé que des symptômes sans gravité.

D. *Solanum Lycopersicum*, L. La *Morelle tomate*, aujourd'hui détachée du genre Morelle pour entrer dans le groupe des Lycopersicées sous le nom de *Lycopersicum esculentum,* Dunal, est une plante annuelle, cultivée dans les potagers sous le nom de *Tomate*. Sa tige, de 0,60 cent. de hauteur en moyenne, est rameuse. Ses feuilles inégalement pinnatiséquées dégagent une forte odeur vireuse. Fleurs d'un jaune pâle, en cymes extra-axillaires. Baies volumineuses, par réunion de plusieurs fleurs.

Ces baies sont consommées, sous le nom de *Pommes d'amour*, en grande quantité, surtout dans le Midi où leur acidité les fait apprécier. Mangées crues et incomplètement mûres, elles peuvent déterminer des accidents analogues à ceux que nous avons signalés à propos des autres fruits des Morelles et notamment des Aubergines. MM. Foderé et Hecht en ont extrait de la solanine.

Sous-Article II. — Des genres Atropa, Mandragore, Datura, Jusquiame et Scopolia.

Une seule espèce étant comprise dans le genre **Atropa**, nous allons immédiatement nous en occuper.

§ I. — *De la Belladone (Atropa belladona* L.*).*

La *Belladone* (fig. 46), dont le nom gracieux ne révèlerait point les propriétés délétères si Linné ne lui avait imposé celui d'Atropa (ἄτροπος, cruel), est encore appelée *Morelle furieuse*. C'est une herbe vivace, de 1 mètre à 1^m,50 de haut, dont la tige forte, dressée et ramifiée est un peu velue-glanduleuse en haut. Feuilles amples, finement pubescentes, entières, ovales à limbe aigu au sommet, vert-sombre. Fleurs latérales ou terminales, pédonculées, grandes, penchées. Calice foliacé, persistant, à 5 divisions. Corolle large, tubuleuse, un peu rétrécie à la base où existent 5 nervures ; sa couleur est d'un pourpre sale ou jaunâtre. Cinq étamines ; filets grêles, poilus à la base; baies pulpeuses, biloculaires, grosses comme des cerises, adhérentes au calice, vertes d'abord, puis rouges et enfin d'un beau noir luisant à la maturité, dont la pulpe tache en rouge vineux. Dans l'Ouest où la Belladone est commune, on appelle son fruit *Guigne des côtes*. Racine épaisse et charnue.

La Belladone est une plante vénéneuse dont les baies, ressemblant à des cerises et d'une saveur douceâtre, ont été la cause de méprises.

Toutes ses parties sont dangereuses, mais leur toxicité est inégale. Contrairement à ce qu'on pourrait croire, les baies sont les parties les moins riches en principes actifs, tandis que les racines sont les plus énergiques; la tige, les feuilles et les fleurs occupent une position intermédiaire. On estime que les racines sont cinq fois plus actives que les baies, mais on devra se rappeler que, dans la Belladone, comme dans toutes les autres plantes vénéneuses, il se produit des variations saisonnières; un peu avant la floraison, la racine est plus riche qu'après.

La dessiccation ne détruit pas les propriétés vénéneuses de la Belladone.

La susceptibilité des espèces et même des sujets d'une même espèce est très variable vis à vis de cette plante; c'est une de celles qui se prête le mieux aux observations sur l'inégalité de réceptivité et c'est aussi une de celles dont on s'est servi le plus fréquemment pour les suivre.

L'homme a une grande réceptivité pour ce poison; après lui viennent le chat, les oiseaux, le chien; le cheval ne se place qu'assez loin de ces animaux. Le porc, la chèvre, le mouton et le lapin sont peu sensibles à son action, ils ne s'empoisonnent pas par la voie digestive, même en mangeant la racine. Aussi les a-t-on présentés comme réfractaires à la Belladone. Leur non-

Fig. 46. — *Atropa Belladona*. — BELLADONE.

réceptivité n'a rien d'absolu, elle tient à la rapidité d'élimination du toxique par les urines, mais si l'on emprunte, pour le faire pénétrer dans l'économie, une voie différente, si l'on a recours à l'injection intra-veineuse, on détermine l'empoisonnement.

Nous avons déjà rencontré dans la famille des Légumineuses un poison, la cytisine, qui semble, lui aussi, ne point avoir d'efficacité sur les rongeurs et les ruminants, nous avons démontré qu'il n'y a là qu'une apparence et que l'immunité tient à la rapidité d'expulsion du toxique par les reins (Voyez page 302). Toutes les considérations développées à ce moment s'appliquant à la Belladone, nous n'y reviendrons point ici; on se contentera de rappeler que l'urine d'un lapin empoisonné par cette Solanée contient le principe toxique en quantité notable.

Les différences de réceptivité portant sur des individus de la même espèce et à peu près dans les mêmes conditions d'âge, de sexe et de poids, s'expliquent plus difficilement. Tant qu'il ne s'est agi que de personnes ayant mangé à peu près le même nombre de baies de Belladone et présentant néanmoins des symptômes d'une gravité différente, on a pu invoquer l'inégale teneur de ces baies en poison, inégalité due à la différence de maturité et de grosseur des fruits. Mais M. Trasbot en expérimentant sur des chiens avec l'alcaloïde de la Belladone, a trouvé des variations considérables. De deux chiens de même taille et de poids peu différents, l'un exigea une quantité double du même corps qui tua son congénère à dose moitié moindre. Parler, à propos de ces résultats, de variations dans l'impressionnabilité des tissus nerveux est se payer de mots, car c'est précisément la raison de ces variations qu'il faudrait trouver.

Il y a peu de chances pour que les animaux domestiques s'empoisonnent par la Belladone, ce ne pourrait être à craindre que pour les oiseaux de basse-cour. Parmi les autres animaux, les carnivores, qui sont passablement sensibles à ce poison, ne sont point exposés à le prendre spontanément; les herbivores, on l'a dit, en sont peu impressionnés. D'autre part, l'accumulation du principe actif dans l'organisme n'est pas à redouter et l'élimination se fait rapidement par les reins, raison de plus pour éloigner les chances d'accidents.

Ces raisons ajoutées aux variations dans la teneur du toxique, font qu'il est impossible de donner des chiffres représentant les quantités de Belladone verte qui tueraient les herbivores. Gohier et d'autres expérimentateurs ont pu en donner 1 kilog. à des chevaux sans amener de désordres bien marqués et cette dose continuée trois jours de suite n'a pas produit de troubles pathologiques plus accentués.

Hertwig prétend que les grands ruminants sont plus sensibles que les chevaux à l'action de la Belladone, mais il faudrait contrôler son assertion. Quant aux petits ruminants, on est unanime à les déclarer fort peu impressionnables par cette plante.

L'homme est exposé à s'empoisonner et en raison de sa sensibilité particulière pour l'atropine, les symptômes ont toujours un caractère très grave chez lui. Les enfants peuvent être séduits par le fruit et les accidents sont communs parmi eux. Ils ne sont pas rares non plus chez les adultes, l'ignorance des propriétés vénéneuses de la Belladone ou sa confusion avec quelque inoffensif végétal à baies les explique. On a vu une jeune paysanne cueillir les baies de cette plante pour celles de l'Airelle (*Vaccinium myrtillus*), les vendre pour ces dernières et empoisonner toutes les personnes, ignorantes comme elle, qui les achetèrent et les mangèrent (Roques). Quand on compulse les publications médicales, on y trouve de nombreuses relations d'intoxications de cette sorte, qu'il n'y a d'ailleurs aucun motif de résumer ici, car les circonstances en sont toujours les mêmes. Le plus connu et aussi le plus frappant de ces récits est celui de Gaultier de Claubry; ce médecin fut témoin en 1813 de l'empoisonnement de 160 soldats qui, trouvant des baies de Belladone dans leur campement, les mangèrent sans se douter de ce qui allait en résulter pour eux.

Pour un adulte, l'ingestion de deux ou trois baies n'a pas de suites nuisibles; passé ce chiffre et jusqu'à 25 ou 30, des signes d'empoisonnement se manifestent, plus ou moins marqués selon le nombre ingéré, mais la terminaison n'est pas fatale. Au delà de ce nombre, la mort est à craindre si les vomissements et une intervention médicale éclairée ne font pas éliminer le principe vénéneux de l'organisme. Heureusement que l'un des effets de la Belladone est précisément de provoquer des nausées et de contribuer elle-même à son évacuation. Les enfants, beaucoup plus impressionnables que les adultes, ne peuvent supporter que de faibles quantités de ces fruits, mais nous n'avons pas de documents précis sur ce point.

Symptomatologie. — Employée depuis un temps immémorial en thérapeutique, la Belladone et l'alcaloïde auquel elle doit son activité ont été étudiés avec soin dans les deux médecines, la symptomatologie en a été soigneusement tracée et l'on a donné le nom d'*Atropisme* à l'empoisonnement que provoque leur introduction dans l'organisme en proportion trop élevée.

Lorsqu'une personne a mangé une quantité de baies suffisante pour la rendre malade mais non pour la tuer, elle éprouve, de la 2ᵉ à la 3ᵉ heure après ce repas, de la sécheresse de la langue, de la bouche et de l'arrière-bouche, elle ressent quelques nausées, sa vue se trouble par dilatation pupillaire, elle a des défaillances, de la faiblesse musculaire, trébuche, tombe et ne se relève que pour tomber de nouveau. Puis surviennent des phénomènes de céphalalgie, du vertige, une sorte de folie avec agitation ou de l'hébétude, de la torpeur, mais plus rarement. Inconscience des actes, perte de la personnalité et de la mémoire, difficulté de la déglutition, aphonie complète ou seulement émission de cris sourds et inintelligibles ; besoins décevants d'aller à la selle. La sensibilité tactile est diminuée ; la respiration est peu modifiée, mais néanmoins elle est légèrement ralentie, par contre il y a augmentation du nombre des battements du cœur. Dysurie, constipation, quelquefois priapisme, hallucinations.

Lorsque la quantité ingérée est suffisante pour amener la mort, les symptômes précédents se précipitent et s'accentuent, mais il s'en ajoute peu de nouveaux. Les nausées s'accompagnent de vomissements, l'œil est proéminent, la mydriase portée au maximum et la vue à peu près abolie, car les malades se heurtent à tout ce qui les entoure. Les manifestations intellectuelles n'existent plus ; il y a des hallucinations singulières de l'ouïe ; les moribonds croient entendre des tintements de cloche ou divers autres bruits. La sensibilité d'abord exaltée diminue et disparaît peu à peu, de telle sorte qu'on a vu les malades toucher le feu et n'en point ressentir les brûlures. L'incoordination des mouvements est complète, d'ailleurs les malades se laissent tomber comme des masses. Les battements du cœur s'accélèrent considérablement, mais le pouls devient de plus en plus petit. La respiration est stertoreuse, pénible ; la température diminue de 1 à 3 degrés. Quelques émissions répétées d'urine au commencement de l'empoisonnement, puis dysurie.

Lorsque la mort est proche, des tremblements musculaires et des contractions cloniques se montrent, la face se grippe et se contracte spasmodiquement, le rire sardonique apparaît, les membres se détendent comme touchés par des décharges électriques. Cette phase de convulsisme est très courte, mais elle est nette sur quelques malades; d'autres ne sortent pas du profond coma où ils sont plongés.

La Belladone annihile l'action des filets nerveux moteurs des fibres circulaires de l'iris, de façon que l'appareil constricteur étant paralysé, le système dilatateur agit seul et qu'il y a mydriase. C'est par un effet de même nature qu'elle tarit les sécrétions glandulaires en paralysant les terminaisons des nerfs sécréteurs et qu'elle accélère les battements cardiaques par paralysie des fibres modératrices du pneumogastrique.

Pour porter un pronostic judicieux dans l'intoxication par la Belladone, il faut se baser, non sur la symptomatologie qui est trompeuse, si nous en jugeons du moins par ce que nous voyons sur les animaux qui servent à nos études expérimentales, mais sur la durée du mal. Lorsqu'un malade survit au delà de six à sept heures après le début de l'empoisonnement, on peut le considérer comme sauvé. Les signes de l'intoxication persistent pendant 24 et même 48 heures, en s'affaiblissant peu à peu; l'intelligence est longue à revenir à sa netteté normale et la dilatation de la pupille, avec les troubles de la vue qu'elle entraîne, persiste de 3 à 8 jours.

Les *lésions* de l'empoisonnement par la Belladone n'ont rien de caractéristique. On trouve quelques taches ecchymotiques ou parfois sphacéliques dans l'estomac, le reste de l'appareil digestif et ses annexes ne présentent rien à relever; les poumons sont engoués et parsemés de petits points asphyxiques. Un peu d'hyperémie des centres nerveux, quelquefois petites hémorrhagies bien limitées des méninges. Vessie généralement remplie d'urine. L'iris est revenu à son état normal et la dilatation de la pupille ne persiste pas après la mort.

Il est bien évident que si le toxicologiste n'avait que ces lésions à discuter, il ne pourrait arriver à conclure à un empoisonnement. Mais indépendamment des caractères chimiques du principe actif, caractères que nous indiquerons dans un moment, il devra se renseigner par l'examen des matières vomies et du contenu stomacal et intestinal. Il trouvera peut-être dans ces matières quelques baies plus ou moins intactes, mais sûrement leur enveloppe violette-noirâtre et surtout leurs graines. Celles-ci sont réniformes, à embryon recourbé en fer à cheval, leur surface est rugueuse et elles ont 2 millim. de long sur 1 millim. 1/2 de large. L'urine contenue dans la vessie devra être divisée en deux parts, l'une destinée aux recherches chimiques, l'autre à l'expérimentation. Cette dernière portion sera injectée hypodermiquement, non à des oiseaux ou à des lapins, mais de préférence au chat; s'il y a eu réellement intoxication par la Belladone, on observera immanquablement sur les félins d'expérience la dilatation de la pupille qui est si remarquable, en même temps que les autres symptômes, mais ceux-ci moins accusés. On trouve là une ressource qu'on aurait grand tort de négliger dans les affaires médico-légales.

Principes actifs. — La Belladone doit son activité à l'*atropine*, alcaloïde signalé par Brandes, mais isolé en 1883, simultanément par MM. Geiger et Hess et par M. Mein. On trouve bien encore dans cette solanée un peu d'*hyoscyamine* et aussi de la *belladonine*; au surplus cette dernière n'est considérée que comme un mélange d'atropine et d'oxyatropine et peut-être ne préexiste-t-elle pas dans la plante.

L'atropine $C^{17}H^{23}AzO^3$ est le principe important, le seul qu'on se soit attaché à isoler pour l'utiliser en thérapeutique. Cet alcaloïde cristallise en aiguilles soyeuses, sa saveur est amère, il est incolore et inodore quand il est bien pur. Il fond à 115 degrés et se volatilise à 140 degrés. Peu soluble dans l'eau froide et dans l'éther, il l'est davantage dans l'alcool et dans l'eau chaude. Chauffé en présence de la potasse, de la chaux ou de la baryte, il se dédouble sous leur influence en acide *tropinique* et en *tropine*. Des nombreuses réactions indiquées comme capables de déceler l'atropine, le plus grand nombre n'est pas spécifique; la suivante recommandée par Vitali est l'une des meilleures : verser 3 ou 4 gouttes d'acide azotique fumant sur l'atropine, évaporer au bain-marie, il reste un résidu jaunâtre qui se dissout avec une belle couleur violet-rougeâtre dans une solution de potasse caustique dans l'alcool à 90 degrés.

§ II. — *Mandragora*, Tourn. (*Mandragore*).

Ce genre offre à notre observation l'espèce qui suit :

Mandragora officinalis, Mill. La *Mandragore officinale* que Linné a décrite sous le nom d'*Atropa Mandragora* est une plante vivace, à souche forte et généralement bifurquée, acaule, dont les feuilles, toutes radicales, sont grandes, étalées, oblongues et bosselées. Fleurs blanchâtres ou teintées de pourpre, portées sur des hampes radicales; calice velu, corolle campanuliforme, pubescente, étamines 5. Baies globuleuses, charnues, vert-jaunâtres.

- La Mandragore ne se trouve en France que dans les

jardins botaniques, mais elle est spontanée dans la région méditerranéenne.

Cette plante est vénéneuse dans toutes ses parties; elle a d'ailleurs une saveur âcre et une odeur vireuse qui la font tenir immédiatement pour suspecte. De temps immémorial, ses propriétés toxiques ont été connues et la crédulité des anciens l'acceptait comme capable de jouer un rôle dans la composition des philtres.

Le principe actif de la Mandragore est l'atropine; les effets de cette plante sont donc identiques à ceux de la Belladone, ce sont ceux de l'atropisme et il n'y a pas à les développer à nouveau.

Quelques botanistes ont voulu élever au rang d'espèce une variété de Mandragore qui fleurit au printemps (et non en automne comme la *Mandragora officinalis*), et dont les baies sont très volumineuses, ce serait la *Mandragora vernalis*, Bertol. Peu importe le rang qu'on lui assigne dans la classification, il nous suffit de savoir que ses effets sont ceux de l'espèce prise pour type.

§ III. — *Datura*, L. (*Datura*).

Genre de Solanée constitué par des espèces toutes vénéneuses, la suivante est la plus commune :

Datura stramonium, L. La *Stramoine*, vulgairement appelée *Pomme épineuse*, *Herbe aux sorciers*, *Herbe magique* (fig. 47), est une plante annuelle, originaire de l'Amérique mais acclimatée et trop largement répandue en Europe. Sa tige a 0,60 cent. à 1 mètre de hauteur; elle est rameuse et dichotome. Ses feuilles sont larges, longuement pétiolées, inégales, sinuées-dentées, ses fleurs grandes, blanches, portées sur des pédoncules naissant à la bifurcation des rameaux. Corolle longue et infundibuliforme, à limbe plié. Capsule volumineuse, garnie de piquants et portant en bas le reste annulaire du calice. A son intérieur, deux loges divisées inférieurement par une fausse cloison chacune en deux loges secondaires, à déhiscence septifrage, s'ouvrant en 4 valves longitudinales.

Les graines du Datura sont des plus résistantes aux agents de destruction, ce qui est probablement cause de la dissémination rapide de cette plante exotique, qu'on voit surtout dans les décombres, autour des habitations et sur le bord des chemins.

La racine, la tige, les feuilles, les bourgeons, les fleurs, les capsules et les graines sont vénéneuses; les graines sont les parties les plus actives. La dessiccation et la cuisson n'en détruisent pas la toxicité.

Dans l'espèce humaine, des accidents ont été signalés sur des enfants qui ont ouvert les capsules de la Stramoine et en ont mangé les petites graines dont le goût est un peu sucré. Des criminels s'en sont servis; parmi les causes judiciaires les plus singulières, on peut citer celle concernant une association d'aubergistes qui faisaient infuser la semence de la Stramoine dans du vin, mêlaient ce breuvage empoisonné aux boissons des voyageurs et les détroussaient facilement lorsqu'ils étaient sous son influence. (De Sauvages.)

Les animaux repoussent cette plante dont l'odeur est désagréable et la saveur nauséeuse. Il n'y a donc guère lieu de redouter de voir le bétail s'empoisonner spontanément. Quelques expériences de Gohier ont appris qu'un cheval qui avait reçu la décoction de 122 grammes de graines, présenta pendant 6 à 7 heures les *symptômes* de l'intoxication, mais qu'il se rétablit.

Les symptômes de l'empoisonnement par la Stramoine sont ceux de l'Atropisme, ce qui nous dispensera d'en faire l'exposé.

Principe actif. — On donne le nom de *Daturine* à l'alcaloïde retiré de la Stramoine. Plusieurs savants

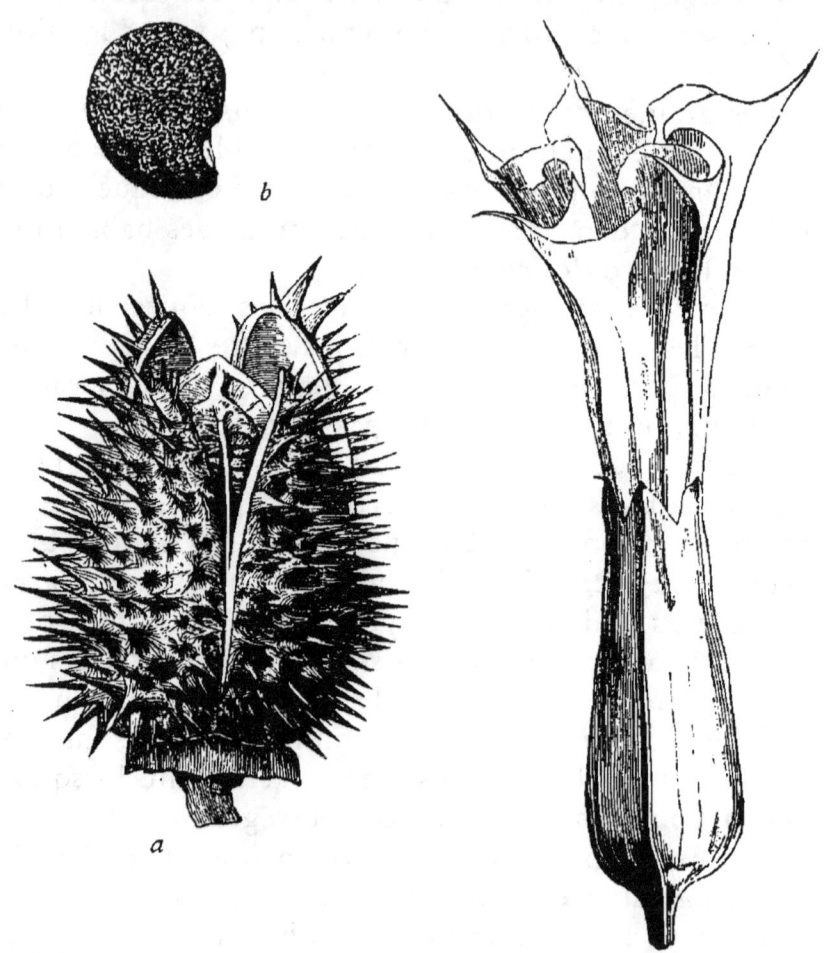

Fig. 47. — *Datura stramonium*, L. — Stramoine.
(*a*. Capsule. — *b*. Graine.)

admettent qu'il y a identité entre ce produit et l'atropine; la composition chimique est la même et les effets toxiques, y compris la dilatation pupillaire, ne diffèrent point. Mais quelques chimistes pensent que la daturine est seulement un isomère de l'atropine ; ils s'appuient, pour soutenir cette manière de voir, sur sa plus facile cristallisation et sur la formation d'un précipité blanc par le chlorure d'or tandis qu'il est jaune avec l'atropine.

Lorsque l'intoxication sera due aux graines de la Stramoine, on les trouvera dans les matières vomies et dans le contenu du tube digestif ; on les distinguera de celles de la Belladone par leur couleur noire et par leur longueur qui est de 4 à 5 millimètres.

On cultive dans nos jardins, comme plantes ornementales, d'autres sortes de Datura. Citons le *D. metel*, le *D. fastuosa*, appelé par quelques amateurs *Trompette du Jugement*, le *D. ferox*, le *D. arborea* et le *D. suaveolens*, toutes espèces dangereuses au même titre que celle qui a été choisie pour type.

§ IV. — *Hyoscyamus*, Tournef (*Jusquiame*).

Genre assez étendu dont toutes les espèces passent pour vénéneuses ; la suivante sera prise comme exemple :

Hyoscyamus niger, L. La *Jusquiame noire* (fig. 48) est une plante annuelle qui croît dans les décombres, autour des habitations. Sa tige, de 0,40 à 0,80 centimètres de haut est dressée, rameuse, poilue. Grandes feuilles oblongues, profondément découpées. Fleurs d'un blanc jaunâtre marquées d'un réseau noir violacé, à calice velu, renflé à la base ; corolle infundibuliforme ; étamines 5. Capsule à 2 loges polyspermes, à déhiscence circulaire s'ouvrant horizontalement au sommet, de telle sorte que la partie supérieure forme une sorte d'opercule. Racine fusiforme assez grosse.

La Jusquiame noire est visqueuse dans toutes ses parties, son odeur est désagréable et sa saveur nauséeuse. Ainsi que les Solanées précédemment étudiées, elle est vénéneuse par tous ses organes et ni la dessiccation ni la coction ne détruisent son principe toxique.

Elle a occasionné plus d'accidents que la Stramoine : sa racine a été prise pour celle du Persil, de la Chicorée

Fig. 48. — *Hyoscyamus niger*. — Jusquiame.
(*a*. Capsule réduite. — *b*. Graine.)

sauvage, du Panais ; ses jeunes pousses et ses feuilles ont été introduites par mégarde comme légumes dans l'alimentation humaine et ses semences ont été ingérées par des enfants.

En général, le bétail ne touche point à cette plante dans la campagne ; on a noté néanmoins l'empoisonnement de vaches qui l'avaient reçue à l'étable mêlée à d'autres fourrages. D'après MM. Rodet et Baillet, il est des pays où l'on mélange aux aliments des animaux qu'on veut engraisser de petites quantités de graines de Jusquiame ou de Stramoine. S'il est exact, comme le pensent les personnes qui recourent à une pareille pratique, que l'engraissement en est favorisé, on peut l'expliquer par l'assoupissement et la tendance au repos qui résultent des propriétés stupéfiantes de ces graines.

Nous manquons de renseignements précis sur la quantité de semences qu'il ne faut point dépasser dans cette circonstance.

Pour l'homme, nous savons, par une relation de Murray, que l'ingestion d'une vingtaine de graines suffit à déterminer des accidents relativement graves, mais que la mort ne survient pas.

Les symptômes, la marche, les terminaisons et les lésions sont semblables à ce que l'on constate dans l'atropisme, à quelques différences près. Parmi elles, nous citerons en premier lieu une salivation assez abondante et non la sécheresse de la bouche comme dans l'intoxication atropinique. Ce symptôme rapproche l'action de la Jusquiame de celle des Morelles, mais elle ne peut point lui être identifiée, puisqu'il y a dilatation de la pupille, ce que l'on ne constate pas dans l'intoxication par la solanine. La mydriase qui résulte de l'action de la Jusquiame se produit plus lentement que celle causée par la Belladone, et elle se dissipe aussi avec moins de rapidité.

Parmi les hallucinations produites par la Jusquiame, il en est une singulière, notée depuis longtemps et qui semble lui être propre, elle consiste pour les individus empoisonnés à se « sentir en l'air », à croire qu'ils ne touchent plus terre mais qu'ils flottent au-dessus du sol.

Principes actifs. — On a retiré de la Jusquiame un alcaloïde qu'on appelle *hyoscyamine*. Isolé d'abord par Brandes, il a été récemment l'objet de nombreuses études. On lui attribue la formule $C^{15}H^{17}AzO$; il cristallise difficilement, se présente sous la forme d'un liquide sirupeux dans lequel se voient quelques cristaux au microscope, est très soluble dans l'alcool, l'éther, le chloroforme et la benzine. Il fond à 108°, se dédouble comme l'atropine quand on le fait bouillir avec l'eau de baryte, mais il se volatilise plus facilement que ce corps. Traité par le chlorure d'or, il donne un précipité blanc-jaunâtre.

Indépendamment de l'hyoscyamine, Ladenburg a trouvé dans la Jusquiame un corps agissant aussi comme mydriatique, qu'il a nommé *hyoscine*.

Nous ne ferons que mentionner les espèces qui suivent :

Hyoscyamus albus, L. La *Jusquiame blanche*, commune dans les pays méridionaux, est moins rameuse, moins élevée que la précédente ; ses fleurs sont plus petites, d'un blanc sale, sans veines pourprées. Vénéneuse au même titre.

Hyoscyamus aureus, L. La *Jusquiame dorée*, cultivée comme ornementale dans quelques jardins, est spontanée dans la région méditerranéenne et en Orient. Ses fleurs sont pédonculées, d'un beau jaune avec la gorge de la corolle et les étamines teintes en pourpre foncé. Les expériences de Bulliard ont démontré sa toxicité.

Hyoscyamus faleslez..... Cette espèce appelée *El bethina* par les Arabes, croît dans le M'zab et le sud de nos possessions africaines. Elle est éminemment vénéneuse et une triste célébrité s'est attachée à elle dans ces derniers temps : son suc a servi à empoisonner les dattes offertes à la mission Flatters.

§ V. — *Scopolia*.

Ce genre, confondu jadis avec le précédent, sera seulement mentionné, car ses représentants sont surtout exotiques.

On s'est assuré de la vénénosité des espèces *S. physaloïdes*, *S. datora* (Sekaran des Arabes), *S. muticus*, *S. carniolica* et *S. orientalis*. De cette dernière espèce, on a extrait la solanine et un autre alcaloïde qui possède les propriétés mydriatique et sialagogue de l'hyoscyamine.

Sous-Article III. — Du Tabac.

Le genre **Nicotiana**, L. (**Tabac**), est constitué par des herbes élevées, parfois sous-frutescentes, à feuilles indivises, à fleurs blanches, purpurines, verdâtres ou jaunâtres, à calice tubuleux, infundibuliforme; étamines 5. Ovaire biloculaire, ovules nombreux, capsule septicide.

Les espèces de ce genre s'élèvent à une quarantaine, toutes probablement ne résisteraient point à un examen critique sérieux et plusieurs seraient ramenées au rang de variétés. La plus connue est la suivante :

A. *Nicotiana Tabacum*, L. (fig. 49). D'origine américaine et cultivé actuellement dans les deux Mondes pour des usages que personne n'ignore, le *Tabac* est une plante si connue qu'il n'y a pas à en faire la description botanique ici pas plus qu'à retracer l'histoire, faite cent fois, de son introduction dans l'Ancien Continent. Ces points laissés de côté, on abordera de suite ce qui concerne sa toxicité.

Le Tabac est vénéneux, mais sa teneur en matière toxique ou nicotine est soumise à des variations dont

DES PLANTES VÉNÉNEUSES. 475

l'examen a été fait avec le plus grand soin par M. Schlœsing et qui dépendent de l'âge de la plante, du climat et de la nature du sol.

Fig. 49. — *Nicotiana Tabacum* — Tabac.
(*a*. Fruit. — *b*. Fruit entr'ouvert.

Toutes les parties de ce végétal ne sont pas vénéneuses, les graines ne renferment pas l'alcaloïde toxique qu'on trouve principalement dans les feuilles.

Au moment où le jeune plant de tabac commence à se développer, ses petites feuilles sont pauvres en matière toxique, mais la proportion de celle-ci augmente au fur et à mesure de la végétation ; les chiffres suivants relatifs à des feuilles détachées successivement à diverses époques de mêmes plantes, en fournissent la démonstration :

	Nicotine p. 100 de feuilles desséchées.
25 mai..	0,79
18 juillet..	1,21
6 août.	1,93
27 août.	2,27
8 septembre.	3,36
25 septembre.	4,32

Le climat a une influence non moins considérable et des variations du simple au quadruple se constatent, comme on peut s'en assurer par les chiffres suivants :

	Nicotine p. 100 de tabac sec.
Lot.	7,96
Lot-et-Garonne..	7,34
Nord.	6,58
Ille-et-Vilaine.	6,29
Pas-de-Calais.	4,94
Alsace.	3,21
Virginie.	6,87
Kentucky.	6,09
Maryland.	2,29
Havane.	2 (un peu faible).

La nature du terrain et les engrais influent aussi quelque peu sur la teneur en nicotine ; leur influence s'exerce en modifiant la structure de la feuille et son épaisseur, car la proportion de l'alcaloïde spécifique est en rapport avec l'épaisseur du parenchyme. Les terrains sablonneux, à sous-sol argileux, sont ceux qui paraissent pousser le plus à l'élaboration de la nicotine parce que les feuilles y deviennent épaisses.

La dessiccation n'enlève point au Tabac ses propriétés malfaisantes ; son eau de macération ou de cuisson est extrêmement dangereuse et l'on dit que les plantes et les graines qui se trouvent à son contact pendant sa dessiccation peuvent à leur tour acquérir de fâcheuses qualités.

Indépendamment de l'intoxication chronique qu'on attribue à l'habitude de fumer et sur laquelle nous reviendrons, de très nombreux accidents sont arrivés et des crimes ont été commis par l'emploi du Tabac. Très souvent il y a eu mort d'homme, car la nicotine est l'un des poisons les plus actifs et les plus dangereux que l'on connaisse. Les principales causes de ces accidents ont été les lotions au jus de Tabac exécutées par les gens du peuple pour se débarrasser de parasites, le dépôt, par une plaisanterie stupide, de Tabac, spécialement de Tabac à priser, dans le verre de personnes attablées, la déglutition involontaire du Tabac par les chiqueurs, etc.

Les empoisonnements d'animaux domestiques sont proportionnellement plus fréquents que ceux qui ont trait à l'espèce humaine, mais ils se répartissent d'une façon très inégale ; l'espèce bovine paie à elle seule un tribut plus lourd que toutes les autres réunies.

Une cause générale d'empoisonnement d'animaux est identique à celle qui a été mentionnée pour l'homme, il s'agit de lotions et de lavages parasiticides au jus de Tabac. Les propriétaires de bétail trouvent dans ce liquide un agent anti-parasitaire énergique, que les Manufactures de Tabac livrent aujourd'hui à très bas prix, double raison pour que son emploi se soit rapidement généralisé. Il arrive que si le lavage a été fait sur tout le corps, et surtout s'il y avait des excoriations, des crevasses ou de petites blessures de la peau, l'absorption de la nicotine se fait rapidement et l'intoxication se manifeste avec tout son cortège de symptômes graves et alarmants.

Une autre cause d'empoisonnement, moins générale que la première puisqu'elle ne sévit que dans les régions où la culture du tabac est autorisée, est l'ingestion de la plante elle-même par les animaux, soit verte, soit desséchée. Sous le premier état, elle est moins dangereuse que sous le second, parce que la proportion de toxique n'est vraiment considérable que dans les derniers temps de la végétation; mais sous le second ses propriétés sont très développées.

Il faut faire remarquer qu'à l'exception des bêtes bovines, les autres espèces ne recherchent pas spontanément les feuilles de Tabac; la chèvre elle-même, dont la dent s'attaque à tout, dédaigne cette Solanée. Ces espèces ne s'empoisonnent que lorsque le fourrage qui leur est distribué en contient accidentellement. Le bœuf fait exception; par un goût étrange, que des vétérinaires ont cru maladif et qu'ils ont comparé au pica, il recherche les feuilles de Tabac, surtout celles qui sèchent, les mange et s'empoisonne. S'il peut s'introduire dans la grange qui sert de *séchoir* au planteur, il happe les plantes suspendues de tous côtés et s'intoxique. Il semble qu'au lieu de l'éloigner, l'odeur spéciale du Tabac qui sèche l'attire; on cite comme preuve à l'appui, ce qui arriva chez un paysan d'un de nos départements du Midi. Cet homme, pour soustraire quelques feuilles de Tabac à l'impôt, les avait cachées dans la paillasse d'un lit placé au fond de sa grange. Pendant une absence du personnel de la métairie, un des bœufs se détacha de l'étable, pénétra dans la grange, éventra la paillasse, mangea les feuilles qui y avaient été cachées et mourut dans la soirée. (Deynaud.)

Le Tabac renferme un toxique tellement actif que quelques gouttes placées sur l'œil d'un chien le tuent en peu de minutes, néanmoins de grandes différences se remarquent dans les susceptibilités individuelles, chez l'homme et chez les espèces domestiques. Tout le monde sait qu'il est des personnes qui n'ont jamais pu, malgré les tentatives qu'elles ont faites, s'accoutumer au Tabac. La plus minime quantité les rend malades, tandis que d'autres en supportent d'emblée d'assez fortes proportions. Les études expérimentales faites dans les laboratoires montrent, sur les animaux et particulièrement sur les chiens qui servent habituellement à ces recherches, des différences de même ordre. Tel chien sera tué avec 4 centigr. de nicotine, tandis que tel autre, dans des conditions semblables d'âge, de sexe et de poids, résistera à une dose double.

Mais si ces différences sont très réelles, elles n'impliquent point que quelques espèces jouissent d'une immunité complète et absolue vis-à-vis du Tabac. O. Nasse a avancé que les chats qui viennent de naître et les souris sont insensibles à la nicotine; cette assertion n'est pas exacte, M. René l'a prouvé par plusieurs expériences exécutées sur ces animaux.

Un autre point intéressant dans l'histoire de l'empoisonnement qui nous occupe est l'accoutumance de l'organisme à la nicotine. C'est à cet alcaloïde que pourraient s'adresser les personnes désireuses d'imiter Mithridate et de montrer qu'un organisme saturé de ce toxique est beaucoup moins sensible à l'introduction de nouvelles quantités qu'un organisme vierge de tout nicotisme. La résistance des grands fumeurs qui du matin au soir ont la pipe à la bouche, mise en parallèle avec les nausées et les angoisses des débutants, quel que soit leur âge, en est une preuve sans réplique.

A cause des variations considérables dans la teneur du Tabac en nicotine et dans les susceptibilités organiques, il n'est possible de déterminer les doses toxiques que d'une façon approximative. On estime que pour l'enfant, l'introduction de 8 grammes de Tabac dans l'organisme détermine la mort; pour l'adulte, 30 à 40 grammes seraient nécessaires.

Les animaux domestiques s'empoisonnent rarement et difficilement avec les feuilles vertes; avec les feuilles desséchées, de 500 grammes à 2 kilog. pour le bœuf, de 300 à 1200 grammes pour le cheval, de 30 à 100 grammes pour les petits ruminants, nous paraissent les limites entre lesquelles l'intoxication est susceptible de se manifester.

Symptomatologie. — L'empoisonnement peut être aigu ou chronique; les deux circonstances sont à examiner. Il va de soi que, chez les animaux, l'intoxication est toujours aiguë.

a) Empoisonnement aigu. — A l'extérieur, le jus de Tabac et la nicotine produisent des effets irritants marqués, l'absorption est très rapide et l'on voit bientôt apparaître les effets de l'intoxication. Certaines parties ont une puissance d'absorption considérable, il suffit de déposer une goutte de nicotine sur la conjonctive d'un cobaye pour le voir mourir dans la minute qui suit.

A l'intérieur, après l'ingestion ou l'absorption cutanée, on voit survenir, si la dose a été faible, une salivation abondante, de l'agitation, des nausées, des vomissements, des sueurs froides, de l'angoisse, de la pâleur de la face et des muqueuses, quelques douleurs intestinales et des évacuations. Il y a ralentissement des battements du cœur, en même temps qu'accélération de la respiration.

A dose plus forte, mais non mortelle, la respiration devient laborieuse, les mouvements thoraciques fréquents et amples, l'essoufflement est prononcé, il y a resserrement de la pupille, trouble de la vue, vertige et défaillances. A cette phase d'excitation succède une période de stupeur, la respiration s'arrête, pour reparaître après une ou deux minutes, la circulation devient irrégulière, faible et intermittente, la tension artérielle s'élève puis s'abaisse.

Si la dose a été toxique, aux symptômes précédents s'ajoutent des mouvements incoordonnés, des convulsions tétaniques, il y a chute sur le sol, pâleur extrême, battements rapides et incohérents du cœur, ralentissement puis arrêt de la respiration, collapsus, obtusion de la sensibilité, paralysie, mort.

Les animaux présentent des symptômes analogues à ceux qu'on vient d'envisager sur l'homme, avec des variantes sous la dépendance de l'organisation spécifique. Ne vomissant pas pour la plupart, ils font de vains efforts afin de se débarrasser de la matière qui les intoxique, l'irritation du tube digestif est toujours très marquée, à de la constipation de début succède une diarrhée fétide, qui entraîne des débris d'épithélium intestinal et des mucosités.

Le Tabac produit les effets qu'on vient d'exposer par excitation des centres moteurs bulbo-médullaires, des terminaisons ganglionnaires des fibres d'arrêt des pneumogastriques et des vaso-constricteurs. Il détermine surtout la mort par arrêt des muscles inspirateurs.

b) Empoisonnement chronique. — Spécial à l'espèce humaine et déterminé par l'habitude de se servir avec exagération de Tabac sous une forme quelconque, on lui a donné le nom de *Nicotisme*.

L'usage du Tabac à fumer ou à priser a fait couler des flots d'encre ; les uns l'ont chargé de tous les méfaits, les autres ont refusé de le considérer comme nuisible. Il serait oiseux d'exposer à cette place les arguments des partisans et des adversaires du Tabac, d'autant plus que toutes ces interminables discussions n'ont rien changé aux habitudes et aux penchants de nos concitoyens.

Si l'on peut discuter sur l'usage, on est unanime à blâmer l'abus. En effet, il se produit alors une véritable intoxication par l'introduction incessante de petites doses de nicotine dans l'organisme. Comme effets locaux, on cite une irritation spéciale de la muqueuse nasale, avec affaiblissement de l'odorat et quelquefois production d'ulcères et de polypes chez les priseurs ; chez le fumeur, l'excitation des tissus peut réveiller des dispositions héréditaires et faire apparaître le cancer de la bouche, de la langue ou des lèvres.

Comme effets généraux, on cite l'otite, l'amblyopie, la diminution des facultés génésiques, des accidents nerveux du côté du cœur et des poumons ainsi que des tremblements.

On a discuté et l'on discute encore si les ouvriers des deux sexes employés dans les manufactures de Tabac subissent ou non l'empoisonnement chronique ; la discussion n'étant pas close, il est difficile aujourd'hui de se rallier à une opinion plutôt qu'à l'autre.

Si les désordres produits par l'abus du Tabac sont suffisamment graves pour qu'il n'y ait pas besoin de les exagérer comme on l'a fait souvent, il est rassurant de pouvoir dire qu'ils disparaissent rapidement quand leur cause efficiente cesse.

Lésions. — Taches inflammatoires sur le tube digestif, parfois depuis l'arrière-bouche jusqu'à l'intestin, d'autres fois appréciables seulement sur l'estomac et l'intestin. Ecchymoses sur le poumon et sur les valvules auriculo-ventriculaires gauches. Injection des centres nerveux et des sinus. Tissus pâles, capillaires vides, gros vaisseaux et cœur droit engoués de sang noir. Rigidité excessive du cadavre qui, d'après Robin, résiste plus longtemps à la putréfaction qu'à l'ordinaire.

Bien que la mort arrive très rapidement chez les herbivores empoisonnés par le Tabac, on ne peut consommer leur chair. On conteste que cette viande répande une odeur de Tabac. Alors même que cette contestation serait fondée et qu'aucune modification physique ne se serait produite, comme la nicotine se retrouve dans le sang et qu'elle baigne avec lui tous les tissus, comme, d'autre part, cet alcaloïde ne se décompose qu'à 240°, température qui n'est jamais atteinte dans les opérations culinaires, il y aurait danger à la faire entrer dans la consommation.

Principe actif. — Les feuilles de Tabac doivent leur activité à la *nicotine* qui n'y est pas libre mais à l'état de citrate et de malate. On y trouve bien encore d'autres principes immédiats : les acides oxalique, acétique, pectique, de l'amidon, du sucre, de la cellulose, des principes solubles dans l'éther, résines verte ou jaune, graisse, essence, matières azotées.

La nicotine $C^{10}H^{14}Az^2$ isolée pour la première fois, à l'état de pureté, par MM. Posselt et Reimann, est un liquide oléagineux, incolore à l'abri de l'air mais qui brunit et s'épaissit par oxygénation. Peu odorante à froid, elle est extrêmement âcre et irritante à chaud, très soluble dans l'eau, l'alcool, l'éther et les huiles grasses, très hygroscopique, elle bout à 250° et se solidifie à — 10°.

D'après Kletzinsky, une goutte de nicotine projetée sur de l'acide chromique sec s'enflamme avec production d'une odeur camphrée de Tabac.

Au contact de l'acide sulfurique, à froid, la nicotine prend une couleur rouge-vineux ; en présence de l'acide chlorhydrique, elle émet des vapeurs blanches ; avec l'acide azotique, elle prend une couleur jaune-orangé.

B. *Nicotiana rustica*, L. Le *Tabac rustique* qu'on appelle encore *Petit Tabac*, *Tabac à feuilles rondes*, *Tabac femelle* et *Tabac du Mexique*, est une plante annuelle, herbacée, de 0,60 à 0,70 centimètres de haut, à feuilles épaisses et poilues. Les fleurs sont à corolle verdâtre, hypocratérimorphe, le fruit capsulaire comme dans le Tabac ordinaire, mais plus petit et plus obtus.

Cette espèce est moins répandue que la précédente, on la cultive pour les usages pharmaceutiques.

Sa toxicité est celle du Tabac ordinaire, un peu atténuée.

On pense qu'il en est de même des espèces ou variétés suivantes : *N. fruticosa*, *N. petiolata*, *N. macrophylla*, *N. quadrivalvis*, *N. repanda*, *N. persica*, *N. chinensis*, *N. asiatica*, *N. glauca*.

BIBLIOGRAPHIE.

Pomme de terre. — Heiss, *Empoisonnement par l'affouragement avec la feuille de Pomme de terre*, in *Wochenschrift f. Thierheilkunde*, 1885 ; traduction de Strebel, in *Journal de médecine vétérinaire*, 1886. — Wehenkel, *Rapports sur l'état sanitaire du bétail en Belgique pour* 1883. — *Empoisonnement par la solanine*, in *l'Éleveur*, année 1886. — Geneuil, *Etude sur la solanine*, in *Bulletin de thérapeutique*, 1886.

Morelle noire. — Roque, *Phytographie médicale*, t. I.

Belladone. — La Belladone et l'Atropine ont été l'objet d'un si grand nombre d'Études, de Mémoires, de Notes que l'énumération en serait démesurément longue, encore courrait-on le risque de commettre des omissions. Aussi renvoyons-nous simplement aux Traités de Matière médicale, de Thérapeutique et de Toxicologie, pour ce qui les concerne, ainsi que pour la Stramoine et la Jusquiame.

Tabac. — TH. SCHLŒSING, *Recherches sur le Tabac*, in *Annales de Physique et Chimie*, t. XIX, 3ᵉ série. — BARRAL, *Analyse du Tabac*, in *Annales d'Hygiène publique*, 1846. — LE VICOMTE SIMÉON, *Rapport sur la santé des ouvriers employés dans les Manufactures de Tabac*, in *Annales d'Hygiène publique*, 1843. — MÉLIER, *De la santé des ouvriers employés dans les Manufactures de Tabac*, in *Bulletin de l'Académie de Médecine*, 1845. — CHEVALIER, *Note sur la santé des ouvriers qui travaillent le Tabac en Belgique et en Angleterre*, in *Annales d'Hygiène publique*, 1845. — YGONIN, *Recherches sur la santé des ouvriers des Manufactures de Tabac de Lyon*, in *Lyon Médical*, 1880. — PRUSECKI, *Influence des manufactures de Tabac sur la menstruation, la grossesse et la santé des nouveau-nés*, in *Revue d'hygiène et de police sanitaire*, 1881. — GALLAVARDIN, *Empoisonnement par l'application de feuilles de Tabac sur la peau* in *Comptes rendus de l'Ac. des sciences*, 1864. — DECAISNE, Plusieurs publications dans la *Gazette des hôpitaux*, la *Revue d'Hygiène et police sanitaire* et *C. R. de l'Ac. des sciences*. — LE BON, *Dosage de l'oxyde de carbone contenu dans la fumée de Tabac*, in *France médicale*, 1880. — GUINIER, *Quelques recherches sur le Tabac et la nicotine*. Thèse de Montpellier, 1883. — PÉCHOLIER, art. *Tabac*, du *Dict. encyclop. des sciences médicales*. Voyez aussi les *Bulletins et comptes rendus des travaux de la Société contre l'abus du Tabac*. — BERGANOT, *Empoisonnement des bêtes bovines par le Tabac*, in *Journal de l'École vétérinaire de Lyon*, 1852. — LANUSSE, *De l'empoisonnement par le Tabac et de son traitement chez les bêtes bovines*, in *Journal des vétérinaires du Midi*, 1852. — GOURT, *De l'empoisonnement par le Tabac et de son traitement chez les animaux domes-*

tiques. Thèse vétérinaire de Toulouse. — Grellir, *De l'empoisonnement par le Tabac chez les bêtes bovines*. Thèse vétérinaire de Toulouse. — Ch. Cornevin, *Empoisonnement de deux génisses par des lotions de jus de Tabac*, in Annales de zootechnie, 1875. — Albert René, *Quatre cas d'empoisonnement de bêtes bovines par le Tabac*, in Recueil de médecine vétérinaire, 1881. — Zundel a parlé à plusieurs reprises de l'empoisonnement du bétail par le Tabac dans ses chroniques d'Allemagne insérées au *Recueil vétérinaire* ainsi que M. Wehenkel, dans plusieurs rapports sur l'état sanitaire de la Belgique, notamment celui pour l'année 1884.

Article IV. — Campanulacées, Scrofulariées, Orobanchées et Labiées.

Dans le dernier groupe végétal qui reste à examiner, les familles des Campanulacées et des Scrofulariées sont les plus importantes.

Sous-Article I. — Campanulacées.

En plaçant les Campanulacées après les Solanées, nous nous écartons un peu de la classification purement botanique; l'identité de l'alcaloïde vénéneux trouvé dans quelques-unes des premières et des secondes est notre excuse.

Le genre **Lobélia**, *L.* est le seul de la famille des Campanulacées dont nous ayons à nous occuper. Il est composé d'herbes et de sous-arbrisseaux à feuilles alternes, à pédoncules uniflores, axillaires ou disposés en épi, à calice régulier ou bivalve, à corolle généralement fendue jusqu'à la base. Capsule bivalve.

Ce genre, constitué surtout par des formes des régions chaudes, renferme peu d'espèces européennes, citons pourtant :

Lobelia urens. La *Lobélie brûlante* est une herbe vivace, de 0,50 centimètres de haut, semi-aquatique, à fleurs d'un bleu-clair agréable. Elle renferme un latex très âcre qui, porté dans l'œil, détermine une vive inflammation. Prise à l'intérieur, elle provoque des symptômes analogues à ceux de la Belladone, avec des accidents inflammatoires en plus. On en a extrait de l'Atropine. Aussi renvoyons-nous pour l'intoxication par la Lobélie à ce qui a été dit page 463 des effets de l'*Atropa belladona.*

Nous signalerons encore dans le même genre : *L. erinus* petite plante de l'Afrique australe, à fleurs bleues, acclimatée par nos horticulteurs et employée à faire des bordures, *L. cardinalis*, *L. splendens*, *L. fulgens*, toutes d'origine américaine, introduites aussi dans les jardins européens, comme ornementales. Ces formes doivent être tenues en suspicion pour le même motif que la Lobélie brûlante.

Sous-Article II. — Scrofulariées.

Les Scrofulariées, fort nombreuses car on en compte environ 1900 espèces, sont herbacées pour la plupart, quelques-unes sous-frutescentes, et forment un groupe très naturel. Plusieurs d'entre elles sont vénéneuses.

§ I. — *Verbascum*, Tournef. (Molène).

Ce genre, que plusieurs botanistes distraient des Scrofulariées pour en faire le type de la petite famille des Verbascées, renferme des plantes dont les caractères sont intermédiaires à ceux des Solanées et des Scrofulaires. On trouve un grand nombre de Molènes, peu différentes et partant assez difficiles à distinguer les unes des autres, d'autant plus qu'il y a parfois hybridation et production de formes intermédiaires. Nous devons signaler :

Verbascum Thapsus, L. (*Molène Bouillon blanc*). Le Bouillon blanc, encore dit *Bouillon mâle, Herbe de saint Fiacre, Bonhomme*, est une plante des lieux incultes et des taillis, d'un mètre de haut, dont la tige et les feuilles sont couvertes d'un tomentum abondant et fort doux. Les feuilles sont molles, épaisses, vert-jaunâtre, à peu près entières. Fleurs en épi au sommet de la tige, corolle d'un beau jaune d'or, rotacée à cinq lobes inégaux. Etamines 5. Fruit capsulaire. Graines très petites, oblongues.

Les feuilles et les fleurs du Bouillon blanc sont employées en médecine comme émollientes et pectorales. Les graines sont narcotiques, on s'en sert, dit-on, pour engourdir et même empoisonner les poissons ; c'est à ce titre que nous signalons cette plante à laquelle, d'ailleurs, les bestiaux ne touchent point. L'étude chimique du toxique que contiennent les graines mériterait d'être faite.

§ II. — *Gratiola*, L. (Gratiole).

A signaler, dans ce genre, deux espèces possédant les mêmes propriétés : l'une, exotique, croît au Pérou, c'est la *Gratiola peruviana*, L. l'autre est indigène et va nous arrêter un instant :

Gratiola officinalis, L. La *Gratiole officinale*, appelée quelquefois *Petite digitale* et plus communément *Herbe au pauvre homme*, est une plante herbacée de 0,30 centimètres de hauteur, à tige quadrangulaire, garnie de feuilles d'un vert-clair, lancéolées, dentées à l'extrémité. Fleurs solitaires à l'aisselle d'une feuille, pédonculées. Corolle à tube strié, blanche rosée ; fruit capsulaire, bivalve, souche traçante.

La Gratiole croît dans les lieux humides, sur le bord des ruisseaux. Toutes ses parties, d'une saveur amère, sont vénéneuses. La dessiccation et la coction ne détruisent pas sa vénénosité.

Elle a occasionné quelques empoisonnements dans l'espèce humaine, parce qu'elle est employée dans le peuple comme purgative et parfois comme anthelminthique.

Les animaux la dédaignent ; quand elle est desséchée avec le foin et qu'elle entre dans la composition de celui-ci, les animaux en prennent suffisamment pour en éprouver de mauvais effets.

En infusion, l'homme ne peut guère sans danger dépasser la dose de 10 grammes.

La Gratiole est un purgatif drastique très violent ; prise sans ménagement, elle détermine tous les accidents de la superpurgation, avec vomissements et dépression considérable des forces. La mort peut être le résultat de son action sur le tube digestif, mais c'est exceptionnel ; le plus souvent, il ne reste qu'une prostration profonde et assez persistante. Les animaux qui reçoivent un foin mêlé de Gratiole, ont des diarrhées qui les épuisent et les font beaucoup maigrir.

Les lésions sont celles de la superpurgation.

Principe actif. — La Gratiole doit son activité à un glycoside, découvert par Marchand et appelé *Gratioline*. Sa formule serait $C^{20}H^{34}O^{7}$; elle est blanche, cristalline, soluble dans l'eau bouillante et dans l'alcool, insoluble dans l'éther. Sa saveur est amère ; traitée par l'acide sulfurique, elle se colore en rouge et au contact de l'ammoniaque et de la potasse, elle prend la coloration verte. Après une ébullition d'une heure avec de l'acide sulfurique étendu, elle se dédouble en sucre, en *gratiolurétine* et *gratiolétine*.

§ III. — *Scrofularia*. Tournef. (Scrofulaire).

Le genre **Scrofularia** renferme plusieurs espèces d'une odeur désagréable, d'une saveur amère, d'une énergie remarquable sur l'appareil digestif et qui ont joui autrefois d'une vogue très grande contre la scrofule. Elles sont tombées dans un discrédit médical complet aujourd'hui. L'espèce suivante sera prise comme type :

Scrofularia nodosa, L. La *Scrofulaire à racine noueuse*, dite aussi *Grande scrofulaire* et *Herbe aux écrouelles*, est une plante herbacée, vivace, de 0,60 centimètres de hauteur, à tige quadrangulaire, à feuilles glabres, cordées à la base, arrondies au sommet, à bords dentelés. Fleurs petites, à corolle verdâtre, en panicule terminale. Fruit capsulaire. Rhizome horizontal et noueux.

La grande Scrofulaire, qu'on trouve dans les endroits ombragés et humides, est énergiquement émétique et purgative ; ingérée en trop grande quantité, elle pourrait amener des superpurgations mortelles. Heureusement qu'en général les bestiaux n'y touchent pas.

Le discrédit dans lequel elle est tombée, au point de vue médical, fait qu'il n'y a pas d'accidents à redouter de sa part sur l'espèce humaine.

Walz a extrait de cette plante une matière cristallisant en écailles, amère, soluble dans l'eau et précipitable en blanc par le tannin, il lui a imposé le nom de *Scrofularine*. Sa solution est d'une amertume très prononcée.

Nous ne ferons que citer les espèces : *S. Aquatica*, L. (*Scrofulaire aquatique* ou *Benoîte d'eau*) et *S. Canina*, L. (*Scrofulaire* ou *Rue des chiens*).

Elles doivent aussi être tenues pour suspectes. Walz

a également extrait de la Scrofulaire aquatique une matière qui est analogue, mais non identique à la scrofularine. Il l'a nommée *scrofulérine*. Elle est soluble dans l'alcool et l'éther et très irritante.

§ IV. — *Digitalis*, Tournef. (Digitale).

Genre comprenant de quinze à dix-huit espèces ; nous avons à signaler la suivante qui est la plus importante :

Digitalis purpurea, L. La *Digitale pourprée*, dite aussi *Gant de Notre-Dame*, *Gantelée*, *Doigt de la Vierge*, *Pétereau* (fig. 50), est une herbe bisannuelle ou vivace, de 0,60 à 0,90 centimètres de hauteur, qu'on trouve dans les pays montagneux et qui végète avec une grande vigueur dans les terrains granitiques ou dérivés, mais se plaît moins dans les régions calcaires. Sa tige est dressée, simple, cylindrique et pubescente. Feuilles alternes, les inférieures en rosette, les supérieures de plus en plus petites, ovales, oblongues. Grandes fleurs pendantes, disposées en grappes spiciformes et unilatérales. Corolle irrégulièrement tubuleuse, à limbe inégalement bilabié, d'un rose vif dans les terrains qui conviennent bien à la végétation de cette plante, plus pâle sur les pieds cultivés, à titre ornemental, dans nos jardins ou croissant spontanément dans des terrains renfermant beaucoup de calcaire, montrant, en dedans, quelques poils et des taches ocellées, pourpre foncé avec auréole blanche ou ponctuée. Étamines 4. Capsule biloculaire et bivalve, à loges polyspermes. Nombreuses petites graines, ovoïdes, brun pâle, alvéolées. Racine très divisée et fibreuse.

Toutes les parties de la Digitale sont vénéneuses et bien que la médecine n'utilise que les feuilles, l'analyse chimique a montré que les graines sont les parties les plus riches en principes actifs. Il y a des migrations de ces principes sous l'influence des saisons; ainsi les feuilles sont plus toxiques avant la floraison qu'après. La provenance exerce une influence sur la vénénosité et la Digitale cultivée dans les jardins est moins active que celle qui croît spontanément dans les montagnes. La situation des feuilles sur la tige l'influence aussi, les caulinaires étant plus actives que les radicales. Celles d'une plante de deux ans le sont également davantage que celles de l'année.

Ni la dessiccation ni la coction ne détruisent la toxicité.

Il a déjà été dit que la médecine utilise largement la Digitale, plusieurs empoisonnements ont été enregistrés par suite de doses exagérées prises par erreur. Il n'est guère douteux aussi, lorsqu'on considère la profusion avec laquelle elle est répandue et la facilité qu'on a de se la procurer, qu'elle ait été employée par des criminels. Un procès célèbre a, d'ailleurs, mis le fait hors de contestation pour son alcaloïde le plus actif, la digitaline.

Dans les champs, les animaux ne la broutent point; en parcourant les friches et les montagnes du centre et du sud de la France où elle est très abondante, on la voit partout respectée, même par les chèvres.

En présence des variations d'activité signalées plus haut et des susceptibilités individuelles, il est assez difficile de dire quelle quantité de feuilles il faudrait faire infuser pour obtenir une boisson capable d'entraîner la mort. En groupant quelques relations d'empoisonnements de cette sorte, on voit que lorsque la quantité employée pour l'homme a atteint 10 grammes de feuilles sèches, soit 40 grammes de feuilles vertes, le patient ou est mort ou est allé aux portes de la mort et

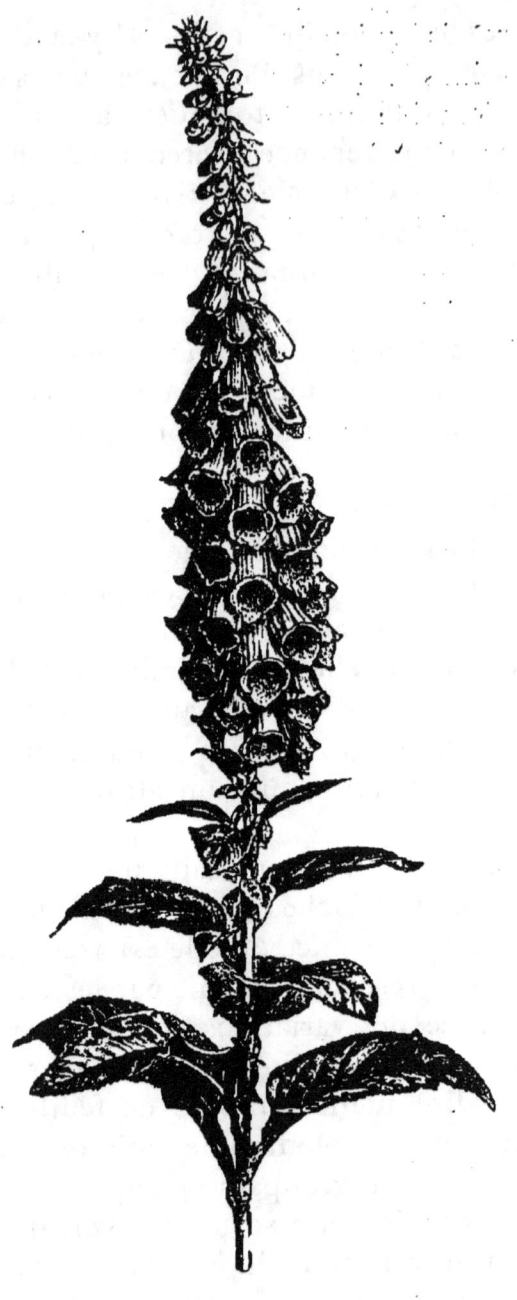

Fig. 50. — *Digitalis purpurea*. — Digitale pourprée.

ne s'est remis qu'après une pénible convalescence. Pour les animaux domestiques, les quantités capables d'amener d'emblée une issue fatale seraient en feuilles vertes, approximativement de :

Cheval	120 à 140 grammes.
Bœuf.	160 à 180 —
Mouton.	25 à 30 —
Porc..	15 à 20 —

En feuilles sèches, la quantité serait quatre fois moindre :

Symptomatologie. — A dose moyenne, la digitale agit primitivement sur le système nerveux et par action réflexe sur divers appareils organiques. On voit des vomissements et des coliques, mais seulement au bout de 24 ou 36 heures, ce qui prouve qu'il ne s'agit point d'une action locale ; on parle de diurèse, mais cet effet est contesté. L'action de la Digitale sur le cœur est des plus remarquables, il y a un ralentissement du pouls qui se manifeste de 10 à 24 heures après son administration et qui, une fois commencé, continue et augmente, même quand il n'y a pas de nouvelles prises de Digitale ; il peut être constaté huit jours après le début. En même temps qu'il y a ralentissement, il y a une énergie plus grande des contractions cardiaques.

Du côté du système nerveux on note de la pesanteur de la tête, de la céphalalgie, des bourdonnements d'oreilles et parfois des hallucinations ; on constate aussi une action déprimante sur le système musculaire.

Quand la quantité ingérée est suffisante pour produire la mort, l'anxiété et la douleur épigastriques sont poignantes, les nausées et les vomissements incoercibles, les vertiges s'accentuent, la peau se refroidit, il y a de l'affaissement, des hoquets. Le pouls est irrégulier, fréquent, puis lent, pour redevenir fréquent à la dernière période. Parfois on voit des mouvements convulsifs.

Il ne faut point oublier que la marche de l'empoisonnement par la Digitale est insidieuse ; il est rare que la mort arrive rapidement, pour cela il faudrait que la quantité ingérée ait été élevée. Le plus souvent elle est lente à venir, on l'a vue survenir huit et même dix jours après le début des accidents, alors qu'on croyait les malades sauvés.

Le pronostic est donc difficile à établir lorsqu'on n'a que la symptomatologie pour se guider et qu'on manque de renseignements sur la quantité de Digitale qui a été prise.

Lésions. — Sang noir et poisseux. Centres nerveux congestionnés. Vascularisation de la muqueuse digestive, teinte rouge par plaques. Taches ecchymotiques sous les plèvres ; spumosités bronchiques ; poumons enflammés, ecchymoses sur l'endocarde et le tissu musculaire du cœur. Dépôts fibrineux dans les cavités cardiaques.

Principes actifs. — Les recherches de Schmiedeberg ont fait voir qu'il existe dans la Digitale 1° de la *digitaline*, 2° de la *digitonine*, 3° de la *digitaléine*, 4° de la *digitoxine*.

De tous ces produits, le plus important et celui auquel la plante doit la plus grande partie de ses propriétés est la Digitaline. Mais l'accord n'est pas fait entre les chimistes au sujet de ce corps, car Nativelle qui l'a obtenu cristallisé lui donne la formule $C^{25}H^{40}O^{15}$, tandis que Homolle lui assigne $C^{20}H^{32}O^7$ et Schmiedeberg $C^5H^8O^2$.

Pour Nativelle, la digitaline se présente sous la forme de petits cristaux légers, formés de courtes aiguilles groupées autour d'un axe. A peine soluble dans l'eau et l'éther, davantage dans l'alcool, elle trouve dans le chloroforme son meilleur dissolvant. L'acide sulfurique la dissout en prenant une teinte brun-verdâtre.

Pour Schmiedeberg, elle est en grains amorphes, incolores, sphériques, mous, insolubles dans l'eau ou à peu près, peu solubles dans le chloroforme et l'éther et aisément solubles dans l'alcool et l'acide acétique. L'acide sulfurique les dissout sans coloration.

Ces différences sur un point capital de l'histoire de la digitaline nous indiquent que dans l'état actuel de la science, la vérité est difficile à dégager et qu'il faut attendre de nouvelles recherches.

La digitonine est un produit analogue à la saponine, soluble dans l'eau, insoluble dans l'alcool absolu, la benzine, l'éther et le chloroforme et dont la *digitorésine*, la *digitonéine*, la *digitogénine* et la *paradigitogénine*, sont des dérivés.

La digitaléine est amorphe, insoluble dans l'eau froide, soluble dans l'alcool pur et dans l'acide acétique, donnant en se décomposant de la *digitalirésine*.

La digitoxine est cristallisée et donne en se décomposant de la *toxirésine*.

On cite encore d'autres produits dont la réalité demande vérification, tels sont la *digitalose*, le *digitalin*, l'*acide digitalique*, l'*acide digitaléique*, etc.

Ces divers corps ne sont pas probablement inertes et leur action, dans la plante, se joint sans doute à celle de la digitaline, qui est prépondérante.

Ce qui vient d'être dit de la Digitale pourprée s'applique, croit-on, aux autres espèces et notamment à la *Digitalis lutea*, L., Digitale jaune dont la corolle est blanc-jaunâtre et sans taches à l'intérieur et aux espèces *D. ochroleuca* (décrite aussi sous le nom de *D. grandiflora* et *D. ambigua*), *D. Thapsis* et *D. tomentosa*. Mais leur activité aurait besoin d'être déterminée comparativement à la sienne.

§ V. — *Linaria*, Tournef. (Linaire).

Genre riche en espèces herbacées, qui toutes sont âcres et vénéneuses. Elles sont absolument abandonnées aujourd'hui en médecine, même dans les campagnes, après avoir été d'un fréquent usage, et aucun empoisonnement n'est signalé. D'autre part, en raison de leur odeur vireuse et de leur saveur nauséabonde, elles sont repoussées par le bétail; à ma connaissance on n'a point d'accidents non plus à signaler de ce côté. Enfin si la toxicité de la plante est incontestable, l'intoxication n'a pas été rigoureusement étudiée et le ou les principes actifs ne sont pas isolés. Voilà autant de raisons qui nous engagent à mentionner simplement les espèces les plus répandues afin qu'on les tienne pour suspectes. Ces espèces sont :

Linaria vulgaris, Mœnch. *Linaire vulgaire*, décrite par Linné sous le nom d'*Antirrhinum Linaria* ou *Muflier linaire*, commune dans les champs sablonneux et sur le bord des chemins.

Linaria spuria. Mill. *Linaire bâtarde*, plus connue sous le nom de *Velvote*, commune dans les champs en friche.

Linaria Cymbalaria, Mill. *Linaire cymbalaire*, qui vient dans les fissures des vieux murs.

Linaria Elatina, Desf. *Linaire Elatine* ou plus simplement *Elatine*.

§ VI. — *Pedicularis*, Tournef. (Pédiculaire).

Les plantes de ce groupe, assez belles par leurs fleurs, deviennent noires en se desséchant. Quelques auteurs pensent que le nom qui leur a été donné provient de ce que, présentées aux bestiaux et assez mal **acceptées**, ceux-ci maigrissent et se couvrent de **poux**. Il est plus vraisemblable qu'elles ont dû être employées autrefois en décoction, pour détruire la vermine. Elles ont joué un rôle dans l'ancienne matière médicale, mais elles sont de nos jours tombées dans un discrédit complet. On ne devra toutefois point oublier qu'elles ne sont pas inoffensives, et qu'elles peuvent occasionner le vomissement et la purgation. Pas plus que pour les plantes du genre précédent et pour les mêmes raisons, nous n'entrerons dans aucun développement sur les intoxications qu'elles pourraient produire. Nous nous contenterons de signaler comme suspectes les espèces qui suivent :

Pedicularis palustris, L. La *Pédiculaire des Marais* (fig. 51) vient, comme l'indique son nom, à la surface des tourbières, dans les prairies spongieuses ; elle est parfois assez abondante, mais toujours refusée par tous les animaux. Brugmann dit que si, pressés par la faim, ils la prennent, la première conséquence de cette alimentation est l'hématurie.

Pedicularis sylvatica, L. La *Pédiculaire des bois*, dont les lieux ombragés sont l'habitat, est acceptée par le bétail quand elle est très jeune, mais plus tard elle est refusée comme celle des marais.

Pedicularis comosa, L. La *Pédiculaire chevelue*, commune dans les pâturages de montagnes, passe pour moins suspecte que les deux précédentes.

§ VII. — *Rhinanthus*, L. (Rhinanthe).

Ce genre est constitué par des plantes parasites des Graminées, aujourd'hui rattachées aux deux espèces suivantes que Linné avait réunies en une seule sous l'appellation de *R. crista galli* :

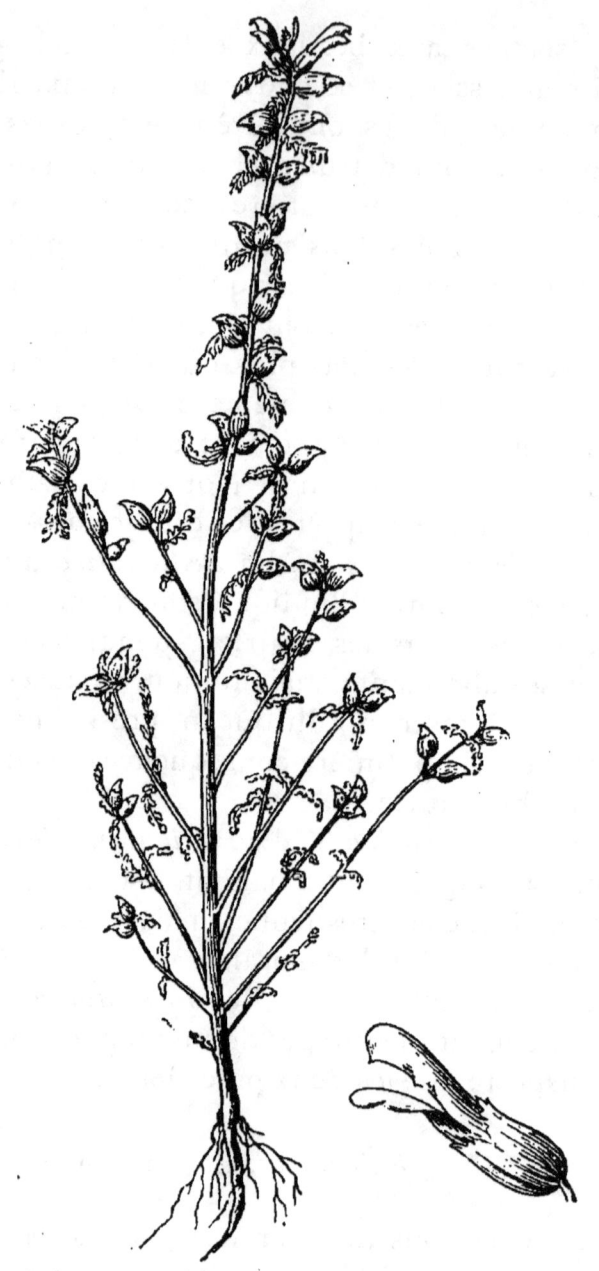

Fig. 51. — *Pedicularis palustris*. — Pédiculaire des marais.

1º *Rhinanthus major*, Ehrh. Le *Rhinanthe à grandes fleurs*, appelé vulgairement *Cocriste* ou *Crête de coq*, est une plante annuelle, de 0,20 à 0,40 cent., à tige raide, à feuilles opposées, sessiles et lancéolées Fleurs brièvement pédonculées, à calice pâle, membraneux, à grande corolle jaunâtre, à lèvre inférieure quelquefois tachée de bleu.

On distingue deux variétés dans cette espèce, le *R. hirsutus* à calice velu qui correspond à l'*Alectorophus hirsutus* des anciens botanistes, et le *R. glaber*.

2º *Rhinanthus minor*, Ehrh. Le *Rhinanthe à petites fleurs* a un calice d'un vert obscur, maculé de brun et une corolle moitié plus petite que celle de l'espèce précédente.

Ces deux espèces, communes dans les prairies qu'elles épuisent puisqu'elles vivent en parasites sur les graminées, se multiplient avec une grande rapidité et prennent la place des bonnes plantes. Comme elles se dessèchent promptement et que sous cet état elles sont refusées du bétail, c'est un premier motif pour l'agriculteur de les détruire ; pour y arriver il les fauchera avant qu'elles aient formé leurs graines.

Mais il doit avoir à leur égard une autre cause de suspicion. Lorsque leurs graines se mêlent à celles des céréales, sont broyées avec elles et restent dans la farine, il en résulte un pain rougeâtre ou violet-brunâtre qui « traité par l'alcool sulfurique, fournit un extrait coloré en bleu-verdâtre, rapidement décoloré par le chlore. Si l'on fait bouillir avec de l'alcool une farine ne contenant même que de faibles quantités de ces graines, on obtient un extrait coloré en jaunâtre » (Dragendorff).

Les Rhinanthes doivent cette propriété à un glycoside isolé par Ludwig, la *Rhinanthine* $C^{58}H^{52}O^{40}$. Elle cristallise en prismes incolores réunis en étoiles, sa saveur est amère et douceâtre, elle se dissout aisément dans l'eau et l'alcool. Chauffée en solution alcoolique avec un peu d'acide chlorhydrique, elle se dédouble en sucre et en *Rhinanthocyon*. Celui-ci constitue la matière colorante qui est tantôt bleue, tantôt verte, le plus souvent brune. Il est incristallisable, insoluble dans l'eau et soluble dans le chloroforme.

On explique l'apparition de la coloration bleue sous l'influence des parcelles de Rhinanthe par ce que le pain subit les fermentations alcoolique et acide et contient un peu d'acide chlorhydrique, deux conditions précédemment indiquées pour le dédoublement de la rhinanthine et la formation du rhinanthocyon.

On a obtenu dernièrement du pain rougeâtre, par la présence de graines de Rhinanthe, avec des farines venant de la Haute-Bavière. Jusqu'à nouvel ordre, on tiendra les graines de cette plante pour suspectes et capables de donner une mauvaise couleur au pain, mais des recherches restent à exécuter pour s'assurer si elles sont véritablement vénéneuses. M. Lehmann penche pour la négative, en s'appuyant sur quelques essais exécutés sur lui-même et sur de petits animaux. Il a pu ingérer jusqu'à 35 grammes de graines de Rhinanthe, réduites en pâte et cuites, sans en être incommodé; il a fait manger à un lapin, en quatre jours, 1238 grammes de plante fraîche portant des graines à moitié mûres et cet animal n'a paru rien ressentir.

Ces essais sont encore insuffisants pour autoriser une conclusion définitive; si la plante suspectée doit produire de mauvais effets, ce n'est probablement qu'à la longue, à la suite de sa distribution continuée pendant longtemps, comme cela arrive pour l'Ivraie et la Gesse. Actuellement, en présence de la coloration rougeâtre, on n'est sûr que d'une chose, c'est que le pain a été fabriqué avec des farines mal épurées. Pour le reste, il faut se tenir sur la réserve.

§ VIII. — *Melampyrum*, Tournef. (Mélampyre).

Les plantes que contient le genre **Melampyrum** ont d'étroits rapports avec les précédentes; comme elles, ce sont des parasites des Graminées et peut-être aussi d'autres plantes. L'espèce la plus commune et la plus intéressante est la suivante :

Melampyrum arvense, L. Le *Mélampyre des champs*, désigné vulgairement sous le nom de *Blé de Vache*, *Blé de bœuf*, *Rougeole*, *Queue de renard* (fig. 52), est commun dans les moissons et dans les friches. C'est une plante annuelle de 0,25 à 0,40 centimètres de hauteur, à tige raide, pubescente, à feuilles opposées et à bractées florales d'un beau rouge, laciniées, à divisions très longues. Fleurs en épis rougeâtres, dressées. Corolle purpurine, blanchâtre à la gorge, avec tache jaune à la lèvre inférieure. Fruit capsulaire.

En vert, le Mélampyre est pris par tous les animaux et il passe même pour pousser les vaches au lait. Il noircit par la dessiccation. Ses graines, un peu moins grosses que celles des céréales, s'en séparent assez difficilement. Mélangées à celles-ci en proportions un peu considérables et réduites avec elles en farine, elles donnent au pain une teinte violette plus ou moins foncée, une odeur particulière et une saveur âcre.

Cette coloration est due à un glucoside chromogène analogue à la Rhinanthine qui est coloré à l'ébullition en brun violet ou en brun par les acides étendus et devient vert, en solution alcoolique, sous l'influence de l'acide sulfurique.

Pour reconnaître la présence du Mélampyre dans une farine suspecte, Dizé recommande de pétrir 15 grammes de cette farine avec une quantité suffisante d'acide acétique étendu, placer dans une cuiller d'argent et chauffer graduellement pour amener l'évaporation de l'eau et de l'acide. En coupant le petit morceau de pâte, on remarque

Fig. 52. — *Melampyrum arvense*. — Mélampyre.

une coloration rouge violacée de la section. Dans des recherches de ce genre, il faut se rappeler que les graines du *Trifolium arvense* qui, elles aussi, se mélangent aux céréales, communiquent au pain une couleur rouge sanguine ; celles du *Bromus secalinus*, non moins communes, le rendent noir.

Dans quelques circonstances, on a remarqué des symptômes cérébraux, notamment du vertige, chez des personnes qui avaient consommé du pain fait de farine mélampyrée. Mais dans d'autres occasions, ces accidents ne se sont pas reproduits ; on n'est donc pas définitivement fixé sur la toxicité de la plante en cause et de nouvelles recherches sont à entreprendre.

Malgré ces desiderata, et en considérant que le Mélampyre des champs est une plante parasite, l'agriculteur devra s'efforcer de le faire disparaître de ses moissons lors des sarclages.

Sous-Article III. — Orobanchées et Labiées

Nous rapprochons arbitrairement ces deux familles parce que nous n'avons que quelques brèves considérations à présenter sur une espèce de chacune d'elles.

I. *Orobanchées*. — Cette famille peu étendue, autrefois confondue avec le groupe des Rhinanthacées dont elle a beaucoup de caractères, renferme des plantes qui vivent aussi en parasites sur d'autres végétaux. Dépourvues de chlorophylle, elles sont roussâtres et se foncent davantage par la dessiccation. A signaler dans le genre **Orobanche** qui est le type de la famille :

Orobanche minor, Sutt. L'*Orobanche à petites fleurs* est une plante annuelle, de 15 à 30 centimètres, à tige dressée, roussâtre, écailleuse à la base. Elle a des bractées ovales pubescentes, des fleurs en épi avec une corolle à tube large, renflé en haut, blanchâtre et veiné de violet. Étamines 4, stigmate violacé. Fruit capsulaire.

Cette espèce est parasite de plusieurs espèces de Trèfles, de la Coronille, de la Pimprenelle, de la Carotte sauvage, etc. Rare aux environs de Paris, elle est plus commune dans l'Est, le Sud-Est et dans quelques régions de l'Europe centrale.

Lorsqu'elle a envahi un champ de Trèfle, elle y cause rapidement un grand préjudice et parfois on est obligé de suspendre pendant quelque temps la culture de cette légumineuse. L'agriculteur a donc là un premier motif de détruire cette plante épiphyte. D'après une observation de M. Boitel, lorsqu'elle se trouve en forte proportion dans le Trèfle et qu'elle est ingérée avec lui, elle est susceptible d'occasionner de violentes coliques aux animaux ; nouvelle raison pour lui faire la guerre.

L'attention étant aujourd'hui appelée sur l'Orobanche par les remarques de M. Boitel, des études s'exécuteront tôt ou tard pour la recherche du principe qui doit, dès maintenant, la faire tenir pour suspecte.

II. *Labiées.* — La famille des Labiées, si uniforme par ses caractères botaniques, ses propriétés, les produits qu'elle élabore, l'odeur pénétrante, généralement agréable et la saveur chaude de ses représentants, caractères qui en font des plantes aromatiques par excellence, n'a qu'une seule espèce appelant une observation, elle appartient au genre **Teucrium** :

Teucrium scordium, L. La *Germandrée scordium*, qui fut décrite aussi sous le nom de *Germandrée des marais*, est une herbe vivace, velue, à tiges couchées, à feuilles molles, fortement dentées. Fleurs brièvement pédonculées, à corolle purpurine à tube court. Étamines 4. Souche courte et traçante.

Cette Germandrée croît dans les lieux humides ; quand on en froisse les feuilles entre les doigts, elle dégage une odeur un peu alliacée. Malgré qu'elle ne soit pas vénéneuse, en général le bétail y touche peu ; quand, par exception, les vaches laitières la consomment, elle communique à leur lait une odeur d'Ail prononcée et désagréable, sur l'origine de laquelle des agriculteurs non prévenus pourraient se tromper. C'est à cause de cette particularité que nous avons cru devoir la signaler.

BIBLIOGRAPHIE

Gratiole. — Sur la Gratioline. Voyez DRAGENDORFF : *Manuel de Toxicologie.*

Digitale. — C. PAUL, *De l'influence de la Digitale sur le pouls, Société de Thérapeutique,* 1868. — BERNHEIM, *Étude sur le mécanisme de l'action de la Digitale sur le cœur,* in *Revue médicale de l'Est,* 1875. — DYBKOWSKY et PÉLIKAN, *Recherches physiologiques sur l'action de différents poisons du cœur,* in *Gazette hebdomadaire de médecine,* 1861. — TARDIEU ET ROUSSIN, *Relation médico-légale de l'affaire Couty de la Pommeraie. Empoisonnement par la digitaline,* in *Annales d'Hygiène publique et de médecine légale,* 1864. — BOULEY ET REYNAL, *Recherches sur la Digitale et la digitaline,* in *Recueil de médecine vétérinaire,* 1849. — KAUFMANN, *Recherches sur la Digitale,* in *Journal de médecine vétérinaire et de zootechnie,* 1885.

Rhinanthe et Mélampyre. — LUDWIG, *De la Rhinantine,* in *Archiv. der Pharmac,* 1868, t. CXXXVI et 1870, t. CXLII. — LEHMANN, *Sur le pain bleu,* in *Revue sanitaire de Bordeaux et de la province,* 1886. — CHEVALIER ET BAUDRIMONT, *Dictionnaire des altérations et falsifications,* art. *Farines.*

FIN

TABLE ALPHABÉTIQUE

DES

ESPÈCES ET VARIÉTÉS SIGNALÉES

A

	Pages.		Pages.
Achillea ptarmica........	417	Apocynum cannabinum....	437
Aconitum anthora........	218	— citrifolium.....	437
— heterophyllum...	219	— maculatum....	437
— ferox.........	223	Aquilegia vulgaris.......	223
— lycoctonum....	218	Arenaria serpyllifolia....	262
— napellus......	212	Aristolochia clematitis....	157
Actea spicata..........	210	— grandiflora...	159
Adonis vernalis.........	194	— longa......	159
Æthusa cynapium.......	377	— pistolochia...	159
Agrostemma githago.....	248	— rotunda.....	159
Ailanthus glandulosa.....	279	— sipho......	159
Allium sativum.........	119	Artemisia absinthium.....	416
— ursinum.........	119	Arum dracunculus......	67
Amaryllis belladona......	126	— italicum........	67
— disticha.......	126	— maculatum.....	64
— lutea.........	126	Asclepias cornuti.......	440
Amygdalus communis.....	353	— tuberosa......	441
Anagyris fœtida........	307	Atractylis gummifera.....	409
Anagallis arvensis.......	429	Atropa belladona.......	457
Anamirta cocculus......	226	Azalea arborescens......	422
Anemone nemorosa......	193	— indica.........	422
— pulsatilla......	193	— liliiflora.......	422
— pratensis......	193	— nudiflora......	422
Anthemis pyrethrum.....	417	— pontica........	421
Anthriscus sylvestris.....	376	— punicea.......	422
Apocynum androsœmifolium.	436	— sinensis.......	422

B

	Pages.		Pages.
Bryonia dioïca	360	Buxus sempervirens	175
— nigra	364		

C

Calla palustris	67	Coronilla emerus	308
Caltha palustris	203	— fœtida	308
Calystegia sepium	444	— scorpioides	308
Caucalis daucoïdes	399	— varia	308
Cerasus lauro-cerasus	356	Croton tiglium	181
Cerbera manghas	438	Crozophora tinctoria	186
Chelidonium majus	238	Cyclamen europeum	425
Cicuta virosa	374	Cynanchum acutum	442
Citrullus colocynthis	365	Cytisus alpinus	286
Citrus bigaradia	268	— alschingeri	286
Clematis erecta	190	— argenteus	286
— integrifolia	190	— biflora	286
— flammula	190	— capitatus	286
— vitalba	189	— elongatus	286
Cneorum tricoccum	279	— laburnum	288
Colchicum autumnale	96	— nigricans	286
— provinciale	96	— purpureus	286
Conium maculatum	367	— proliferus	286
Convallaria maïalis	120	— sessilifolius	286
Convolvulus jalappa	444	— supinus	286
— scammonia	443	— weldeni	286
Coriaria myrtifolia	281		

D

Daphne alpina	163	Datura ferox	470
— cneorum	163	— metel	470
— gnidium	163	— stramonium	467
— laureola	163	— suaveolens	470
— mezereum	160	Daucus carotta	396
Datura arborea	470	Delphinium consolida	223
— fastuosa	470	— pictum	223

	Pages.		Pages.
Delphinium requienii	223	Digitalis purpurea	491
— staphysagria	220	— thapsis	496
Digitalis lutea	496	— tomentosa	496

E

Ecballium elaterium,	364	Euphorbia esula	169
Elæococca verrucosa	185	— gerardiana	169
Ervum ervilia	342	- helioscopia	169
Eryngium campestre	399	— lathyris	165
Erythrophleum guinense	347	— palustris	169
— couminga	348	— peplus	169
Euphorbia abyssinica	169	— verrucosa	169
— canariensis	169	— sylvatica	169
— characias	169	Evonymus europeus	271
— cotinifolia	169	Excæcoria agallocha	185
— cyparissias	169		

F

Fagopyrum vulgare	151	Festuca quadridentata	68
Fagus sylvatica	137	Fritillaria imperialis	118
Ferula communis	390		

G

Galanthus nivalis	126	Glaucium luteum	237
Gelsemium sempervirens	439	Gratiola officinalis	488
Gladiolus segetum	131	Gymnocladus dioïca	349
— communis	132		

H

Hæmanthus nudus	126	Helianthus tuberosus	415
— toxicaria	126	Helleborus fœtidus	206
Hedera helix	402	— niger	204

	Pages.		Pages.
Helleborus orientalis	204	Hyœnanche globosa	185
— viridis	204	Hyoscyamus albus	473
Heracleum sphondylium	396	— aureus	473
Hippomanes mancinella	186	— faleslez	473
Hura crepitans	185	— niger	470

I

Iris fœtidissima	131	Iris germanica	131
— florentissima	131	— pseudo-acorus	131

J

Jatropha curcas	182	Juniperus sabina	59
Juglans regia	136	— virginiana	60

K

Kunkumaria 186

L

Lactuca sativa	413	Linaris spuria	497
— scariola	413	— vulgaris	497
— virosa	412	Lobelia cardinalis	487
Lathyrus amænus	432	— erinus	487
— aphaca	324	— fulgens	487
— cicera	326	— splendens	487
— clymenum	324	— urens	487
— odoratus	324	Lolium linicola	83
— purpureus	324	— leptochæton	82
— sativus	325	— macrochæton	82
Ledum palustre	422	— oliganthum	82
Leucoïum æstivum	126	— temulentum	69
— vernum	126	Lupinus albus	314
Linaria cymbalaria	497	— angustifolius	314
— elatina	497	— luteus	316

M

	Pages.		Pages.
Mahonia aquifolium.	229	Mercurialis ambigua.	175
Manihot utilissima.	185	— annua.	169
Mandragora officinalis.	466	— perennis	175
— vernalis	467	— tomentosa.	175
Melia azedarach.	269	Molinia cærulea	68
Melampyrum arvense.	502		

N

Narcissus pseudo-narcissus.	126	Nicotiana macrophylla.	484
Narthecium ossifragum	124	— persica.	484
Nerium oleander.	430	— petiolata.	484
Nicotiana asiatica.	484	— quadrivalvis.	484
— chinensis.	484	— repanda.	484
—, fruticosa.	484	— rustica.	484
— glauca.	484	— tabacum.	474

O

Œnanthe apiifolia.	387	Œnanthe phellandrium.	386
— crocata.	379	Orobanche minor.	504
— fistulosa.	387		

P

Pancratium maritimum.	127	Pedicularis sylvatica.	498
Papaver dubium.	237	Peganum harmala.	268
— rhœas.	234	Petroselinum sativum.	398
— somniferum.	230	Phaseolus vulgaris.	346
Paris quadrifolia.	122	Phytolacca decandra.	147
Pastinaca sativa.	399	Plumeria rubra.	438
Pedicularis comosa.	498	Podophyllum peltatum.	229
— palustris.	498	Pyrethrum parthenium.	416

Q

	Pages.		Pages.
Quercus cerris	139	Quercus sessiliflora	139
— pedunculata	139	— tosa	36
— pubescens	139	Quillaja saponaria	359
— robur	139		

R

Ranunculus acris	198	Rinanthus minor	500
— arvensis	200	Rhododendron chrysanthum	420
— bulbosus	198	— ferrugineum	417
— ficaria	200	— hirsutum	420
— flammula	199	— maximum	420
— lingua	199	— ponticum	420
— repens	200	— punctatum	420
— sceleratus	195	Rhus cotinus	278
— thora	199	— toxicodendron	275
Raphanus raphanistrum	243	Ricinus communis	178
Rhamnus alaternus	272	Rumex acetosella	150
— catharticus	273	Ruta angustifolia	267
— frangula	274	— graveolens	266
Rhinanthus major	500	— montana	267

S

Sambucus canadensis	409	Sedum acre	400
— ebulus	406	Sinapis arvensis	240
— nigra	407	Sium latifolium	398
— peruviana	408	Sisymbrium alliaria	244
— racemosa	408	Solanum dulcamara	455
Saponaria officinalis	261	— lycopersicum	456
Scopolia carniolica	474	— melongena	454
— datora	474	— nigrum	456
— muticus	474	— tuberosum	446
— orientalis	474	Sorghum saccharatum	89
— physaloïdes	474	Spartium junceum	310
Scrofularia aquatica	490	— scoparium	310
— canina	490	Strophantus hispidus	438
— nodosa	490		

T

	Pages.		Pages.
Tamus communis	127	Thalictum macrocarpum	192
Tanghinia venenifera	437	Trifolium elegans	312
Taxus baccata	43	— hybridum	311
— fastigiata	59	— nigrescens	312
Teucrium scordium	505	— repens	312
Thalictum flavum	191	Tulipa	119

U

Urginea scilla............ 45

V

Valeriana dioica	408	Vincetoxicum officinale	441
— officinalis	408	— nigrum	442
— phu	408	Viola odorata	246
Veratrum album	108	— scotophylla	247
— nigrum	113	— suavissima	247
— viride	113	— tolosana	247
Verbascum thapsus	488	Viscum album	163

W

Wisteria sinensis............ 309

Z

Zea maïs............ 85

TABLE DES MATIÈRES

Pages

Préface 1

PREMIÈRE PARTIE

ÉTUDE GÉNÉRALE DES POISONS D'ORIGINE VÉGÉTALE ET DES INTOXICATIONS QU'ILS OCCASIONNENT.

ARTICLE PREMIER.

Formation des poisons d'origine végétale. — Causes qui l'influencent.

§ Ier. — Variations inhérentes au végétal 5
§ II. — Variations inhérentes au milieu où il s'est développé. 8
§ III. — Réflexions générales sur le déterminisme de la toxicité. 17

ARTICLE II.

Réactions de l'organisme animal en présence des poisons.

§ Ier. — Conditions de l'empoisonnement spontané. . . 19
§ II. — Variations d'activité ayant pour cause la voie d'introduction dans l'économie. 24

§ III. — Variations d'activité causées par l'âge du sujet qui reçoit la substance toxique. 27
§ IV. — Variations d'activité qui tiennent au sexe. . . 28
§ V. — Variations d'activité liées à l'espèce 29
§ VI. — Variations d'activité d'après la race et l'individualité des sujets empoisonnés. 36

DEUXIÈME PARTIE

ÉTUDE SPÉCIALE DES PLANTES VÉNÉNEUSES
ET DES EMPOISONNEMENTS QU'ELLES OCCASIONNENT   39

PREMIÈRE SECTION

PHANÉROGAMES GYMNOSPERMES

Conifères

De l'If à Baies.. 42
Du Génevrier sabine 60
Du Cèdre de Virginie. 60

DEUXIÈME SECTION

PHANÉROGAMES ANGIOSPERMES

PREMIER SOUS-GROUPE

MONOCOTYLÉDONES VÉNÉNEUX

Aroïdées.

Du Gouet taché. 64
Du Gouet d'Italie. 67
Du Gouet serpentaire. 67
Du Calla des Marais.. 67

Graminées.

De l'Ivraie enivrante.. 68
De l'Ivraie linicole. 83

TABLE DES MATIERES.

	Pages.
Accidents attribués aux fleurs mâles du Maïs.	85
Empoisonnements de nature indéterminée consécutifs à l'usage de quelques Graminées	88

Colchicacées.

Du Colchique d'automne.	96
Du Vérâtre ou Hellébore blanc.	108
Du Vérâtre noir.	113
Du Vérâtre vert.	113

Liliacées.

De la Scille maritime.	115
De la Fritillaire impériale.	118
De la Tulipe.	118
De l'Ail.	119

Asparaginées.

Du Muguet.	120
De la Parisette à quatre feuilles.	122

Smilacées.

De la Narthécie ossifrage.	124

Amaryllidées.

De l'Amaryllis belladone.	126
Des Narcisses.	126
Du Galanthe des neiges.	126
Des Nivéoles.	126
Du Pancrace maritime.	127

Dioscorées.

Du Tamier commun.	127

Iridées.

Des Iris et spécialement de l'Iris faux acore.	131
Des Glayeuls.	131

DEUXIÈME SOUS-GROUPE

DICOTYLÉDONES VÉNÉNEUX

PREMIÈRE DIVISION

DICOTYLÉDONES APÉTALES

Juglandées.

	Pages.
Des feuilles de Noyer et des tourteaux de noix	136

Cupulifères.

Des fruits du Hêtre et des tourteaux qui en proviennent...	137
Des jeunes feuilles de Chêne et de l'hemoglobinurie qu'entraîne leur consommation.	139

Phytolaccées.

Du Phytolaque à dix etamines.	147

Polygonées.

Du Rumex petite oseille.	150
Du Sarrasin commun et spécialement de ses fleurs.	151

Aristolochiées.

De l'Aristoloche clématite.	157
De l'Aristoloche sipho.	159
De l'Aristoloche à grandes fleurs.	159

Thyméléacées.

Du Bois-Joli.	160
Du Laurier des Bois.	163
Du Garou.	163
Du Daphné odorant.	163
Du Tymelé des Alpes.	163

Loranthacées.

Du Gui à fruits blancs.	163

Euphorbiacées.

	Pages.
De l'Euphorbe Epurge....................	165
Des Euphorbes vénéneuses autres que l'Epurge......	169
De la Mercuriale annuelle..................	169
Des Mercuriales vénéneuses autres que la M. annuelle...	175
Du Buis............................	175
Du Ricin............................	178
Du Croton-tiglion......................	181
Du Jatropha Curcas.....................	182
Du Sablier élastique.....................	185
Autres Euphorbes exotiques vénéneuses...........	185

DEUXIÈME DIVISION

DICOTYLÉDONES DIALYPÉTALES

Renonculacées.

Des Clématites........................	189
Des Pigamons........................	191
Des Anémones........................	192
De l'Adonis printanier....................	194
De la Renoncule scélérate..................	195
Des Renoncules vénéneuses autres que la R. scélérate...	198
Du Populage des Marais...................	203
Des Hellébores noir, fétide et vert.............	204
De l'Actée en épis......................	210
De l'Aconit Napel......................	212
Des Aconits autres que l'A. napel..............	218
De la Staphysaigre......................	220
De l'Ancolie commune....................	223

Ménispermées.

Du fruit de l'Anamirte à coque ou Coque du Levant....	226

Berbéridées.

Du Podophyllin à feuilles peltées..............	229
Du Mahonia à feuilles de Houx...............	229

Papavéracées.

Du Pavot somnifère.....................	230
Du Pavot coquelicot.....................	234

	Pages.
Du Pavot douteux.	237
Du Glaucion à fleurs jaunes.	237
De la grande Chélidoine.	238

Crucifères.

De la Moutarde des champs.	240
Du Raifort sauvage.	243
Du Sisymbre alliaire.	244

Violariées.

De la Violette odorante.	246
De quelques Violettes vénéneuses autres que la V. odorante.	247

Caryophyllées.

De la Nielle des blés.	248
De la Saponaire.	261
De la Sabline à feuilles de Serpolet.	262

Hypericinées.

Du Millepertuis.	264

Rutacées.

De la Rue odorante.	266
Du Peganum harmala.	268
De l'Orange amère.	268

Méliacées.

Du Mélia Azedarach.	269

Célastrinées.

Du Fusain d'Europe	271

Rhamnées.

Du Nerprun alaterne.	272
Du Nerprun purgatif.	273
De la Bourdaine.	274

TABLE DES MATIÈRES.

Térébinthacées.

	Pages.
Du Sumac vénéneux	275
Du Fustet	278
De la Camelée à trois coques	279
De l'Ailanthe glanduleux	279

Coriariées.

Du Redoul ou Corroyère à feuilles de Myrte	281

Légumineuses.

Du Cytise aubour	286
Des Cytises vénéneux autres que l'Aubour	286
De l'Anagyre fétide	307
Des Coronilles	308
De la Glycine de Chine	309
Du Spartier à rameaux jonciformes	310
Du Spartier à balai	310
Du Trèfle hybride	311
Du Lupin jaune	314
Des Gesses vénéneuses	323
De l'Ers ervilier	342
Du Haricot	346
De l'Erythrophleum de la Guyane	347
Du Chicot du Canada	349

Rosacées.

De l'Amandier à amandes amères	353
Du Laurier-cerise	356
Du Quillaya saponaria	359

Cucurbitacées.

De la Bryone dioïque	360
— noire	364
De l'Ecballion élastique	364
De la Citrulle coloquinte	365

Ombellifères.

De la Ciguë tachetée	367
— vireuse	374
De l'Anthrisque sauvage	376
De l'Æthuse ache des chiens	377
De l'Œnanthe safranée	379

TABLE DES MATIÈRES.

	Pages.
De l'Œnanthe phellandre	386
— fistuleuse	387
— apiifolia	387
De la Férule commune	389
Observations sur quelques Ombellifères autres que celles décrites précédemment (Carotte, Héraclée, Berle à larges feuilles, Persil, Panais, Caucalide et Panicaut des champs).	396

Crassulacées.

De l'Orpin âcre. 400

Araliacées.

Du Lierre rampant. 402

TROISIÈME DIVISION

DICOTYLÉDONES GAMOPÉTALES

Caprifoliacées.

De l'Hyèble. 406
Du Sureau noir. 407

Valérianées.

De la Valériane officinale. 408

Composées.

De l'Atractyle gummifère	409
De la Laitue vireuse	412
— scariole	413
— cultivée	413
De quelques Composées autres que celles énumérées précédemment (Topinambour, Absinthe, Matricaire, Camomille, Pyrèthe et Achillée sternutatoire).	415

Ericacées.

Du Rhododendron ferrugineux	417
— hirsute	420
— pontique	420
— de Sibérie	420
De l'Azalée pontique	421
Du Lédon des marais	422

TABLE DES MATIÈRES.

Primulacées.

	Pages.
Du Cyclame d'Europe.	424
Du Mouron des champs.	429

Apocynées.

Du Laurier-Rose.	430
De l'Apocyn à feuilles d'Androsème.	436
— — de Chanvre.	437
Du Tanghuin de Madagascar.	437
Du Cerbera Manghas.	438
De l'Inée ou Onage.	438
Du Gelsémion toujours vert.	439

Asclépiadées.

De l'Asclépiade de Cornuti.	440
Du Dompte-venin officinal.	441
Du Cynanque aigu.	442

Convolvulacées.

De la Scammonée.	443
Du Jalap.	444
De la Calystégie des haies.	444

Solanées.

De la Pomme de terre.	446
De l'Aubergine.	454
De la Douce-amère.	455
De la Morelle noire.	456
De la Tomate.	456
De la Belladone.	457
De la Mandragore.	466
De la Stramoine.	467
De la Jusquiame noire.	470
— blanche.	473
— dorée.	473
— faleslez.	473
Des Scopolia.	474
Du Tabac.	474
Des espèces de Tabac autres que celle du Tabac ordinaire.	484

Campanulacées.

De la Lobélie brûlante.	486

Scrofulariées.

	Pages.
De la Molène bouillon-blanc..	487
De la Gratiole officinale.	488
De la Scrofulaire à racine noueuse..	490
De la Digitale pourprée.	491
Des Linaires..	497
Des Pédiculaires.	497
Des Rhinanthes.	498
Du Mélampyre des champs..	502
De l'Orobanche à petites fleurs..	504

Labiées.

De la Germandrée Scordium..	505
Table alphabétique des espèces et variétés signalées.	507

Paris. — Typ. de Firmin-Didot et Cⁱᵉ, 56, rue Jacob. — 20252.

BIBLIOTHÈQUE
DE
L'ENSEIGNEMENT AGRICOLE

OUVRAGES PARUS

Herbages et Prairies naturelles, un volume de 786 pages avec 120 figures dans le texte, par M. Boitel, inspecteur général de l'enseignement agricole.

Les Plantes vénéneuses et les Empoisonnements qu'elles déterminent. — Volume de 524 pages, avec 60 figures dans le texte, par M. Cornevin, professeur à l'École vétérinaire de Lyon.

EN COURS DE PUBLICATION

Fumiers, Engrais, Amendements, par MM. Muntz et A.-Ch. Girard.

Méthodes de reproduction en Zootechnie, par M. Baron.

POUR PARAITRE INCESSAMMENT :

Le Cheval considéré dans ses rapports avec l'économie rurale et les industries de transport, par M. Lavalard, administrateur de la Compagnie générale des Omnibus.

Les Maladies virulentes des Animaux de la Ferme, par M. le Dr Roux, directeur du laboratoire de M. Pasteur, avec une préface de M. Pasteur.

Législation rurale, par M. Gauwain, maître des Requêtes au Conseil d'État.

La Richesse agricole de la France, par M. Tisserand, conseiller d'État, directeur au Ministère de l'Agriculture.

Les Irrigations, par M. Ronna, membre du Conseil supérieur de l'Agriculture.

Viticulture pratique et Ampilographie, par M. Pulliat, professeur à l'Institut Agronomique.

Les Maladies des Plantes, par M. Prillieux, inspecteur général de l'Enseignement agricole.

Les Industries agricoles, par M. Aimé Girard, professeur au Conservatoire des Arts-et-Métiers et à l'Institut agronomique.

Paris. — Typographie de Firmin-Didot et Cie, 56, rue Jacob. — 20252

www.ingramcontent.com/pod-product-compliance
Lightning Source LLC
Chambersburg PA
CBHW071411230426
43669CB00010B/1514